无人机专业应用型人才培养系列教材

无人机通信与导航

（第 2 版）

主　编　黄智刚

副主编　郑帅勇　史晓飞　朱云龙　卢　敏

北京航空航天大学出版社

内 容 简 介

　　本书为无人机专业应用型人才培养规划教材之一,主要讲述无人机通信与导航方面的知识及应用。全书共分四部分,包括绪论、无人机通信、无人机导航和无人机实践应用与实验教程。绪论部分,介绍了无人机及其通信导航基本概念和无线电基本知识;无人机通信部分,介绍了通信的基本原理、无人机通信的分类、无人机通信设备及工作模式、无人机通信的典型应用及未来展望;无人机导航部分,介绍了导航的基本知识、卫星导航、惯性导航、其他导航、导航系统的组合应用、导航设备及应用模式、无人机导航的典型应用及未来展望;无人机实践应用与实验教程部分,介绍了无人机常用操作流程、无人机通信实验、无人机导航实验。

　　本书既有概念理论知识,又有无人机具体应用介绍,兼有无人机实践教程,内容循序渐进,通俗易懂。本书适用于无人机应用类、电子信息类、飞行制导控制类、航空飞行器类等专业的本科、专科和高职高专的教学和实验,亦可作为培训类学校无人机专业的教学与实践教材,同时可供无人机应用领域、通信导航领域的工程技术人员、无人机开发人员及操控人员参考。

图书在版编目(CIP)数据

　　无人机通信与导航 / 黄智刚主编. -- 2版. -- 北京:北京航空航天大学出版社,2023.8
　　ISBN 978 - 7 - 5124 - 4097 - 5

　　Ⅰ. ①无… Ⅱ. ①黄… Ⅲ. ①无人驾驶飞机—无线电通信—教材②无人驾驶飞机—无线电导航—教材 Ⅳ. ①V279

中国国家版本馆 CIP 数据核字(2023)第 083414 号

无人机通信与导航(第2版)

主　编　黄智刚
副主编　郑帅勇　史晓飞　朱云龙　卢　敏
策划编辑　董　瑞　责任编辑　杨　昕

＊

北京航空航天大学出版社出版发行

北京市海淀区学院路 37 号(邮编 100191)　http://www.buaapress.com.cn
发行部电话:(010)82317024　传真:(010)82328026
读者信箱:goodtextbook@126.com　邮购电话:(010)82316936
北京时代华都印刷有限公司印装　各地书店经销

＊

开本:787×1 092　1/16　印张:21.75　字数:557 千字
2023 年 8 月第 2 版　2024 年 8 月第 3 次印刷　印数:6 001～9 000 册
ISBN 978 - 7 - 5124 - 4097 - 5　定价:66.00 元

前　言

　　无人机技术发展到今天,已经形成了比较完备的技术体系和十分广泛的应用领域。无人机通信和无人机导航作为无人机系统的重要组成部分,凝聚了多种理论与技术实践,是多门学科、多项技术、多类应用经验的综合结晶,建立了严格的科学体系和丰富的实践宝藏,一直是人们研究和应用的热点。

　　自20世纪80年代以来,通信技术、计算机技术和微电子技术相互促进,已成为当今世界生产力的领头羊,极大地推动了无人机通信技术的发展。越来越多的先进通信技术为无人机提供保障,通信也越来越受到人们的关注和重视。一方面,通过地面站与无人机进行信息交流,来满足人们对远处环境信息探测的需求;另一方面,多架无人机通过通信分享各自的信息,使无人机协同工作以更好地为人们服务。研究人员对无人机通信的研究逐渐升温,使得无人机通信逐步完善并发展成为一门专业技术,应用范围越来越广泛,并在空天海地组网通信中占有一席之地。

　　导航来源于人类交通和军事活动对方位或位置识别的需求。从20世纪70年代开始,由于卫星导航的发展及应用,以及其他新型导航方式的出现,进入了以卫星导航为主要形式的精密导航时代,导航在无人机上的应用也越来越广泛深入。这期间随着惯性导航技术的迅猛发展,惯导系统与卫星导航组合运用于无人机导航,为无人机提供了具有巨大应用潜力的定位解决方案,推动了无人机导航的迅速发展。随着无人机导航技术的逐步提高,无人机导航设备和系统逐步完善,这门专业技术也逐步推广于其他载体的导航,成为航空、航海和陆路交通可以依赖的导航明灯。

　　本书以上述飞速发展的无人机通信与导航技术为背景,重点介绍无人机通信与导航技术的原理及应用,分类描述了通信方式和导航方式及对应的通信设备和导航设备,给出了无人机通信和无人机导航的典型应用,分析讨论了无人机通信与导航的发展趋势及未来展望,将无人机的两个重要组成部分呈现到了读者面前。

　　根据教育和培训院校机构与读者的建议,针对无人机应用专业培养学生动手应用的实践课程需求,也面向无人机从业者对通信导航设备的实际操作和训练要求,第2版新增加了无人机实践应用与实验教程部分,结合具体产品设备对无人机的常用操作流程、通信和导航的软硬件平台、常用功能、参数设置、操作方法、结果分析等进行了较为详细的介绍描述。

　　除上述基本内容外,本书还包括了入门的无线电技术基础、无人机通信和导航的特点及需求分析,力争让读者较快地进入到无人机通信与导航的学习中来。

　　本书在编写模式上力求避免传统的以知识的系统性编写教材的方法,避免纯理论的叙述;在简单介绍必备的基础知识后,借助工程应用讲解相关的实践知识点,并结合具体的任务需求给出了相关的实现方法与应用过程,以及典型的应用案例和实验教程,力求使学生在学习过程中掌握无人机通信与导航的相关知识和技术特点,并能应用于工作实践中,旨在培养学生实际动手及解决问题的能力。

　　本书既有概念理论知识,又有无人机具体应用介绍,兼有无人机实践教程,内容循序渐进,通俗易懂。本书适用于无人机应用类、电子信息类、飞行制导控制类、航空飞行器类等专业的本科、专科和高职高专的教学和实验,亦可作为培训类学校无人机专业的教学与实践教材,同时可供无人机应用领域、通信导航领域的工程技术人员、无人机开发人员及操控人员参考。

　　全书分四部分共 18 章,由黄智刚统筹编写全书,郑帅勇参加了多数章节的编写,史晓飞、朱云龙、卢敏编写了第 17、18 章;高孟志、陈帅龙、王选文、尹民晖参与了第 2 版部分修订和新增内容的资料收集、整理与校对工作,王坤鹏、路秀中、王鹏参与了第 17 章的整理、绘图与校对工作,吴彤、邓睿娟、赵燕玲、甄佳欢参与了第 18 章部分内容的编写;宋远、赵梓杉参与了部分章节的审阅校对;最后由黄智刚对全文进行了整理、审阅和统稿。

　　感谢希诺麦田技术(深圳)有限公司、北京金坤科创技术有限公司提供了通信和导航实验软硬件平台及对实验开发的支持。李锐和赵昀为本书编写工作提供了热情帮助与具体指导,盛蔚对本书的框架结构提出了很好的建议与意见。肖登坤、黄沛瑜、徐硕、刘沛清和王祖林等对本书给予了大力支持和高度关注。在此一并表示诚挚的感谢。

　　由于编者水平有限,加之多人编写、时间仓促,书中错误与不妥之处在所难免,希望广大读者给予批评指正。

作　者

于北京航空航天大学

2023 年 2 月

目　　录

第一部分　绪　论

第二部分　无人机通信

第三部分　无人机导航

第一部分 绪 论

第1章 无人机及通信导航基础

无人机也被称为"空中机器人",从20世纪初第一架无人机诞生到现在,已历经了一百多年的发展历程。随着无人机技术的持续发展,尤其是材料、动力、微电子、控制、通信、导航等现代新型技术不断地被应用到无人机系统,无人机设备及系统迎来了新的发展浪潮,从而极大地促进了无人机在军事和民用领域的广泛应用。特别是近二十多年来,随着无人机各方面技术水平的不断提高,其应用领域也得以迅速扩展,无人机经历了从军事应用到民间推广的一个飞速发展过程。预计在未来的三四十年里,无人机将在更多的行业取代大多数的人工作业工作,并且通过不断地提高工作效率,扩大其行业应用的广度和深度,来持续地改变我们未来的工作和生活方式。

当前,随着各国对无人机技术的重视和相关产业的应用推广,以及飞行空域的逐渐开放和飞行政策的进一步支持,无人机的应用领域已不仅仅局限于早期的军事装备,其在民用方面的应用也将越来越多,未来还会大大超越军事需求。目前无人机系统已经广泛应用于公安消防、应急搜救、农林、交通、环保、气象、通信、信息采集、航拍、地质勘探、遥感测绘、管道巡线、影视制作等多个民用领域,甚至已经成为普通消费者手中的娱乐休闲产品。今后,无人机将在军用、工农业及交通业和社会消费业等众多领域发挥举足轻重的作用,承担越来越多的飞行任务和载荷任务,而各行各业的发展对无人机的依赖也将会日趋增强。总的来说,无人机的应用及其产业已经迎来黄金发展期,对无人机各种知识的普及和应用培训也势在必行。

1.1 无人机的基本知识

无人机从产生到现在经历了一百多年的历史。1909年,美国试飞第一架遥控航模飞机。1917年,英国人研制出世界上第一架由无线电操纵的小型单翼无人机。20世纪30年代,无线电操纵的无人靶机研制成功,并且在40至50年代无人靶机得到了广泛的应用,到50年代末期,世界各国空军即开始通过装备无人机空中靶机,开展飞行训练和对空武器的性能测试。

到了20世纪60年代,美、苏两个政治集团出于冷战需要,把对无人机的研究、应用放在了侦察用途方面,无人机技术进入了以应用需求为牵引的快速发展时代。到20世纪80年代,无人机技术开始逐渐向小型化、隐身化、投放回收简便等方向发展。时至21世纪,无人机的技术发展则更多地呈现在隐形化、微型化、智能化、高速、长航时和集成化、系统化等多个方面,并且迎来了全方位应用的爆发期。

1.1.1 无人机的基本概念

无人机是无人驾驶飞机(Unmanned Aerial Vehicle,UAV)的简称,它是利用无线电遥控设备或自备的程序控制装置去控制管理的不搭载驾驶人员的飞机。由于无人机可以在无人驾驶的情况下在空中完成多种飞行任务和载荷任务,也常常被称作"空中机器人"。

无人机在完成各种飞行任务和载荷任务时,需要整个系统配合工作,一般将其称为无人机系统(Unmanned Aircraft Systems,UAS)。具体来讲,无人机系统是由一架无人飞机及其搭载设备、地面的遥控站点或遥控设备、所需的指令与数据通信链路,以及完成规定任务所需的相关部件等组成的系统,也称为无人驾驶航空器系统。

无人驾驶与有人驾驶,是无人机与有人机的根本区别,最直观的差别就是,无人机不用搭载驾驶人员,无人机的载荷可以节省出来,对于可靠性的要求也降低了,但对无人机的实时操控、紧急情况的处理等能力也随之变弱。

相对于有人驾驶的飞机而言,无人机具有体积小、成本低、损耗小、零伤亡、机动性好、生存能力强和使用方便等特点,主要的优势体现在:①避免了人员伤亡;②在机体设计上不用考虑人的因素,更多地注重飞机的其他性能;③可以大大延伸作战领域空间或应用环境范围,如有毒、爆炸等高危场合;④载荷效率高,续航能力强。

同时,无人机相比有人机也有明显不足,具体表现在:①大多情况处于非现场的地面站控制指挥,灵活性差,处理突发事件的能力弱;②需依赖地面控制中心通过无线电等方式进行控制,易受干扰、易被攻击、易遭捕获;③实现可靠飞行的技术复杂度比有人机高,同时成本降低和载荷量提高,又导致系统可靠性不高;④受某些特定作战环境、特殊应用场合的影响较大,使执行任务的能力下降;⑤搭载的各类传感器在某些方面相比人类智能还有不足,比如识别现场伪装的能力较弱。

无人机的这些优势和不足,决定了我们在研究和应用无人机的过程中,需要采取与有人驾驶飞机不同的处理策略、工作方式与应对方法等。

无人机的分类方式很多,可以按不同标准进行分类,最为常见的分类是按照外形结构进行划分,可以分为多旋翼无人机、固定翼无人机和无人直升机三类,而无人机所能完成的不同任务及应用方式,大多与其外形结构相关联,即不同外形大小的无人机,其对应的飞行任务或载荷任务也有明显不同。

1.1.2　无人机的分类及组成

1. 无人机的分类

现有的无人机种类众多、结构各异,无人机的分类方式也有很多。比较常见的分类方法有:按动力划分、按外形结构划分、按大小和质量划分、按航程划分和按用途划分等。

（1）按动力划分

根据动力源的不同,无人机一般可分为油动无人机和电动无人机两种。油动无人机一般采用燃油(汽油或柴油)作为驱动,而电动无人机则大多采用电池(如锂电池)作为驱动。油动无人机的特点是续航时间长,但有一定的安全隐患,如坠机可能引发火灾或环境污染等。与油动无人机相比,电动无人机相对安全,但是能源供给受限于电池性能,一般续航时间较短。

（2）按外形结构划分

对于无人机,按照外形结构进行划分的分类方式简单直观,易于识记,也是目前最常用的一种分类方式。通常把无人机按外形结构划分为多旋翼无人机、固定翼无人机和无人直升机等,如图1.1所示。

对于多旋翼无人机,由于它们有多个电机和螺旋桨,对应有多个旋转轴,一般也叫作多轴无人机。根据多旋翼无人机的螺旋桨数量,又可细分为四旋翼、六旋翼、八旋翼等,图1.1(a)即为六旋翼无人机。根据飞行动力学观点,一般认为,螺旋桨数量越多,飞行就越平稳,操作也

(a) 多旋翼无人机　　　　(b) 固定翼无人机　　　　(c) 无人直升机

图 1.1　无人机按外形结构的分类

越容易。多旋翼无人机由于具有可折叠、可垂直起降、可悬停、对场地要求低等优点,因此受到专业技术水平一般的大众应用人士的青睐,其更适合于执行如航拍、架线巡线以及桥梁检测等任务。

固定翼无人机外形似"十"字或"士"字形,机翼一般与机身垂直,如图 1.1(b)所示。此类无人机一般采用滑跑或弹射起飞,伞降或滑跑着陆,对场地和环境有一定要求,但其巡航距离、载重能力等明显高于多旋翼无人机,更适合执行地图测绘、军事侦察以及对敌打击等对载荷和航程要求较高的任务。

无人直升机如图 1.1(c)所示,其上方有螺旋桨,后方有尾桨,外形与蜻蜓非常相似,一般采用燃油驱动。无人直升机的操作比较复杂,通常需要专业人员进行操控。由于无人直升机使用不太灵活,操作技术难度高,它们在民用市场并不多见,更多用于执行植保、虫害防治以及侦察攻击等方面的任务。

(3) 按大小和质量划分

无人机按大小和质量可以分为大型、中型、小型和微型无人机。大型无人机通常是指起飞质量在 500 kg 以上的无人机;中型无人机的起飞质量在 200～500 kg 之间;小型无人机的起飞质量通常小于 200 kg,机身尺寸在 3～5 m 之间,活动半径在 150～350 km 之间;而微型无人机是按大小定义的,其翼展一般小于 0.5 m,最大飞行距离约 2 km。

(4) 按航程划分

无人机按航程可以分为超近程、近程、短程、中程和远程无人机。航程的划分标准众说不一,其中比较常用的一种分类标准为:超近程无人机的活动范围通常在 15 km 以内;近程无人机一般在低空工作,任务载荷不到 5 kg,活动半径在 15～50 km 之间,所需的巡航时间根据任务不同分为 1～6 h 不等;短程无人机的活动距离在 50～200 km 之间;中程无人机是指活动半径在 200～800 km 之间的无人机;活动半径在 800 km 以上的无人机则为远程无人机。

(5) 按用途划分

无人机按用途可分为消费无人机、工业无人机和军用无人机三类。

消费无人机是最为大众所熟知的类型,这类无人机一般是旋翼机,体积不大,续航能力和飞行距离非常有限,价位一般在几千元到几万元之间不等,主要用于娱乐和航拍等不太复杂的飞行任务。

工业无人机相较于消费级无人机有更高的技术门槛,为了满足不同行业的应用需要,通常要求无人机有更长的续航能力、更远的飞行距离、更大的任务载荷和更可靠的安全保障等,通常用于执行与工农业生产、交通环保、公安消防等相关的专业性较强的载荷任务。

军用无人机则是为战争服务的高科技飞行武器或装备,通常对它的性能需求最高。相对于前两个级别的无人机,除了对军用无人机的可靠性、稳定性等有更加严格的要求外,其他要求还包括了质量轻、尺寸小、成本低、起降简单、操作灵活、隐蔽性好、生命力强、机动性好、续航时间长、攻击能力强以及抗干扰、防诱骗等多方面的需求,具体的性能要求根据其所执行的任务不同而有所差异。

2. 无人机的组成

如图 1.2 所示,通用的无人机系统一般由无人飞行器、通信链路和控制站组成。无人飞行器又包括飞行平台、动力装置、导航飞控装置、电气设备和任务设备等部分;通信链路包括机载通信设备和地面通信设备两个部分;而控制站通常由显示装置和操纵设备组成。下面分别对其进行描述。

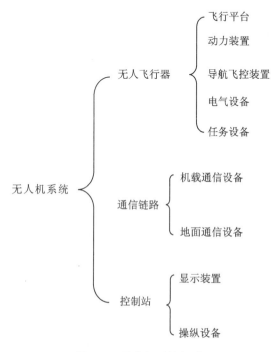

图 1.2　无人机系统组成

(1) 无人飞行器

无人飞行器俗称无人机,是无人机系统的核心组成部分,是完成飞行任务和载荷任务的基本载体。

无人飞行器的飞行平台包括机身、机翼和起落装置等,是承载所有设备和部件的平台。

无人机的动力装置是指无人机的电机或发动机,以及保证它们正常运行所必需的设备和附件的总称。目前,大型、中型、小型等无人机广泛采用的动力装置大多为活塞式发动机系统。出于成本和使用方便的考虑,微型无人机中普遍使用的是电动动力系统,主要由动力电机、动力电源和调整系统三部分组成。

无人机的导航飞控装置由导航子系统、飞控子系统、机载导航飞控计算机、飞控软件和执行机构等组成。导航子系统提供相对于所选定的参考坐标系的无人机位置、速度和飞行姿态等信息,引导无人机沿指定航线安全、准时和准确地飞行,它相当于有人机中领航员所完成的功能。飞控子系统是无人机完成起飞、空中飞行、执行任务和返场回收等整个过程的核心控制系统,负责对无人机实行全权控制与管理,通常要与导航子系统协调完成航迹控制,它相当于有人驾驶机的驾驶员对飞机的操作过程,是无人机执行任务的关键。导航飞控计算机也称为飞控计算机,是导航飞控装置的核心部件,它具备对无人机的姿态稳定与控制、导航与制导控制、自主飞行控制、自动起飞和着陆控制等多个功能。机载导航飞控软件是运行于计算机上的嵌入式实时任务软件,不仅要求功能强大、性能好、效率高,而且要求其具有良好的质量保证、可靠性和可维护性。导航飞控装置的执行机构一般都是伺服作动设备,它根据飞控计算机的指令,按规定的静态和动态要求,通过对无人机各控制舵面、发动机节风门、电机等的控制,实现对无人机的飞行控制与管理。

无人机的电气设备可分为机载电气设备和地面供电设备两部分,一般包括电源、配电装置和用电设备三个部分。

无人机的任务设备是安装在无人机平台上的、为完成特定任务所需的设备,比如摄像机、探测仪、传感器、物料装置和武器系统等。

（2）通信链路

无人机的数据通信链路是一个多模式的智能通信系统,按照传输方向可以分为上行链路和下行链路。上行链路主要完成从地面站通信设备到无人机通信设备之间遥控指令的发送和接收,是区别于有人驾驶飞机、实现对无人机进行操作和控制的基本信息传输通道。下行链路主要完成从无人机到地面站的遥测数据、红外或电视图像等传感器采集信息的发送和接收,并可以根据数据信息的传输,利用上下行链路的通信信号进行测距和定位。

数据链路性能的好坏直接影响了无人机性能的优劣,如活动半径大小、抗干扰和防诱骗的能力等,对于保证无人机对地面遥控指令的准确接收、无人机发送信息的实时性和可靠性等指标至关重要。通过地面站和无人机之间及时有效的信息传输和通信,将为顺利、准确地完成飞行任务或载荷任务提供基本保障。

（3）控制站

无人机的控制站是无人机系统的地面指挥控制中心,它通常由一个或多个操作控制分站组成,主要实现对无人机的任务控制、载荷操作、载荷数据分析和系统维护等。控制站可以控制无人机的飞行过程和飞行航迹,管理有效载荷的任务功能,保证通信链路的正常工作以及飞行器的可靠发射与回收等。

地面控制站应具备完成基本的飞行任务和控制任务功能,可以处理飞行过程中遇到的各种已知和未知的、人为与客观的不利因素的影响,能够使无人机适应各种复杂的飞行环境,保证无人机全系统整体功能的有效实现。另外,部分地面控制站还具有与上层指挥控制中心通信的功能,可以实时地把无人机的状态与飞行数据等传输到上级控制中心,并及时地接收上级控制中心发来的控制指令与信息数据等。

1.1.3 无人机的功用与任务

1. 无人机的功用

从无人机的基本组成结构及各部分功能可知,无人机是一个可以飞行的载体,据此可以引申出无人机的基本功用包括两个,即飞行和搭载。无人机各组成部分的正常、协调的运行与工作,保证了无人机系统可以有效地实现这两个基本的功用,并且通过这两个功用的综合,去完成许多不同的、复杂的任务。

无人机的飞行功用又可以细分为起降、悬停、点到点飞行、航迹飞行、覆盖飞行、编队（相对)飞行和探寻飞行等,这些具体功用通常需要无人机内部的子系统如飞行平台、动力装置、导航飞控设备、电气设备等协调工作来完成。

无人机可以像汽车、轮船、火车、有人飞机等一样运输、搭载物资,即具有载物功能。每种无人机根据其动力、载荷量等来确定其载物量及搭载方式。但无人机纯粹用于货物运输只是它的一种小众应用,它更多搭载的是种类繁多的任务载荷,如通信设备、测绘设备、武器装备、播撒器具、摄录装置等,以及各种各样的传感器、探测器、专用工具或装置等,从而利用这些载荷去完成各种各样的特定任务。

无人机也可以不搭载任何物体,这时它的作用可能主要是引导飞行、表演飞行及娱乐游玩等内容。无人机可以对其他人或物进行指示引导,比如在军事上,无人机常常作为靶机使用。无人机在其导航飞控设备的控制协调下,也可以进行单机表演或多机编队飞行等,一般可用于商业演出或军事演习训练等。

将无人机的飞行和载物功用结合在一起,还可以衍生出一些新的能力,如用于增强通信能力、提高信息获取能力等。无人机具有通信能力,这是无人机的数据链设备赋予无人机的基本功用,无人机通过数据链路可以完成与地面站之间的通信,实现对无人机的控制与管理。但同时,其数据链设备也可以与通信卫星、其他无人机、其他地面站等通信,即一方面,无人机可以为了完成自身的特定任务而进行通信;另一方面,无人机也可以作为通信中继平台,为其他系统提供通信便利,这样就可以扩展其他通信系统的覆盖范围和传输距离。

无人机利用其搭载的任务设备可以方便地感知外界环境,获取周边信息。比如无人机可以搭载各种诸如人的感觉器官的传感器来获取自身的导航信息等,像 GPS 可为无人机提供位置信息,测距仪可提供到特定位置点的距离信息,气压计可为无人机提供高度信息,照相机可为无人机提供图像信息等。再比如可以搭载环境监测传感器,去获得诸如温度、湿度、气体浓度、污染指数、雾霾状况等飞行路径上的环境参数。这些设备提供了无人机获取周围环境信息的能力。

2. 无人机的任务

无人机可以在不同行业应用发挥不同的用途,它们对应的任务也有所不同。随着无人机技术的发展,无人机在枯燥任务领域、危险任务领域、恶劣环境任务领域等发挥着越来越大的作用。根据无人机的常见应用领域,可以对无人机所要完成的任务进行分析,包括其在不同行业应用的飞行任务或载荷任务。

(1) 农业领域

无人机可以应用于农业生产,如农药喷洒、虫灾监测、森林防护和牧场管理等。无人机携带农药可以进行超低空喷洒,操作简单,效率高,降低了成本,提高了喷洒准确度,避免了农药浪费和扩散伤害。无人机携带病虫色谱摄影设备,可对农林植被进行病虫害监测和预警。无人机携带实时图传或热成像仪等,可进行森林火灾预防,以及制止偷伐和破坏森林的行为。无人机携带相机可以对牧场进行实时监测和信息管理。

无人机要完成以上任务,需要在无人机上携带相应的农业任务设备,执行路径规划、航迹飞行,或者遍历飞行相应的区域。无人机一方面要获取应用场地的周边场景信息;另一方面,无人机又要将各种信息发送给地面站,与地面站保持实时通信联系。

(2) 电力行业

无人机可以应用于电力行业,如电力巡线、架线和电网"大数据"建设等。现代无人机可以翻山越岭对输电线路进行快速巡线工作,借助机载设备,无人机能使肉眼难以发现的、处于萌芽状态的隐患通过红外、紫外成像等显现出来。专用的无人机可以在恶劣环境中开展架线工作,节约工作成本,避免人员伤害。对于电网"大数据"建设,无人机利用其相应的任务设备采集电力现场信息,存储并传送给地面站,供大数据处理、分析和使用。

无人机要完成以上任务,需要完成航迹飞行、信息获取和与地面站通信等,以及利用载物的功用,把导线从地面架到空中,完成无人机的点对点飞行和悬停等操作。

（3）交通领域

无人机可以应用于交通行业,如路况勘察、事故取证、交通疏导和智慧交通等。近些年来,我国各大城市道路拥堵严重,尤其是在发生交通事故时,不但邻近路段交通瘫痪,而且执法和救援车辆也无法及时到达现场,而无人机可以快速飞抵现场,第一时间获取交通路况信息,并进行执法拍摄取证,通过与地面站通信把数据发送到指挥中心。无人机通过图传设备可以将空中俯瞰的整体交通情况反馈到指挥中心,便于交管部门远程指挥疏导,并根据指挥中心的决策对交通进行引导。无人机对城市路况的勘察,有利于根据需要优化道路设置,并且收集到足够的信息后,采用"交通大数据"等处理分析方法,相关部门可统筹制定系统的交通解决方案,实现"智慧交通"应用。

（4）环保领域

无人机可以应用于环保方面的环境监测取证、管道巡检、溢油处理和危险场合采样等。无人机遥感可对地面物质覆盖情况、水环境情况及其变化等,提供定量和直观的监测数据,为各级环保部门提供执法判断依据。携带红外设备的无人机可按航迹飞行,对深埋地下的输油管道进行快速巡检,通过热成像及时发现油管堵塞或漏油。对于海上溢油事件,无人机可以通过引导功能,辅助指挥开展海平面的除污工作。在可能发生爆炸或有毒的危险区域,无人机可以搭载相应的传感器、探测装置等代替人工进行采样,以帮助进行详细的分析处理。

（5）国土资源行业

无人机可以应用于对国土资源的航拍测绘、地质勘察、城市规划和工程建设等。无人机遥感具有超低空作业、测控精度高、环境适应性强等明显优势,辅以信息化的地面处理设备,能更快速甚至实时地完成测绘、拼图等。无人机在地质勘察时,可根据需要更换多种机载勘察设备,完成不同类型的勘察任务。无人机的三维建模技术可使城市规划更直观,工程选址更精确,建设布局也更合理。

（6）公共安全领域

无人机可以应用于公共安全方面的群体活动监控、罪犯追捕和反恐侦察指挥等。警用无人机可以获取大型活动现场的信息,实现对群体活动的监控。携带追踪设备的无人机,可以锁定嫌疑人或其车辆,实行自动跟踪,引导追踪抓捕行动。在解救被劫持人质等反恐案件现场,警用无人机可秘密进入不易接近的区域,侦察各种反恐现场信息,并及时传输回指挥中心,或者携带武器如小型催泪瓦斯等对恐怖分子进行控制和打击。将动态的无人机监控与静态的地面监控结合,并通过与卫星通信和信息化技术的应用,可以构建区域性甚至全国性的安保监测系统。

（7）应急救援场合

无人机可以应用于救援场合,如火灾、洪灾、灾害评估和人员搜救等危险环境。火灾蔓延的判断、高层建筑起火的救生等方面都是消防工作部署的关键和难点,无人机可将详细的现场情况实时传送至地面指挥车。当发生洪水时,无人机可携带救生绳或救生圈,并将其投送到溺水者身边。中高空无人机可提供洪水受灾面积、地震毁坏程度等的评估,为救灾部门提供最真实、最及时的资料。携带生命探测仪的无人机,是搜救幸存者的有效工具。目前,有些海水浴场配备了监测、救生两用无人机,发现有人溺水可第一时间报警、定位并投递救生圈。而在马拉松、登山等比赛中,无人机还可携带常用的急救药品等飞到患者身边。

（8）休闲娱乐领域

无人机可以应用于休闲娱乐方面,如影视拍摄、航拍航摄、飞行表演等。无人机在影视现场的应用早已成熟,多旋翼无人机可以通过云台携带高清摄像机,进行多角度、多方位的影视录像、航空拍摄等。无人机可以单机飞行表演多种动作,或进行多机编队飞行表演,这时多个无人机之间要互相通信,某些无人机还要发挥引导、锚点的作用。

1.2　无人机通信及特点

在无人机系统中,负责通信的子系统也称为无人机数据链或无人机通信链路,它是无人机与外界联系的神经网络,维系着空中的无人机与地面、海上、空中等控制站及其他陆、海、空工作单元之间的信息交换,满足对无人机平台监控、传感器操控、传感器数据交互、飞行操控、任务执行、起降控制等信息传输的需求。

无人机数据链按照传输方向可以分为上行链路和下行链路。上行链路主要完成地面站到无人机遥控指令的发送和接收,下行链路主要完成无人机到地面站的传感信息、位置信息、遥测数据以及红外或电视图像等的发送和接收;另外,也可以根据通信信号的传输,利用上、下行链路进行测距与定位。

为完成无人机的基本任务,其通信子系统应具备以下功能:①支持对无人机及其机载设备的远程控制;②监视无人机及其设备的状态;③进行侦察监测数据的回传;④对通信质量的在线评估。

无人机通信子系统对于无人机完成飞行任务和载荷任务是非常重要的,其数据链性能的好坏将直接影响无人机性能的优劣。只有无人机的通信状态良好,才能保证地面站发来的指令信息被无人机实时可靠地接收,以及保证地面站正确接收到无人机发来的各类数据。

一种先进的无人机数据链是一个多模式的智能通信系统,能够自动感知其工作区域的电磁环境特征,并根据环境特征和通信要求,实时动态地调整通信系统的工作参数(如通信协议、工作频率、调制特性和网络结构等),从而达到可靠通信以及节省通信资源的目的。

无人机通信是为了对无人机进行实时控制与管理,是为了实现无人机与外界人、事、物的信息交互,是为了完成某种特定的数据传输任务。因此,无人机通信对于无人机系统来说是至关重要的,为了完成无人机通信任务,我们需要了解无人机通信的基本需求,掌握无人机通信的基本特点。

1.2.1　无人机的通信需求

无人机在空中执行各种飞行任务和载荷任务时,需要与外界其他系统(如地面站、其他无人机或其他通信系统等)进行通信。为了完成这些任务,无人机在通信方面有着明确、基本的任务需求。

一般来讲，无人机的通信有两个方面的需求，即自身的需求和外在的需求。自身的需求是指无人机在空中执行飞行任务时的通信需求，即控制站需要实时给无人机各种控制指令信息，无人机的各种状态信息也需要及时反馈给控制站，这时无人机和控制站之间的通信就是为了满足自身的飞行需求。有时，多架无人机之间（如编队飞行）也需要进行通信，以协调各无人机之间相对位置、动作等，这也属于无人机自身的通信需求。

外在的需求是无人机在空中执行各种载荷任务时的通信需求，其中一种需求是无人机上搭载了获取外部信息的各种摄录设备、传感器、探测器等，获取的外部信息需要及时地传递出来，比如传输到地面控制站、其他无人机、其他地点的通信接收设备、通信卫星等；另一种需求则是无人机搭载了专门的通信收发装置，无人机纯粹作为通信中继平台使用，与其他的无人机、其他的通信系统仅仅进行数据的交换输送，其间不产生新的信息数据。

根据无人机自身和外在的通信需求，可以衍生出我们对无人机数据链或无人机通信链路的进一步的功能或性能方面的要求，这主要包括以下几个方面，这几个方面也基本是通用的通信系统所主要考虑的技术指标。

1. 通信速率

对于无人机通信，其通信的数据量往往较大，对数据在信道中传输的速度即通信速率的要求也较高。在上行链路中，较高的通信速率可以保证地面站的控制指令及时地传达到无人机，使无人机快速做出响应，这在军事应用中的效果更为突出；而在下行链路中，较高的通信速率才能保证无人机获取的信息及自身数据及时地传送到地面控制站，控制人员才能实时地了解无人机的状态。对于无人机编队飞行的情况，多架无人机之间需要进行实时通信，通信速率的高低直接影响着各无人机动作响应的速度，因此高通信速率是无人机完成编队飞行表演的关键。

随着无人机技术的发展及市场应用的推广，对无人机通信的实时性要求也越来越高，通信子系统一般通过优化各模块结构，减少各传输环节的时延，来确保其具有更高的通信速率。

2. 通信距离

目前，无人机正朝着中高空、长航时的方向发展，现有的视距通信和超视距通信已不能满足无人机日益增长的长通信距离的要求。无人机通信子系统要提高自身发射与接收设备的性能，一方面应使该通信设备能够发射更高功率的信号，确保有用信号传输距离的有效增加；另一方面应使该通信设备具有更高的接收灵敏度、更强的信号感应和识别能力，以确保能够接收到更远距离、更广区域传输过来的信号。

3. 传输容量

随着无人机的应用范围越来越广，无人机载荷的类型也变得多种多样，传感器采集的数据量也相应增大，单位时间内能够传输的最大信息量即传输容量也要增加。因此，机上需要传输的数据类型与数据量也越来越多，这就要求无人机通信子系统能够进一步拓宽频带和提高频率利用率等，以大大提高数据信息的传输容量。

另外，无人机还要与其他地面站、其他无人机、其他通信系统等进行通信，即同时要与多个外界系统通信，这意味着无人机的传输容量要足够大，才能保证无人机系统完成相应的数据传输任务。

4. 数据带宽

无人机的数据带宽是无人机数据传输能力的主要衡量指标，是指单位时间内通过链路传输的数据量,通常以 bit/s(bps)来表示,即每秒可传输的比特位数。随着无人机技术的发展以及市场上对无人机传输容量需求的增加,往往要求无人机具有更强的信号传输能力。另外,无人机在与其他系统进行通信时,也需经链路传输更多的数据量。这些需求都对无人机通信的数据带宽提出了更高的要求。

5．环境适应能力

为了完成特定任务,有时无人机的使用环境会非常恶劣,对无人机通信的安全性、可靠性、抗干扰能力等的要求也进一步提高,要求通信系统应具备更加良好的电磁兼容性和抗欺骗能力、低截获概率、高安全性以及足够的抗干扰能力,以保证无人机通信系统能够在各种恶劣环境及战场条件下稳定、可靠、安全地工作。

随着无人机的应用越来越广泛,对无人机通信系统的硬件即机载通信设备和地面站通信设备的性能与工作能力也提出了更高的要求。

6．对机载通信设备的要求

对于机载通信设备而言,由于无人机载荷平台空间狭小,机载设备及任务设备种类繁多,安装拥挤;各电子设备频率覆盖范围宽;收、发设备的信号电平相差悬殊,这些问题造成了无人机上复杂的电磁环境,带来了比较严重的电磁兼容问题。由于受到机上重量限制,无人机机体常采用复合材料,也无法大量采用屏蔽、滤波等措施,使得电磁波在机体内外引起大量的反射、散射和绕射等现象,加之机上设备产生的开关瞬态、信号谐波等干扰,导致无人机上的电磁环境更加恶化。另外,由于机载天线的安装位置选择有限,飞行平台的结构无法为各种机载天线提供满意的空间和极化隔离,也无法利用机身遮挡等措施来满足要求,这样对信号的收发质量也造成了不利影响。

因此,无人机上恶劣的电磁环境将严重影响机载各电子设备的正常工作,设备间产生的严重电磁干扰,需要通过对机载电子系统良好的电磁兼容设计,来最大程度地保证各设备的正常工作和通信传输性能,这对于工业级和军用级的无人机显得尤其重要。

7．对地面站通信设备的要求

对于地面站通信设备来说,与无人机发展相匹配的地面控制站,需要具有包括任务规划、数字地图、卫星数据链、图像处理能力等在内的,集通信、处理、控制、管理于一体的综合能力。未来地面站的功能需求将更为强大,不仅能控制同一型号的无人机群,还能控制不同型号多类型无人机的联合机群;未来的军用地面站系统还应实现与远距离的更高一级的指挥中心联网通信,及时有效地传输数据、接收指令,在网络化的现代作战环境中发挥突出作用。

因此,地面站系统需要具有开放性和兼容性,即不必进行对现有系统的重新设计和更换,就可以在地面控制站中通过增加新的功能模块来实现功能扩展,并且相同的硬件和软件模块也可用于不同的地面站。另外,地面站除了完成基本的飞行与任务控制功能外,同时也要求能够灵活地克服各种未知的、自然或人为因素的不利影响,以适应各种复杂的环境,保证全系统整体功能的可靠实现。

1.2.2　无人机的通信特点

除一些特殊的军用高空无人机外,大多数无人机一般在地球表面的近、低空飞行,因此无人机的通信相比于其他通信系统,有其相应的特点与不同之处。与移动通信系统相比,无人机通信具有快速移动性,即其通信环境是快速变化的,因此对通信的稳定性有较高要求。与卫星通信系统相比,大多的无人机通信具有低空性,通信覆盖区域较小,并且信号所处的地理环境多变,要及时处理应对地表上的各种复杂环境状况。

如果利用无人机实现中继通信的功能,其通信平台具有部署方便、移动性强、性能较佳、控制灵活等特点,且通信设备也容易升级换代。相对于移动通信,其部署周期要小很多,成本也相应低很多;而相比于卫星通信系统,其通信延迟较小,造价也低。因此无人机的中继通信具有一定的天然优势。

一般对通信的要求是实时性强、稳定性高,但由于无人机快速飞行的特点,给无人机的通信带来了一些限制和不利影响,主要体现在以下几个方面:

① 根据无人机结构和承担的任务可知,无人机所能承载的通信设备有限,因此需要装载的通信设备也要尽可能地整合功能,要求体积小、功耗低、处理速度快、综合性能好等。

② 在通信过程中,无人机上的通信设备一直在随其运动,它和地面通信设备的距离也一直在变化,无人机需要应对由于其移动所带来的环境变化和信号变化的不利影响,保障通信的实时性和稳定性。

③ 由于无人机多采用电池供电,而且传输的距离又远,所以要求通信设备的功耗要低、信号传输距离要远、数据链的接收灵敏度要高、接收性能要良好等。

④ 在某些复杂的应用环境中,无人机需要实现高速图像数据的传输通信,由于无人机飞行的低空性,就需要考虑多路径、杂波等恶劣信道对传输性能的影响,尽量减少信息传输的误码率。

⑤ 在无人机多机编队和多机联合作战时,无人机需要多点通信,要兼容处理各种信号,采取抗电磁干扰措施,实现指令的有效传输和多机的协同通信。

综合分析以上无人机通信的特点,可以归纳出一个先进的无人机数据链路应该具有以下五个特征:

1. 高信息速率

无人机数据链大多属于窄带传输和远距离传输的通信领域,采用高速率的传输手段才能保障无人机系统的正常运行,完成窄带条件下远距离通信的任务。

2. 低功耗、低误码率和高接收灵敏度

无人机数据链路具有低功耗的特点,以支持无人机的长时间飞行;具有较低的误码率,才可以较准确地传输信息。无人机数据链路的高接收灵敏度,可以接收、识别更远距离的信号,扩大无人机飞行的距离与范围。

3. 数据加密功能

无人机数据加密可使数据传输的可靠性提高,以防止数据的泄密与丢失,尤其在军用无人机中往往使用该项技术来防止被诱骗等。

4. 存储、转发功能

当要实时传输的数据量较大时,无人机通信系统可以将一部分机载传感器的信息先存储下来,待完成飞行任务后再发往地面,由相应人员提取出来进行事后分析。无人机在飞行过程中也需要转发地面站发来的控制信号给其他无人机,这在无人机编队飞行中十分常见。

5. 跳频、扩频功能

通过通信跳频使载波频率不断跳变,在扩展频谱的同时可以提高通信的抗干扰能力。一般跳频组合越多,抗干扰能力就越强,才能更好地发挥干扰环境下的通信效能。

利用扩频信息处理技术,可以大大改善数据传输的性能。在传输信息之前,先对所传信号进行频谱的扩展处理,以便利用宽频谱获得较高的接收增益、较强的抗干扰能力和较高的传输速率;同时,在相同频带上利用不同的码型可以传输不同用户的信息,即实现码分多址通信,因此采用扩频通信也提高了频带的复用效率。

目前,无人机数据链也面临着一些挑战或问题。首先,无人机数据链在复杂电磁环境条件下可靠工作的能力还不足。其次,频率使用效率低,由于通信频率通常采用预分配方式,而无人机数据链分配的频带较宽,且目前无人机飞行架次不多,频率使用次数有限,因此长期占用这些频率带宽,会造成频率资源的浪费。

当前,无人机通信正处在高速发展过程中,普通无人机大多采用定制视距数据链的方式,而中高空、长航时无人机则大多会采用视距或超视距的卫星通信数据链。现代数据链技术的发展,推动着无人机通信向着高速、宽带、保密、抗干扰的方向发展,无人机通信实用化的能力将越来越强。随着机载传感器的数据精度、定位的精细程度和执行任务的复杂度的不断上升,对数据链的带宽提出了更高的要求,未来随着机载高速处理器的突飞猛进,预计未来数年射频数据链的信息传输速率将会翻番,无人机数据链路各方面的性能也将更加优良。

1.3　无人机导航及特点

导航是引导某一载体,从指定航线的一端运动到另一端的技术或方法,是解决"我在哪里?""往哪儿去?""如何去?"等定位与引导问题的技术手段。负责对无人机进行导航的是其导航飞控设备中的导航子系统,它相当于有人机中的领航员,通过向无人机提供定位导航信息,引导无人机沿指定航线安全、准时和准确地飞行。一般来讲,无人机导航的信息来自自身导航设备或外界导航系统。

要引导无人机按照要求的飞行精度,沿着预定的航线,在指定的时间内正确地到达目的地,需要实时地给无人机提供可靠的、满足精度需求的导航参数信息,这些导航参数通常包括无人机的三维位置、速度、加速度、姿态角、角速度、相对高度和时间信息等。只有无人机飞控子系统接收到这些实时性好、精度高的导航信息,才能及时精确地完成对无人机的操作控制,完成特定的飞行任务和载荷任务。为了完成无人机的导航、飞控与管理任务,我们需要了解无人机导航的需求,掌握无人机导航的特点。

1.3.1　无人机的导航需求

无人机在空中执行各种飞行任务和载荷任务时,需要相应的导航子系统为它提供导航信息来引导无人机的飞行。为了完成这些引导的任务,对无人机的导航定位提出了明确的需求,一般来讲,无人机导航主要有以下几个方面的基本需求:

1. 精　度

要完成对无人机的精确导航,保证无人机按正确的路线飞行,以及在设定的位置点完成动作与响应等,无人机的基本导航参数如位置、速度、姿态等的测量精度要高,这样才能保证无人机按规定速度、指定姿态和航迹准确到达目标点,并完成相应的飞行与载荷任务。

2. 实时性

无人机一般是处于运动状态中,且具有较高的动态性,对其的引导也要求是实时的。由于位置信息不断发生变化,在到达目的地的过程中就需要无人机不断进行自身位置的确定和航迹更新,无论是自身导航设备提供的还是外界导航系统确定的,导航参数都要以较高的更新率及时地更新,并实时地传送给导航飞控子系统,然后无人机才能准确动作和调整飞行状态,从而准确地沿航线飞行或及时地到达指定地点。另外,要完成对无人机的实时导航,地面站对无人机的控制信息也要能实时传输过来,以使无人机有足够的时间进行新的导航路径规划等。

3. 覆盖范围

随着无人机技术的发展,无人机应用的范围越来越广,飞行距离逐渐增大,无人机经常要到特殊区域、复杂地带和超视距的范围区域执行导航任务,这时就需要无人机采用的非自主导航系统的导航信息在更广的覆盖范围内仍然可用。

4. 可靠性

在对无人机导航的过程中,导航设备的可靠性要高。由于执行任务的环境往往复杂恶劣,甚至无人机在机体受到损伤的情况下,也要求能够适应不同的环境,正常工作并完成导航任务,这就要求导航系统适应能力要强,在不同条件下都能够提供准确、可靠、可信的导航信息。

5. 抗干扰能力

当前的无人机导航子系统所用的硬件设备多为无线电电子导航设备,会受到故意或非故意的电磁干扰,使得导航性能下降或功能丧失。因此,无人机导航要具有抗干扰的能力,要采取防止电磁干扰的应对措施。

6. 防诱骗

在军事应用中,经常会出现一些虚假导航信息对无人机进行导航诱骗,因此无人机的导航系统要具有抗诱骗的能力。通常会在导航系统中采取加密和抗欺骗的措施,以及对无人机的数据链加密使数据传输的可靠性提高,防止导航数据的泄露和丢失。

7. 智能导航

高层次的智能无人机导航,在基于无人机安全飞行和各种约束条件下,可以为无人机规划最优的飞行航迹,制定无人机完成任务的基本控制策略。智能导航会根据地形信息和人为因素等,综合考虑无人机的相关性能、油耗、威胁与风险、干扰以及飞行区域等约束条件,为无人机规划出从起始点到目标点的最优飞行航路和最佳任务策略。

1.3.2　无人机的导航特点

与其他导航应用相比,对无人机的导航看起来只是把导航的传感介质和平台移植到了无人机上,但它们之间关键的区别在于,其他导航应用,如车、船、飞机、行人等的导航,在其导航设备旁边都是有人的,人可以实时感受到位置、环境等的一般变化,可以对某些导航的结果进行干预、修正,或者也可以选择忽视或屏蔽等,最关键的是可以现场实时地对车、船、飞机进行操作。而无人机的导航设备旁边是没有人的,其远处的地面控制站与无人机不处于同一个位置点或同一处环境,只能依靠有限的信息如视频、环境传感器等对无人机的导航结果进行远程判断,由于缺少了操作人或使用人的现场实时干预、修正或操控,无人机飞行的危险性将大大增加,因此对无人机上的导航设备输出结果的正确性、稳定性、可靠性等方面,将提出更高、更加严格的要求。

无人机导航的另外一个特点是其机动性更强一些。无人机的速度范围根据其用途不同而有所不同,如一般民用无人机的马赫数都在 1(速度约 1 224 km/h)以下,军用无人机的马赫数一般都高于 1,相比于车、船等载体,无人机的移动速度大多要高一些;相对于有人机,虽然其速度可能不高,但其大多在(近)低空飞行,地面环境、地形地貌的变化较快。因此当无人机在地表上空高速飞行时,需要处理解决好在环境变化较快和复杂环境下的导航信号覆盖性、可用性、可靠性等问题,以及要求无人机导航的实时性要强,定位信息的更新率要高,这样无人机才可以及时动作,避免与周围环境发生碰撞而引起损伤坠毁,以自主适应平原环境和山区环境等,保障无人机准确地沿路径飞行,及时到达目的地。

最后,无人机要经历从地面到高空再到地面的过程,由于高度的变化,无人机导航所用的一些设备也要随之变换,比如在低空地表附近,无人机可以用视觉导航和超声波导航,而到了高空则一般用 GPS、气压计等就可满足要求,且在地面与高空的转换中,还往往需要采用专门的起飞和降落导航引导设备。从地面到高空,外界的温度变化也很大,无人机的机载导航设备还需要具备在不同温度环境下正常工作、提供导航服务的能力。

1.4　习　题

1. 简述无人机的定义、分类与特点。
2. 简述无人机系统的组成与各部分功能。
3. 通过网络,了解无人机的过去、现在和未来。
4. 了解无人机通信和导航发展的历程、需求与特点。
5. 无人机作为战术通信的中继平台时,有什么优势与不足?
6. 熟悉无人机通信和无人机导航的基本概念与性能指标。
7. 如何通过实时的导航信息,确定无人机的当前工作状态?

第2章　无线电技术基础

　　无线电技术的发展已经历了几百年的历史,迄今为止已为人类社会的进步做出了巨大的贡献。无线电通信、无线电导航(包含卫星导航)等,都是在无线电的基础上发展起来的技术,其本身就属于无线电系统,而无线电通信、无线电导航也分别是无人机通信、无人机导航的主要和主流内容。因此,在前面对无人机的基本知识做了描述后,本章将对无线电技术的基础知识进行介绍,其中所讲述的系统原理、组成、关键技术、性能指标等,也是无线电通信与导航,以及无人机通信与导航所需要遵循和具备的。

　　利用无线电波的传播特性完成某种特定功能的系统,称为无线电系统。从功能上来分,无线电系统大体可分为两大类:一类主要用于信息传输,如通信、广播、电视等;另一类主要用于信息获取,如雷达、导航、气象卫星等。对某个具体装置或系统而言,还可能兼有不同的功能,如空中交通管理系统、飞行控制系统等。

　　无线电广播通信是比较典型的无线电系统,目的是由发射台向接收用户传递消息,它出现较早并且发展已经成熟,其构成和原理体现了一般无线电系统的特点。图 2.1 是它的组成框图,主要包括发射台和接收用户两部分。

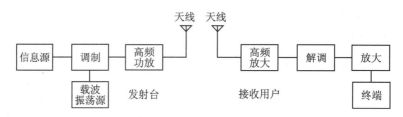

图 2.1　无线电广播通信系统

　　发射台一般产生高频等幅振荡波,通常称为载波。信息源通过调制器对载波进行调制,使载波的某些参量(如振幅、频率、相位等)随信息的变化而改变,这样调制器输出的已调(制)载波中就"载"有了要传递的信息。已调载波经高频功率放大等环节,由天线向空间辐射,并传播到用户的接收端。

　　在用户端,接收天线把感受到的微弱已调波馈入到高频放大器,经放大并在解调器中解调,进行与调制相反的变换过程,其输出即为所传递的信息。该信息信号经适当放大后去驱动或传输到用户终端,即完成了整个信息的传输过程。

2.1　无线电波及传播

2.1.1　无线电波的产生

　　无线电波(又称无线电磁波、电磁波)的产生、波动与传播,可用水波为例来说明:如果向一个平静的水面投入一个铁球,由于水的不可压缩性和流动性,铁球落入点位置的水,就被挤压而向四周扩散,使其外围 1 圈的水位逐渐抬高,相对外围 2 圈的水产生势能,该势能转化为动能使水继续向外围扩散释放,使 2 圈的水位也逐渐抬高,其势能再转变为动能继续向 3 圈扩散,这种势能与动能不断相互转换的过程,就形成了水波及其能量向外扩散传播的波动现象。

这里可以看到:①在传播方向上,水波是一个振幅逐渐降低的正弦波波形;②在水波传播方向上的某个点会随时间上下垂直波动,符合正弦波的变化规律;③同样在该位置上,势能与动能不断相互转换,沿传播方向上的速度也经历正弦波规律的波动变化。

无线电波在空中的产生、波动与传播基本类似,只不过它是由电场与磁场或者电能与磁能的相互转换形成的,是电场 E 与同相振荡且相互垂直的磁场 H 在空中相互产生转换、波动而向外传播的过程,如图 2.2 所示。

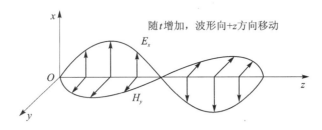

图 2.2　无线电波传播

图 2.2 中,在 O 点沿 x 方向立一根导线,使一定频率的正弦交变电流流过该导线,在其周围就会产生一个变化的磁场,由于电磁感应,在磁场外围会产生或感应出一变化的电场,该电场又在其附近感应或激励出磁场,如此循环下去,就产生了一个通过波动不断向外辐射和传播的电磁波,也称为无线电波或电波。

这里的波源就是导线,提供交变的电流作为辐射源。电容也可以是电磁波的波源,其内部电场可储存电能,如果电容有开口对外开放,将一定频率的交变电压加到电容上,则在开口处就会向外辐射变化的电场,从而形成电磁波。

如将电容 C、电感 L(储存磁能)组成一个闭合回路,在初始时刻向电容或电感注入一个外部的激励电压或电流,则电容的电能和电感的磁能将在回路内部不断相互转换,产生出以正弦波规律变化的谐振电压和谐振电流。该电路称为 LC 谐振电路或 LC 振荡器,其正弦波信号的振荡频率由电感量(L)和电容量(C)确定,角频率为 $\omega = 1/\sqrt{LC}$。此时若 L 或 C 具有开放性,则会向外辐射电磁波,其空间电场 $E_x(z,t)$ 随时间和传播方向变化的波动方程为

$$E_x(z,t) = E_m \cos(\omega t - \beta z + \alpha) \tag{2.1}$$

式中:x 是电场方向;z 代表传播方向;E_m 和 α 分别表示空间信号的最大振幅和初始相位;ω 为角频率(单位为 rad/s),反映了电波相位随时间变化的频度;β 为空间角频率或空间相位常数(单位为 rad/m),反映了波的相位随空间变化的尺度。

因此,对应空间某处 z,电场随时间周期性变化,角频率为 ω,波峰高度即振幅为 E_m;对应某时刻 t,电场在空间呈周期性分布,空间角频率为 β,振幅也为 E_m,如图 2.2 所示。其中,$\omega = 2\pi f$,f 为无线电信号的振荡频率(单位为 Hz),表示电波每秒波动的次数,其倒数为周期(T),对应电波振动一次所需的时间;$\beta = 2\pi/\lambda$,λ 为信号的波长(单位为 m),即电波在传播方向上一个波动周期所走过的空间距离;波长与频率成反比,在大气或真空中有 $\lambda = c/f$(c 是光速),即频率越高,波长就越短;在一个完整的波动周期内,波上每个点的相对位置及状态都是不一样

的,用相位(φ)来描述,取值范围$0\sim2\pi$弧度或$0\sim360°$。

同样,空间磁场$H_y(z,t)$的传播也遵循相同的规律,并且矢量方向始终与$E_x(z,t)$垂直,它们也都与传播方向垂直;随着时间的推移,都沿z方向移动,即向外传播。

电磁波可分为平面波、球面波和柱面波,点辐射源产生的电磁波即为球面波,直线辐射源产生的为柱面波,而到了无穷远处,球面波或柱面波的曲率变得很小,可近似视为平面波。

无线电波的频率范围可从几Hz到3 000 GHz,对应的波长从几万km到0.1 mm。按照频率范围的不同及其传播特性的差异,可将其划分为若干个波段,如表2.1所列。

表2.1 无线电波频段划分

序 号	频段名称	频率范围	波段名称
1	极低频	$3\sim30$ Hz	极长波
2	超低频	$30\sim300$ Hz	超长波
3	特低频	$300\sim3\,000$ Hz	特长波
4	甚低频(VLF)	$3\sim30$ kHz	甚长波
5	低频(LF)	$30\sim300$ kHz	长波
6	中频(MF)	$300\sim3\,000$ kHz	中波
7	高频(HF)	$3\sim30$ MHz	短波
8	甚高频(VHF)	$30\sim300$ MHz	超短波
9	超高频(UHF)	$300\sim3\,000$ MHz	分米波
10	特高频(SHF)	$3\sim30$ GHz	厘米波
11	极高频(EHF)	$30\sim300$ GHz	毫米波
12	超极高频	$300\sim3\,000$ GHz	亚毫米波

注:分米波、厘米波和毫米波统称微波。

对于卫星无线电通信和导航,由于卫星一般处于距地面几百km至几万km之间的一个高度,电波要穿过大气电离层、平流层、对流层等,使其传播特性非常复杂。理论和实验表明,在0.3~10 GHz频段内的电磁波,大气传输损耗小,适宜信号穿越,此频段称为"无线电窗口"。另外,在30 GHz附近也有一个损耗相对较小的波段,称为"半透明无线电窗口"。

2.1.2 无线电波的极化方式

无线电波的极化(Polarization),是指电磁波向外辐射时的传播方式,类似于对空中飞行的乒乓球,对其带不带旋转、向哪个方向旋转所进行的描述。由于电场与磁场恒定的关系,一般以电场矢量方向的旋转方式来定义电磁波的极化,包括线极化、圆极化和椭圆极化。

如果电场方向在传播过程中保持不变(没有旋转),始终指向一个固定方向,则称为线极化,此时所有的电场波动都处于一个平面上。进一步,如果电场方向与水平面平行,则为水平极化;如果电场方向与水平面垂直,则为垂直极化,如图2.3所示。

如果电场方向在传播时还沿传播轴旋转(相当于载体的横滚),但电场强度大小不变,则为圆极化。进一步,如果顺着传播方向看过去,电场方向顺时针旋转,则为右旋圆极化,如图2.4所示;若逆时针旋转的,则为左旋圆极化。

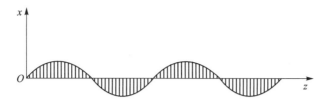

图 2.3 x 方向(垂直)线极化波的电场矢量空间分布图

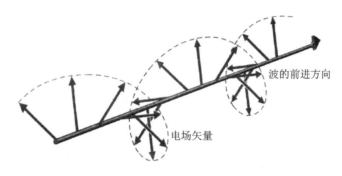

图 2.4 右旋圆极化波

如果圆极化波在旋转过程中,其场强大小也随旋转周期规律性变化,就是椭圆极化。椭圆极化波可通过线极化波与圆极化波叠加得到,因此也称为混合极化,可以说线极化和圆极化是椭圆极化的一种特例。

形成不同无线电波极化的原因与发射天线的电流激励方式、摆放方向和具体设计有关。对线天线来说,其上电流的方向就是电波的极化方向,如水平摆放就是水平极化方式,可以接收或辐射水平极化的信号;圆极化波可用螺旋天线实现,或由两个方向正交、幅度相等、相位相差±90°的线极化波叠加产生。

就像应对乒乓球的不同旋转采取不同的接球方式一样,对不同极化信号的接收也要有与之匹配的应对策略。接收天线最好与发射天线的极化方式和旋转方向都相同,才能获得最大的无线电波接收能量(称为极化匹配),这样才能获得最大的信号能量;否则会出现接收功率损失或信号失真(称为极化损耗或极化失配)。因此了解天线的极化方式非常重要,接收信号时需要对其极化进行调整,以实现最佳的接收效果。

一般会根据传播环境和应用要求,选择合适的天线及其极化方式。如垂直极化波比水平极化波更容易穿过起伏不平的地貌环境,适用于地面的移动通信;水平极化波在依赖电离层的长距离通信中表现更好;圆极化波可缓解卫星通信中由于卫星移动导致的信号衰减。在实际应用中,采用正交的双极化线天线一般可保证在任何情况下都能接收到信号,这时两天线通常布置成±45°的极化方式。

2.1.3 无线电波的传播特性

发射天线或自然辐射源产生的无线电波,通过自然条件下的媒质或真空到达接收天线的过程,称为无线电波的传播,它是一种电磁能量的传播。与其他波动如声波、机械波等不同,电波的传播不必依赖传输媒质,即可以像光波一样在真空中进行传播,这是无线电波的重要特征之一。

因此在研究电磁波的传播特性时，为了方便常采用在自由空间（真空）传播的概念，定义为电导率为零、相对介电常数 ε 和相对磁导率 μ 都恒为 1 的各向同性、均匀无耗介质空间，其介质特性与真空等效。电磁波在自由空间传播时，只有直线传播的扩散损耗，传播速度等于真空中的光速。

但实际的电磁波绝大多数是在存在着各种各样媒质的环境中传播的，这些媒质的电磁参数具有明显的不均匀性和随机性，使得通过它们的电磁波的传播特性发生了一定程度的随机变化，比如产生反射、折射、散射、绕射、色散和吸收等现象，并可能引起无线电信号的畸变。实际传播媒质对电波信号传播的影响主要表现在传输的吸收性损耗、相速变化、传播方向的改变、干扰和噪声等方面。

若传输媒质的特性随时间而产生随机变化，则称该媒质是随（机）参（量）的。电波在随参媒质中传播，会出现信号随时间的随机起伏，产生衰落现象。这种衰落可以是由电离层吸收作用的变化而产生的吸收型衰落，其变化一般较慢，周期是几分钟到几小时，甚至长达几个月，称为慢衰落；也可以是由电离层状态的随机变化导致路径实时改变，产生多径效应的干涉型衰落，其变化周期较短，通常在几分之一秒到几分钟之间，称为快衰落。不同频率信号的衰落情况不同，称之为选择性衰落。信号的衰落会造成信号失真，对于无线电通信和导航系统等，将严重影响其获取信息的准确性和可靠性。

若传播媒质对传播的影响与电波频率有关，则称媒质是色散的。电波在这种媒质中传播时，相速会发生变化，即不同频率的无线电信号传播的速度不同，当到达接收点时，信号将产生失真，已不再保持发射时各频率分量的正确相位关系，即出现了色散效应。在地球大气中，对流层对 20 GHz 以上、电离层对 30 MHz 以下的无线电波分别存在色散效应。另外，由于多径传输时的多相位现象，在最大和最小延迟差与信号的带宽可比拟时，也会使信号波形产生明显的畸变。

若传播空间存在不同特性的传输媒质，或媒质具有不均匀性，则称为非均匀媒质空间。无线电波在其中传播时，会产生折射、反射、绕射等现象，使传播方向发生改变。有时通信系统可以利用这个现象来增加电波传播的距离，但在无线电导航中也会造成对距离、角度或方位等参数测量的精度下降。

由于地球表面的起伏不平及大气对电波的多级折（反）射，电波会经由不同途径（信道）到达接收端，其传播距离、信号相移、衰减特性都不同，这时接收端信号的总和将是不稳定的起伏信号，将其称为多径干扰。另外，无线电波在空间传播时，地球大气中的带电微粒与之相互作用，也会对有用信号产生干扰和噪声，从而对信号的正确传播造成不利影响。

2.1.4 无线电波的传播方式

由上一小节可知，无线电波的传播特性取决于媒质的结构特性和电波的特征参数，一定频率和某种极化方式的电波与特定的媒质条件相匹配，可能就会产生出具有某种优势的传播方式。而在不同的传播方式中，媒质电参数（介电常数、电导率、磁导率等）的空间分布、时间变化及边界条件等，是传播特性的决定性因素。按照传输媒质的不同属性，电磁波在地球表面与空间大气中传播时，主要有以下几种传播方式：

1. 地面波传播

电波沿地球表面的传播称为地面波传播（Ground Wave Propagation）或表面波传播（Surface Wave Propagation）。当天线采用直立形式低架于地面上，架设高度远小于波长时，其电波的最大辐射方向为沿着地球表面的方向，这时主要是地面波传播，并且通常为垂直极化波的方式。

与在均匀媒质中以一定速度直线传播的方式不同，电波沿地球表面传播时，在地球表面两侧（一侧为空气，一侧为半导电地面）的电场、磁场满足一定的电磁传播边界条件，电磁波能量被紧密地束缚在地球表面上，并引导电磁波沿该表面行进，图 2.5 是地面波传播的示意图。

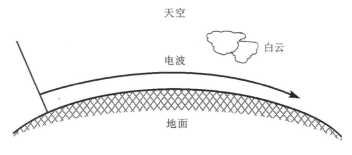

图 2.5　地面波传播

地面波传播的具体特性，还与地面是否平坦以及电波的波长有关。由于地球表面呈现球形和起伏不平的地貌特征，使电波传播路径主要按绕射方式进行，只有当波长超过障碍物高度或与其相当时，才具有绕射作用。如对于长波来说，除了高山外，其他地面都可以看作是平坦的；而对于分米、厘米波来说，即使是水面的波浪或田野上的丛生植物，也会对其传播产生比较明显的障碍作用。另外，不同地质的电磁特性变化很大，比如海水、淡水、土壤、岩石、沙漠等不同的电气特性，也会导致地面波的传播特性有较大变化。

地面波的特点是信号质量好，传播比较稳定可靠，并且没有多径效应，但随着电波频率的增高（一般大于 2 MHz 时），地面对电波的吸收就趋于严重，其传播（绕射）损耗就会迅速增大，因此只适宜于频率较低的中波、长波或超长波的远距离通信或导航，并且需要较高的发射功率和大尺寸天线。在军事应用领域，也常用短波、超短波实现几 km 或几十 km 以内的短距离通信、侦察和干扰等。

2. 天波传播

天波传播（Sky Wave Propagation），是指电波由发射天线向高空辐射，在高空被电离层连续折射或散射而返回地面接收点的传播方式，有时也称为电离层电波传播（Ionospheric Propagation）。

电离层反射无线电波的能力与电波频率有关，并且电波必须满足一定的入射（角）条件，否则将穿过电离层而不再返回地面，图 2.6 是天波传播的示意图。天波传播与电离层特性密切相关，电离层是一种随机、色散、各向异性的媒质，其形成主要由太阳辐射引起，电离层各区的电子浓度、高度分布等与其地理位置、季节、时间及太阳活动情况等有密切关系，会出现各种规则和不规则的变化。

电波在电离层中传播时会产生各种效应，如短波信号的传输很不稳定，噪声大，可靠性低，相移、衰落现象比较严重，其随机多径传输方式又使信号产生失真和带宽受限，并且会因电离层暴、电离层骚扰等异常情况造成信号中断，这是天波传播的主要缺点。随着高频自适应通信技术的发展和应用，短波通信的可靠性已经得到很大提高，目前在移动通信、无人机通信等方面占有重要的地位。

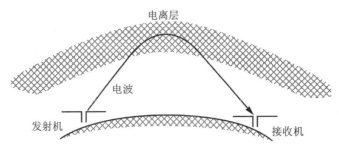

图 2.6　天波传播

　　天波传播的主要特点是传输损耗小和超视距传播,可用较小功率实现远距离的通信,即使经过电离层折射与地面反射的多次跳跃传播,也可实现数千 km、甚至几万 km 的长距离信号传输。一般长、中、短波信号都可利用电离层反射传播,但通常以短波为主,是大多数短波通信与广播的主要传播方式,如机载短波电台(H. F. Comm)工作于 2～30 MHz 频段。而其他频段的无线电波可能被吸收或穿越大气层进入太空,因而无法利用天波方式传播。

3. 视距传播

　　视距传播(Propagation Over the Line of Sight),又称直接波传播或空间波传播,是指在发射天线与接收天线相互"看得见"的距离内,电波由发射点直接到达接收点的传播,是一种直接的、对视的传播方式,但有时也包括地面反射波、衍射波的传播。

　　视距传播可分为地-地视距传播和地-空视距传播。前者的传播距离会受到地球曲率的限制,但由于大气造成的折射会使电波向地面方向产生稍微的弯曲,因此实际的最大传输距离通常要大于视线距离。图 2.7 是几种主要的视距传播方式示意图。

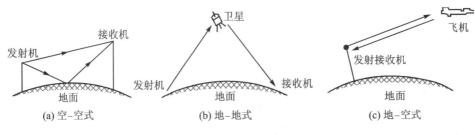

图 2.7　视距传播

　　大多数的视距传播路径,至少有一部分是在大气的对流层中,且通信的一端处于地球表面上,因此地面状态和对流层等都会对视距传播造成影响,表现为反射、折射、散射、绕射和吸收等,影响程度与气象情况、电波频率有关。频率较高时,山峰、地形起伏、树木、建筑物等对电磁波的散射和绕射作用会进一步增强,如果在几千 MHz 及更高的频率上,还应考虑雨、雪等水凝物和大气成分对电波的吸收、衰减及散射作用。另外,还有空间直射波和地面反射波之间的干涉影响,这是由于地表特殊复杂的几何物理结构造成的。

　　发射和接收天线的高度基本决定了视距传播的通信距离,利用具有强方向性的大高度天线是扩大传输距离的有效途径,但需对天线位置、高度等进行具体调整,以减小信号之间的干扰和衰减的影响。

　　对于超短波及以上波段的无线电信号,由于不宜采用地面波传播和天波传播,因此视距传播是其主要的传播方式,如机载超短波电台(V. H. F. Comm)的工作频率为 118.000～

135.975 MHz。视距传播也是卫星通信、卫星导航等的基本传播方式。

4. 散射传播

利用低空对流层或高空电离层下缘的不均匀"介质团"对电波的不规则散射作用,实现传播的目的,这种传输方式称为散射传播,其传播距离可大大超过地-地视距传播,图 2.8 是散射传播的示意图。

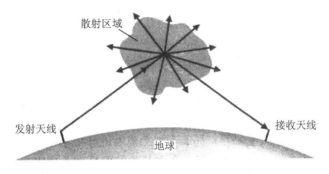

图 2.8　散射传播

散射通信的优点是距离比较远,抗毁性好,保密性强,但需要大功率的发射机、高增益的天线和高灵敏度的接收机来保证传输性能。其中,对流层散射传播主要用于 100 MHz～10 GHz 的频段,传播距离一般小于 800 km,可靠性较高;电离层散射传播主要用于 30～100 MHz 的频段,传播距离可大于 1 000 km。

2.2　天线与馈线

2.2.1　天线的作用

天线是任何无线电设备和系统必不可少的前端(对接收机)或后端(对发射机)器件,它在不同设备或系统中的作用基本相同,即用来实现传输线中的射频电流能量与空中传播的电磁波能量之间的转换,对线上和空中的电信号起到沟通和连接的作用。当它把发射机馈入的射频电能变换成电磁波能向空间辐射时,称为发射天线;当将空间电波信号变换成射频电能送给接收机时,称为接收天线。

通常,天线作为一个无源设备,其对于信号能量的变换是可逆的,即对同一个天线来说,其既可用于发射,也可用来接收,并且双向转换的性能及其接收信号和发射信号的方向性图也是相同的,这通常称为天线的互易性。因此可以根据天线发射时的参数,来确定它作为接收时的性能;反之亦然。这种特性为天线的设计和测试提供了很大的便利。

天线通常用金属导线、金属面或其他介质材料制成,通过构成一定的形状,架设于一定高度,在空间全向或具有一定方向性地发射(或接收)无线电信号。天线除了完成基本的能量变换功能外,还应满足方向性、转换效率、发射功率、频带宽度等方面的实际要求。

2.2.2　天线的分类

由于无线电波的频率覆盖范围很宽,以及无线电系统和设备的多样性,所以天线所处的载体也包括了地面、车辆、船舰、飞机、飞船等,因此,不同系统对天线辐射的功能、性能要求差异很大,用户装置对天线结构的要求也不尽相同,就产生了各种不同类型的实用天线。

按照用途的不同,天线可分为通信天线、广播电视天线、雷达天线、测向和导航天线等;按工作波长又可划分为长波天线、中波天线、短波天线、超短波天线及微波天线等;如按照天线的特性,可分为圆极化天线、线极化天线、窄频带天线、宽频带天线、非频变天线以及数字波束天线等。而在大多数情况下,是按天线的结构将其分成两大类:一类是由导线或金属棒构成的线状天线,主要应用于长波、短波和超短波信号;另一类是由金属面或介质面构成的面天线,主要用于微波波段。

下面先介绍三种基本的天线单元,即电偶极子、磁偶极子和开口波导,它们是构成各类天线的基础,然后再对几种常用的实用性天线分别进行描述。

电偶极子:又称赫兹偶极子,是一对间距很小、大小相等、极性相反的振荡电荷。电偶极子在空间会激励交变电场,从而产生电磁波的辐射。

磁偶极子:又称磁流元,是一个周长远小于波长的平面环状线圈,线圈中通过交变电流在空间激励出一个交变磁场,由此产生电磁波的辐射。

开口波导:波导是一种薄壁金属管,按电磁波的模式来馈送微波射频能量,截面多为圆形或矩形,分别称为圆波导和矩形波导。当波导一端开口时,电磁能量就由波导口向外辐射并传播,通常适用于频率较高的分米波段和厘米波段的微波信号的发射。

1. 线状天线

线状天线由电偶极子演变而成,也称为偶极天线或对称振子天线,其属于线极化天线,适用于天波传播,在短波、超短波及微波波段都有应用。天线两臂由两根对称的金属导线组成,臂间间隙很小可忽略,总长度与波长相比拟,激励信号由天线中间两点通过两臂馈入。当天线长度为半波长时,称为半波偶极子或半波振子,其方向性图在过轴线的平面内呈8字形,在垂直轴线的平面内为圆形,如图 2.9 所示。半波振子可作独立天线使用,也可作为下面提到的天线阵的阵元或微波天线的馈源。

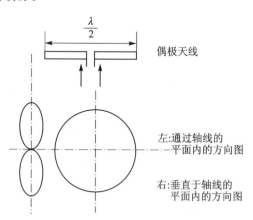

图 2.9 半波偶极子天线及其方向性图

若把一根导线装设在地面或者金属面等的反射面上,并由导线根部馈电,则利用其镜像也可产生与振子天线相似的电磁辐射,通常称为单极天线、垂直接地天线、鞭状天线、铁塔天线等。这种天线仅在反射面上方产生一定方向性图的电波辐射,主要适用于长波、中波波段,也广泛用于短波、超短波的移动通信中。

偶极天线和单极天线都属于线状天线,主要应用于 LF～UHF 的频段范围内。在此基础上可以演变出许多种类的天线结构,如伞状天线、Γ 形天线、V 形天线、T 形天线、斜天线、螺旋鞭状天线、笼形天线、蝙蝠天线、双锥天线、盘锥天线、套筒天线等。

2. 环形天线

环形天线是基于磁偶极子演变而成的天线,它由一圈或多圈的线圈组成,可以是矩形、三角形、圆形或其他形状。空心的环形天线效率较低,故通常在其中加入铁氧体磁芯,用以提高辐射或接收电磁波的能力,因此也称之为磁棒天线。而采用多圈的环形天线是提高天线效率的另一种方法。

若环形天线的周长小于电波的 1/5 波长时,称为小环天线。当线圈周长远小于波长时,其方向性图则与磁偶极子相同;当周长远小于 1/4 波长时,则方向性图与线圈的形状无关。由于小环天线结构小巧,又具有 8 字形的方向性图,所以常被用于无线电测向等导航领域,以及中、短波通信的信号接收应用中。

当环形天线的周长与波长可比拟时,则称为大环天线,包括大圆环天线、双环天线、加载环天线等,其方向性图与对称振子比较相似,并且具有较好的宽带特性,主要应用于广播和通信系统中。

3. 面天线

面天线基于开口波导辐射的机理,采用电磁波激励的方式向外辐射无线电信号。天线的开口尺寸一般大于其工作波长,主要用在无线电频谱的高频端(如微波波段),在雷达、导航、卫星通信、射电天文和气象探测等领域得到了广泛应用。

面天线可等效为由若干基本辐射源组成的联合体天线,空间的电磁场分布是这些基本辐射源叠加的结果。面天线的方向性图取决于面上电磁波的相位和幅度分布,当面天线的开口尺寸远大于波长时,可以借鉴光学原理来分析其辐射特性。

喇叭天线是最基本和最广泛应用的一种面天线,由逐渐张开的喇叭状波导构成,以保证波导开口与辐射空间的良好匹配。一般喇叭天线开口尺寸不大,多用于波束较宽的场合,如二次辐射的初级馈源、相控阵天线的单元天线、校准和测试用的标准天线等。

二次辐射型的面天线主要分为反射器天线和透镜天线两大类。反射器天线由反射面和初级馈源构成,反射面由抛物面、抛物柱面、抛物环面、抛物盒或角反射面等各种形状的导体表面或导线栅格网构成。其中抛物面天线(见图 2.10)十分典型,它把方向性较弱的初级馈源的辐射反射为方向性较强的辐射。通常馈源置于抛物面的焦点上,馈源天线可以是阵子天线、喇叭天线、开槽天线等。

有些反射器天线采用了二次反射面,比如著名的卡塞格伦天线(见图 2.11)。该天线主反射面是旋转抛物面,副反射面是旋转双曲面,初级馈源放在双曲面的实焦点上且位于抛物面的顶点附近,双曲面的虚焦点与抛物面的焦点重合。初次馈源的球面波经二次反射后,在抛物面前方产生聚焦的平面波。这种天线轴向尺寸短,增益高,波束锐利。

馈线对辐射无遮挡,并且低噪声放大器与初级馈源的馈线长度可以缩短,传输线上的噪声降低,因此常用于卫星通信、单脉冲雷达和射电天文探测等领域。

而透镜天线的二次辐射面对无线电波是可以透过的,就如同光学透镜一样。初级辐射源的球面电磁波穿过透镜天线后,在其前方被聚焦为平面波,如图 2.12 所示。透镜可以是介质材料或金属栅网等。

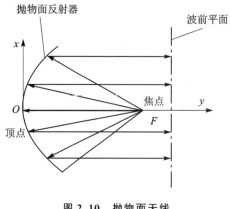

图 2.10　抛物面天线

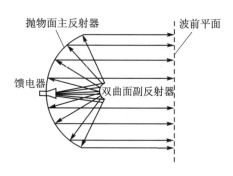

图 2.11　卡塞格伦天线

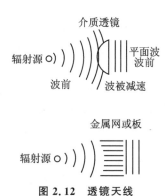

图 2.12　透镜天线

目前,随着无线电技术及应用的迅速发展,对天线提出了许多新的研究要求,促使了许多新型天线的诞生。例如多频多极化的微带天线,具有体积小、剖面低的优点,适应了微型和集成电路的发展;电扫描和多波束天线能同时跟踪多目标,满足了现代化军事技术的需要;具有高抗干扰能力的自适应天线,能大大提高接收信号的信噪比,更加适应目前通信环境日益复杂的情况;而智能天线是实现第三代移动通信的关键,改变了传统天线的功能是能量转换这一概念,能够智能化地进行来波到达角度(AOA)估计,具有预定空域特征的数字波束形成(DBF)功能,已成为移动通信领域的研究热点。

2.2.3　天线主要性能指标

定量衡量天线工作特性的参数称为天线电参数或电指标。天线的电参数有很多,主要是针对发射状态规定的,而根据天线的互易性原理,这些电参数也适用于天线的接收状态。受篇幅所限,这里仅介绍其中主要和常用的天线性能指标。

1. 天线方向性图

天线的辐射电磁场在固定距离处随空间角坐标(如方位角、高度角等)分布或变化的图形,称为天线的方向性图,或称为天线波瓣图。天线方向性图可用辐射信号的功率密度来表示,称为功率方向性图;也可用辐射信号的场强来表示,称为场强方向性图。它们若按最大值进行了归一化,则相应地称为归一化方向性图。

按照定义,天线的方向性图理论上是一个三维空间图形,但通常可用二维的平面方向性图来描绘,从应用角度来说,一般只对某一个平面内的方向性图感兴趣。

2. 天线主瓣与波束宽度

在所需的辐射方向或最大的辐射方向上的辐射波瓣,称为天线主瓣或天线波束。天线主瓣的波束形状因应用的需要不同而不同,常见的有笔形、双针状、8字形、扇形等波束。天线波束宽度,通常定义为天线主瓣所覆盖的角度范围,用来表征天线对电波辐射场在空间的约束程度,与天线的形状、尺寸、工作频率、激励的幅度相位分布等密切相关,通常作为对天线角度分辨力的度量。

在所感兴趣并且包含波束最大值方向的平面内,辐射功率强度是波束最大值一半的两个方向的夹角,称为 3 dB 宽度;当辐射强度取波束最大值的 1/10 时,所对应的夹角称为 10 dB 宽度;辐射强度为零时两个方向的夹角,则称为零功率点宽度。通常情况下,多采用 3 dB 的波束宽度,也称为半功率波束宽度。

3. 天线旁瓣电平

天线方向性图中除主瓣以外的其他波瓣称为旁瓣(或副瓣、边瓣)。旁瓣电平是指旁瓣最大值与主瓣最大值之比,一般以 dB 表示。显然,旁瓣使电磁能从不希望的方向辐射出去或被接收进来,使天线的效率下降,以及使系统的噪声与干扰增加,因此如何降低旁瓣电平,是天线设计和使用中必须考虑和重视的一个问题。

4. 方向性系数

方向性系数是指天线在方向性图中最大值方向的增益值,表示了无线电波在辐射中心方向集中的程度。它以理想各向同性(即方向性图为圆球形)的天线为基准,来衡量所关心天线的定向辐射能力。

在同一距离且位于定向天线的最大辐射方向上的接收点处产生相同电场强度的条件下,将各向同性天线的总辐射功率 $P_{\Sigma 0}$ 与定向天线的总辐射功率 P_{Σ} 的比值,定义为定向天线的方向性系数 D,即

$$D = P_{\Sigma 0}/P_{\Sigma} \tag{2.2}$$

因此,D 的取值与辐射功率在全空间的分布状态有关,要得到大的方向性系数,就要求主瓣要窄并且旁瓣电平要小。

5. 天线效率

天线效率是指天线向外辐射的功率 P_{Σ} 与天线输入功率 P_i 之比,常用 η 表示:

$$\eta = \frac{P_{\Sigma}}{P_i} \tag{2.3}$$

天线效率表示了天线对电能与电磁波能转换的有效程度。若要提高 η,则必须尽可能地减小天线的损耗电阻以及提高它的等效辐射电阻。

6. 天线增益

在同一距离且位于定向天线的最大辐射方向上产生相同辐射场强时,采用无损耗各向同性天线的总输入功率 $P_{\Sigma 0}$ 与定向天线总输入功率 P_i 之比,称为定向天线的增益 η_G,或称为功率增益,即

$$\eta_G = D \cdot \eta = \frac{P_{\Sigma 0}}{P_{\Sigma}} \cdot \frac{P_{\Sigma}}{P_i} = \frac{P_{\Sigma 0}}{P_i} \tag{2.4}$$

因此,天线增益是天线的能量转换效率和方向特性的综合考虑,表示了天线的方向性效率,是考虑天线效率后的方向性系数。高增益天线可以在维持输入功率不变的条件下,得到更大的有效辐射功率。通常在通信系统的设计中,对提高天线的增益期望很大,一般频率越高的天线越容易得到高的天线增益。

7. 天线极化

天线极化是指天线在给定辐射方向上远区电场矢量的空间取向,由于在不同辐射方向上

可以有不同的极化,所以一般特指为在最大辐射方向上电场的空间取向。

天线不能接收与其正交的极化分量。例如,线极化天线不能接收与其极化方向垂直的线极化来波;(椭)圆极化天线不能接收来波中与其旋向相反的(椭)圆极化分量;但对圆极化波的信号,除了能够使用圆极化天线接收外,还可以使用水平或垂直极化天线来接收。

当接收天线的极化与来波的极化形式产生差异时,就会产生极化失配,天线就不能有效地接收电波信号,因此定义了天线的极化失配因子 ν_p,即极化效率,由天线接收的从一个给定的任意极化平面波的功率与相同天线收到相同功率流密度和传播方向的平面波的功率之比。根据可用功率的损失程度,其在 0~1 之间取值。一般应使 ν_p 有较高的取值,比如通常在 0.6 以上。

2.2.4 天线的馈线

天线的馈线是用来连接天线与接收机或发射机的线缆、波导等装置的统称,主要用来传输低频、高频电流或电磁波信号,尤其可用于输送微波信号的能量。当多波道信号共用一个天线时,馈线还具有对各波道信号发端汇合、收端分离的功能。馈线系统通常包括馈线、阻抗变换器、极化分离器、波道滤波器及各种连接元件等。

在直流电路系统和频率较低的长波、中波、短波、超短波等无线电系统中,只需使用普通的金属电缆线就可以实现信号、信息的传递。但到了微波波段,波长已经小到可与金属电缆线的横截面尺寸相比拟时,各种分布参数效应就开始显现,并对能量传输及信号质量的影响变大。这时就需要对馈线的形状和尺寸做专门的设计,以适应对不同频段、不同性能要求的高频微波信号的传输要求。

各种馈线的优缺点都是相对并且有条件的,使用时要根据实际条件和具体应用来选择,无线电系统对天线馈线的基本要求如下:

① 不应有电磁波向空间辐射,也不应受外界电磁波的影响,即馈线应是电磁波传输的封闭系统,并且收发信号的隔离度要高。

② 阻抗匹配要好,对电磁能的损耗、衰减要小,传输效率尽量高。

③ 具有一定的功率容量,在传送大功率时不应发生过热、击穿等现象。

④ 设计合理,结构简单,便于制造,经济耐用,安装、调整和维护方便。

2.3 无线电信号的调制与发射

无线电系统利用无线电波实现数据的传输和参数的测量等功能,通常需要无线电台发射经过调制、载有一定信息的无线电信号,这一任务主要由无线电发射机、发射天线及其附属设备来完成。

2.3.1 发射机的基本组成

发射机的功能就是以足够的功率、合适的载波频率、适当的调制方式和较高的功率效率,产生所需的能用于传输的信号。按发射机的组成结构划分,可简单分为单级振荡式和主振放大式两类。

单级振荡式发射机的组成如图 2.13 所示,无线电信息先经过适当的编码,再对振荡器的射频信号进行调制。然后经过功率放大器,馈送至天线,把已调制的射频信号发射出去。其主要优点是简单、经济、体积小、质量轻;缺点是频率(或相位)的稳定度低,不易进行复杂波形的调制。

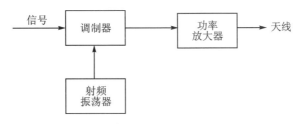

图 2.13 单级振荡发射机

而主振放大式发射机的射频振荡器由多级电路组成,如图 2.14 所示,第一级产生射频信号,称为主控振荡器;其他各级放大射频信号,以提高信号的功率电平,称为射频放大链。其中主控振荡器主要用来提供足够的频率准确度和稳定度,一般采用高精度和高稳定度的石英振荡器或原子钟,来满足系统在这方面的较高要求。

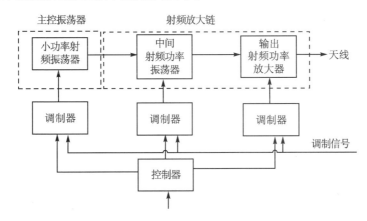

图 2.14 主振放大式发射机

调制器的调制信号可以加到射频放大链的其中一级,也可以同时加到其中的若干级;当需要进行复杂调制时,还可以对各级分别进行不同方式的调制。为了保证各级电路的协调工作,由控制器负责协调各部分电路的工作。

在某些无线电设备中,要求发射机能在许多频道中的任一频道上工作,此时,主控振荡器应具备能在人工、机械或电信号控制下迅速改变射频频率的能力。另外,为了提高发射机的某项性能指标,或达到所需要的工作频率,通常还会在主控振荡器与射频放大链之间加入若干级兼有适当功率增益的混频、倍频、分频等频率变换电路。

2.3.2 调制的作用与分类

1. 调制的作用

调制就是对要传输的原始信号或信息按一定的要求或标准进行包装,就像有一件或一些物品要邮寄,为了方便装卸和运输,需要装在一个箱子里;为防止物品在邮寄过程中被污染、损坏,这个箱子还要牢固、结实,起到保护作用;为使许多物品能在一辆车上同时运输,这些箱子要大小合适、尺寸匹配,可在保证物品品质的条件下尽量多地装载物品。同样,对于无线电信号的传输来说,调制的作用表现在以下几个方面:

① 将消息或信号变换成易于无线传输或网络传输的方式；

② 提高传输的可靠性，尤其是抗噪声、抗干扰的能力；

③ 有效地利用频带等资源，使多路信号或消息可在一个信道中进行传输。

为了实现这些调制作用，需要对原始信号进行一些处理或变换，比如把低频原始信号（基带信号）变换，加载到高频信号上，方便通过天线发射出去，这类高频信号就称为载波（包装箱）；如果使载波的频率随基带信号变化（频率调制），或者把模拟信号变换成数字信号传输，就相当于采用了保护措施，可提高信号传输的抗噪声、抗干扰的能力；使不同信号在不同频段传输（频分多址），或者通过编码在同一频段传输（码分多址），可提高有用信号的传输率和频道的利用率（互相匹配的箱子）。

调制是多种多样的，不同的调制方式可获得不同的功能或性能，具有不同的优势和劣势，决定了通信系统的性能。调制的基本原则就是保证原始信号中的有用信息在传输过程中不丢失、不失真、无误码，即保证信号的品质不变。

2．调制的分类

调制是对各种信号变换方式的总称，本质是在载波信号中能体现出基带信号的变化或信息，且有利于传输。如载波的幅度、频率、数字编码等参量，要随基带信号的变化而变化，这样在信号接收端才能把原始信号或信息无失真地还原恢复出来，这个还原过程为调制的逆过程，称为解调。

调制的种类很多，分类方法也不同。按调制信号的形式可分为模拟调制和数字调制；按被调信号的种类可分为连续波调制、脉冲调制和强度调制。模拟调制中的连续波调制又分为幅度调制（AM）、频率调制（FM）和相位调制（PM）。

数字调制与模拟调制原理基本相同，分为振幅键控（ASK）、频移键控（FSK）和相移键控（PSK），是用数字基带信号对高频振荡信号进行变换处理，变成数字带通信号后进行传输。数字信号离散取值的特点，使其具备更强的抗干扰和抗噪声性能，已成为无线通信领域的主要发展方向。

另外还有一些特殊的调制，如单边带调幅、残留边带调幅等。而复合调制或多重调制，是指对某一基带信号进行多次（多级）调制，以实现多个需求目的，或获取更优的性能，但代价是增加了系统的复杂度。

2.3.3 发射机的主要性能指标

各种无线电设备根据其传输的信号类型、工作距离、可靠性等技术参数，对发射机提出了不同的性能要求，并作为发射机设计、制造、测试和应用的基本依据。常用的发射机技术指标如下：

1．工作频率或波段

工作频率是指发射机发射的无线电信号的载波频率。当工作频率处于某一个频率范围，或不局限于单一的频率点时，则称为载波波段。在某些无线电系统中，也会要求发射机在规定波段内的若干个指定频率上工作，或按时分方式发射不同频率的信号。

2．输出功率

发射机馈送到发射天线输入端的功率，称为发射机的输出功率。在某一波段工作的发射机，还应规定在整个波段内输出功率的最低值以及功率波动的分贝数等。

采用连续波方式工作的发射机,其输出功率一般指平均功率 P_p,即调制信号的平均功率或载波功率 P_p。由于调制方式的不同,也可以用峰值包络功率或发射机的额定功率来表示。

采用脉冲方式工作的发射机,其输出功率可用峰值功率 P_p 和平均功率 P_{av} 来描述。P_p 是指脉冲持续期间射频振荡信号的平均功率,P_{av} 是指脉冲重复周期内输出功率的平均值。

一般情况下,发射机的峰值功率受到功率器件耐压和高频击穿等因素的限制,而平均功率则受限于功率发射管的环境温度、散热条件等。由于发射管的功率容量所限,有时采用一只发射管已不能满足系统的功率要求,需要利用功率合成等技术使输出功率成倍地增加,可获得几百 W 甚至几 kW 的高频输出功率。

3. 信号格式

各种无线电系统根据传输信息的不同,在同一波段内区分不同通信信号的需求,以及抗干扰能力的要求等,发射的无线电信号可以采用各种或简单或复杂的调制方式,如调幅、调频、调相、副载频调制、时间编码调制、调幅–调频等方式,具体选用的信号格式通常与工作原理、战术用途和技术指标等有密切关系。

4. 信号稳定度

发射机主振器的频率稳定度是发射机重要的质量指标,决定了发射机频率的准确度、工作的稳定性以及系统的抗干扰能力等。但由于各类系统的工作原理不同、信号调制形式各异,并且有的信号本身并不含有载波的中心频率分量,所以仅用频率稳定度无法完整地概括发射机的稳定性能参数。

因此,一般采用信号稳定度来综合概括发射机信号各项参数的稳定程度,如振幅、频率、相位、脉冲宽度、脉冲重复频率、最大频率偏移等参数随时间变化的程度,对不应有的变化要求越小越好。

一般信号参数的不稳定可分为周期性不稳定与随机性不稳定两类,前者主要由直流电源的交流现象、机械振动以及规律性的寄生调制现象等造成,后者是指由发射管噪声和调制信号的振幅方差 σ_A^2、相位方差 σ_φ^2、定时方差 σ_t^2、脉冲宽度方差 σ_τ^2 等决定的随机干扰。

对于信号参数的周期性与随机性的不稳定,信号稳定度在频谱中的表示称为信号的频谱纯度,一般采用实际信号频谱与理想信号频谱间的差异来描述。

5. 邻道干扰

一般在某一工作波段内,会有若干个无线电发射机在同时工作,为了进行区分,常把这一波段划分为若干个频道,要求每一发射机发射信号的频谱都尽量集中在自己的频道内。但实际上这是不可能的,某一信号的频谱常常会超出规定的频道间隔而分布在其他频道内,这些超出本频道外的信号频谱分量,对其他无线电台的正常工作就是一种干扰,通常用邻道干扰来衡量其干扰程度的大小。

邻道干扰定义为发射信号的频谱落入相邻频道内的总功率与落入应占频道内的总功率之比,其单位通常以 dB 表示,即

$$邻道干扰 = 10\lg \frac{落入邻道内信号总功率}{应占频道内信号总功率} \qquad (2.5)$$

造成邻道干扰的原因,可能是信号频谱不纯形成的寄生谱的影响,如工作频率或载波振荡的高次谐波;或者是由信号调制后造成的频谱扩展引起的相关干扰。因此即使信号参数都绝对稳定,也不等于不存在邻道干扰。一般来说,邻道干扰往往是不可避免的,但应给出一定的

限制,以使每一频道内的信号传输都能正常进行。

6. 总效率

发射机的总效率是指由它输送到天线的信号发射功率,与它本身所消耗的全部电源功率之比。发射机通常是无线电系统中耗电最多的分机,因此提高发射机的效率对节省能源、减轻质量等有重大意义。造成发射机效率下降的主要原因包括器件的热能消耗、电源中的功率损失等多种因素。

2.4 无线电信号的接收与处理

无线电接收机的任务,是将接收天线收到的微弱射频信号,从混杂有各种干扰和噪声的背景中提取出来,经过滤波、放大、解调、解码后,送入显示器或终端处理器,以得到所需要的信息和数据。

一般到达接收机的无线电信号非常微弱,往往需要低噪声、高增益的高频放大后才能推动解调器的正常工作。但由于器件、工艺结构等方面的因素,直接实现高增益的高频放大有一定的技术难度,并且频率越高,困难越大。故一般接收机不是采用直接放大的方式,而通常采用下面要介绍的超外差的接收方式。

2.4.1 超外差式接收机

超外差式接收机的组成及工作流程如图 2.15 所示,主要由三部分组成:
① 高频部分,包括低噪高频放大器、混频器和本地振荡器等;
② 中频放大器部分;
③ 解调器和视频放大器部分。

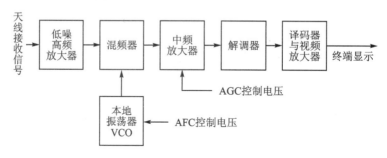

图 2.15 超外差接收机一般组成方框图

在图 2.15 中,低噪高频放大器放大来自接收天线的信号,滤除高频放大器通带以外的干扰和天线噪声。在混频器中,低噪高频放大器输出的射频调制信号与来自本地振荡器的高频信号进行混频,其输出信号的中心频率等于本地振荡频率与射频信号的载频之差,并且其调制形式不变,仍含有载波的信息特征,这样就得到了频率降低后的中频调制信号。

中频信号在多级中频放大器中进行放大和匹配滤波,提供大部分的增益和选择性以获得最大的输出信噪比,再送到解调器中。在解调器中检出调制的低频信号,经视频(音频)放大器放大后送到终端设备,最终得到所需的信息内容。

超外差式接收机容易得到稳定的高增益信号放大,方便对带外噪声或干扰的抑制,可灵活地适应于不同的载波频率,易于实现自动增益控制(AGC),因此获得了广泛的应用。

为了保证接收机的正常工作,接收机里还常常包括一些辅助电路,如增益控制电路(手动或自动)、自动频率控制(AFC)电路、各种抗干扰电路和滤波电路等,它们对获得较好的通信或导航性能也起着重要的作用。

2.4.2　接收机的主要性能指标

1. 灵敏度

灵敏度是以一定的信噪比来衡量接收机感应信号强度的一种标准,表示了接收机可以接收微弱信号的能力,通常能接收的信号越微弱,其接收机的灵敏度就越高。

在超短波及以上波段,接收机灵敏度一般用最小可检测信号的功率 $P_{i\,min}$ 来表示;而在短波及以下波段,则常用最小可检测信号的电压(电平) $V_{i\,min}$ 来表示。在实际应用中,当接收机的输入信号功率(或电压)达到或超过 $P_{i\,min}$(或 $V_{i\,min}$)时,接收机就能正常接收输入信号,并向终端设备提供幅度和信噪比达到规定值的解调信号。

无线电接收机灵敏度的大小,不仅取决于接收机的增益高低,还取决于其内部噪声电平的大小。由于经过无线信道传输后,信号功率的损耗非常大,所以接收到的输入信号往往很微弱,接收机本身噪声的影响就不可忽视。如何尽可能地降低噪声电平成为提高接收机灵敏度的关键。

2. 选择性

选择性表示接收机选择有用信号、滤除噪声、抑制干扰的能力,其主要取决于接收机高频部分和中频部分的选频特性。选择性有不同的表示方法,一般采用设置不同的衰减电平所对应的频带宽度来表示。如衰减电平为 3 dB(或 6 dB)的带宽,主要是针对有效信号的选择;或者是衰减 60 dB 对应的带宽,一般用于衡量接收机抑制干扰的能力。选择性通常通过滤波电路(低通、高通、带通滤波等)实现,或利用电路本身的频率特性来实现。

一般情况下,对接收机带宽进行限制可以在一定程度上减小噪声和干扰,提高选择性。实际的接收机常使用形状近似矩形的滤波器,可以根据输入信号的格式选择最佳带宽 B_{opt},以得到"准匹配滤波器"输出的较高信噪比。

3. 保真度

保真度是描述接收机的输出信号相对于其高频信号中载有的调制信号的失真程度,表示接收机对基带信号进行还原的精确程度。一般模拟信号在经过接收机各部分处理后将产生线性失真(如频率失真、相位失真等)和非线性失真(谐波失真、交调失真等),这将影响无线电信号的传输误码率、参数测量精度等,造成保真度下降。

通常频率响应的不均匀将造成频率失真,对带宽进行过分限制则减小了信号的频带宽度,使信号的高频响应受到影响;相位失真是指不规则的相位移动,当信号通过滤波器时就有可能发生。如果信号频率中包含有基带信号的倍频信号,就会产生谐波失真;当基带信号中的频率分量在非线性设备中进行混频时,就会产生交调失真。

由于应用场合的不同,所以各类失真造成的影响程度也不同。比如相位失真对语音通信无关紧要,但对音乐信号或电视信号的传输就十分重要;又如在无线电的一些民用波段上,在最大功率下出现 10% 的谐波失真还可以接受,但对调频(FM)广播来说,1% 的谐波失真就已经比较严重了。

4．抗干扰能力

接收天线接收空中的电磁波并变换输送到接收机的有用信号,通常含有来自各个方面的多种干扰和噪声,其中主要包括:

① 天线热噪声、宇宙噪声等;

② 电波传播路径中大气参数、地形和地面电参数变化等造成的信号起伏;

③ 天波和地波的相互干涉,多径反射造成的相互干涉;

④ 天电干扰、周围环境的电磁干扰;

⑤ 其他无线电设备工作时发射信号带来的干扰;

⑥ 敌方故意施放的各种干扰等。

这些干扰会影响接收机对所需信号的正常接收,严重时会使接收机不能正常工作。为了消除或减少这些干扰和噪声的影响,需要整个无线电系统在各个处理阶段采取联合的抗干扰措施,如发射信号采用各种编码和调制方式,采用滤波电路、自动增益控制、自动频率控制等专门的抗干扰电路,利用抗干扰天线,以及通过软件滤波、抗干扰算法等多种方法和手段。

5．动态范围和恢复时间

动态范围是指在保证接收机正常工作的条件下,所允许的输入信号强度变化的范围。当输入信号太强时,接收机的一个或多个工作单元将发生饱和或失去放大作用,信号失真将产生过载现象;而当信号太弱时,接收机本身的噪声会限制对微弱信号的响应,使设备无法从噪声中提取出有用信号。通常将接收机开始出现过载时的输入信号功率(或电压)与最小可检测信号功率(或电压)之比,作为对动态范围的量化表达。一般在接收机内部需要采取各种增益控制措施来得到大的动态范围。

接收机发生过载后,即使输入电平恢复到动态范围以内的正常数值,接收机也要经过一段的时间才能恢复正常工作,这段时间就称为接收机的恢复时间。各类无线电系统对恢复时间的要求差异很大,如在时分多址电子综合系统中,要求恢复时间小于几 ms 甚至更短。若要得到比较快的恢复时间,则需要采用高速、低饱和度的器件或电路。

6．噪声系数

接收机内部产生的噪声对于信号的检测质量影响明显,为了量度接收机内部噪声对接收机输出信噪比的影响程度,研究人员提出了噪声系数的概念。通常定义接收机输入端信噪比与输出端信噪比的比值为接收机的噪声系数,以 N_F 表示,即

$$N_F = \frac{输入端信噪比}{输出端信噪比} = \frac{S_i/N_i}{S_o/N_o} \tag{2.6}$$

式中:S_i、N_i 分别为接收机输入的信号功率和噪声功率;S_o、N_o 分别为输出的信号功率和噪声功率。可以看出,噪声系数表征了输出端信噪比相比于输入端信噪比变坏的程度,这是由接收机内部噪声引起的性能恶化。式(2.6)中 N_F 是没有量纲且大于 1 的数值,在通常情况下,噪声系数以 dB 为单位来表示:

$$N_F(dB) = 10\lg N_F \tag{2.7}$$

7．工作稳定性

接收机的工作稳定性是指当外界条件或内部信号产生规定程度的变化时,接收机继续保持正常工作的能力。无线电系统对接收机工作稳定性的基本要求是:当环境条件和电源电压在给定范围内变化时,接收机性能指标的变化应在允许范围内;当接收信号的载频产生一定程

度的漂移或接收机本振频率有一定漂移时,应有自动频率控制电路来保证接收机的正常工作,且接收机在任何情况下都不应产生自激振荡。

2.5　习　题

1. 简述无线电波极化方式及定义,不同极化的无线电波对接收天线有何要求?

2. 无线电波在大气空间中传播时,会发生哪些不同于真空传播的现象? 这些现象会对电波信号造成哪些影响?

3. 试比较不同电波传播方式在传播途径、适用频率、传播特性、具体应用等方面的差异或区别。

4. 简述天线的作用及分类,熟悉天线的方向性图与方向性系数。

5. 无线电发射机的性能指标有哪些? 试分析它们与通信、导航的相应技术指标的联系。

6. 在无线电信号发射之前为何要进行调制? 幅度调制和角度调制有何特点? 举例说明一些常见无线电系统所采用的调制方式。

7. 简述为何一般的接收机大多采用超外差式接收机。

第二部分　无人机通信

第 3 章　通信的基本原理

通信的目的就是传递与交换信息,即将消息中包含的信息通过相应的媒介,按照某种准则传输至通信设备或系统或具体的受信人。21 世纪是信息化的时代,经济高速发展,社会逐渐开放,在这个时代各行各业对信息的需求与日俱增,信息系统之间的信息交换与传输也愈加频繁。如在生活中,移动用户之间打电话或发信息、网民上网浏览或下载资料等,都离不开信息的传输与交流。而无人机地面控制站通过无人机侦察获取情报,或对无人机操控等,也离不开通信的手段。

近二三十年来,通信应用技术发展迅猛,并且一直走在科技时代的前沿。通信已由原来单纯的信息传递阶段,逐步进入到对信息进行综合处理的阶段,包括对信息的获取、传递、加工和分析等。特别是随着现代通信技术的迅速发展,如卫星通信、光纤通信、数字程控交换技术等的不断进步,以及卫星电视广播网、分组交换网、用户电话网、国际互联网等多种通信网络的建设,通信作为社会发展的基础设施和经济发展的基本要素,已经广泛地应用于移动通信、交通运输、军事作战、科学研究、工农业生产、社会生活等诸多领域,推动了经济、政治、军事和文化等行业的发展,在现代社会中占有不可或缺的地位并且发挥着不可替代的作用,越来越受到世界各国的高度重视并得到大力发展。

3.1　通信的基本知识

通信,简单地讲,就是信息在发信者(信源)与受信者(信宿)之间的传递。从消息的产生,到消息的传输,再到消息的接收,是通信的基本过程,其中最关键的是完成了消息从信息产生者到信息接收者之间的传输。因此,通信的本质就是信源和信宿之间信息的传输和交换,这一过程同时会伴随着一种能量的传递,如在声、光、电等能量的输送与变换,其中携带有消息或信息这种客体或对象。

3.1.1　通信的来源及定义

通信与交流,是自然界各种生物赖以生存、发展、变异的必要手段和必备功能。在古代,人们通过驿站传递、飞鸽传书、烽火报警等,以及符号、语言、眼神、触碰等方式进行面对面、短距离或长距离的信息传递。在现代,人们通过书信、电报、固定电话或移动电话、传真、广播电视、无线电信号、互联网、卫星通信等手段,进行各种信息的交流与传递。

同样,在自然界中,大海潮起潮落、太阳东升西落、植物开花结果、孔雀开屏、蛙鸣鸟叫等,也在传递着某种信号。以上所有行为,无论是人与人之间、人与物之间,还是物与物之间,都是在进行通信。简单来讲,通信就是信息的交换与传递,通信技术就是研究通信过程、提高通信性能的一种应用技术,它的发展提高了人们进行信息交流与传递的效率,为人类的生活与发展带来了越来越多的便利。

在人类社会中,通信的载体种类繁多,可以是语言、声音、行为,也可以是符号、代码、文字、数据、图像、视频等。关于通信,按照人类通信交流的方式与技术的不同,可以把它划分为五个发展阶段。

第一阶段,主要是通过语言、烟火等来进行通信,人们一般通过人力、马力、烽火台等通信手段传递信息,初步实现了远距离通信的目的。

第二阶段,人们开始使用文字进行通信,并且邮政通信开始逐步走入人们的生活和生产过程中,使得通信要表达的内容逐步丰富起来。

第三阶段,以发明印刷术为标志,人们把要传达的信息印在竹签、丝绸、纸张等介质上,实现了广泛传播信息的可能。

第四个阶段,以电报、电话、广播等的发明为起点,人们走进了电气通信的时代,通信的实时性得到大幅度的提高。

第五个阶段,进入了信息时代,人们通过互联网、移动通信、卫星通信、光纤通信等现代化手段进行信息交流,使通信的信息容量得到了极大的提高。

从上述人们对通信的需求和发展的衍化历程来看,我们可以得出对通信的基本定义,即通信是一方人或物与另一方人或物之间,通过某种行为或媒介,并且按照某种准则进行信息交流与传递的过程。

3.1.2　通信的基本手段、方式及分类

1. 通信手段

根据实现通信的媒介不同,通信的基本手段有声通信、光通信和电通信等。

（1）声通信

声通信是以声波为通信媒介的通信方式,其中语音通信是声通信的一种典型方式。声波通信的基本原理,主要是用单频率声音信号对数据进行编码,然后播放这些单频率声音;接收方在收到声音后,识别出频率,然后根据频率解码出对应的数据,比较常见的如水声通信。

在声通信中,由于通信通道（信道）的多径效应、时变效应以及可用频带较窄、信号衰减严重等问题,特别是在长距离传输中表现得更为明显,使其仅能应用于短距离通信。另外,与电通信和光通信相比,声波传播速度远低于电磁波和光波,所以它的传输速率相对较低,传播时延相对来讲也比较大,一般只应用于电通信和光通信无法开展的场合或环境。

（2）光通信

光通信是以光波为载波的通信方式,常见的如光纤通信。光通信的基本原理是,在发送端首先把要传送的信息（如话音等）转换成电信号,然后调制到激光器发出的激光波束上,使光的强度随电信号的幅度（或频率）变化而变化,并通过光纤（类似于传送电信号的金属导线）发送出去;在接收端,检测器收到光信号后,先把它逆变换成电信号,再经解调后恢复出原始信息（如话音）。

自然条件下的光信号,容易受到环境的影响,如雨雪云雾、大气颗粒、各种障碍物等,因而实现远距离光通信的难度较大,并且需要较大的发射功率和高集中度的光束,当前只在激光通信和激光测距等方面得到较好应用。目前应用广泛的光纤通信,是利用了激光的高方向性、高相干性、高单色性等特性,让光波沿着光导纤维传播,这种通信方式具有传输距离长、经济节能、传输信息量巨大、通信速度快等特点,对传统的电通信的主导地位形成了巨大挑战。光纤通信的缺点是其仅适用于固定点之间的通信。

（3）电通信

电通信即是利用"电"信号来传递消息的通信方式，一般又可分为两大类：一类称为有线通信，另一类为无线（电）通信。有线通信就是利用线型、管型等材料作为信道传输的媒质进行通信，或者以导行波通过波导管等传输信号的能量，即有线通信的介质是有形和可见的，能够通过变换传输声音、文字、数据和图像等信息内容。与无线通信相比，有线通信的传输质量高、保密性较好，信号不易受干扰或被截获；但受传输线路的限制，存在着机动性差、灵活性不足的问题，并且同样仅适用于固定点之间的通信。

利用无线电波传输信息的通信方式为无线（电）通信，即利用真空或大气空间作为媒介传输无线电信号的方式，同样也可以传输声音、文字、数据和图像等信息。与有线通信相比，它不需要架设传输线路，一般不受通信距离的限制，机动性好、建立迅速；但传输质量不稳定，信号易受干扰且易被截获，保密性较差。

在以上几种通信手段中，目前应用最广泛的是电通信，即用电信号携带所要传递的消息，经过各种电磁信道（包括传输导线、地球表面的大气层、外太空等）进行传输，达到通信的目的。但由于电通信在超大容量信息传输方面存在瓶颈，并且存在电磁干扰等问题，而光纤通信具有通信容量大、传输距离远、信号干扰小、保密性能好、抗电磁干扰、传输质量佳等优点，以及光纤尺寸小、质量轻、便于铺设和运输、材料来源丰富的优势，光纤通信可以达到保护环境、无电磁辐射、难以窃听、适应性强和工作寿命长的目的，因此在当代通信中通常采用光通信和电通信结合的手段。所以在通信领域的通信一般多指电通信或光通信；而无人机的通信，由于无人机的运动机动性，基本采用的是电通信中的无线电通信，因此本书也将以无线电通信为主要介绍内容。

2. 通信方式

通信方式是指通信双方的工作方式或者信号的传输方式，主要包括以下两种方式。

（1）点对点通信方式

对于点对点之间的通信，按照消息的传递方向及与时间的对应关系，通信方式一般又可以分为单工、半双工和全双工通信，如图3.1所示。

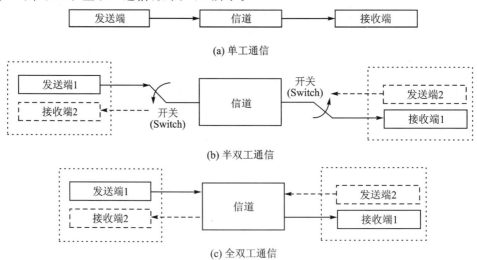

图 3.1 点对点通信方式分类示意图

　　单工通信,指消息在双方之间只能单方向进行传输的工作方式。通信的双方只有一个可以进行发送,另一个只能进行接收,如图 3.1(a)所示。

　　半双工通信,指通信的双方都能收发消息,但是任何一方都不能同时进行接收和发送的工作方式,接收和发送之间的转换需要通过开关进行切换,如图 3.1(b)所示。

　　全双工通信,是指通信的双方都能收发消息,并且接收和发送可以同时进行的工作方式,一般情况下全双工通信的信道必须是双向信道,如图 3.1(c)所示。

　　(2) 计算机通信方式

　　在数据通信中,主要是计算机与其他数字终端设备之间的通信,称为计算机通信。按数据码元传输的方式不同,还可以分为并行通信和串行通信。并行通信,是指消息以成组或编码的方式在两条或两条以上的信道上同时传输。这种方式的优点是节省传输时间,通信效率高;缺点是并行通信的成本较高,一般适用于收发双方之间的近距离通信,例如打印机与计算机之间的数据传输。

　　串行通信,是指数字信号的码元序列以串行的方式,一个码元接一个码元地在一条信道上进行传输,例如长距离的信号传输线和 USB 数据线等,均为串行通信。这种方式适合于较远距离的数据传输,优点是只需要一条通信的信道,所需成本低;缺点是消息传输的效率较低,并且字符间的同步需要采用外加的措施来实现。

3. 通信分类

　　通信的分类形式有多种多样,对比较常见的分类方式介绍如下:

　　(1) 按照传输信号的特征分类

　　按照信道中传输的信号是模拟信号还是数字信号(见图 3.2),相应地把通信分为模拟通信和数字通信。

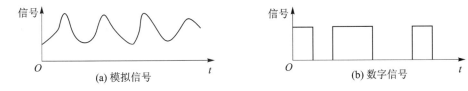

图 3.2　模拟信号和数字信号

　　模拟通信是一种以模拟信号进行信息传输的通信方式,相比于数字通信,模拟通信系统设备简单,占用频带窄,但通信质量、抗干扰能力和保密性能等均不及数字通信。从长远观点看,模拟通信将会逐步被数字通信所替代。

　　将模拟信号进行时间上的离散化和幅值上的量化后,就变成了数字信号,对数字信号进行传输即称为数字通信。由于数字信号在时间上和幅值上相比模拟信号更容易区分识别,故数字通信具有抗干扰能力强、无噪声积累、易于加密处理等特点,并且数字信号便于存储、处理和交换,数字设备便于集成化、微型化,容易构建业务数字网和综合数字网等,正是由于这些特点,数字通信在近几十年来得到了迅速发展。

　　相应地,可以把通信系统分为模拟通信系统与数字通信系统,它们处理信号的过程也各不相同,两种典型的通信系统的信号处理模型如图 3.3 所示。

　　(2) 按照调制方式分类

　　根据信号传输过程中是否经过调制,可以将通信分为基带传输方式和调制传输方式。基

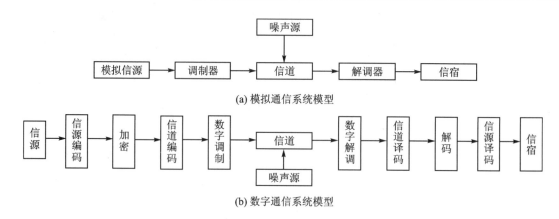

(a) 模拟通信系统模型

(b) 数字通信系统模型

图 3.3　模拟通信模型和数字通信模型

带传输是指原始电信号不经过调制就可以直接传输,比如音频室内电话、数字信号的基带传输等。

调制传输是指对各种原始电信号先进行一定的变换,然后再进行传输,信号经过调制后,所传送的消息就成为易于传输的形式,同时还可以提高传输性能,特别是加强信号的抗干扰能力,并且可以有效提高频带的利用率。

调制的方式有很多种,基于模拟信号的调制包括模拟调制(调幅 AM、调相 PM、调频 FM等)、脉冲调制(脉冲调幅 PAM、脉冲调相 PPM、脉冲调宽 PWM、脉冲调频 PFM、脉冲编码PCM 等)、复合调制(正交幅度调制 QAM 等);基于数字信号的调制有幅移键控 ASK、频移键控 FSK、相移键控 PSK 等;以及在这些调制基础上发展起来的很多更为复杂的调制方式。

(3)按照传输媒质分类

按照传输媒质,通信可以分为有线通信和无线通信。有线通信就是用导线(如架空明线、同轴电缆、光导纤维、波导等)作为传输媒介来进行的通信方式,比如有线电视、室内电话、海底电缆等通信方式。无线通信是依靠电磁波在空间中的传播来传递消息,比如短波电离层传播、微波视距传播、卫星中继、移动电话等通信方式。

(4)按照传送信号的复用方式分类

同时传送多路信号时,为了在接收端能够区分这些信号,需要采取某种复用方式,以达到多信号的兼容传输、互不干扰、各自操作的目的。目前常用的有四种基本复用方式,即频分复用(FDM)、时分复用(TDM)、码分复用(CDM)、空分复用(SDM)。

频分复用是用频谱搬移的方法,使不同的信号占据不同的频率范围。它的基本思想是基于要传送的信号带宽是有限的,而线路可使用的带宽可能远大于要传送的信号带宽,这时通过对多路信号采用不同的频率进行调制,使调制后的各路信号在频率位置上有序错开,达到多路信号能够同时在一个信道内传输的目的。

具体来讲,频分复用就是将用于传输信道的总带宽,划分成若干个子频带(或称子信道),每一个子频带传输一路信号。因此,频分复用的各路信号在时间上是重叠的,而在频谱上是分开的。频分复用要求总频率宽度要大于各个子信道频宽之和,同时为了降低各子信道中所传输的信号互相干扰的概率,一般需要在各子信道之间设立一定的隔离带。频分复用技术的特点,是所有子信道传输的信号以并行的方式工作,每一路信号传输时可不考虑传输时延。

时分复用是用脉冲调制的方式使不同的信号占据不同的时间区间,即采用在不同时段传输不同的信号的方式,达到多路传输的目的。时分多路复用以时间作为信号分割的参量,以保证各路信号在时间轴上互不重叠。为此,时分复用是将提供给整个信道传输信息的时间,统一划分成若干时间片(或称为时隙),然后将这些时隙分别分配给其中的一路信号源供其使用。

码分复用是靠不同的编码来区分各路原始信号的一种复用方式,一般采用一组相互正交的脉冲序列中的一个码型,与不同路的信号进行调制处理,得到一个携带不同信号的复合信号进行传输,在接收端通过相关处理,就可以恢复出原始信号。码分复用允许多路信号进行同频、同时传输,有效利用了时间和频率资源,具有较高的通信效率;缺点是在进行码分调制时,会对原有的信号频谱进行展宽,即会多占用一定的频率宽度。

空分复用就是让同一个频段内的不同路信号,在不同的空间内得到重复利用的通信方式。一般来讲,能实现空间分割的基本技术就是采用自适应阵列天线,使在不同路的用户方向上形成不重叠的空间波束,每个波束都可提供一个无其他用户干扰的唯一信道,以传递不同路的信号。

此外,还有波分复用等通信方式。

(5) 按照不同的通信业务分类

根据通信业务的不同,通信可以分为电话通信、电报通信、数据通信、图像通信、视频通信等。这些通信系统有的是专用的,有的是兼容或者并存的。其中电话通信比较发达,其他的一些通信方式有时需要借助公共电话通信系统来进行,比如在电话话路中,通常会分出一部分的通路来进行电报通信;随着电子计算机的发展,数据通信业务迅速增长,数据通信在近距离传输时多采用专线进行传送,而在远距离时也会借助电话信道来传送。可以预计,未来的综合数字通信网,会发展成兼容各种业务类型的信息网络。

(6) 按照通信设备与传输线路连接类型分类

按照通信设备与传输线路之间的连接类型的不同,可以分为点对点通信、单点对多点通信和多点之间的通信等。

(7) 按照传输消息的同步类型分类

按照传输消息采用的同步方式的不同,通信可以分为同步通信和异步通信。同步通信是一种比特同步通信技术,要求发收双方具有同频同相的同步时钟信号,只需在传送报文的最前面附加特定的同步字符,使发收双方建立同步,此后便可以在同步时钟的控制下逐位发送和接收。

相对于同步通信,异步通信不要求接收端时钟和发送端的时钟同步,在发送字符时,所发送的字符之间的时隙可以是任意的,但是接收端必须时刻做好接收的准备;发送端可以在任意时刻开始发送字符,因此必须在每一个字符的开始和结束的地方加上标志,即加上开始位和停止位,以便使接收端能够正确地将每一个字符接收下来。

一般来讲,同步通信的效率高,但系统较复杂,双方时钟同步的允许误差较小;异步通信的好处是设备简单、价廉,双方时钟可允许有一定的误差,但传输效率较低。

3.1.3　现代通信的现状

通信是人们经过多次实践发现和形成的概念,通信技术的发展是人类科技进步的产物。目前,通信的发展已经进入到了第五个阶段——通信的信息时代,现代通信已成为信息时代信息交流与传递的重要手段。在现代化社会中,信息的交换愈加频繁,通信网已经遍布到世界的各个角落,涵盖了社会的各行各业,世界范围的全球通信网应运而生,已成为全球信息交流的通道和纽带,包括现代通信技术在内的信息技术服务应用已经成为世界上最大的行业应用。

随着通信技术和计算机技术的发展以及它们之间的密切结合,通信已经能够克服空间和时间的限制,大容量的、远距离的信息传递和存取已经成为可能,而光纤通信技术的出现是通信技术最近几十年发展的一个里程碑。通信网的发展趋势是宽带化、智能化、个人化和综合化,能够支持各类窄带和宽带、实时和非实时、恒定速率和可变速率等不同的需求,尤其是多媒体业务的通信需求。目前规模最大的三大网络系统是电话网、有线电视网、计算机网,其各有优势与不足,它们在为人们信息交流与传递的活动提供服务的同时,也在应对着人们对通信技术与手段所提出的挑战。毫无疑问,人类在通往无论何时、何地都能与任何人进行任何形式的信息交换与传递的通信最高目标——全球个人自由通信的道路上,将面临更加严峻和多方位的挑战。

近几十年来,现代通信基础设施建设发展迅猛,其中光纤通信正在向超高速系统发展,丰富的光纤电缆资源为实现超大容量光网络及网络的扩展应用提供了实现可能。随着网络的节点数和业务量的不断增长,未来光联网的优势将会极大地发挥出来。

3.2 通信过程及构成要素

3.2.1 通信过程

通信过程的完成,一般需要通过信源、发送设备、信道传递、接收设备、收信者等几个主要环节或部分完成,这几个环节对应的有形或无形部分一起构成了通信系统。根据通信手段和通信方式等的不同,通信过程会有所差异,比如会增加或减少一些环节。相对通用的通信系统的组成与通信过程如图 3.4 所示。

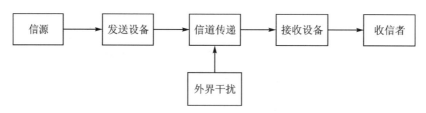

图 3.4 通信系统的组成与通信过程

通信的过程:某种类型的自然信息,如声音、温度、符号、图像等,经过信源将其转换成原始的声信号、电信号或光信号,然后发送设备将信源产生的消息信号变换为便于传送的信号形式,发送到信道中进行传递;而接收设备负责从带有干扰的信号中正确恢复出原始的消息,并传递给接收者;接收者再将消息信号还原为相应的信息。

下面通过介绍通信系统的基本结构组成,来描述通信的具体实现过程。

3.2.2 信 源

信源主要负责将各种自然信息转换成原始的声、光、电信号。由于通信系统大多采用电信号,并且光、声等信号最终也需要转换成电信号,以便于与计算机系统相连,进行数据的交换、处理、显示与控制等,因此下面各部分均以电信号通信为例,来说明通信的各个具体过程。

信源的基本功能是起到一个传感器或变换器的作用,根据信源发送的信号是模拟信号还是数字信号,信源分为模拟信源和数字信源。模拟信源发送在时间上连续的信号,常见的有话筒、摄像机、温度传感器等。离散信源发送在时间上离散的信号,它输出的是离散的符号序列或文字,这种信号的幅度是离散的或跳变的。模拟信源和离散信源之间可以相互转化,如模拟信源可以通过抽样和量化变换为离散信源,而离散信源在一定条件下,可通过数/模转换等方式,将其还原为连续信源。

3.2.3 发送设备

发送设备的作用,是将信源产生的消息信号转换为适合在信道中传输的电信号,使发送信号的特性与信道特性相匹配,以具备一定的抗信道噪声的能力,保证信号具有一定的传输速率、准确率、保密性和安全性等,并且发送信号的功率也需要满足传输的需求,达到所要求的通信距离。在发送设备中,常常包括了对信号的变换、放大、调制、滤波等过程。

以数字信号通信过程为例,由图 3.5 可以看出,发送设备部分进行了信源编码、信道编码和信号调制的工作,调制后的信号再送到传输媒介即信道中进行传输。

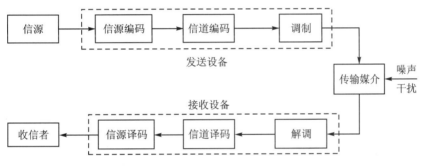

图 3.5 数字通信的组成及过程

其中,信源编码的功能是提高信息传输的有效性,比如可以减小码元的数目,降低码元的速率等。根据奈奎斯特采样定理,码元速率决定了传输过程中所占的信道带宽,进一步可以反映出通信的有效性。当信息源给出的是模拟信号时,信源编码还可以完成模/数转换,即把连续的消息信号转换为数字信号。

信道编码的主要功能是提高信号传输的可靠性和安全性,增强数字信号的抗干扰能力,它一般通过对传输的信息码元按照一定的规则加入监督码元和进行加密处理等方式进行保护,以提高通信系统的传输准确性和保密性能。

调制的作用就是对信号源的信息进行处理使其加到载波上,使载波随信号的变化而改变,并且使调制后的信号变为适合于在信道传输的形式。调制方式有多种多样,常用的为模拟调制和数字调制。

3.2.4 信道传递

信道是指通信系统把需要传递的信号从一地传送到另一地的媒介。一般来说,信道具有传送信号的功能,而有些信道还有存储信号的功能。信道多种多样,不同信道的传输性能不同,并且会直接影响到信号的通信质量。

按照传输媒介进行分类,信道可以分为无线信道和有线信道。无线信道是用自由空间(包括大气空间)的电磁波来传送信息,这种信道通常传送比较高频的信号,典型的无线信道有长波信道、中波信道、短波信道、地面微波信道、卫星信道、散射信道、红外信道、空间激光信道等。有线信道是由沿导线的电磁波来传播信息,常见的有线信道包括普通导线、架空明线、同轴电缆、光导纤维、波导等。

根据信道的参数是否变化,信道还可以分为恒参信道和变参信道。恒参信道的传输特性与时间无关或随时间的变化极其缓慢,是一个近似非时变的线性通道。在变参信道中,传输媒介的参数随所处环境的条件和时间等因素发生改变,产生规律性或者随机性的变化,因此变参信道的特性比恒参信道要复杂得多,对信号传输的不利影响也更加严重。

信道容量是描述信道传输能力的一个参数,针对这个问题,香农(Shannon)给出了著名的信道容量公式,又称为香农公式,即

$$C = B\log_2\left(1 + \frac{S}{N}\right) \tag{3.1}$$

式中:C 为信道容量,是可得到的通信速度,表示信道可能传输的最大信息速率,单位为 bit/s;B 是信道的带宽;S 是平均信号功率;N 为信道中的白噪声的平均功率;$\frac{S}{N}$ 是信号功率与噪声功率的比值,即通常所说的信噪比。香农定理描述了在带宽有限、有随机热噪声的信道中,信号最大传输速率与信道带宽、信噪比之间的对应关系。

3.2.5　外界干扰

在通信过程中,信号在每一个处理的环节中,往往都会受到一些其他信号的干扰,包括其自身的和外界的,尤其在信道中通常会含有更多的干扰和噪声。一般的分析中都会将通信过程中遇到的干扰和噪声等,等效折合成信道干扰,即信道干扰可以视为是由某一个噪声源产生的,叠加或作用于所传输的信号上,对信号的传输产生不利影响的一种信号。如何有效地抑制甚至消除信道干扰,一直是通信应用领域一个重要的研究议题。

3.2.6　接收设备

从机理上来说,接收设备与发射设备相对应,接收即是发射的逆过程。接收设备的基本功能是将信号进行放大、滤波和逆变换(如译码、解调等),其目的是从受到干扰导致减损或失真的接收信号中,正确恢复出原来输入到发射设备中的信号,从而获得有用信息。

由图 3.5 可知,在数字通信系统中,信息是经过信源编码、信道编码、调制后形成的信号在信道中传播,到达接收设备后,要经过解调、信道译码、信源译码等,最终恢复出信源所发出的原始消息。因此接收设备应尽量减小或抑制干扰和噪声等对信号传输造成的不利影响,尽可能地从受到干扰的接收信号中无失真地恢复出原始数字信号。

3.2.7　收信者

收信者就是通信系统的服务对象,是消息传送的目的地,它的功能与信源相反,是把信号信息还原为所需要的相应的消息。收信者可以是人,也可以是其他终端设备,如计算机、控制器、显示器、扬声器等。收信者通常与信源相对应,信源的信息以消息的形式传递到收信者,但

信源和收信者往往处于不同的时间和不同的地点,并且根据信源和收信者的不同,信息传输速率也会在很大范围内变化。

3.3　无人机数据链

具体到无人机的通信,业界常常用无人机数据链的称呼及形式对其进行具体描述,无人机数据链系统一般包括三个基本组成要素:传输通道、消息标准和通信协议,下面对它们进行详细介绍。

3.3.1　传输通道

传输通道都具有一定的性能指标或参数,如通信频段、发射功率、接收灵敏度等;处在传输通道中的各设备之间均有标准的数据接口,通过选择合适的信道、功率、调制解调器、编解码及加密算法等,来满足数据链信息的传输要求,如通信距离、数据带宽、传输速率、时延、通信方式、抗干扰及可靠性等指标。传输通道的基本组成通常包括战术数据系统(Tactical Data System,TDS)、接口控制处理器(Interface Control Processor,ICP)、数据链终端设备(Data Terminal Set,DTS)和无线收发设备等,如图 3.6 所示。

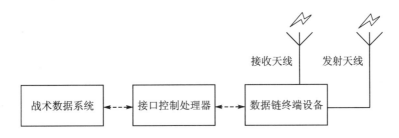

图 3.6　无人机数据链系统简图

其中,战术数据系统主要完成格式化消息的处理,通常有多种实现方式。战术数据系统接收各种传感器数据(如温度数据、电子罗盘数据、定位数据、高度气压计数据等)和遥控指令数据(如遥控器信号、控制参数、轨迹规划指令)等,并将其封装成标准的信息格式,用于进一步地存储与分发。接口控制处理器主要是用来完成不同数据链的协议和接口转换,实现无人机系统数据信息的共享和状态信息、控制指令的准确传递,保证对链路数据信息的一致性处理。数据链终端设备一般由调制解调器、网络控制器及加解密设备构成,并且带有用于链路控制的链路处理器,是数据链系统的核心部分和最基本单元,在通信协议的控制下进行数据收发和处理。

3.3.2　消息标准

消息标准是对链路中传输的数据信息的格式结构、数据内容、数据类型、数据发送接收规则等方面的详细规定。制定标准的数据传输格式,有利于处理器生成、解析及处理,这需要设计具体的格式处理和数值转换程序来实现。

3.3.3 通信协议

在对无人机等的控制中,其控制单元多为嵌入式设备,而地面站通常为高级计算机系统,两者之间存在着信息识别、解析、转换的问题,如何保证通信畅通有效、正确理解与解读双方的信息成为一个关键。通信协议作为信息通信交流的桥梁,给出了无人机与地面站之间信息内容打包、解读的方法和规则。

通信协议是通信双方为完成通信及其服务所需遵循的规则和约定,是对有关数据信息的传输时序、条件、流程及控制方式等方面的规约,规定了数据单元应使用的格式,包括信息与含义、连接方式、信息发送与接收时序等,解决如何可靠、有效地建立链路通道问题,确保数据或信息成功传送到指定的地方,达到顺畅交换的目的。

通信协议主要包括网络协议、频率协议、链路协议、接口标准和操作规程等内容。要实现无人机与地面控制台的有效通信,无人机系统需要有适应其应用场景和移动环境的通信协议,目前常用的通信协议有 MavLink 协议和 TCP/IP 协议。

1. MavLink

MavLink(Micro air vehicle Link)为微型空中飞行器链路通信协议,是在串口通信基础上一种更高层的开源通信协议,广泛应用于地面站与无人机之间、无人飞行器之间的通信,同时也应用于其内部子系统之间的通信。

MavLink 协议以消息库的形式定义了参数发送和接收的规则,加入了校验检查功能,可工作在 2.4 GHz、900 MHz、433 MHz 波段上,兼容传统无线发射设备,全双工工作,满足一般无人机的通信需求。MavLink 突破了无人机与其他设备平台之间数据互通互联的障碍,使通信更便捷、简练和实用,保障了通信的可靠、高效、安全。协议的主要特点如下:

① 高效:MavLink 中的每个数据包字节开销较少,不需要额外的成帧,适合窄带通信的应用。

② 可靠:可应用于各种具有挑战性的通信信道,如高延迟、大噪声等,提供了数据包丢失、损坏和身份的检测、验证方法。

③ 适应性广:可以使用多种编程语言,在众多的微控制器/操作系统上运行。

④ 数量多:最多可允许 255 个并发通信系统(无人机、地面站等)。

⑤ 内外通用:可同时启用机外通信(地面站和无人机之间)和机内通信(机上自动驾驶仪和机载相机之间),可由通信双方自定义数据业务载荷。

Mavlink 具有轻量级的特点,从字段和流程设计来看,对处理性能的要求不高。协议的数据包包括了字头、数据载荷、校验位等内容,其 2.0 版本的格式如图 3.7 所示。

包起始标志	有效载荷长度	不相容标志位	相容标志位	包的序列号	系统ID	部件ID	消息包ID	有效载荷数据	校验	签名

图 3.7 MavLink2.0 数据格式

表 3.1 给出了 MavLink2.0 协议各字段的定义说明,供读者参考。

表 3.1　MavLink2.0 协议各字段定义

编　号	字　段	定　义	长　度	数　值
1	STX	报文开始标志位	1	0xFD
2	LEN	PAYLOAD 字段长度	1	0～255
3	INC FLAGS	不可兼容标志位	1	—
4	CMP FLAGS	可兼容标志位	1	—
5	SEQ	报文序号	1	0～255
6	SYS ID	系统编号,区分网络中不同系统	1	1～255
7	COMP ID	组件编号,区分同一实体不同组件	1	0～255
8	MSG ID	消息编号,业务命令码	3	0～16 777 215
9	PAYLOAD	数据净荷,由 MSG ID 字段确定业务内容	变长	长度不大于 255 字节
10	CHECKSUM	检验	2	—
11	SIGNATURE	签名,可选配	13	—

2. TCP/IP

TCP/IP 是英文 Transmission Control Protocol/Internet Protocol 的缩写,也就是网络通信协议。这个协议是 Internet 最基本的协议,它包括 IP、TCP、UDP、ARP 和 ICMP 专业化协议以及其他的一些子协议。TCP/IP 协议族可以分为多层:物理硬件层、网络接口层、互联网层、传输层和应用层,而涉及运行核心的协议只有互联网层和传输层,它们为网络中的各类主机提供服务,也为模型的最高层即应用层提供服务。

TCP/IP 协议发展更新迅速,也越来越完善,传输的数据可靠稳定,应用范围广泛,符合绝大多数互联网用户的数据通信需求。近年来,TCP/IP 协议也逐渐地应用于无人机通信系统中。

应用 TCP/IP 通信的无人机,通过网络服务器来实现无人机与控制站之间的信息交互。控制站能够给服务器发送各种控制命令,服务器将命令转发给无人机,无人机通过网卡接收控制站的命令,进而无人机上的飞控模块根据收到的命令,驱动电机执行相应的动作。同时,无人机也能将监测到的视频信息、温度信息等通过基站转发到服务器,服务器再转发到控制站,基本过程如图 3.8 所示。

在进行 TCP 数据通信时,一个重要的问题是使用网络编程接口。在 Windows 环境下的网络应用程序编程接口叫 Windows Sockets,简称为 Winsock,Socket 一般译为"套接口"或"套接字"等。Socket 套接字是一种特殊的 I/O 接口,也是一种文件描述符。每一个 Socket 套接字都用一个半相关描述(包括协议、本地端口和本地地址)来表示;一个完整的套接字则用一个相关描述(包括协议、本地地址、本地端口、远程地址和远程端口)来表示。Socket 有三种类型,分别是:流式 Socket、数据报 Socket 和原始 Socket。

从通信的角度来说,网络协议栈中各层所提供的服务可以分为两大类:面向连接服务与无连接服务。面向连接服务的要求是:在数据交换之前,必须先建立连接;当数据交换结束后,则应该终止这个连接。对于无连接的通信(例如使用 UDP 数据报文协议),两个实体在通信时,不需要建立连接,而其所需的下层资源在数据传输时动态地进行分配。

无人机网络通信常用面向连接的 TCP 通信,以此来建立控制站和无人机的连接,实现了

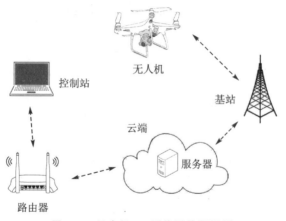

图 3.8   无人机 3G 网络通信原理图

数据在其间的正确传输。由于每个终端都有一个 IP 与之对应,每个应用程序都有一个端口号与之对应,所以用不同的 IP 地址来区分终端,用不同的端口区分在同一个终端上的应用程序。程序通过在两个终端调用相关函数进行正确的连接,发送接收数据,从而实现两个终端的通信。在无人机通信过程中,服务器和控制站各自的具体过程如图 3.9 所示。

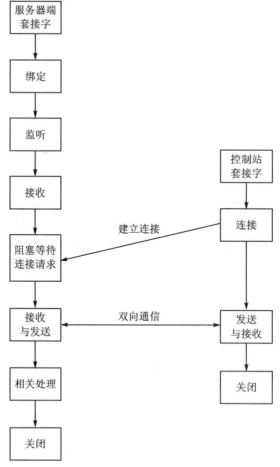

图 3.9   面向连接的 TCP 通信过程

3.4　通信性能指标

对于任何一个通信系统而言,包括无人机通信系统,都需要用一些参数来衡量系统各方面的性能指标,来表明不同通信系统之间的差异及优劣。通信系统常用的性能指标包括有效性、可靠性、适应性、经济性、标准性和可维护性等,如果单从信息传输的角度来说,则有效性和可靠性是通信系统的主要性能指标。

通信系统的有效性是指传输一定的信息量所需要消耗的信道资源数(如带宽或时间),而可靠性是指接收信息的准确程度。对不同类型的通信系统,这两个指标有着不同的定义与度量方法,比如以常用的模拟通信系统和数字通信系统来说,这两个指标的要求与定义就有所不同。

1. 有效性

(1) 模拟通信的有效性

对于模拟通信系统,有效性通常采用有效传输带宽来衡量,即传输同样的信号,所需的传输带宽越小,频带利用率就越高,有效性就越好。一般来讲,采用不同的调制方式,所需的频带宽度就不同,有效性也就不同。

提高模拟系统的有效性,可以采用如下措施:对多路信号可通过频率分割复用,即频分复用,以复用路数的多少来体现其有效性;或者根据信号的业务性质减少信号带宽,如话音信号的调幅单边带等。

(2) 数字通信的有效性

对于数字通信系统,其有效性一般用传输速率来度量。数字信号由不同进制的码元组成,每个码元携带一定的信息量,单位时间内传输的码元数称为码元速率 R_s,单位为码元/秒,又称波特(Baud,B),因此码元速率也称为波特率。

另外一种更加常用的数字通信有效性的表达方法为信息速率,即以码元对应的信息量为衡量指标,定义单位时间内传输的信息量为信息速率 R_b,单位为比特/秒,因此信息速率又称为比特率。

由通信的一般知识可知,一个二进制码元的信息量为 1 bit,一个 M 进制码元的信息量为 $\log_2 M$ (bit),所以码元速率 R_s (B)和信息速率 R_b (bit/s)之间的关系为

$$R_b = R_s \log_2 M \tag{3.2}$$

由式(3.2)可见,二进制的码元速率和信息速率数值相等,有时也将其简称为码速率。

一般来说,数字信号的传输带宽 B 取决于码元速率 R_s,再结合码元速率和信息速率之间的关系,可以使用传输带宽 B 和信息速率 R_b 来定义频带的利用率,即

$$\eta_b = \frac{R_b}{B} \tag{3.3}$$

频带利用率的物理意义,就是单位频带所能传输的信息速率,单位为 bit/(s·Hz)。

对于提高数字通信系统的有效性,一般采用资源复用的方法,比如对于基带数字信号,可以采用时分复用(TDM)的方式以充分利用信道带宽,其他的复用方式还有空分复用(SDM)、码分复用(CDM)、极化复用(PDM)等,以及相应的"多址"方式。另外,对于数字信号频带传输,也可以采用多元调制的方式来提高有效性。

2．可靠性

（1）模拟通信的可靠性

对于模拟通信系统的可靠性而言，通常用接收端的信噪比来衡量，它反映了信号经过信道传输后"保真"的程度和抗噪声能力。一般来讲，有效性和可靠性是一对矛盾，往往不能两全其美，总是需要牺牲一方来满足另一方，或者使系统工作于二者中间的某一个平衡点上，即综合两者的需求，使其相对均衡地存在于同一个系统中。在实际系统应用中，常常采用折中的办法来改善可靠性，即以扩大带宽为代价来换取可靠性的提高。

（2）数字通信的可靠性

数字通信系统的可靠性一般用差错概率来衡量，通常用误信率（或误比特率）p_b 或误码率（误符号率、误码元率）p_s 来表示，如下：

$$p_b = \frac{错误比特数}{传输总比特数} \tag{3.4}$$

$$p_s = \frac{错误码元数}{传输总码元数} \tag{3.5}$$

因此，在二进制码中，误信率和误码率是相同的。

数字通信的可靠性就其本质来说，信噪比往往是其主要的影响因素，另一影响因素是所设计的信号本身的抗干扰能力。对一般的数字通信系统而言，其差错率主要取决于接收端输入信号的信噪比大小，比如可以采用无线通信中扩频调制的方式，通过扩频增益来提高信噪比，从而降低差错率，这其实也是通过扩大带宽换取可靠性的一种方法。

3.5 习 题

1. 熟悉并掌握通信的来源及定义。
2. 请描述通信的基本手段、方式及分类，并分析其特性的差异。
3. 请简述通信的过程及构成要素，说明各部分的主要功能。
4. 指出通信的主要性能指标，以及提高性能的常用方法。
5. 通过互联网，了解通信的发展现状及未来趋势。
6. 请举例说明你所熟悉的一种通信系统的性能的优势与不足。
7. 了解无人机通信协议。

第4章 无人机通信的分类

近三十多年来,现代通信尤其是数字通信技术取得了飞速发展,在国民经济的各行各业中得到了广泛应用,也普及到了千家万户中的普通民众。无人机通信作为现代通信中极具特色的一个重要应用分支,也实现了较大的技术跨越与应用拓展。目前,无人机的行业发展越来越迅速,诸多领域包括军事、工业和消费行业等对无人机的需求也不断加大,同时也对无人机的通信技术提出了更高的要求,相应地与无人机通信相关的划分也越来越具体、详细。

从人们一般容易理解的角度看,按通信的发送方或接收方的位置是否变化来划分,可分为固定通信与移动通信。如果在通信时发送方或接收方的位置基本没有移动,或仅在很小的有限范围内移动,则这种通信方式称为固定通信。固定通信一般可以通过无线电、电缆、声、光等有线或无线的方式来实现,它的典型应用有普通电话机、IP电话、无绳电话、传真机、联网计算机、有线广播和有线电视等。

如果通信时发送方或接收方中,至少有一方是处于移动状态,则这种通信方式称为移动通信。它是一种沟通移动用户与固定点用户或移动用户之间的通信方式,由于通常采用无线电、声、光等无线方式进行信息传播来实现通信,也被称为无线移动通信,典型的应用有移动收发报机、移动通信电台、移动电话、卫星通信、常规广播和深空通信等。一般来说,能够用于移动通信的方式或设备,也可以用于固定通信,反之则不一定可行。

无人机通信,也称无人机通信链路或无人机数据链,简单地说就是在无人机与地面站、无人机之间、无人机与其他系统间进行的通信。其中,至少有一个或者多个通信设备处于运动中,因此无人机通信基本属于移动通信的范畴。另外,当无人机与地面站距离较远,无法完成它们之间正常的通信时,常常需要中继通信系统接收来自无人机或地面站的信息,以实时或定期转发给信息接收方来完成相应的通信任务。无人机的移动通信具有其自身特点,如高速移动性、环境变化迅速、电波传播条件多变、易受噪声和干扰影响等,因此常常要求通信设备的环境适应能力强、频带利用率高、综合性能优良等。

无人机通信作为无人机系统的重要组成部分,在移动通信的范畴内,还可以继续进行划分,其分类方法也多种多样。根据移动通信的一般概念,我们可以从传输手段、通信频段、通信距离、参量取值、消息物理特征、传输媒介等几个方面,来对无人机的通信系统进行类别划分。

4.1 按传输手段划分

在无人机系统中,无人机与地面控制台之间的通信链路至关重要。无人机系统要进行各种不同信息的传输,包括信号、指令、数据、音频、图片、视频等,会采用不同的传输方式或手段,对应不同的通信体制和频率带宽,以及不一样的通信覆盖范围。

按照目前无人机常用的传输手段划分,无人机移动通信通常可以划分为电台移动通信、蜂窝移动通信、Wi-Fi通信、卫星中继通信和电缆通信等几种方式。

4.1.1 电台移动通信

在无人机通信中,最常采用的通信手段就是无线(电)电台通信。电台一般由机载部分(机载通信设备)和地面部分(地面通信设备)组成,其中机载和地面部分的结构基本一致,有时地面站电台的功率会大一些。无人机无线电台的基本组成如图4.1所示。

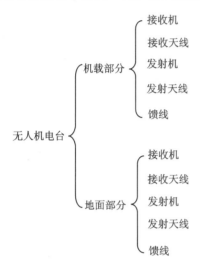

图 4.1　无人机电台的基本组成

无线电台也简称"电台",为发送和接收无线电信号的设备。机载电台设备和地面电台设备一般都由射频(Radio Frequency,RF)发射机及发射天线、RF接收机及接收天线、电缆馈线等组成。根据所传输消息的不同,可以分为进行话音传输的对讲电台、用于数据信息传输的数传电台、用于图片和视频传输的图传电台等。

无线电台还可以根据使用频段和业务范围进行分类。按使用频段分类,可分为长波电台、中波电台、短波电台(高频电台)、超短波电台、微波电台等。按业务范围分类,设置在地球表面的或地球主要大气层以内的载体上的电台,统称为地面电台,与之对应的主要设置在大气层以外的电台称为空间电台。地面电台又可细分为:固定业务电台、陆地移动业务电台、航空业务电台、水上业务电台、广播业务电台、气象业务电台、业余电台等。

一般传统的无线电台属于固频电台,也叫定频电台,即采用通信载频固定不变的定频通信方式,具有抗干扰能力低、抗截获性能差的弱点,在日益尖锐的电子对抗中受到了严峻的挑战。而跳频电台,也叫变频电台,其通信载频是不断跳变的,时低时高,变化不定,克服了固频电台的缺点,代价是所占用的频带比普通无线电台要宽,属于扩频通信的范畴。

无人机电台通信要根据通信距离和通信任务等来选择合适的通信频段,也可以采用微波等频段进行通信,过远距离的通信则要借助中继站来实现。一般无人机的电台是双工模式的,即电台的发射机和接收机位于同一设备中,处于不同的工作状态,可以同时工作。

一般来讲,无人机的机载通信设备和地面通信设备是配套工作的。一方面,无人机的传感器采集到的数据和自身状态信息可以通过机载电台的发射天线发送出去,地面站的地面通信设备通过配套的接收天线来接收,并传送给地面控制中心进行分析处理。另一方面,地面站的控制指令可以通过地面通信设备的发射天线发送出去,无人机上的配套机载天线会将该指令接收并传送给飞控设备,从而控制无人机的飞行与动作。

最简单的电台移动通信是一架无人机与它的地面控制站之间的通信,地面控制站的电台一般是固定不动的(或在小区域内慢速运动),而无人机电台则随无人机一起飞行运动,其通信距离处于不断的动态变化之中。另外,也有多架无人机与单个地面控制站的通信,同时还保持多架无人机之间的通信,这种通信的应用较为复杂,无人机为了完成特定飞行任务一直处于动态运动中,通过移动电台实现同时与地面控制站及其他无人机的通信,有时会出现个别通路通信不畅甚至中断的情况。

有时,为了保持地面站与无人机间有效的通信距离,地面控制站也有可能处于运动状态,比如处于移动车辆或船舰、飞机上的控制站,就可以根据所服务的无人机(群)的实时位置,及时调整控制站的位置,以更好及可靠地实现与无人机的电台移动通信。

4.1.2　蜂窝移动通信

在无人机通信中,也会经常用到蜂窝移动通信(Cellular Mobile Communication),即现在普遍使用的手机通信或移动电话通信业务。它是采用蜂窝无线组网方式,在终端和网络设备之间通过无线通道连接起来,进而实现各用户在移动过程中可相互通信的目的。

蜂窝移动通信的主要特征是终端的移动性,并具有越区切换和跨本地网自动漫游的功能。蜂窝移动通信业务是指,由基站子系统和移动交换子系统等设备组成蜂窝移动通信网,向移动电话等用户提供的话音、数据、图像、视频等传输业务,因此,也可以将其应用到无人机系统的通信中来,当地面站和无人机都处于蜂窝移动通信的地面基站信号覆盖范围内时,就可以完成无人机与地面站之间的通信功能。

在国内,主要有三大移动通信运营商,即中国移动、中国联通和中国电信,提供蜂窝移动通信业务的服务,它们所采用的制式及通信频段划分如表 4.1 所列。

表 4.1　中国移动通信运营商制式及频段划分

运营商	制　式	上行频段/MHz	下行频段/MHz
中国移动	GSM	890～909	935～954
	EGSM	885～890	930～935
	DCS1800	1 710～1 725	1 805～1 820
	TD-SCDMA	1 880～1 900	2 010～2 025
	TD-LTE	2 300～2 400	
中国联通	GSM	909～915	954～960
	DCS1800	1 740～1 755	1 835～1 850
	WCDMA	1 940～1 955	2 130～2 145
中国电信	CDMA	825～835	870～880
	CDMA2000	1 920～1 935	2 110～2 125

目前,移动运营商已推出了多代移动通信技术,当前通用的蜂窝移动通信技术是第三代移动通信技术(the 3th Generation Mobile Communication Technology,3G)和第四代移动通信技术(4G),它们均是较为成熟的移动通信技术。另外,5G 通信技术也在研发中,目前尚未广泛应用。

随着 3G 和 4G 技术走向成熟并广泛应用,以及无人机整体技术的快速发展,无人机研究者将蜂窝移动通信技术应用到了无人机通信中。简单地说,无人机蜂窝移动通信的实现,就是通过在无人机上和地面站内分别置入 3G 或 4G 移动终端,通过该终端来实现两者之间的通信。

目前,由于蜂窝通信的地面基站布设区域越来越广,蜂窝移动通信技术在无人机的航空摄影、侦察监视、科学考察和地形勘探等领域已有所应用。如中国移动 2015 年在中国国际信息通信展览会上展示的基于 4G 的空中直播无人机,该无人机通过机载 4G 移动终端,把无人机周围的视频信息传输到地面网络设备和监控设备中,可以直播无人机周边的视频状况。

而法国的一家无人机公司,把军用无人机的远程操控技术运用到消费级无人机上,可以通过 4G 网络远程操作无人机。其基本的实现思路是,在整套系统上安装两个 4G 接入点,一个接入点在无人机上,另一个在地面的控制器上。通过无线网络连接向无人机发出指令,控制无人机的飞行路线,同时无人机会将内置摄像头拍摄的高清视频发送给用户,用户在监控周围环境的同时,可调整无人机的飞行路线和飞行姿态等运动参数。

目前,将蜂窝移动通信用于无人机通信的技术尚不完善,还处于起步阶段,仅能够实现无人机的部分通信功能。

4.1.3　Wi-Fi 通信

随着 Wi-Fi 通信技术的成熟和发展,在无人机通信中,也用到了 Wi-Fi 通信。Wi-Fi 是 Wireless Fidelity(无线高保真技术)的简称,是无线局域网(Wireless Local Area Network,WLAN)的一种具体应用,属于短距离无线通信范畴,目前 Wi-Fi 通信网点已遍布于室内外人群比较密集的区域。作为对手机移动网络的补充,Wi-Fi 通信已经在手机通信中占据了很大的比例。

Wi-Fi 通常使用 2.4 GHz UHF 或 5 GHz SHF ISM 的射频频段,因此它单站的覆盖范围不是很大,这影响了它的进一步应用。通常连接到无线局域网的用户是有密码保护的,但也可以是开放的,这样就允许任何在 WLAN 范围内的设备都可以方便地连接进行通信。由于 Wi-Fi 通信的网点众多,间接保证了其信号覆盖范围大,并且具有无需用户布线、传输速度快等优点,已广泛应用于办公网络媒体、掌上设备和无人机等方面。

Wi-Fi 技术为无人机的通信提供了一种新的解决方案。无人机 Wi-Fi 通信,即是无人机利用 Wi-Fi 通信,传输它和地面站之间信息的一种手段。根据 Wi-Fi 通信的特点,Wi-Fi 常用于无人机室内飞行或室外小范围飞行,其飞行范围受限于 Wi-Fi 发射的功率、建筑物的复杂程度、周围的地理环境等因素。飞行操作人员可以通过地面站的计算机等,经 Wi-Fi 网络给无人机发送控制指令,无人机也可以经 Wi-Fi 网络把自身的状态信息及各种传感器获取的信息传送给地面站。

如法国 Parrot 公司的 AR. Drone 2.0 微型无人机,机上就内置了 Wi-Fi 通信模块,可以实现无人机与计算机或手机之间的通信,即通过计算机或手机上的软件就可以实现对无人机的控制,也可以显示无人机的实时飞行状态等信息。

由于 Wi-Fi 局域网的工作频率高,传输距离有限,单站信号的覆盖范围小,所以在单站 Wi-Fi 的条件下,无人机的飞行范围也不大,一般在几百米范围以内。如刚才介绍的法国 Parrot 公司开发研制的 AR 系列无人机,使用 Wi-Fi 局域网进行通信时,覆盖范围也仅有 165 ft(约 50 m)而已。

4.1.4　卫星中继通信

随着无人机技术的发展,新型无人机对通信设备的性能有了更高的需求,在通信距离上已超出了视距范围,在通信带宽上需要能够传输图像、视频等实时大容量信息。当无人机与地面控制站之间,或者要实现通信的两个无人机之间的距离足够远,比如超出视距范围,或者经过长距离传输使信号衰减到无法正常接收时,前面介绍的几种通信方式就无法工作了。

采用蜂窝移动通信网有时可以解决这个问题,虽然单站的移动通信站覆盖范围有限,一般只有几 km 到几十 km,但由于目前的移动通信网络已基本覆盖了大部分人类活动的区域,所以在这些有移动通信基站信号的地方,就可以实现对无人机的远距离通信。但是在没有移动基站、基站信号覆盖不到或信号质量较差的偏远乡村、山区、沙漠、海洋、高空、无人区等,就无法实现对无人机的通信了。

因此,为了保证对无人机的远距离控制及信息传输,一种可行的方法是采用中继通信,一般包括地面中继通信、空中中继通信和卫星中继通信三种。采用地面中继通信的方式,是在无人机与地面控制站之间,设置多个地面通信中继站,采用中继传输的方式完成远距离的通信功能,这种方式一般采用的是电台移动通信的中继方式。空中中继通信,是把通信中继站设置在空中的其他无人机或其他飞行器上,其工作原理与地面中继通信方式相似。而无论是地面中继通信还是空中中继通信,都会受到地理条件、布设成本、布设实时性、区域管辖等方面的限制,在现实中可能难以实现或代价较大。

卫星中继通信,简称卫星通信,是指地球上(包括地面和低层太空中)的两个或多个无线电通信站间,利用人造地球卫星作为中继站而进行的微波数据通信,它主要用于视距之外的远距离通信。无人机卫星通信,就是无人机通过卫星中继完成和地面控制站、其他无人机、其他通信设备之间的通信,凭借这种通信手段,卫星数据链路能够为无人机提供大范围甚至全球的数据通信链路覆盖。一方面,地面站的控制指令或其他载体的信息可以发送给空中的通信卫星,然后卫星通信系统再转发给无人机;另一方面,无人机可以把自身的状态信息、传感信息、视频信息等发送给通信卫星,然后卫星通信系统把该信息再转发给地面控制站或其他通信设备。

卫星中继通信的主要特点有:通信距离远,即在通信卫星波束的覆盖区域内,通信距离最远可达 13 000 km;覆盖范围广,单颗卫星就可以实现对地球表面积百分之几到百分之几十的信号覆盖;通信质量高,系统可靠性高;易于实现多地址传输,易于实现多种业务功能等。这些优点使得卫星通信可以满足无人机与地面站之间实时、远程、大信息量的传输需求,可实现无人机大范围的移动通信和应急通信等。

但是,采用卫星通信也会受到一定限制,如军用通信卫星的数量较少且易受攻击,租用民用宽带卫星的成本较高以及可用性不强等。目前宽带卫星数据链路的主要应用机型为高空长航时战略无人机,该链路能保证数据传输的容量和速率;但对于小型战术型无人机,由于通信设备尺寸、重量的限制以及通信成本的考虑,卫星通信手段目前还不是一个可行性较高的方法。

目前,卫星中继通信在无人机上已有所应用,科研人员以 Ku 和 UHF 卫星通信波段进行了中继通信尝试。如美国劳拉公司(Loral Cor-poration)和高通公司(Qualcomm)等倡导发起的卫星移动通信全球星系统,就是以全球星卫星为通信中继,可以实现无人机在全球范围内的数传通信、监控、显示、报警以及数据管理等功能。在实际中应用的例子还有美国的全球鹰无人机系统,它使用超高频波段和 Ku 波段的卫星通信链路,可以实现远距离高速通信的目的。

4.1.5　电缆通信

在某些特定的环境条件,无人机可以采用电缆进行通信,即用电缆传输指令、数据、图像、视频等信号。无人机电缆通信是用电缆为无人机和地面站之间传输信息,地面站人员通过电缆将各种控制信号传输给无人机,操纵其飞行和完成工作任务,而无人机则通过电缆将传感器的信息送回到地面站。

电缆通信的特点是传输质量高,保密性好,信号不易受干扰或被截获,并且无人机所需的能源电力也可以同时源源不断地输送到无人机的动力装置中,保证无人机可以长时间地在空中工作。但受传输介质性能如电缆长度和重量的限制,飞行器的航程和升限都不大,活动区域和观察范围较小,场地需要宽大开阔,且周围没有高大建筑、树木、高塔、架空传输线等对线缆收放不利的障碍物。

目前,国内外对无人机的电缆通信都有所研究,但尚无广泛应用。如中国科学院北京自动化所正在研制的一款系留式无人机,载重 7 kg,续航 36 h,通过线缆传输电力和数据,采用有线通信的方式,实现了无人机和地面站之间的数据传输和信息通信。

4.2　按通信频段划分

在无人机系统中,无人机与地面控制站之间的通信链路至关重要,而无人机的通信频率是影响无人机通信性能的关键因素。一般来说,不同频率的信号传播特性不同,受地理环境、大气微粒、气象气候、噪声干扰的影响程度也不同,因此通信频率及其带宽决定了可用的通信传输手段、通信距离、信息传输速率等主要通信性能,也与通信设备的体积、重量、功耗大小、天线尺寸等密切相关,会影响对无人机机型、大小、载荷、功率等方面的选择。

表 4.2 为无人机常用的通信频段划分及其特点。根据 4.1 节讲述的无人机的常用传输手段,下面将从短波频段、超短波频段、微波频段、卫星通信频段四个波段出发,对无人机的通信频段及其特性进行具体分析。

表 4.2　无人机常用通信频段的划分及其特点

频段名称	频段范围	特　点
短波频段	高频 HF(2～12 MHz)	带宽受限,不能用于电视图像传输,可传输单一、固定的电视画面,可非视线远距离传输
超短波频段	甚高频 VHF(30～300 MHz)	利用低频部分的衍射进行传输,可传输比较远的距离,但衍射传播的功率较高,天线尺寸大,无人机使用该频段较少
微波频段	Ku 波段(12.40～18.00 GHz); X 波段(8.20～12.40 GHz); C 波段(3.95～5.85 GHz); L/S 波段(1.12～3.95 GHz)	无人机主要应用频段,天线尺寸较小,可用带宽高,可传输活动视频画面。缺点是视线传播,覆盖范围小
卫星通信频段	Ku 波段(12.40～18.00 GHz); UHF 波段(0.30～1.12 GHz)	可超视距、远距离传输,能提供大范围的信号覆盖,主要用于高空长航时战略无人机

4.2.1　短波频段

短波通信可以靠天波和地波两种方式传播,其中天波通信主要依靠电离层的反射特性来实现。因此利用该频段通信,既能进行近距离通信,也可实现非视线的远距离传播,但通信的带宽受限,不能用于电视图像等大数据量的传输。

根据电波传播特性,该频段无人机通信可用的高频波段一般在 2～12 MHz 范围内,通信大多采用移动电台的传输方式,传播距离可达几百 km。

短波电台用于无人机通信,主要装在远程探测、地理测绘、军用侦察等中大型无人机上,实现远距离通信联络。一些近程的快递运输、地质勘探、安防巡逻、线路检测等中小型无人机,也可以安装功率较小的短波电台,以便于在低空、超低空飞行。

4.2.2　超短波频段

该频段一般位于 30～300 MHz 的范围内,可通过低频部分的衍射进行传播,能够覆盖足够远的距离。然而衍射传播需要的功率级别非常高,以至于在无人机上无法实现,并且天线尺寸也非常大,限制了其在无人机上的安装使用,因此中小型无人机一般较少使用该频段进行通信。

4.2.3　微波频段

微波通信链路信号频率高,可用带宽大,天线的尺寸相对较小,且具有高带宽、高增益、阻抗性良好的特性,比较适用于应用在无人机上。比起短波通信链路,微波链路由于具有更大的可用带宽,允许传输如活动视频画面一类的实时、大容量数据,因此是无人机通信系统的主要应用频段。

微波频段可以应用的波段较多,如常见的 Ku 段、X 波段、C 波段和 L/S 波段。微波通信的缺点是视距传播、信号衰减较大,易受地理、地形条件的影响等,限制了其通信距离的扩大。如果无人机的活动半径达到了 100 km 以上,则通常需要使用通信中继站,比如地面中继、无人机中继、其他飞行载体中继、卫星中继等,或者采用其他的频段进行通信。

4.2.4　卫星通信频段

卫星通信频段处于 Ku 波段(12.40～18.00 GHz)和 UHF 波段(0.30～1.12 GHz),主要用于卫星中继通信,卫星通信链路一般是以人造地球卫星为中继站的微波数据链路,它主要用于视距之外的远距离传播。凭借卫星通信手段,卫星数据链路能够为无人机提供大范围的数据通信链路覆盖。但是,采用卫星通信链路也受到一定限制,目前宽带卫星数据链路的应用还主要限于高空长航时战略型无人机。

国外近期研制的中远程无人机系统,普遍采用同步通信卫星作为空中中继平台,构成通信中继数据链,转发无人机的遥控指令和图像遥测信息,充分利用卫星波束的有效覆盖范围,实现无人机的超视距传输。如"捕食者"和"全球鹰"无人机系统,都采用 Ku 波段卫星数据链和 UHF 波段卫星中继数据链(备份链路),来实时地传输无人机的遥控遥测数据和低速率侦察信息。

4.3　按通信距离划分

按无人机的活动半径分类,无人机大体可分为超近程无人机、近程无人机、短程无人机、中程无人机和远程无人机五大类。相应地,我们将对应的距离也作为对无人机通信划分的标准之一,可以将无人机的通信分为:超近程通信、近程通信、短程通信、中程通信和远程通信等,如图 4.2 所示。

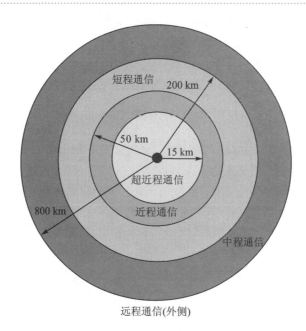

远程通信(外侧)

图 4.2 无人机通信按活动半径分类

1. 超近程通信

超近程无人机活动半径一般在 15 km 以内,通信距离较近,多采用微波频段进行通信。如我国研制的超近程无人机彩虹-802 无人机,体积小,质量轻,可以搭载多种载荷,执行多种任务,多采用电动方式,伞降回收,适合于安装功率较小的微波电台。另外,在军事应用中的单兵作战无人机或特种兵侦察小组无人机,活动范围较小,也可以配备微波电台进行通信。

2. 近程通信

近程无人机活动半径在 15~50 km 之间,大多采用微波频段进行通信,但某些无人机也有采用无线电指令遥控的方式飞行,如"短毛猎犬"无人侦察机。近程无人机大多结构简单,尺寸小,质量轻,飞行速度低,携带起来方便,可装置小型光学摄像机、电视摄像机或微光(红外)摄像机等侦察设备,因此,搭载通用的微波电台就可以满足其通信的基本需求。

如我国的"天翼 3"无人机,战时用来执行战术侦察与监视任务,获得的侦察情报需实时传输到地面测绘站,为部队快速机动作战提供情报保障,平时可用于进行巡逻与监视,为边防、海防建设服务。在军事应用上,适用于陆军的旅或营级部队,以及小型舰艇进行战地侦察监视和指挥的无人机,也属于近程通信的范围。

3. 短程通信

短程无人机的活动半径在 50~200 km 之间,多采用微波频段进行通信,但有时也需要借助通信中继站才能完成通信任务,或者在地面基站信号覆盖良好的情况下,采用蜂窝移动通信的方式。短程无人机体型比近程无人机稍大,携带比较方便,一般搭载相机和测距仪等多种侦察设备,可采用无线电遥控、自主飞行或两者结合的控制方式。回收可以采用降落伞回收、滑跑回收或拦截网回收等方式。当短程无人机的活动范围超过 100 km 或周围地理环境比较复杂时,单纯采用微波电台通信,会导致信号质量下降、误码率升高的情况,使通信时断时续或无法进行,因此应考虑结合中继通信方式完成通信任务。

如波兰的 E-310 短程无人机,这款无人机主要应用于军事上的情报、监视和侦察任务,也可以改变配置为民用服务。其他的代表机型还有"不死鸟"和"侦察兵"等,适用于陆军的军、师级和海军陆战队的旅级部队,进行战场侦察监视、目标搜索与定位以及战果评估等任务,它们大多采用中继通信的方式。

4. 中程通信

中程无人机活动半径在 $200 \sim 800$ km 之间,多采用卫星通信频段进行卫星中继通信,有时也可采用短波频段进行通信。中程无人机可以多次使用,通常采用自主飞行模式,辅以无线电遥控飞行,发射方式多为空中投放或地面发射两种,可采用降落伞回收、地面回收或大型飞机空中回收等。该类无人机通信距离远,飞行高度高,续航时间长,微波电台已无法满足该距离范围的通信,而短波电台根据距离和环境变化,可以提供部分的通信服务,因此通常较多采用卫星通信频段进行卫星中继通信。

中程无人机的代表机型,有美国的 D-21、324 型"金龟子"和 350 型无人机,我国的彩虹-3 无人机等,可实施可见光照相侦察、红外线和电视摄像侦察等,利用卫星通信能实时传输图像,主要用于海军、海军陆战队和空军的军以上部队,在攻击目标前的大面积快速侦察、攻击后进行战果评估等工作。

5. 远程通信

远程无人机的活动半径大于 800 km,采用卫星通信频段进行卫星中继通信是目前唯一可行的通信手段,如美国的"全球鹰"远程战略型无人机的通信手段。在永兴岛部署的 Harbin BZK-005 远程无人机,是我国生产的一种具有隐身能力的中高空远程无人侦察机,主要用于执行空中侦察、监视和情报搜集等任务,也称为中国版的"全球鹰",在大区域执行任务时,也采用卫星中继通信的方式。

4.4　按参量取值方式划分

按照传输的信号参量是连续的模拟量还是离散的数字量,无人机通信可以划分为模拟通信和数字通信。

1. 模拟通信

模拟通信是一种利用模拟信号进行信息传输的通信方式,模拟信号是随某种物理信息变化的电信号,无论在时间上或是在幅度上都是连续的,比如音频信号、温度传感信号等。一般来说,非电的信号(如声、光、温度等)输入到对应的变换器(如麦克风、光电管、测温仪表等)中,变换器会按照非电信号的某些特征或某些参数的变化输出对应的连续电信号,该信号的振幅、频率、相位等随输入的非电信号参数变化而变化,即为模拟信号的基本形式。

相比数字通信而言,模拟通信的信号直观,占用频带窄,设备简单且容易实现,但是模拟通信也存在以下缺点:

① 保密性差:模拟通信,尤其是微波通信和有线明线通信,很容易被窃听,并且只要接收到模拟信号,就比较容易得到通信的内容。

② 抗干扰能力弱:模拟信号在空间或沿线路的传输过程中,会受到外界和通信系统内部的各种噪声、干扰的影响,叠加上的噪声等和信号混合后一般难以分离,会随着正常信号被传输、放大、变频、调制等,从而使通信质量下降。

③ 设备不易大规模集成化:模拟通信的模块难以集成到通信系统中,且集成化程度较低,

难以实现小型化、模块化、通用化等要求。

④ 不适用于飞速发展的计算机信息处理要求:模拟信号需要进行转换处理才能接入计算机系统,并且模拟通信的很多性能劣于数字通信,不适合通信与信息处理的智能化发展要求。

2. 数字通信

数字通信是一种利用数字信号传输信息的通信方式,数字信号是离散时间信号的数字化表示,如图 4.3 所示。在时间上,数字信号以码元宽度为最小计量单位,在该时间段内,其电平值保持不变;在幅值上,可以规定多个不同取值的信号电平,来对应信号或信息的变化,常见的有二电平、三电平和四电平,对应地称为二进制、三进制和四进制数字量,比如最常用的二进制数字信号,就是以高电平和低电平来表示的信号。

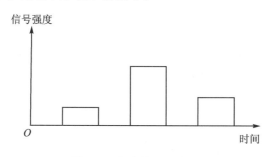

图 4.3 数字信号示意图

对应地,数字通信相比于模拟通信,有以下优点:

① 抗干扰能力强:数字通信中的信息是包含在电平的变化之中的,只要噪声加干扰的绝对值不超过某一门限值(与相邻电平的差值有关),接收端便可正确地判别出电平的高低或级别,极大地保证了通信的可靠性。

② 易于远距离传输:因为数字信号的离散特性,使数字通信可以采用再生中继的方式进行,通过在中继端消除在前一段传输中产生的噪声,即让噪声归零,使再生恢复的数字信号和原来未受噪声污染的数字信号一样,这就保证了信号可以持续传递下去,通信的质量便不再受距离的影响,可实现高可靠、远距离的通信。

③ 容易实现加密处理,保密性能良好。

④ 便于采用大规模集成电路,易于集成且集成度高,使通信设备小型化,实现小体积和低重量的设计要求。

⑤ 相比模拟通信,数字通信更加适用于计算机处理、管理及信息化业务,如处理大批量的数据、图像、视频等,便于实现统一的综合业务数字网。

数字通信的缺点是:一般需要较大的传输带宽;另外,由于数字通信对时间同步的要求较高,因而增加了通信设备的复杂性。

3. 模拟通信系统与数字通信系统

与模拟通信和数字通信对应的系统分别称为模拟通信系统和数字通信系统,它们的特点如图 4.4 所示。从目前的实际应用来看,数字通信系统占据了很大的比例,并且未来的发展趋势也会以数字通信为主,模拟通信系统有可能会逐渐被淘汰。

从前面的分析来看,由于无人机需要执行的任务越来越复杂且多样化,通信距离也比较远,要求的通信质量比较高,所以数字通信以其明显的优势和特点,更加适合无人机通信的需

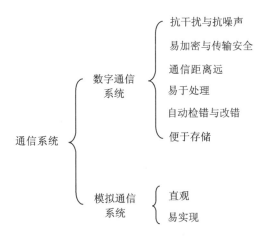

图 4.4　数字通信系统和模拟通信系统的特点

求。目前,无人机要传输的信号主要还是数字信号,其上的摄录像设备、传感器、探测仪等,输出的大都是经过了离散化处理的数字信号;对于个别传感器输出的模拟信号,也可以通过专门的处理电路,将其转换为数字信号,再通过数字通信系统传输出去。

4. 模拟信号与数字信号的转换

对于模拟信号,通过在时间上抽样、幅值上量化的离散化处理过程,就可以转换得到数字信号,其流程如图 4.5 所示,这时就可以进行数字通信了。当然,也可以将数字信号恢复还原为模拟信号。

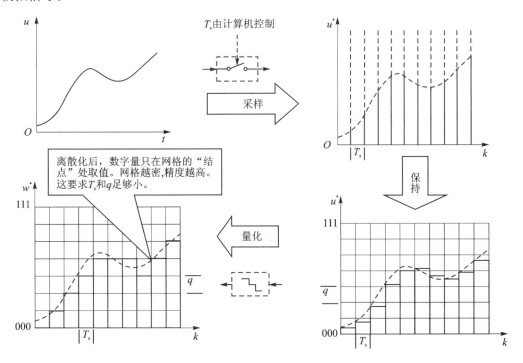

图 4.5　模拟信号的离散化

在无人机的信息获取和通信系统中,信号处理电路会根据外界信息随时间变化的快慢程度,以一定的采样率采集模拟信号,再根据对信号精度的要求进行幅值量化,通过这样的信号离散化处理,就将模拟信号转换成了数字信号,然后再通过数字通信的方式发送给地面站。这种过程以后会逐步成为信息与通信系统的标准流程,使得未来数字通信将会逐步替代模拟通信,在无人机的通信中占据绝对主导的地位。

4.5 按消息物理特征划分

无人机在通信过程中传输的消息,主要包括了数据(指令)、图像、视频等类型,因此按照消息的物理特征划分,无人机通信可以分为数据通信、图像通信和视频通信等。

数据通信是传输数据信息的通信,也是通信最基本的功能。传输的信息可以是指令、符号、文字、数据等,一般来源于控制管理指令、符号代码、文字处理资料、语音数据、传感器采集数据等。因此数据通信的特点是数据量比较小,除控制管理指令外,数据传输的实时性一般要求较低,在通信中可以按较低的优先级别进行处理,比如可以插空传输,或者与大数据量数据合并打包进行传输。

图像通信是传输图像信号或图像信息的通信,与数据通信方式不同,它主要传送的是以图像形式表达的图片、图形、文字、图表等信息。图像信息具有直观、形象、易懂的优点,其图片、图形可以看作是数据的二维表现方式,因此也同时带来了信息量大的问题。随着无人机应用的领域越来越广,其在执行各种任务时需要进行航拍、摄影、监视、遥感、测绘等许多与图像相关的活动,对图像实时传输的需求日益增多,因此在通信中所占的比重也越来越大。图像通信的数据量比较大,一般对通信的实时性有比较高的要求,因此在通信中的优先级别属于中等偏上的需求级别。

视频通信是传送视频信号或视频信息的通信,主要将无人机周边的信息实时地以视频的方式传送给地面站。从时间维度上来看,视频信号就是一幅接一幅或一帧接一帧连续变化的图像信号,因此视频通信中需要传输的信息量极大,即使采用图像压缩等技术也难以降低。如果不要求视频的实时传输,那么视频采集系统就需要专门配备较大容量的实时存储设备,否则的话,一般的视频通信系统都会对传输的实时性要求很高,因为一旦传送不及时,就容易造成丢帧、图像不连续等问题,因此视频通信的优先级别在通信中通常是最高的。

一般来说,能够满足视频通信需求的通信系统,就能够满足图像通信和数据通信;而能够满足图像通信需求的,也能够满足数据通信,反之则不一定成立。美国军方就专门针对无人机的通信需求,基于标准型通用数据链(Common Data Link,CDL),开发出一种全双工、抗干扰、宽带的战术通信数据链(Tactical Common Data Link,TCDL)。该数据链可以把无人机获得的视频信息通过下行链路发送给地面站,也可以传输无人机传感器获得的各种情报(包括图像)信息以及其他的相关数据,目前已经开始应用。

4.6 按传输媒介划分

信号或信息要进行传输,一般要由传输媒介(Transmission Medium)来实现,也称传输介质或传输媒体,它是信息传输所经由的空间或实体,或通信系统中在发送端和接收端之间的物理通路。一般通过传输媒介或其内部一些物质的变化、移动、波动等达到信息传输的目的,即将信号或信息从媒介通路的一端传送到另一端。同样,无人机的信号或信息在地面站与无人机之间进行传输,也需要借助相应的媒介来完成。

传输媒介可分为两大类,即导向传输媒介和非导向传输媒介。在导向传输媒介中,电磁波、光等被引导沿着固体媒介(铜线或光纤等)进行传播,也称为有线通信;而非导向传输媒介一般指的是自由空间或大气空间,其中电磁波在空间的传输常被称为无线传播,其方向不再集中于一点或一个方向,常常是发散、多向的,并且可能是未知的或不可预测的。传输媒介的特质、性能等会影响数据通信的质量,包括信息速率、信噪比、误码率等。不同的传输媒介具有不同的传输特性,并且有各自适用的应用场合。

按照媒介的概念和无人机通信所使用信号的物理形式不同,也可以将无人机通信分为电媒介通信、光媒介通信和声媒介通信。

4.6.1　电媒介通信

在电媒介通信中,用电信号携带所要传递的消息,然后经过各种电媒介信道进行传输,达到通信的目的,它能使消息几乎在任意的通信距离上实现迅速而又准确的传递。按照电媒介通信中的传输媒介不同,又可以将其分为无线(电)通信和有线通信。

无线电通信(Radio Communication),是将需要传送的声音、文字、数据、图像等对应的电信号调制在无线电波上,利用电磁波在空间或地球表面的传输送达收信方,如短波的电离层传播、微波视距传播和卫星中继传播等,都属于无线传输。无线通信不需要架设导线,仅需要通过发射天线和接收天线及对应的发收设备,利用无线电波在空间的传播来传递消息,是当前通信中使用最为广泛的通信方式。

与有线通信相比,无线通信不需要架设传输线路,原理上不受通信距离的限制,机动性好,建立迅速,已广泛应用于无人机通信,成为绝大多数无人机通信系统的选择。但无线通信传输质量不稳定,信号易受干扰或易被截获,保密性差,也易受地理、大气等自然因素的影响,因此在应用于无人机通信时,应采取措施克服这些不利影响,如选择合适的通信频段、进行中继通信、采用加密的数字通信等手段。

有线通信则是利用导线,如架空明线、同轴电缆、双绞线、光导纤维和波导等,作为传输媒介来传输信息的通信方式。

在无人机通信领域,用有线遥控方式指挥无人机,是一种相对简单、成本较低的操纵方式,地面站人员通过电缆或光缆将各种控制信号传输给无人机,操纵其飞行和工作,而无人机则通过电缆将侦测到的信息送回到地面站;其缺点是受电缆长度、重量的限制,飞行器的机动性差,航程和升限都不能太大,活动区域和观察范围也比较小。因此有线通信在无人机通信中的应用相对很少,目前国内较出名的是北京中科院无人机所研究的系留式无人机,是使用线缆传输电力和数据的,即通过有线通信的方式,来实现无人机和地面站之间的数据传输。

4.6.2　光媒介通信

光媒介通信(Optical Communication),包括激光通信和红外通信等,都是以光波为载波的通信方式。由于光也是一种电磁波,所以光通信也可以认为是一种广义的电媒介通信。光媒介通信具有容量大、衰减小、体积小、质量轻、抗干扰性能好和成本低等优点,目前已在无人机上有了应用的案例。

无人机光通信以光波为媒介进行信息传输,利用光的电磁波特性,实现无人机和地面站之间的通信,例如美国的一款无人机,采用了 FLIR Systems 公司的 Star SAFIRE HD 数据链系统,通过光信号,而不是射频无线电信号,向地面站发送连续的图像信息,这大概是目前已知的、唯一直接利用光通信的无人机系统。

4.6.3　声媒介通信

声媒介通信,是利用声音波形进行信息传递与交流的方式。在天空中,声通信的性能远远不如无线电通信的性能,因此无人机一般多采用无线电通信,而不采用声通信的传输收发。无人机的声通信应用,主要是指水下无人机(水下机器人)的水声通信,通过声波在水下实现收发信息的目的,最常用的是采用水声换能器的方法。由于该部分超出了本书的内容范围,所以不再对其展开进一步的介绍描述。

4.7　习　题

1. 无人机如何按通信距离分类?举例说明你熟悉的无人机通信的特点。
2. 了解我国无人机通信的发展历程,请结合实际案例说明。
3. 无人机是如何按照通信频段划分类型的?
4. 无人机通信系统主要采用何种频段?分别有什么特点?
5. 请描述卫星通信和移动通信的各自特点、差异及其联系。
6. 结合实例给出卫星通信的原理及过程。
7. 移动通信需要解决的难题主要有哪些?
8. 如何区分模拟信号和数字信号,分别阐述它们的优势与不足。
9. 消息的物理特征是什么含义?
10. 请举例说明无人机图像通信的过程。
11. 通过上网了解无人机通信的新应用。

第5章 无人机通信设备及工作模式

无人机通信链路也常被称为无人机数据链,是无人机系统的重要组成部分,负责无人机与外界的信息交互,实现无人机与控制站或其他通信用户之间的实时信息交流,其性能直接影响着无人机飞行性能的优劣和执行任务能力的高低。数据链作为连接无人机平台和地面站及操控人员之间的信息传输桥梁,主要用于对无人机系统的飞行控制管理和任务管理。飞行控制管理包括飞行控制、状态回传等环节,任务通信管理主要包括传感器数据回传、中继通信等特定的工作任务。

对一般应用来讲,无人机通信链路根据数据传输方向的不同,可以分为一条用于地面控制站对无人机及机上设备控制的上行链路,以及一条用于地面站接收无人机下传数据的下行链路。

上行链路是地面站通信设备将地面的指挥指令、控制遥控指令、任务指令以及中继信息及时地传输给空中无人机,也被称为指挥链路。一般只要无人机地面控制站请求发送控制命令,上行链路就必须保证能够即时传送。除非利用无人机进行中继通信的任务,一般上行链路传输的数据量通常都不大,仅需较小的带宽即可满足要求,一般带宽为10~200 Kbit/s之间。

下行链路是无人机上的通信设备,将导航及测试等任务设备获得的无人机自身定位状态信息(位置、高度、速度、姿态、时间、设备状态遥测信息等)、传感器获取的环境数据、情报信息、中继信息等传递给地面控制站。一般的下行链路是一个通道,即所有的数据都通过这个通道传输,但有时也可划分为两个通道,其中一条用于向地面控制站传递当前的位置姿态速度信息、电机转速以及机上设备状态信息,称为状态信道或遥测信道,该信道传输的数据量不大,一般需要较小的带宽即可,类似于上行指挥链路;另一条信道用于向地面控制站传递传感器采集的信息,通常传输的信息量很大,需要有足够的带宽,带宽范围一般为300 Kbit/s以上,并且有时可达10 Mbit/s甚至更高。一般下行链路都是连续传送的,但也有按需开启的工作模式,如临时启动以传送无人机上暂存的一些关键性数据。

无人机通信链路系统一般由机载通信设备和地面通信设备组成,一种通用的无人机通信链路的系统组成如图5.1所示。

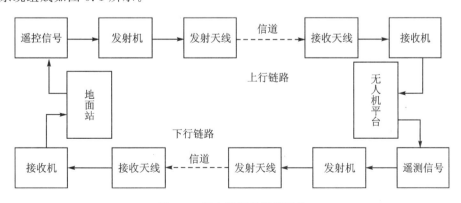

图5.1 无人机通信链路系统

无人机系统通常使用点对点的双向通信链路,但也有部分无人机系统是使用单向下行链路,或者一对多的通信链路等。

在某些情况下,数据链路也可以用于测量地面站通信天线相对于无人机的距离和方位等信息,即利用上下行链路通信信号的传输进行测距和测向,这些信息可以用于对无人机的导航与定位,以提高机载导航传感器对无人机位置等定位信息的测量精度和可靠性。

无人机要想保证上行链路和下行链路的正常工作,实现与地面站之间的信息传输,以及完成特定条件下的通信任务,通常需要借助一些硬件设备,通过相应的工作模式及驱动软件来实现,本章将分别介绍这些通信设备的基本组成、工作原理以及在具体应用中的工作模式。

5.1 通信设备

无人机要以通信链路为中介来进行信息传输,完成与地面站、操控人员或其他系统间的信息交互,就需要相关电子设备来进行通信联络。通信距离的不同,所需要的通信设备也有所不同,主要有空-地无线电通信设备和卫星通信设备等;采用不同的通信方式,也对应着不同的通信设备。根据目前的应用程度及未来发展,无人机的通信设备大致包括了移动电台、蜂窝移动通信、Wi-Fi 通信、卫星通信和有线通信等类型的设备,下面分别予以介绍。

5.1.1 移动电台通信设备

在无人机通信中,移动电台是最常用的通信设备,根据传输信号类型的不同,电台可分为数据传输电台和图像传输电台等,一般数据传输电台应用居多,其次为图像传输电台。下面按机载电台设备和地面电台设备分别进行讲述。无人机通信链路信息交互示意图如图 5.2 所示。

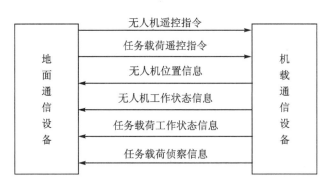

图 5.2 无人机通信链路信息交互示意图

1. 机载电台设备

(1)基本组成

无人机通信的大多数机载电台由机载数据终端(ADT)、馈线和天线等组成。

1)机载数据终端

机载数据终端作为机载电台的主体部分,包括了射频(RF)接收机和发射机、电源以及用于连接发射机和接收机到系统其他部分的调制解调器等。该终端集成于机载设备中,一般安装在靠近天线处。其中最主要的发射机和接收机,统称为收发机,有时将电台的发射机和接收机组合在一个组件内,可以同时发射和接收信号。

在无人机任务管理中,为了实现某些特殊的任务,往往会在无人机上附加一些任务载荷来采集数据、图像或视频等信息,并利用相应的通信设备如数据传输电台和图像传输电台等,将传感器采集到的数据、图像和视频等信息传递给地面站。除了无人机自带的机载电台外,某些无人机上还安装配备了专门的通信类载荷,一般可以将其作为机载通信设备的一部分看待。

例如,在无人机上安装视频采集设备、无线图像发射机和电池等载荷,将无线图像发射机与电池固定在无人机底部,将发射天线垂直安装在机尾(或根据其他需求进行安装),将无人机的视频采集与发射机连接,形成完整的无人机无线视频发射系统,在地面站使用相应的视频接收机,就可以实时接收无人机采集到的视频信息。

2)馈　线

一般来讲,天线和机载电台发射机的输出端或接收机的输入端,要通过一段屏蔽的电缆线进行连接,这段电缆相应地称为传输线或馈线,其主要功能是能够有效地传输信号能量。

馈线应具有将发射机发出的信号功率以最小的损耗传送到发射天线的输入端,或将天线接收到的信号以最小的损耗传送到接收机输入端的能力,同时本身应尽量不引入或不产生杂散噪声及干扰信号。

3)天　线

无人机与外界进行信息交互,无论是将自身的状态信息或传感器获取的情报信息传送给地面站,还是从地面站或其他外界系统获得相应的控制指令或信息,都需要有一个对电路设备中的电信号与空中的电磁波信号之间的能量进行转换的过程,而收发天线是进行这种转换的有效媒介。

天线能够有效地向空间某特定方向辐射一定能量的电磁波,或有效地接收空间某特定方向发来的电磁波。在发射端,发射机产生的已调制的高频振荡电流或导波(能量)经馈线输入给发射天线,发射天线将其转变为无线电波即自由电磁波(能量)向周围空间辐射;在接收端,自由电磁波进入到接收天线(仅能接收很小一部分能量),接收天线将其转变为高频电流或导波(能量)经馈线传送到接收机。

因此,天线作为一个能量转换器,对发射和接收空间电磁波至关重要,是电路信号与空间信号连接和转换的关键器件,可以说,没有天线就不能实现无线电通信。

一般来讲,天线主要由辐射单元(对称振子或阵元贴片)、反射板(底板)、功率分配网络(馈电网络)和封装防护(天线罩)等配件组成。天线的主要性能参数,包括工作频率、辐射参数、半功率波束宽度、水平面波束宽度、垂直面波束宽度、天线增益等。

天线的品种繁多,形状各异,以供不同频率、不同用途、不同场合、不同要求的通信系统使用。对于众多品种的天线,分类方法也多种多样,按工作频段可分为短波天线、超短波天线、微波天线等;按辐射信号的方向性可分为全向天线、定向天线等;按外形可分为线状天线、面状天线、阵列天线等。

在实际应用过程中,要根据无人机通信的不同需求,选择安装不同类型和不同性能的天线,比如在视距内通信的无人机多安装全向天线,需要进行超视距通信的无人机,一般采用自动跟踪抛物面卫星通信天线等。

(2)工作原理

机载通信设备通过数据链接收地面的控制指令,同时将无人机工作状态信息、位置信息以及任务载荷侦察信息等传送至地面控制设备。机载通信设备主要是对接收到的信号进行放大、混频、滤波和整形后,去控制管理飞行平台和任务载荷的工作,对需要下传的信息进行调制、混频和放大后,经过天线馈线系统发送至地面的控制设备。无人机机载通信终端与其他机载系统的信息交互关系如图 5.3 所示。

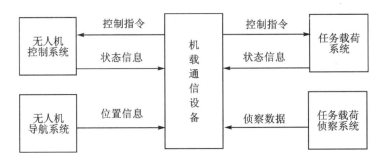

图 5.3　无人机机载通信终端信息交互图

一种典型的无人机通信链路机载电台的组成及工作原理示意如图 5.4 所示。

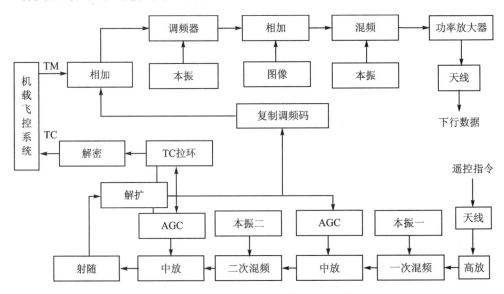

图 5.4　无人机通信系统机载电台组成及工作原理图

图 5.4 中,机载飞控系统通过串行数据口发出遥测信号数据流(下传数据),同时接收地面的遥控指令数据流(上传数据)。在上传链路中,对遥控信号接收部分,从天线接收到的遥控指令信号,经过接收机的放大、一次混频,由射频信号变换为中频信号,再经过二次混频、放大,经过滤波、整形,进行解扩解调后,就得到了遥控基带信号的数据流。该数据流通过解密后,直接送至飞机控制处理单元。

在下传链路中,对遥测发射部分,来自飞控模块或直接来自机上任务设备的遥测数据,首先经过遥测编码,再经过载波调制得到下行的射频信号,该射频信号经过功率放大器送至天线,最后由天线发射出去。

其中,AGC 代表自动增益控制,中放代表中频放大,本振代表本地振荡器,高放代表高频放大,射随代表射极跟随器。在扩频通信技术中,接收链路中的数据恢复之前需要去除扩频码,称为解扩,是在信号的原始带宽上重新构建信息。混频是指利用非线性元件,例如二极管,把两个不同频率的电信号进行混合,再通过选频回路得到第三个频率的信号的过程,对应的装置称为混频器,其输出的第三个信号频率是前两个输入信号的频率差或频率和。

（3）分类与应用

无人机机载电台按其收发工作方式划分,可分为收发可同时工作的双工电台、收发可分时工作的半双工电台和仅具备发射或接收功能之一的单工电台。

无人机机载电台按其使用特点划分,可分为基站式电台和终端式电台,前者主要用于通信系统的中心站点或中继站点,后者主要用于通信系统的末端站点。

无人机的数据传输电台,也称为数传电台,按其传输信号种类划分,可分为兼具数传和通话功能的数话兼容电台和仅具数据传输功能的数传电台。而用于图像信号传输用途的无线电收发机,通常也称为图传电台。

无人机机载电台按工作波长分为超长波电台、长波电台、短波电台和超短波电台等,使用最多的是超短波电台和短波电台。超短波电台的主要工作波段为 $30 \sim 88$ MHz、$100 \sim 156$ MHz、$225 \sim 400$ MHz,一般情况下,一部电台只包含一个波段,个别也有包含两个或多个波段的。超短波电台只能用于视线距离范围内的指挥和引导通信,通信距离与飞机的飞行高度有关,如无人机在 10 km 的高空与地面通信时,通信距离约为 400 km。

短波电台靠天波和地波两种方式传播,分别能进行远距离和近距离通信。短波电台的工作频率范围为 $2 \sim 30$ MHz,主要以单边带方式工作,也可以按调幅、振幅键控、移频键控等方式工作。短波电台一般装在中远程大型无人机上,供远距离通信联络使用。近程中小无人机,也可以安装功率较小的短波电台,以便在低空、超低空飞行中进行通信。

而长波、超长波电台的传播距离远,而且穿越地面和海水的能力较强,主要安装在复杂环境下执行特殊任务的无人机上。

另外,还有一定数量的工作在微波波段的机载通信设备,具有数据传输、数字通信、多路通信、卫星通信等功能,有的还兼有导航和识别功能,例如频率范围在 $960 \sim 1\,215$ MHz 的联合战术信息分发系统(JTIDS),就是一个以军事应用为背景的通信、导航、识别综合系统。

（4）电台选取原则

对于不同的无人机,执行的任务不同,所需要的电台也不同。下面以数传电台为例,给出电台选取的基本原则(或者衡量无人机数传电台性能优劣的主要因素):

① 具有高速率、远距离传输性能,接收灵敏度要高,对应的传输距离要远。

② 具有数据加密处理功能,使数据传输的可靠性提高,防止数据的泄露。

③ 体积小、质量轻、功耗低,由于无人机的能源供应和载重能力有限,而且传输距离又远,要求设备的功耗尽量低、质量尽量轻。

④ 具有数据存储和转发功能。

⑤ 最好具有跳频扩频功能,跳频组合越多,抗干扰的能力就越强,如一般的设备可以做到几十、几百个跳频组合,性能优异的能做到上万个。

（5）应用特点

机载电台设备与地面设备相比,其工作环境比较恶劣,一般要求其具有更好的耐震、耐冲击性能,能承受温度、湿度和气压等的剧烈变化,以及可靠性高、体积小和质量轻等特性。电台天线还应具有足够的结构强度和良好的空气动力性能。通用的要求还包括发射功率大、灵敏度高、带宽大、误码率低、实时性强、作用距离远等。

另外,无人机电台的工作方式、频率、带宽、发射功率等工作参数,一般要求可远程设置调整,数据接口也可选择。常用的通信频率有 72 MHz、433 MHz、900 MHz、1.2 GHz、2.4 GHz、5.8 GHz 等。由于通信过程中要传输的信息量大,需要相应的带宽支持,有时机载数据终端需要通过数据压缩处理方法,来解决带宽不足带来的数据丢失问题。

2. 地面电台设备

(1) 基本组成

无人机要完成与地面站或操控人员之间的信息交互,地面站则需要安装与之配套的电台设备。一般来讲,电台设备由地面站(或海面站、空中站)的数据终端(GDT)、馈线和一副或几副天线组成。地面数据终端包括 RF 接收机和发射机以及调制解调器等,可以分成几个功能分设备,共同完成对信号信息的基本处理功能;天线装置的种类较多,有时也采用性能更好的专门的天线车收发信号;馈线负责连接天线和数据终端的收发机;另外还包括地面控制站中的若干处理器和接口电路等。

地面站电台的终端硬件,一般会被集成到控制站系统中,称作地面电台,部分地面终端会有独立的显示控制界面。进行视距内通信时,地面天线可以采用鞭状天线、八木天线和自动跟踪抛物面天线等。当需要进行超视距通信时,一般会采用固定的卫星通信天线。

地面电台设备主要接收无人机发送过来的自身状态信息和传感器信息,并进行相应处理,例如,无人机无线视频发射机发射的信号,通过地面无线图像接收平台接收,可以清晰地将无人机采集到的图像显示在显示屏幕上,也可通过平台对外接口,将视频信号传送至其他显示、存储设备上;同时地面接收平台也可内嵌网络传输模块,将视频信号通过网络传输方式,传至后端的中心站网络平台。

(2) 工作原理

地面通信设备通过数据链将控制信息发送至空中平台,同时接收空中平台的工作状态信息、位置信息以及任务载荷的侦察信息等,图 5.5 给出了无人机地面通信设备的基本组成框图。可以看出,地面通信设备主要包括基带信号生成模块、基带信号分离模块、编码器、译码器、调制器、解调器、上变频器、下变频器和放大器等。其工作流程如下:地面控制设备发出的控制指令,经过指令编码、加密运算、信号调制后,生成载波调制信号,经过高功率放大器放大后,通过天线传送至空中平台,而空中平台的工作信息、位置姿态信息、侦察信息等数据,传送至地面控制设备后,经过低噪声放大器放大,进行混频、滤波和鉴相后得到所需要的信息,进行显示和相应的后续处理。

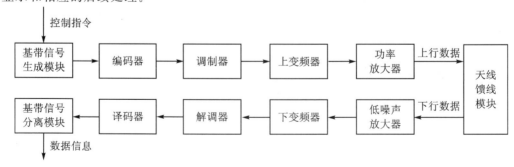

图 5.5 无人机地面通信设备基本组成框图

一种典型的无人机通信系统地面电台设备的工作原理如图 5.6 所示,该电台在完成上行指令的传送、下行遥测基带信号与视频数据接收的同时,还完成了对无人机方位的测量,并且控制天线的主信号方向始终跟踪对准无人机信号的来向,实现了对无人机距离的测量,额外提供了地面站对无人机方位、距离测量的导航信息。

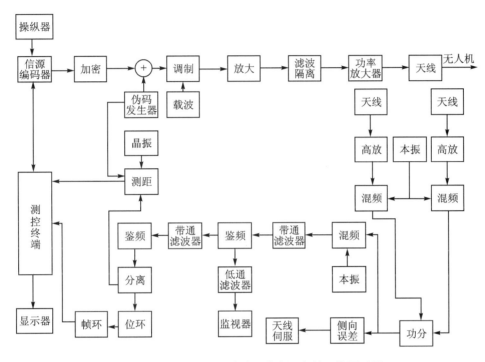

图 5.6 无人机通信系统地面电台设备的工作原理图

图 5.6 中,地面站发送的控制指令在信源编码器中进行指令编码,然后将编码后的数据进行加密处理,加密数据与伪码发生器产生的伪码通过相加运算进行扩频,再对载波信号进行调制,生成载波调制信号,然后送至功率放大器进行功率放大,放大的射频信号经过馈线送至天线,最后由天线发射出去。

地面站在发射控制信息的同时,还负责对遥测数据的接收。这时无人机发射的下行信号,先通过地面天线和馈线送至高频放大器,经过放大后的信号同本地振荡器进行混频,得到的第一中频信号分为两路。一路送给测向误差估计与处理电路,其输出结果送至天线伺服系统进行天线对信号来向的跟踪控制。另一路送至第二混频器同本地振荡器的信号再进行混频,然后通过带通滤波器滤波,得到的中频信号经过鉴频器后又分为两路,一路通过低通滤波器产生出视频信号,送至监视器进行视频显示;另一路经过带通滤波器滤波,再经鉴频和分离电路恢复出遥测基带信号和伪码数据流信号,其中的遥测信号通过位环和帧环提取电路,送至测控终端进行遥测数据处理,而伪码数据流信号送至测距电路,同伪码发生器产生的伪码比对产生测距信号,最后将测距信号送至测控终端进行定位数据处理。

(3) 应用特点

无人机的地面站可以是地面控制站、海面控制站或空中控制站等,可以是移动的,也可以是静止的,主要实现对无人机的飞行控制、任务管理、载荷操作、数据分析和系统维护等。同时,地面站电台设备还要将接收到的数据、声音、图像和视频等信息发送到地面监视控制端,一般可以通过可视化界面进行人机交互,有利于对无人机的飞行管控。

一个单一的地面站通信电台的覆盖范围有限,无人机只能在地面站周围一定的区域内才能与之通信。为了扩大地面站的控制范围,目前正向一站多机的方向发展,即一个地面站可以在多地有多个发射机、接收机和天线,或者地面站包含了多个操作控制分站,这样一个地面站系统就可以控制更大区域内的多架、甚至多种无人机,通过多级通信的方式交换数据和信息。

另外,一些无人机地面站还可以与周围其他管理子系统共处同一局域网,即存在于同一个通信链路中,进行即时通信并实现信息共享。这样,相关的专业人员就可以对共享的飞行数据等进行多层次的分析,及时地提出反馈意见,再由现场指挥人员根据这些意见,对预先规划的任务实时做出修改,对完成飞行任务提供有力的支持和合理的建议,使得地面站对控制管理无人机的工作更加有效。

不过,目前最常用的还是地面电台对单架无人机的控制,其可以通过装备双天线,实现双向数据的传输,典型的设备如华科尔 DEVO10 专业遥控器。

对地面站电台设备的选用原则与性能要求等,与无人机机载电台基本一致,这里不再展开论述。

5.1.2　蜂窝移动通信设备

在无人机远距离通信中,有时会采用蜂窝移动通信来进行无人机和地面站之间的信息传输。蜂窝移动通信设备大家都应该比较熟悉,就是我们基本每天都要使用的手机移动终端,可以进行短信、数据、语音、图像、视频等的传输,目前大多采用的是 3G 或 4G 通信技术,现已部分扩展到 5G 通信。

无人机蜂窝移动通信设备,主要由无人机移动通信终端和地面站移动网络设备组成,需要在无人机上和地面站上分别安装相应的 3G 或 4G 通信模块及其数据接口。要利用蜂窝移动系统如 3G 或 4G 通信,完成无人机与地面站之间的数据交流,一般需要在地面站设备和无人机机载处理设备上,按照某种通信协议如 TCP/IP 协议,编写相应的管理程序,来读取无人机的遥测数据和无人机的状态信息,以及向无人机发送相应的控制命令,具体的实现方法就不在这里进一步描述了。

5.1.3　Wi-Fi 通信设备

在无人机小范围执行任务时,如室内飞行或室外小区域的飞行等,会采用 Wi-Fi 通信进行无人机和地面站之间的信息传输。Wi-Fi 通信大家可能比较熟悉,是由无线网卡和路由接入点(Access Point,AP)组成的无线网络,目前已广泛应用于手机、计算机等大众应用电子设备中,与蜂窝移动通信一样,可以进行消息、数据、语音、图像、视频等的传输,而传输速率一般会高于移动通信。

无人机的 Wi-Fi 通信设备主要由机载部分和地面部分组成,其中机载部分是指在无人机上安装的 Wi-Fi 无线传输模块,地面部分主要是指包括地面 Wi-Fi 路由 AP 的无线局域网系统。AP 一般称为网络桥接器或接入点,它是连接无线局域网络与有线局域网络之间的桥梁,任何一架装有 Wi-Fi 无线传输模块(相当于无线网卡)的无人机,均可通过 AP 把遥测数据和自身状态信息分享给有线局域网甚至广域网,也可以接收该有线局域网发给无人机的控制命令。Wi-Fi 的通信原理相当于一个内置无线发射器的集线器(HUB)或者路由器,而无人机上的 Wi-Fi 无线传输模块则是负责接收由 AP 所发射的控制信号的用户设备。这样,就可以实现地面站(如 PC)与无人机之间的通信了。

在实际应用中,通常会在 PC 端和无人机飞行控制器端编写相应的程序,完成无人机把遥测数据和自身状态数据通过 Wi-Fi 无线传输模块发送出去的任务,而 PC 通过地面 Wi-Fi 网络读取 PC 串口数据,接收无人机发来的信息,从而得到操作人员所需要的无人机数据,实现无人机对地面站的下行链路通信,同样也可以完成地面站到无人机的上行链路的指令传输。

使用 Wi-Fi 通信,需要在无人机和地面站上分别安装相应的 Wi-Fi 无线传输模块,如 AR. Drone 2.0,并将无人机机载控制系统和 PC(或手机)都连到同一个或不同的 Wi-Fi 无线局域网,在 PC(或手机)上下载相应的 App 软件或程序,这样就可以监控和控制无人机,实现两者之间的通信了。

5.1.4　卫星通信设备

在无人机远距离即超视距通信中,无人机的电台通信方式或蜂窝移动通信往往不能实现超大范围内通信信号的有效覆盖,导致无人机与地面站或其他通信设备间的通信质量下降甚至失败,一种可行的解决方法就是借助卫星通信设备进行中继通信。

一般来讲,用卫星作为无人机通信的中继站,其通信设备将由三部分组成,即空中部分(无人机)、天中部分(通信卫星)和地面部分(地面控制站),无人机与地面站之间的通信链路也相应地称为机—星—地链路,如图 5.7 所示描述了该链路的通信过程。

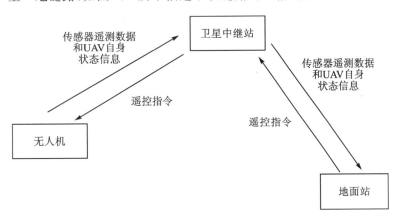

图 5.7　基于卫星中继的无人机通信链路

图 5.7 中,无人机和地面站的通信设备主要有卫星通信收发机和收发天线等,通信卫星上的设备主要有星载天线、卫星发射机和接收机、双工器等。其中,无人机上的卫星通信天线是卫星中继链路的关键设备,即在无人机的飞行过程中,该天线需要利用导航定位信息和单脉冲自跟踪技术自动将天线最大信号方向对准通信卫星,并调整好天线的极化角度,建立无人机与卫星之间的有效空间链路,实现双向数据传输。

在发射端(无人机或地面站),数据经过基带处理后调制到模拟信号的载波,再经过变频器将载波调整至所使用的卫星频段(C 波段、Ku 波段或 Ka 波段)上,经过功率放大器后,由对准卫星方向的天线发射出去。

在空间端(卫星中继站),发射端发出的载波经过自由空间的损耗以及其他信号的干扰后到达卫星,被卫星转发器接收,经过变频、放大后,再发回到地面。

在接收端(无人机或地面站),接收天线收到卫星转发的信号后,先经过低噪声放大,再下变频到调制解调器(Modem)工作的频段,经过解调、解差分、解扰等相关处理后,恢复出原始的数据。

无人机系统的卫星中继数据链,属于非对称、点到点的信息传输链路,一般上行遥控指令传输速率较低,强调高的可靠性、抗干扰性和保密性;下行侦察遥测信息的数据量较大,需要优化信道设计,尽量提高信息的传输速率。

采用同步通信卫星作为空中无人机的中继通信平台,需要在无人机上安装机载卫星通信收发机及通信天线,充分利用卫星波束的有效覆盖范围,实现对无人机的超视距测控和信息传输。如"捕食者"和"全球鹰"无人机系统,均采用 Ku 波段卫星中继数据链,还配置了 UHF 波段的卫星数据链作为备份链路,可以实时传输无人机的遥控遥测数据和低速侦察信息,达到了比较好的应用效果。

5.1.5 有线通信设备

由于无人机具有移动性,通信环境复杂多变,故有线通信在无人机上应用较少,仅在某些特殊的应用场合才使用有线通信来传输无人机与地面站之间的信息。这相应地称为系留式无人机通信。

有线通信是指利用金属导线、光纤等有形媒质传送信息的方式,一般具有受干扰较小、可靠性高、保密性强的特点,但受电缆长度及重量的限制,使用起来不方便、不灵活。利用有线通信时,主要采取电缆或光纤,分别连接无人机和地面站配置的通信模块即可,按该模块的通信协议开展工作,但其通信速率和通信距离等受到线缆长度的限制。

5.2 工作模式

根据前面部分对无人机通信功能及任务的描述与分析,我们把无人机通信的基本工作模式划分为任务管理通信模式和飞控管理通信模式。下面分别对其进行介绍。

5.2.1 任务管理通信模式

无人机系统的任务管理通信,是指在无人机承担的特定工作任务中,机上任务载荷采集或获得的一些数据或信息,需要准确、及时地传回到地面站的传输过程,或者需要通过无人机中继站传输给其他无人机、其他通信设备的数据通信过程。

任务载荷是指安装在无人机上,用于完成特定任务的设备或产品,如摄像机、探测仪、传感器、武器装备等。目前,无人机承担的工作任务,大部分是要通过无人机搭载的任务载荷来完成的。一般根据无人机的特定任务需求,选择符合要求的任务载荷,且选择类型及大小合适、飞行性能相当的无人机。从无人机选择的角度来说,其可以携带的任务载荷的种类、功能、性能等,在很大程度上决定了无人机的应用价值。

无人机所承担的工作任务,一般是通过地面站的任务设备管理软件对任务载荷设备的工作状态进行监测与管理,并且对任务的实施情况进行实时监控。根据通信链路畅通的情况,监管的工作可以通过任务设备状态自检测的方法进行,也可以通过地面操作人员人工监测的方法进行,目前更多的是采用两者相结合的方式进行。在实际执行任务时,如果遥控链路受到干扰,或者要求以遥控静默即地面站不允许与无人机进行无线通信的方式工作,这时就要求能够通过程控或自主控制的方式进行任务设备的管理。

根据任务管理通信中信源信宿的不同及通信的方向不同,我们把任务管理通信模式分为数据回传模式和中继通信模式两种。

1. 数据回传模式

数据回传模式,是指任务载荷设备如探测雷达和摄像机等,将在任务现场采集到的数据、图像、视频等信息,实时传回到地面站的通信方式。在接收信息的过程中,地面站的操作控制人员会根据收到的实时数据信息,及时调整工作方式,修改工作任务,增删工作内容等,这些动态调整会通过任务指令的方式,实时发送并传输装载到无人机的任务管理程序中。

根据任务载荷要实时下传的信息量的大小,即信息传输率的不同,又可以将数据回传模式细分为小批量数据传输、图像传输、视频传输三个层次,由于它们的信息传输率差异较大,对通信设备提出了不同的要求。而地面站上传的任务指令,一般数据量不大,上行链路的带宽一般在 10～200 Kbit/s 之间即可,处于小批量数据传输的量级,对上传通信设备的要求不高。

(1) 小批量数据传输

小批量数据传输方式,主要传输无人机自身的状态信息和某些传感器采集到的低速率或低动态信息,具体传输的内容通常包括无人机的姿态、速度、电机转速、其他机上设备的状态等遥测信息,以及一些小数据量的传感器采集到的信息,如导航设备的跟踪定位信息、气压温度传感器的环境信息等。该种传输方式需要的带宽较小,类似于上行链路的需求,无人机通信系统常用的数传电台一般就可以满足。

而一般比较常见通用的无人机上,都会有相应的数传模块,负责把无人机的自身状态和某些传感器信息传到地面站,在实际应用中也可以优先考虑。

(2) 图像传输

图像传输方式传输的内容,主要是无人机上图像采集传感器如普通摄像机、红外摄像机等采集到的图像信息等,一般会按时间定期拍摄,或根据到达的位置点进行多角度拍摄等。因此,图像传输的数据量较大,要求的带宽更宽,一般为 300 Kbit/s 以上,有时高达 10 Mbit/s 甚至更高。这时无人机上需要配备图传电台等中高级别的通信设备进行数据传输,可满足无人机大多数的任务需求,应用范围较广,如进行航拍和侦察监视等。

(3) 视频传输

视频传输方式要传输的内容,主要是无人机上的视频传感器、数码相机等采集到的大数据量的影像信息。一般来讲,视频传输要求的带宽最大,根据不同的任务需求和不同的载荷性能,有时会高达 100 Mbit/s 以上,如高清视频摄像机对应的大数据量信息。目前,无人机上主要还是采用图传电台进行视频的传输,如果遇到带宽或传输率不够的情况,可以考虑通过多个电台并行传输的方式,利用合理的传输管理策略,达到实时传输高速率视频影像信息的要求。

无人机的视频传输,可应用于森林防护、空中巡逻、交通监管等监控领域,突出优点是数据传输的实时高效;也可用于无人机的数码相机摄影通信,主要用于城镇、开发区、厂矿、农业等小范围的测绘,优点是飞行高度低、测绘精度高,且受天气的影响小,易于实现高质量和高效的数据传输。

2. 中继通信模式

中继通信模式,是指把无人机作为通信的中继站,完成对其他系统的远程通信这一特定任务的通信方式。中继通信的信息来源即信源,可以是地面站、无人机,也可以是其他的信源设备。其上的信息采集设备或信息存储设备中的数据,需要实时或非实时地传输,但是由于通信距离、地理环境、电磁干扰等的影响,无法直接到达接收方即信宿,需要通过位于空中的无人机进行中转通信,即先把这些数据传递到无人机上的通信接收设备,再由通信发射设备传递到目标信宿即相应的地面站、无人机或其他接收设备,这里的无人机本质是起到了中继传递的作用。

在该通信模式中,根据通信距离、地理环境及通信设备性能的优劣,可能需要一架无人机完成通信任务,也可能需要多架无人机通过连续中继的方式完成任务。关于所需的信息传输速率、带宽需求,则主要由信源方即发送方的信息量大小、实时性或数据采集速率来决定,需要根据具体情况具体分析,一般在留有一定余量的条件下,确定合适的带宽和传输速率等性能指标,以及需要的中继无人机的数量及布局。

5.2.2 飞控管理通信模式

无人机的飞控管理通信,主要是针对无人机在整个飞行过程中与地面站之间所需要的控制与管理信息的通信交互。根据无人机所要完成的任务性质、目标位置或任务区域等,通过进行飞行控制的规划与管理,明确无人机的飞行控制的通信任务及工作内容,实现对飞行航线的规划、载入和实时调整,航线航点的切换控制,出航、巡航和返航等的管理控制。

其中,任务航线规划是指对无人机的飞行路径进行设计,一般通过地面控制站中的航线规划软件来实现,规划好的航线可通过数据链路上传,传输到无人机机载的控制与管理计算机中,也可以根据飞行过程中实时重规划的结果,对航线进行及时调整修改。

航点(航线)切换控制,是指在无人机的导航子系统提供的导航定位参数的引导下,使无人机从一个航点(航线)到达另一个航点(航线)的过程。出航、巡航和返航的控制,是指对无人机的起飞、平飞与降落的控制,用以保证无人机在这三个阶段均能安全可靠地飞行操作。航点的切换及出航、巡航和返航的控制,一般需要根据导航子系统的引导,通过控制与管理软件自主地进行。

在进行以上的飞控管理过程中,需要进行遥控指令处理和遥测参数收集,对电机、电气、测控等机载设备的状态与故障开展监测与处理,进行定位解算,并且实时进行飞行性能的评估与管理等。其中,需要上传的信息包括遥控指令等,下传的信息包括无人机传感器的遥测参数、定位信息和无人机各组件自身的状态信息等。

在飞控管理通信模式中,无人机操作控制人员会根据飞行任务的安排,通过地面站的路径规划软件设计规划飞行航线,之后经由地面通信电台发射机,将飞行路径等信息发送给机载通信电台接收机,加装到无人机的机载飞行管理计算机中,无人机将会按照机载飞行管理的程序执行飞行任务。同时,机载通信电台发射机要将无人机导航设备获得的位置与姿态等信息,实时地传送给地面通信接收机进行处理和显示,还可以将无人机的状态与传感器的信息传送到地面站。接下来,地面站会比较规划飞行航线与实际飞行航线的匹配程度,以对无人机的飞行做出实时调整与控制,最终实现对无人机的飞行控制与管理。

因此,在本通信模式中,无人机通常需要与地面站始终保持双向通信,即要求无人机与地面站的通信电台或通信设备是双工的。如果配备的是半双工通信电台或设备,则需要分时工作,即当无人机把自身的状态信息和遥测数据通过下行链路发送给地面站时,无人机上的通信设备是工作在发射模式的,天线也作为发射天线,而地面站的通信设备是工作在接收模式的,天线作为接收天线使用;当地面站把控制人员设定的控制指令等信息上行发送给无人机时,则以上相关的通信设备的角色将进行收发对换。

如果无人机做编队飞行或多机协同工作时,可以用一个地面站实现对所有无人机的控制和监测,或者可以通过无人机之间的中继通信向地面站传输每一架无人机的状态信息或接收地面站的控制指令。

前一种情况在无人机与地面站的通信过程中,当每一架无人机都传输自身状态和遥测数据到地面站时,发射机和接收机是多对一的通信模式,应处理好地面站同时接收多个信号的问题。

后一种情况的通信比较复杂,应根据每一架无人机的实时位置信息,采用中继通信的策略设计好中继通路;在保证每一架无人机都可以与地面站通信的前提下,还要尽量保持各无人机通信任务的载荷均衡,以达到良好的整体传输性能。

5.3　典型通信传输电台介绍

无人机大多通过通信电台实现与地面站之间指令、数据、图像的传输,数据传输电台和图像传输电台是无人机的常用通信设备,下面分别介绍其原理、组成和工作过程等。

5.3.1　数据传输电台

数据传输电台,简称数传电台,用于在无人机和地面站之间传输文字数据、控制指令、符号代码等小容量数据,可使无人机执行相应的任务操作。

1. 工作原理

数据传输电台是指借助数字信号与无线电技术,实现特定数据传输的电台。数传电台将调制调解器与无线电台相连接,使调制调解器的数据可以通过无线电台发送和接收,实现空中无线的数据传输方式。调制调解器包括调制器和解调器,发送数据时调制器将代表特定数据的二进制脉冲数字信号,调制成可以在电台之间传播的音频模拟信号,通过本地电台传送至另一电台的接收端;接收端的解调器将接收到的音频信号再转换成计算机能够接收的二进制信号,传送给系统中的数据处理单元。

2. 基本组成

不同类型的无人机数传电台组成大致相同,其结构如图 5.8 所示。无人机数传电台可分为地面端和机载端,两者结构也大致相似,只是地面端多集成了一些数据接口。一般数传电台内部由通信模块、单片机、供电模块、通信模组和电源模组等组成,外部有射频发射器、指示灯、接线端子及天线等。

3. 工作过程

数传电台工作时,先对系统供电并进行初始化工作,然后单片机模块控制整个系统的工作运行,系统工作状态通过指示灯进行判断;由通信模组进行内部数据的传递,之后通信模块通过外置的射频发射器,将指令、数据等信息通过天线发射出去,远端的接收电台按照逆过程处

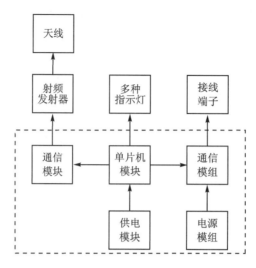

图 5.8　数传电台结构示意图

理,获得发送的数据。

5.3.2　图像传输电台

图像传输电台,简称图传电台,可实现无人机和地面站之间指令、数据、图片、视频等大容量、高速率信息的实时传输。图传电台和数传电台的主要区别如下:

① 通信方式:数传电台多是双向的,而图传电台可能是单向的;

② 数据链路信息:数传电台主要传输数据,图传电台还可传输图片、视频;

③ 信道带宽:图传电台需将高清图片视频等大容量数据实时传输到地面,所占信道带宽大于数传电台。

随着通信技术的发展,出现了数图一体化电台,兼具了两者的功能及性能。

1. 工作原理

图传技术通过将图片、视频、遥测数据等信息进行压缩、打包、调制,然后通过无线方式传送给地面站的接收电台,经过解调、分包、解压等逆向处理,还原出原始的信息,再输出到地面站的计算机系统。

图传方式分为模拟图传和数字图传两类。模拟图传将要传输的信息以模拟信号的方式传输,会受到空中的干扰、噪声等因素影响,收到的信号会出现失真,影响传输的质量和效率。数字图传将模拟信号数字化,通过以一定的时间间隔对模拟信号进行采样,经量化、编码处理后转换为数字脉冲信号再进行传输,具有更强的抗噪声和抑制干扰能力,传输误码率低,可靠性高。

2. 基本组成

图传电台也分地面端和机载端,由于需要实时处理、存储、传输大容量的数据,组成更为复杂,其结构框图如图5.9所示。其中地面端由处理器、存储器、传感器、触控面板、输入设备、显示面板、射频电路、天线和电源组成;机载端包括处理器、存储器、传感器、摄像头、射频电路、天线和电源等。

3. 工作过程

机载端电台设备将摄像头拍摄的画面和传感器采集的数据保存在存储器中,并通过电台

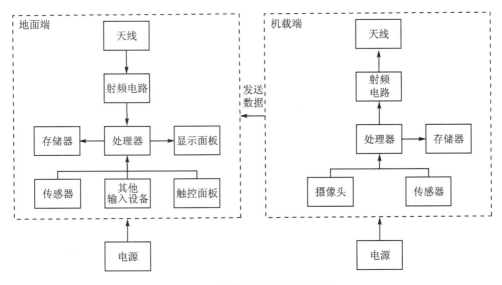

图 5.9　图传电台结构示意图

的射频电路和发射天线实时地传送到地面站的接收电台;地面端电台可通过显示面板查看实时传回的画面和数据,并进行处理和存储。有的图传电台也具有指令传输发送功能,可通过触控面板或其他输入设备发出指令。

5.4　遥控器与飞控接收机

数传和图传电台价格高,通常用在专业级别的无人机上。对于众多业余级的轻小型无人机,其执行的任务相对简单,通常只需地面人员上传操作控制指令,使无人机完成一定的飞行动作或规定操作就可以了,无须向地面站回传数据,这时一般采用一种单向的、兼具控制功能的通信设备,称为遥控器和接收机,即地面端的遥控器和机载端的飞控接收机。

遥控器用于采集操作人员通过遥控杆对无人机的操作指令,并通过射频发射模块发送出去;与之配套的飞控接收机,通过射频接收模块和主控单元接收、解析操作指令信号,变成控制信号去操纵飞控单元中的调速器与舵机等执行机构,使无人机执行相应动作。

5.4.1　遥控器

下面通过基本组成、工作过程、操作模式等介绍遥控器的工作原理,并通过遥控器设备的实例,描述其操作面板上的主要按键功能。

1. 基本组成

图 5.10 所示为地面端遥控器的结构框图,包括主控模块、摇杆油门、按键、插座、显示屏、射频发射器、天线和电源等。

2. 工作过程

遥控器通过主控模块控制系统整体运行,将摇杆油门和各类按键输入的模拟信号转换为数字信号,在遥控器与机载飞控接收机配对成功后,将操控命令发送给对应的接收机。

3. 操作模式

无人机复杂的飞行动作可分解为 8 个基本动作的组合,即水平方向的前进/后退、向左/向

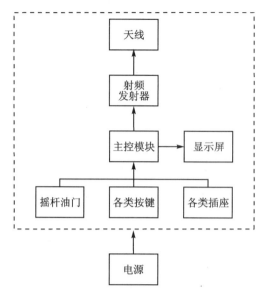

图 5.10　遥控器结构框图

右平移、左转(逆时针)/右转(顺时针),垂直方向的上升/下降。

对无人机飞行的操控是通过遥控器上的遥控杆来完成的,分为左摇杆和右摇杆,每个摇杆都有向上、向下、向左、向右 4 种操作,这样左、右摇杆各 4 个操作就可与无人机飞行的 8 个动作相对应,但对应方式不同,就出现不同的操纵模式,包括"美国手"、"日本手"和"中国手"3 种。

4. 操作示例

这里通过一款典型的遥控器来介绍常用的操作模式,图 5.11 所示为某公司研发的 ET16 遥控器,可以控制各类无人机、遥控汽车、航模、机器人等。

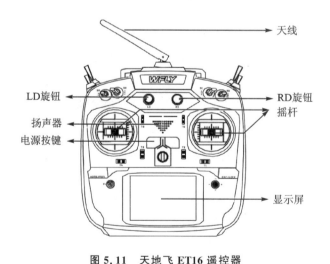

图 5.11　天地飞 ET16 遥控器

图 5.11 中,天线负责发送控制信号到无人机;LD、RD 旋钮作为模拟量输入使用,如控制无人机的速度大小和舵机角度等;扬声器发出告警声音;左、右摇杆用来控制被遥控的无人机的运动方式;显示屏显示无人机状态或机载相机状态。常用的操纵模式如下:

① "美国手":该模式对无人机的上升/下降、顺时针/逆时针旋转是通过左摇杆来控制的,而无人机的前进/后退、向左/向右是通过右摇杆来实现的,具体的操作示意如图 5.12 所示。

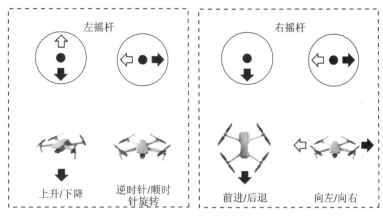

(a) 摇杆操作示意

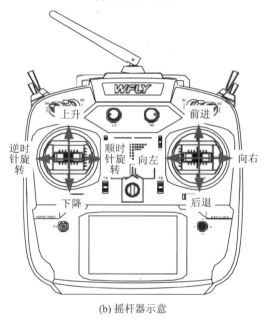

(b) 摇杆器示意

图 5.12 "美国手"操纵示意图

② "日本手":该模式中对无人机的前进/后退、顺时针/逆时针旋转是通过左摇杆来控制的,而无人机的上升/下降、向左/向右是通过右摇杆来进行的。

③ "中国手":该模式中对无人机的前进/后退、向左/向右是通过左摇杆来控制的,而无人机的上升/下降、顺时针/逆时针旋转是通过右摇杆来完成的,因与"美国手"的操作习惯相反,也被称为"反美国手"。

5.4.2 飞控接收机

1. 组成和原理

图 5.13 所示为飞控接收机的结构框图,包括主控模块、射频接收器、天线和电源等。天线

将地面遥控器发来的带有控制指令的电磁波信号转换成高频电信号,射频接收器将其变频到可用于信息处理的低频信号,输出给主控模块;主控模块一般为单片机系统,将接收到的控制指令转换成可用于飞控系统的执行信号,输出到飞控单元的电子调速器和舵机组等执行机构,使无人机按指令动作飞行。

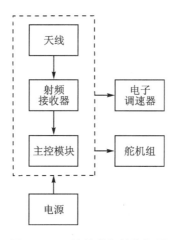

图 5.13　飞控接收机结构框图

2．工作过程

首先进行飞控接收机与遥控器之间的信号匹配,完成后遥控器发送带有控制指令的无线信号,之后接收机接收信号并将其送入解码模块,经过主控模块处理解析出执行信号,输出给飞控执行机构,控制无人机的飞行动作状态。

3．控制过程

主控模块解析出控制信号后,通过执行机构中的舵机组和电子调速器来控制无人机,其中舵机组由几个具有输出轴的传动机构组成,通过指令信号可使输出轴保持在特定角度,从而控制无人机的飞行姿态;电子调速器是一个控制马达转速的装置,可用来调节无人机的飞行速度。

5.5　无人机地面站

5.5.1　无人机地面站基本功能

无人机地面站,也称地面控制站,是对空中无人机飞行平台和任务载荷平台进行监控和操纵的控制平台,负责对无人机从准备发射、执飞任务到最终回收的全过程监测控制。大多数控制平台设置于地面上,所以习惯性地称为地面站,但也不限于安放在车辆、飞机、船舰等运动载体上。

无人机地面站是整个无人机系统的指挥控制中心,是操作人员与无人机相互联络的交互平台,需实现飞行规划、任务回放、实时监测、数字地图、通信数据链等系列功能,具备控制、通信、数据处理于一体的综合操控能力。地面站系统的主要功能如下:

① 飞行监控:地面站保存所有无人机下传的实时飞行状态数据,按照通信协议进行数据

解析,将主要信息用虚拟仪表或其他控件显示,供地面操纵人员参考;同时根据飞机当前状态,实时发送控制命令,操纵无人机的飞行和动作。

② 地图导航和飞行规划:根据无人机下传的地理位置信息,将飞行轨迹标注在电子地图上;同时通过航点、航线的规划,引导无人机飞行,并观察任务执行情况。

③ 天线控制:地面控制站可实时监控天线的空间指向,根据天线返回的信息对天线方向进行实时修正,使之始终对准、跟踪无人机的飞行,保证数据传输的质量与可靠性。

④ 任务回放:根据保存在数据库中的飞行数据,在任务结束后,使用回放功能,详细观察飞行过程的每一个细节,检查、评估任务执行的效果。

地面站的硬件,包含计算机、收发数据链路和辅助操控等设备,通过与地面站软件的配合,实现对无人机的通信链路保障、航行状态监测、航行轨迹远程控制、任务操作、无人机正常发射与回收等功能。地面站多使用专门配套的控制软件,以实现对无人机实时有效的飞行监测和操控能力。对地面站软件基本的技术要求包括:

① 无人机数据实时显示,包括飞行数据、有效载荷数据、设备状态信息、电源电压数据等。

② 飞行控制模式切换,实现对无人机飞行模式在 GPS 模式、运动模式和姿态模式之间的正常切换。

③ 航迹绘制,显示无人机当前所处的航点信息、航迹等。

④ 辅助功能,包括机载电压报警、机载油料余量报警、通信端口及校验位设置、飞行数据储存及回放等。

5.5.2　地面站组成结构及分类

1. 无人机地面站组成结构

一种典型地面站系统的组成结构如图 5.14 所示,图中各模块的功能说明如下:

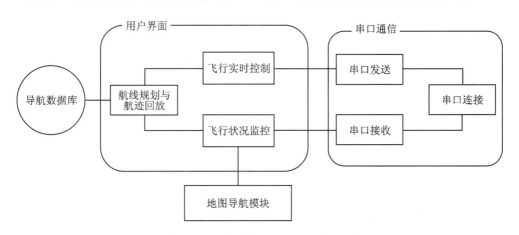

图 5.14　地面站系统的基本组成结构图

① 导航数据库:无人机的航点及航线、任务记录、系统配置、历次飞行数据等信息都保存在这里,用户可在界面上操作,并实时读/写数据库。

② 用户界面:通常是基于 MFC 框架的对话框,添加了地图操控的 ActiveX 控件、虚拟航空仪表控件、菜单和 MFC 基本控件等,以界面友好、操作方便为设计目标。

③ 地图导航:根据无人机下传的经纬度和高程等信息,将无人机的当前位置和飞行状态

标注在地图上,同时绘出飞行轨迹;另外,还支持飞机居中、在地图上摄取航点、地图缩放和漫游等功能。

④ 串口通信:采用第三方串口通信类,可实现多线程、多串口的全双工通信,实时发送或接收数据。

在地面站中起关键作用的软件通常包含以下功能模块:

① 数据通信链路模块:是无人机和地面站之间进行连接交互的桥梁,包含了完整的通信协议,并支持对该协议的解析和封装。

② 飞行状态监视显示模块:解析处理飞行数据,在虚拟仪表和其他控件上显示,操控人员根据显示数据掌握无人机的运行状态和负载设备状态。

③ 电子地图定位模块:把无人机的当前位置和产生的航迹实时标注在地图上,同时具有协助实现快捷航线规划的功能。

④ 航线规划模块:在起飞执行任务之前,按照任务计划先在地面站上规划整个飞行航线,使无人机自动按照路线规划完成飞行任务。

2. 无人机地面站分类

地面站可分大型、中型、小型、微型几类,其中大型的战术型地面站主要用于控制无人机群,由多个地面站群或车载站群构成,每个站可能又包括多个操作平台;中小型地面站多是车载、机载可移动的;微型地面站则是将诸多系统功能集成到便携式笔记本或掌上计算机上。各类地面站的功能和特点如下:

(1)大型战术无人机地面站

战术地面站通常用于军事应用,具有强大而复杂的功能,由多个功能完善的子系统及操作终端构成,如数据通信系统、远程显示系统、移动图像系统及安全保障设备等。

(2)中小型无人机地面站

该类地面站的架构及功能比较简单,多采用车载方式,机动性强、灵活性好,主要包括电子地图系统、区域图像传输系统、飞行数据显示系统、有效载荷操作系统、飞行指令控制系统等。

(3)微型无人机地面站

这类地面站通常使用便携式笔记本,或摇杆遥控器来控制无人机的飞行,使整个地面站的结构更加集成化,功能更加精炼实用。

而在具体操作设计层面,各类地面站应满足以下的基本操作要求:

① 支持异步串行口连接通信设备,且可设置通信参数;

② 以航空仪表形式显示飞行数据,以电子地图形式显示飞行位置和轨迹;

③ 支持多种格式电子地图,可对地图进行缩放等基本操作;

④ 可规划飞行任务,直接在地图上使用鼠标增加、修改、删除航点;

⑤ 飞行中可更改 PID 增益、飞行参数、飞行模式等,可更换航线;

⑥ 可支持同时控制多架无人机执行任务及其建群的需求;

⑦ 具有关键参数超限告警功能,可记录、回放飞行和遥测数据。

图 5.15 所示为一款典型的地面站软件操作界面,设有功能区、仪表盘、数据表、航线地图 4 个显示区域,界面清晰简洁,区域分明。

图 5.15　Mission Planner 地面站操作界面

5.6　习　题

1. 熟悉并掌握无人机机载通信设备的类型、特点与应用模式。
2. 了解无人机地面通信的设备组成、工作流程与应用模式。
3. 请描述无人机通信设备的基本性能要求与选型依据。
4. 相比于地面通信设备,对无人机机载通信设备的特殊要求是什么? 应该如何满足?
5. 分别了解并掌握飞行管理和任务管理中的无人机通信过程及其对传输率的要求。
6. 上网查询当前新的无人机通信设备及工作原理,可举例说明。

第6章 无人机通信的典型应用

无人机通信作为无人机的基本功能之一,可以用于无人机与地面站通信、无人机间的通信、无人机与车辆通信、无人机与舰船通信以及无人机与卫星通信等,通信的目的包括了对无人机进行飞行控制管理、遥测数据下传、中继通信等,其通信手段涵盖了现代通信的主要方式,因此无人机通信的发展反过来对通信行业也具有显著的推动作用,尤其在中继通信应用领域,占有比较重要的地位。

无人机可以执行特定的、复杂的通信任务,通过在其上搭载专门的通信设备、数据链设备以及通信网络,与地面站或目标指挥中心的对应通信系统进行信息交互,可以充分发挥无人机移动灵活的优势,解决常规条件下无法完成的通信任务难题,或者用来弥补常规通信的缺陷与不足,常常能收到事半功倍的效果。无人机的通信有诸多不同的应用,下面介绍的两种典型应用,即自组网通信和中继网络通信,对于解决复杂场景下的通信问题,给出了较好的解决思路,也可以作为未来通信技术发展的良好借鉴。

6.1 自组网通信

自组网是一种无线通信网络,具有动态、多跳、自组织、对等式网络节点的特点,它的组建不依赖于预先存在的网络基础设施,因此在自组网系统中没有任何基础设施和中心管理节点或平台,而是由既是终端又是路由器的移动节点组成,每个节点在网络中都是对等的实体。

与传统通信网络相比,自组网具有无集中控制、自组织性强、动态变化的拓扑结构、多跳路由、特殊的无线信道特征的优点,以及移动终端的有限性、安全性不足等比较明显的缺陷。在安全性方面,由于无线网络的广播式信道,外部攻击者更易于在物理层上进行窃听和欺骗。这些特性使得无线自组网在体系结构、网络组织和协议设计等方面都要进行特殊考虑。另外,自组网应用面临的一个严峻问题是,由于网络移动和活动范围扩大等,会导致网络的连通性进一步变差。

在自组织网络中,每个移动终端都有主机和路由器两种功能。作为主机,移动终端上运行着面向用户的应用程序;作为路由器,移动终端需要运行相应的路由协议,根据路由策略和路由表参与分组转发和路由维护的工作。这是自组织网络与传统通信网络的主要区别。

随着通信技术与自组织网络应用的发展,通信领域出现了移动自组网、车载自组网、舰船自组网和无人机自组网等,各种无线自组网通信的应用也越来越广泛。作为自组网的典型代表,无人机移动自组织网,也称为无人机 Ad Hoc 网络或无人航空自组网,即是由无人机担当网络节点组成的,具有任意性、临时性和自治性网络拓扑的动态自组织网络系统。

采用无人机作为网络节点,在每架无人机上都配备有 Ad Hoc 通信模块,该模块既具有路由功能,又具有报文转发功能,可以通过移动无线连接构成任意的网络拓扑。它将移动自组网和车载自组网的概念拓展到了无人机网络通信中,使网络中的各无人机都能够分发和传递控制指令,也能够感知各无人机的状态和共享所获得的采集数据。

在无人机自组网中,节点间的路由通常由多个网跳组成,由于每个移动终端的无线传输范围有限,两个无法直接通信的移动终端节点,往往要通过多个中间移动终端节点的转发来实现通信。所以,它又被称为多跳无线网、自组织网络、无固定设施的网络或对等网络等。无人机自组网,同时具备移动通信和计算机网络的特点,因此可以看作是一种特殊类型的移动计算机通信网络。

实现无人机自组网的基本思想,就是将组成无人机网络的每一架无人机所获得的信息,通过无线网络实现实时的共享,从而极大地提高无人机系统对信息的处理速度,提高对特殊情况的快速响应能力,这样无人机系统就可以更加有效、更大限度地利用获得的信息资源,提高无人机在实际应用中的信息处理效率。

无人机自组网由于无人机快速移动、自由移动的特点,极大扩展了网络系统规模,提供了安全可靠、抗毁性强的网络通信,同时也支持了多无人机间的战术协同,有效地降低了单个无人机的载荷量和任务开销,也可用于辅助其他通信系统,大幅度地提高无人机任务平台的工作效能。

从总体角度来看,无人机自组网具有独立组网、自组织、动态拓扑、无约束移动、多跳路由等一般自组织网络的技术特点,同时它还具备抗毁能力强、智能化高、功能多样化等特点。当前,无人机自组网技术作为一种新兴的网络组织技术,越来越受到人们的关注和重视,并将在通信领域发挥更加重要的作用。

6.1.1　组网方案

目前,国内外对无人机自组网都有相关研究,并且在军用、民用领域都有了一定程度的应用。一般也可以将无人机与其他飞行载体、地面车辆、水上舰船等一起混合组网,来扩展网络的覆盖范围,增加网络的鲁棒性。如图 6.1 所示,就是一个集天、空、陆、海移动节点于一体的大型无线自组织网络。

由图 6.1 可知,该自组织网由天上的卫星网络、空中的无人机网络、陆上的地面车网络和海上的舰船网络组成,是一个典型的包括天网、空网、地面网和海面网的大型混合自组织网络。在实际应用中,有的自组织网络只包含其中的一部分,可以是飞机自组网、汽车自组网、舰船自组网等,也可以是机车混合自组网、机船混合自组网、机星混合自组网等混合组网方式。

天网主要是指卫星通信系统组成的网络,可以是大型的卫星通信系统,未来也有可能是空间站等;空网也不局限于无人机,可以包括有人机、飞艇、热气球等;地面网包括地面控制站系统网络、一些通用的如 3G、4G 移动网络、无线局域网(WLAN)等,可以是网络节点,可以是控制站,可以是固定的节点,也可以是移动的车辆、人员等;海面网主要指海上军用、民用船舰,以及一些岛屿等组成的相关网络,可以是网络节点或控制站,可以是固定的或移动的。

该自组织网络的节点可以分为普通节点和网关节点两种。普通节点具有节点间数据的通信功能和对地面站的通信功能,节点间数据的通信是指各节点间进行信息交流与传递;对地面站的通信是指无人机节点与地面站的信息交流与传递,并且该功能仅在无人机与地面站处于同一网络中时使用,当无人机在空中自行组网后就不再使用。

而网关节点除具备普通节点的全部功能外,还主要作为无人机网络与外部沟通的接口,当无人机数据链网络在空中建立后,无人机网络与空中有人机、地面站、地面移动指挥车、水上指挥舰船和卫星系统对应的空基、陆基、海基和天基等外部通信系统的通信任务,将全部由网关

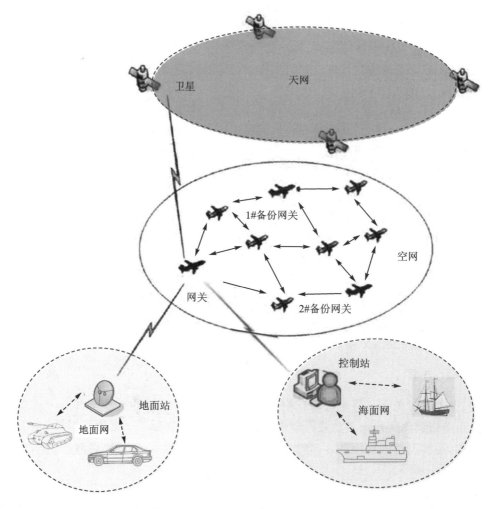

图 6.1　天、空、陆、海自组织网络示意图

节点完成。网关节点同时还是网络的管理节点,负责网络拓扑更新、节点出入网确认等管理工作。网关节点包括主网关和备份网关两类,一般都具有与卫星通信的功能。

通常,无人机与地面站或与卫星系统的通信业务需要通过网关节点转发,内容包括无人机的状态和导航信息、基于任务航迹规划的飞行控制指令、与网关无人机的相对定位信息、无人机机载设备的遥控信息等,因此网关节点实质上承担着一种通信中继站的功能。

6.1.2　通信方式

在图 6.1 所示的自组织网络中,有四大区域通信,即空(无人机、有人机)、天(卫星)、地(地面站、军车和汽车)、海(控制站、军舰和帆船);有普通节点端机和网关节点端机两种端机;有五条链路,即无人机数据链路、无人机网管链路、无人机对地链路、无人机对海链路、无人机对星链路。无人机群通过后三条链路与其他三大区域网络进行通信,通常需要借助网关来完成信息交互。

无人机群中可以有多个具有网关功能的节点,通常选择距离地面站最近的网关节点作为主网关。当主网关与空基、陆基和海基等指挥控制站的距离在视距范围内时,主网关会通过对应链路与不同的控制站通信;当主网关与控制站的距离超出视距,或无法与空基、陆基和海基指挥站进行信息交互时,主网关一般会通过对星链路与相应的指挥控制站进行通信,完成各移动节点之间的指令传递与信息交互;当主网关发生故障时,备份网关如果在规定的时间内没有获得主网关的反馈信号,则会自动按序递补为主网关。

一般地,网络节点之间采用一条半双工或全双工的链路传输网络管理信息和网络数据。但当网管信息与数据信息混合传输时,无论采用什么多址方式,数据在网络中的传输效率都会比较低,难以实现宽带高数据率的数据传输。为此,自组织网络一般应具有两条链路,一条是网络管理控制链路,另外一条是专用数据传输链路。

网络管理链路负责无人机集群数据链网络的自组织、网络管理、路由管理等网络控制信息的传输。为了保证信息的实时性和网络的稳定性,网络管理链路大多采用全向天线和时分多址技术,利用时隙的分配实现多址通信。

数据传输链路主要传输无人机平台的各种有效数据信息,该链路的建立连接及传输控制等都由网管链路完成。为了提高数据传输速率,获得高抗干扰能力以及低的截获性能,数据传输链路通常采用定向天线以及跳频传输,利用不同的跳频方案实现多址通信。

6.1.3　无人机自组网通信实例

西北工业大学的科研人员设计了一个无人机自组织网络的地面演示验证系统,如图 6.2 所示。该系统利用无人机空中自组网构成无人机编组,具有一定的协同作战能力,通过优化 UDP 协议,采用一个面向小规模、网络拓扑结构可快速变化的 Ad Hoc 网络距离矢量协议,来适应将无线遥控信号在无线自组织网络环境中传输的需求。

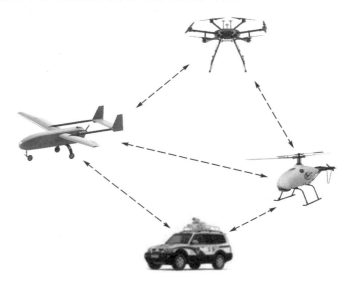

图 6.2　无人机自组网

具体来讲,该系统包括一个控制指挥车节点和若干个无人机节点,用以完成无人机网络的单控多飞工作模式。图 6.2 中,一辆地面指挥车与三架无人机构成了一个无人机自组网。该无人机自组网中每个节点均具有路由功能,可以通过存储和转发技术完成不在通信范围内的节点之间的通信,从而形成无人机的自组织多跳通信网络。由于地面指挥车与无人机之间是利用无线电遥控信号进行通信的,其点对点的通信方式不支持 TCP/IP 协议,就需要对该系统进行升级,以满足更高层次无人机的通信需求。

机载 Ad Hoc 模块,是一个基于 XScale 270 的嵌入式系统,是该无人机自组网系统的关键组件,其软件结构图和硬件结构图如图 6.3 和图 6.4 所示。

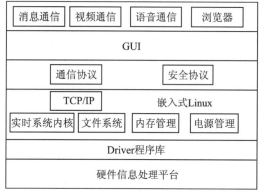

图 6.3 嵌入式终端软件结构图　　　图 6.4 嵌入式终端硬件结构图

该系统结合实际应用情况,采用一个小规模(不超过 254 个网络节点)的 Ad Hoc 网络路由协议,通过限制网络节点数量,以减少路由信息的网络开销,使用了一种简单有效的机制来解决 Ad Hoc 路由协议中的主要问题,以使该路由协议在满足需求的情况下具有简单与高效的优势。该路由协议称为特殊优化距离矢量(Especial Optimized Distance Vector,EODV)路由协议。EODV 是先验式距离矢量路由协议,将其路径度量值转换为跳数来衡量。选择先验式方法是为了获得更快的收敛速度,选择距离矢量式方法而不是链路状态方法是因为链路状态方法虽然收敛速度快,但是其占用主机资源和带宽资源太高,而距离矢量方法不仅实现简单也可以通过适当机制加快其收敛速度。选择跳数作为路径度量值,可以保障路由信息在网络拓扑上的连通性,其他路径度量值如端对端延迟,虽然在理论上能提高路径选择的有效性,但是在实际无线网络通信环境下取得这些度量值所付出的代价未必能带来期望的效果。

EODV 不仅可以保留目的节点跳数最小的网关信息,而且支持等价多径路由,即保留一个或多个相同的最小跳数网关信息。EODV 通过限制网络节点数目,以服务于小规模 Ad Hoc 网络需求。根据大部分的网络实际情况,节点的有效地址空间为一个字节,最多允许 254 个节点处于同一个 Ad Hoc 网络中,运行 EODV 的所有节点的 IP 地址只有最后 8 位不同,这样在很大程度上减少了路由信息包的大小。

EODV 采用主动定期发送广播更新消息的方式,与周围邻近终端进行路由信息交互。当收到路由更新消息后,通过与本节点路由表进行比较计算出最短路径。考虑到 Ad Hoc 网络的对等性,路径的度量主要以跳数来衡量。EODV 的协议由协议版本号、消息类型、头长度和数据四部分组成,其协议格式与内容如图 6.5 所示。标准协议头长度为 8 字节,若超过 8 字节则表示有附加可选数据,附加可选数据最长可为 247 字节。

考虑到无人机遥控与遥测指令对可靠性的要求比较高,而且要保证指令的正确顺序,需要对 UDP 进行优化,以适应无人机自组网的高要求。而该系统中的传输模型使用 ARUDP 传

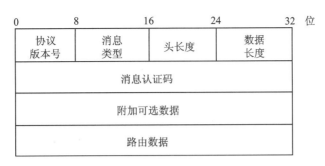

图 6.5　EODV 协议格式及内容

输协议。对 UDP 传输协议的优化包括两部分:一是引入滑动窗口协议实现 UDP 协议的可靠传输;二是针对 Ad Hoc 环境对滑动窗口协议的确认和重传机制进行优化。ARUDP 的协议格式非常简单,只有两字节的协议头,表示的内容包含数据类型和数据序号。数据类型分为 DATA 和 ACK 两种,占用一个 bit 位表示,数据序号用余下的 15 位来表示 DATA 包的序号或 ACK 包确认的序号。跟一般的滑动窗口协议一样,ARUDP 中通过引入确认及重传机制,来保证数据的可靠传输。

　　传统的 Ad Hoc 网络,是一个没有中心节点的分布式网络,而实现各节点的安全认证和通信是一个很难解决的问题。基于无人机的网络系统,与传统的纯分布式 Ad Hoc 网络有着一定的区别。首先,在无人机网络中,所有的 Ad Hoc 终端都必然会与控制指挥车进行信息交互;其次,所有的 Ad Hoc 终端是统一管理的。基于这两点原因,无人机网络采用离线数字证书的方式,实现对每个节点入网的身份认证,从而较简单地解决了安全认证和通信问题。

　　由于 Ad Hoc 网络带宽较低,要求在低码率的情况下获得更高的处理质量,所以视频传输采用了 H264 协议。其中 H264 的编解码单元采用的是 Hi3510 芯片,分别采用 UDA1341 和 TVP5105 作为音频和视频 A/D,并通过扩展总线来实现与主处理器的通信。

6.2　中继网络通信

　　通信技术发展到现在,具有了各式各样的信息传输手段,无线通信的方式也多种多样,有电台通信、蜂窝移动通信、卫星通信和 Wi-Fi 通信等。但在长距离通信中,由于信道的特性和噪声源等的影响,有时必须在信道中设立中继站,以减少或消除信号在传输过程中的畸变和失真,确保长距离通信的有效性。

　　另外,在某些复杂环境条件下,由于一些地理、属地、时间、成本等方面的原因,地面基站无法或无法及时或难以去布置;而移动通信的位置动态变化,也会造成传输信号的遮挡,使接收方无法收到可用的信号;此外通信过程中还会受到各种恶意、非恶意的干扰等,这时通信网络就不能很好地为地面节点或移动目标提供有效的信息交互。

　　因此,只有通过借助中继通信网络,才能为以上某种或某些网络扩展其通信的有效覆盖范围,提高在特殊情况下网络或链路通信的可靠性,为通信接收方提供稳定、准确的信息传输服务,完成各通信系统间的信息交互等。

　　当前很多网络通信系统大都由于其自身缺陷面临着网络覆盖范围有限的问题,如移动自组织网所面临的是由于网络移动和活动范围扩大,导致的网络连通性发生下降甚至恶化的问题。而利用无人机作为中继节点,即将具有无线通信组网能力的无人机组成灵活移动的中继通信网络,为该问题的解决提供了良好可行的解决方案。

相比于其他的中继通信方式,无人机具有灵活的移动性和高空大范围覆盖的优势,有起降、悬停、点对点飞行和航迹飞行等诸多飞行模式,可以随时调整以处于最有利的通信位置,还可以主动跟踪天、空、陆、海各网络节点的动态移动,实现尽可能多的节点连接,有利于扩展网络系统的覆盖范围,提高网络通信的连通性和可靠性,实现长距离的通信,因此是一种比较经济、灵活、维护简单、使用方便的中继通信方案。

无人机中继网络无需事先获取各网络节点的位置信息,而是通过周期性地收集节点的位置信息,来实时地调整自身的飞行轨迹,以尽可能地跟踪天、空、陆、海各网络节点的移动,从而提供最佳的移动中的中继通信。

6.2.1　问题描述

图 6.6 为一种支持移动自组网通信的多无人机中继网络,是无人机中继网络支持地表(地面或海面)移动自组网通信的一种典型应用场景。其中,地表移动节点以群移动的模式运动;在同一个群中,节点可以通过移动自组网自身的路由协议进行通信;不同群间的节点无法直接通信,需通过无人机的中继才能通信。

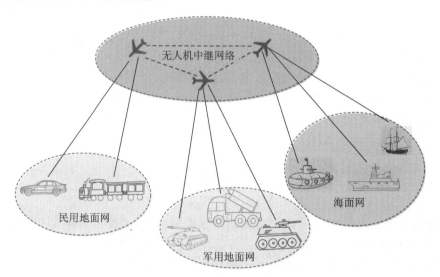

图 6.6　多无人机中继网络示意图

地表移动节点会周期性地向无人机中继网络发送包含其最新位置信息和身份标识的信标信号,无人机中继网络将获取的地表移动网络节点的拓扑与通信状态信息,再发送给其他节点进行信息共享。每一架无人机根据获取的所属地表成员节点位置与通信状态信息,周期性地计算无人机当前最优位置,并结合相关飞行准则动态地调整飞行轨迹,以跟踪所对应的地表网中各节点的移动。

在图 6.6 中,每架无人机覆盖的网络区域称为"域",每个域包含一个或多个地表节点,这些地表节点称为域的"成员"。在多域无人机的中继通信中,同域中各成员的网络连通性是至关重要的,即各成员间要保证处于相应的通信距离内,这样信号的传输才有一定的强度和质量,才可以保证各成员间网络通信的有效连通,从而进行正常的信息交流与传递。

6.2.2　方案实现

1. 单无人机中继网络

单无人机中继通信的网络拓扑图如图 6.7 所示,在单无人机的应用场景下,无人机飞行控制器周期性地收集域中各成员节点的最新位置和通信状态信息,并根据收集到的信息按照相应的准则,如加权质心准则,进行加权计算得到当前无人机最优通信位置,再根据无人机的自身状态实时调整无人机的航点、航迹,及时引导无人机飞向该位置,为地表节点提供尽可能好的中继通信服务。图 6.7 中表示的就是单架无人机,在前后两个时刻,由于成员数量及成员位置都发生了变化,而从 A 点飞到了 B 点的动态调整过程。

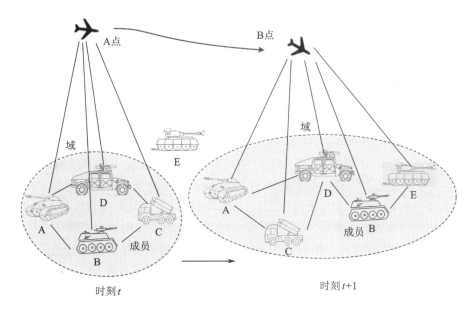

图 6.7　单无人机中继通信的位置点调整示意图

利用单无人机的中继通信,实质上也是一种混合自组网通信,一方面,参与组网的对象可能涉及天空、海面和地面上的各种载体,是多种载体参与的混合组网;另一方面,当单无人机用于地面上不同子域之间的中继通信时,各子域的组网方式也可能不一样,属于多种组网方式参与的混合组网。

2. 多无人机中继网络

在多无人机中继网络应用中,为了确保跨域成员能够保持持续通信,多无人机的中继网络必须首先保证自身网络的连通性。因此,在保证单无人机与本域中各成员良好通信状态的基础上,需要通过一定的飞行控制规则,来确保多无人机中继网络之间尽可能好的通信连接与通信质量,这些规则包括了对无人机进行排斥、吸引、随机游走和盘旋等的飞行控制规则。

排斥准则是为了避免无人机间的碰撞;吸引准则是为了确保多无人机能够始终保持在彼此的通信距离内,从而保证中继网络的连通性;盘旋准则用于保证无人机可以在某个位置附近盘旋,而又不至于远离这个位置;随机游走准则是用于处理当某架无人机与其他无人机失去通信联系的时候,即时转为随机飞行的方式,以增加自己能够再次连接上其他无人机的概率。以上这几种飞行控制规则,可以通过相应的飞行控制软件编程实现,这些规则算法属于无人机飞行控制技术领域,在这里不再做进一步的详细介绍。

无人机中继网络中的各个无人机节点,基本按照以上的飞行规则进行飞行控制,来完成与地表不同域中各节点的无人机中继通信。其中,同一域内各节点的通信属于自组网范畴,不需要无人机节点进行中继通信;不同域内的节点进行通信,就要借助无人机中继网络的中转完成信息交互,如地面军用网域中的成员与海面网域中的成员通信,就需要地面军用网域中的成员,先把信息传递至本网域对应的无人机,再中转到达海面网域对应的无人机,最后再传输给海面网域中的成员。

这种通过多无人机的协同工作来解决中继网络的通信问题,是下一步无人机通信应用的一个重要发展方向,并且由于无人机系统的脆弱性、高风险性和载荷能力的局限性,也对无人机中继网络通信的未来应用提出了很大的挑战。相信随着无人机相关技术的发展,人们会逐渐克服各种问题,通过多架无人机的高效协同,使中继网络通信的应用更加灵活、可靠、方便与实用。

6.2.3　无人机中继网络通信实例

山东地震局的工程技术人员,将系留式无人机系统应用于地震应急现场的中继通信工作,通过无人机将无线电设备升空,以解决地震应急现场无线电波传输视距和地形限制的问题,保障应急现场通信工作的正常开展。中继系统利用无人机平台搭载通信中继模块,将现有的地面通信设备信号通过无人机的空中中继转发,使原通信系统的有障碍阻挡传输方式,变为视距传输方式,且覆盖的通信范围大大提高。无人机的空中中继通信可实现跨越复杂地形的传输和远距离通信,同时也支持机动性强的大范围、复杂地形和延伸环境的信息交互工作,这能够大大提高地面间的通信能力和协同工作能力,从而实现地面站指挥系统快速高效的指挥控制能力。

中继通信系留式无人机由空中部分和地面部分组成,如图6.8所示。空中部分包括无人机平台、通信中继模块、飞行控制系统、机载电源和系留线缆等;地面部分包括地面电源、线缆控制机构、系留线缆、地面站指挥系统和单兵背负图传系统等。

图6.8　系留式无人机中继通信系统的组成及工作简图

中继通信系留式无人机的供电系统与中继通信集成系统的主要技术指标如表 6.1 和表 6.2 所列。

表 6.1　某型号系留式无人机供电系统的主要技术指标

项　目	指　标
无人机型号	KWT－X6L 六旋翼
有效载荷/kg	≥7
起飞质量/kg	11.4
续航时间/h	8
系留线缆总长度/m	100
电压	地面电源 AC 220 V
系留线缆质量	3.5 kg/100 m
系留线缆抗拉力/kg	>150
线缆收放方式	电子智能控制

表 6.2　某型号系留式无人机中继通信集成系统的主要技术指标

项　目	指　标
设计质量/kg	≤0.5
尺寸	109 mm×145 mm×15 mm
发射频率/MHz	315～345
射频带宽/MHz	2(标清);4(高清)
输入频率/MHz	597～614
接收射频带宽/MHz	1.5,2(标清);4(高清)
接收灵敏度/dBm	≤−98(4 MHz);≤−102(2 MHz)
设计传输距离/km	≥10

该系留式无人机中继通信系统采用轻型复合系留线缆,由地面电源对空中无人机系统进行持续供电,从而使无人机可以长时间地悬停于空中工作。系留线缆内部包含一根单模光纤,可以传输高清视频等高速率大容量的信号,且抗干扰能力强。线缆轻而细,抗拉力强,受风力的影响较小。

地面站指挥系统通过系留式无人机搭载的通信中继模块与单兵图传系统进行信息交互。通信中继模块一方面可以将地面站指挥系统的控制与指挥指令转发至各个单兵,另一方面可以将单兵获取的现场信息传回到地面站指挥系统。地面站指挥系统还可以通过多个空中系留式无人机中继通信模块,实现对四周更为广阔空间内的通信工作。

系留式无人机中继通信系统,具备布局机动灵活、操作快速简捷和开通迅速等特点。它可以更好地应用于大型城区、大范围郊区以及起伏不大的山谷、丘陵等地区,提高在这些区域的通信覆盖能力,实现单兵移动图传系统等与指挥系统之间 5～15 km 范围内稳定、实时和快速的数据传输。由于系留式无人机的升空高度有限,克服山区地形、城市高楼遮挡的能力不足,针对高度变化较大区域的通信问题,可将多架无人机组成一个空中自组网中继系统协同通信工作。

6.3 习 题

1. 熟悉并掌握无人机自组网的原理及通信方式。
2. 了解无人机自组网的路由协议。
3. 阐述几种常用的自组网方式,比较其优缺点。
4. 比较无人机自组网与中继站自组网各自的优势与不足。
5. 熟悉无人机自组网的网络节点的作用。
6. 了解中继站通信及其类型、特点。
7. 学习无人机自组网通信实例和无人机中继网络通信实例,了解其实现的关键技术。

第 7 章　无人机通信的未来展望

无人机通信链路作为无人机系统的重要和不可或缺的组成部分,在无人机的发展和应用过程中发挥着举足轻重的作用。随着无人机技术的发展和无人机应用范围的扩展,各行各业对无人机的通信性能及环境应用提出了新的更高的需求,这些需求也推动着无人机通信相关技术的发展。目前,无人机通信已呈现出一些有显著需求特征和技术特征的发展趋势,在一定程度上也预示着无人机通信的未来发展方向,并且在创造机遇的同时,也带来了一定的挑战。

7.1　无人机通信新技术

随着无人机的应用范围越来越广,各行各业对无人机系统提出了更多的需求,目前的通信技术及设备已无法完全满足不同用户各类新的需求,需要用一些新的通信技术或手段来解决一些原有的或新产生的问题。通过对目前无人机通信技术的了解,我们归纳出了其中的一些新技术,包括远距离通信传输技术、移动自组织网络技术、抗干扰技术、激光通信技术、一站多机技术和信息综合技术等,并对其进行相应的描述、分析与总结。

7.1.1　远距离通信传输技术

为了满足无人机远距离飞行的需要及远距离执行任务的需求,一般要求无人机的通信距离要远,同时通信系统对环境的适应能力要强。对于远距离飞行的无人机,通常会把通信的作用距离作为无人机数据链的一个重要技术指标,用它来衡量无人机通信覆盖范围的大小以及工作区域的大小。一般来讲,当无人机处在地面控制站无线电通信的视距范围内时,可以直接通过地面控制站,对无人机发送控制信息和接收无人机传感器发来的遥测信息,但无人机通信的直接作用范围毕竟有限,多数情况下会受到地面控制站视距范围的限制,直接导致通信质量下降甚至无法进行通信,如图 7.1 所示即为高山阻挡通信的情况。

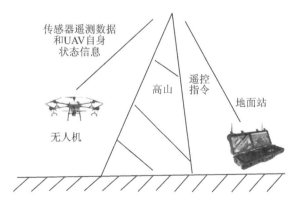

图 7.1　远距离(非视距)通信无法完成

因此,当我们需要无人机飞到地面控制站视距范围之外的区域执行任务时,通常就需要扩大无人机通信的实际传输半径或作用距离,这时就要借助远距离中继通信技术来满足相应的需求,如图 7.2 所示。

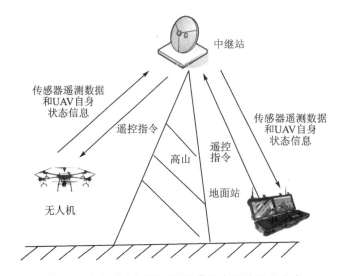

图 7.2 远距离(非视距)通信借助中继站顺利完成

通过使用一些中继通信转发设备,如在地面高处或山上布点、用无人机搭载或利用卫星通信等,作为中继节点为远程飞行的无人机进行数据传输,实现目标无人机和地面控制站之间的远距离通信。

根据中继通信转发设备所处的位置,可以将远距离中继传输技术分为地面中继方式、空中中继方式和卫星中继方式等。地面中继方式是将中继转发设备放置在地面高处的固定设施或装备上,通常要求这些设备的距地高度尽量高,以获得尽可能大的视距范围和信号翻越障碍的能力,优点是代价较低、布设简单;缺点是视距范围有限、灵活性差,以及受地理环境、区域属地等的限制,一些地方无法或不能布设。

空中中继方式则是将中继通信设备放置在空中的平台上,或者直接利用航天器作为中继节点,包括有人机、无人机、飞艇、热气球等,因此空中中继通信网络由地面控制站、中继飞行器和目标无人机(群)组成,具有视距范围大、移动灵活、机动性高以及成本低的优点,但其布设需要专门的设备及一定的条件,且悬空时间会受到能源供给方面的限制。

而卫星中继通信方式,是利用天上的通信卫星作为中继节点,要求无人机安装一定尺寸的跟踪天线,一般还需采用数字引导方式使天线自动指向卫星。该中继方式相比于空中中继方式,具有覆盖范围更广、信道性能比较稳定、可用频带宽和通信容量大等诸多优点,缺点是通信费用比较昂贵。

7.1.2 移动自组织网络技术

随着无人机在各种领域中的广泛推广与深入应用,一种新的更高的无人机需求被提出来,就是利用无人机群在一些复杂的环境场合,联合或协同执行一些单架无人机无法完成的复杂、综合、大型任务,实现多机协同、联合互动的目的,而实现各无人机之间的实时信息互通和信息共享是达到这个目的的基本条件。

比如在现代军事信息化战争中,需要无人机完成侦察、监视、多目标攻击、打击效果评估等多重任务,单架无人机由于侦察角度、监视范围、任务执行稳定性等诸多方面的性能差异及限制,一般不能很好地完成这种综合多重任务。这时就要求组织多架性能不同、功能各异的无人机,通过在无人机之间组成移动自组织网络来协同工作,完成战斗任务。

移动自组织网简称 MANET(Mobile Ad hoc NETworks)网络,是由具有无线通信能力的移动节点组成的,具有任意和临时性网络拓扑结构的动态自组织网络系统。MANET 的每一个节点都可以快速地移动,并且既可以作为主机又可以作为路由器使用。而无人机移动自组织网络,就是一个无中心、多跳、动态变化的拓扑结构及自组织的网络,通常采用分布式的控制模式。

无人机移动自组网技术,是无人机系统应对多机联合飞行任务,从单飞单控发展到多飞单控,再到多飞多控过程中兴起的新技术,它是移动自组织网络的一种典型应用形式。

为了实现任意两个或多个无人机之间的实时通信,每一个无人机都可以充当网络节点,都同时具有主机和路由器的功能,使各个节点之间可以实现信息的实时共享;并且每个无人机节点在不相互通知的情况下,进入和离开网络都不会导致网络瘫痪,整个网络会迅速重新规划拓扑结构和节点,提供稳定可靠的通信服务,这样就保证了无人机可以在恶劣复杂的环境场合下通信的可靠性和安全性。

目前,国内外在无人机自组织网络技术方面已经有了一些突破性的研究进展,包括建立了无人机自组网络模型,设计了无人机移动通信网络的结构,确定了通信中继节点和通信路由的具体协议,建立了无人机自组织网络的实验平台。相信在不久的将来,无人机自组织网络技术将逐渐成熟并投入使用,能够在复杂的多机联合任务中发挥重要的作用。

7.1.3　抗干扰技术

无人机通信作为无线电通信的一种应用,肯定会受到各种各样的外界电磁干扰;并且一般无人机会一直处于运动状态,其通信环境往往复杂、多变,导致接收的信号电平及信噪比变化范围大、信道状态参数估计困难等;另外在无人机上狭小的空间里各种电子设备繁多,机上存在复杂的电磁环境,大大降低了无人机通信接收设备的灵敏度。这些问题,都需要通过无人机数据链路的抗干扰技术来解决,这对于保障无人机通信的安全、可靠、正常运行有着重要的作用。

一般来讲,无线传输环境中的干扰,按干扰源的性质可分为两类,即自然干扰和人为干扰。自然干扰来源于自然现象,是不可控制的,主要有太阳干扰、宇宙干扰等;人为干扰来源于机器或其他人工装置,更是难以控制或无法预计的。相应地,抗干扰技术也对应地分为两个方面,一方面对于自然干扰,应主要解决信道中的噪声、多径干扰等自然因素对无人机通信的干扰;另一方面对于人为干扰,抗干扰技术则侧重于应用无线通信中的电子对抗技术,尤其在军事战场的复杂环境下,要重点解决容易被敌方干扰、窃听、欺骗和攻击等问题。

在现代通信中,抗干扰的技术主要有三类,即频率处理抗干扰、空间处理抗干扰和时间处理抗干扰。频率处理抗干扰技术就是采用频率域处理的办法,如直接序列扩频(DSSS)、跳变频率扩频(FHSS)等,来减小各种干扰对通信信号的影响。空间处理抗干扰技术就是采用空间域处理的办法,如采用自适应天线调零技术等,来抑制对干扰信号的接收。时间处理抗干扰技术就是采用时间域处理的办法,如猝发传输技术等,通过通信的随机性来减少被监测和被干扰的概率。

通信抗干扰技术研究的内容是,在已知或预测敌方(外界)的干扰手段或类型的情况下,在上述技术基础上选取一种或多种适合的技术手段来消除或减轻各种干扰。一般来讲,对各种干扰的类型、性质、强度、手段及所采用的体系了解得越清楚,采取的措施就越有针对性,取得的效果也就越好。但在实际中,对干扰的了解往往十分有限,并且干扰也是多种因素综合的结果,具有随机和多变的特性,尤其是新型的干扰更加难以对付,所以往往需要采取多种方式的综合抗干扰技术才能取得较好的结果。

无线通信的干扰与抗干扰是一个永恒的话题,尤其对于人为干扰,就像矛和盾的关系一样,两方面的技术都在不断升级。这在无人机通信方面体现得更加突出,因为无人机为无人驾驶的飞机,由于缺少了干扰现场人的判断、监管与控制,被干扰的概率就会大大增加,因此无人机的抗干扰通信技术显得尤为重要。

当前无人机的干扰和抗干扰技术发展很快,如美国的一个州立大学在山区峡谷的环境中,通过使天线和接收机的特性匹配,来解决无人机通信中的多径干扰问题;以及将一些成熟的调制技术和编码技术相结合,解决无人机通信过程中的保密问题;并且通过提升接收信号的信噪比,提高无人机高速数据链的通信能力,保障了在恶劣环境下无人机通信的可靠性。

又如在中东战争中,美国的"先锋"无人机就曾受到某中东国家的电子干扰,从而失去了指挥系统的控制,最后燃料耗尽而坠机;还有伊朗在近些年利用电子手段诱捕了一架美军的RQ-170侦察无人机。这两个实例促使了美国在无人机抗干扰方面采取进一步的措施,如修改路由协议、提高加密性能等,来提高无人机的抗干扰能力,防止被欺骗被诱捕。

7.1.4 激光通信技术

随着无人机执行的任务越来越复杂,对无人机的通信提出了远程、高速、大容量的数据传输需求,但无线电通信紧张的频率资源已经无法满足无人机未来通信的发展需求。

激光通信属于光学通信技术,满足大数据量、实时、远程传输的需求,可提高无人机数据链路的有效带宽和作用距离。据相关实验结果,采用激光通信的传输速率,比最先进的无线射频数据链还要高 2~3 个量级,目前已可达到每秒上万兆比特的速率。作为一种新型的无人机通信体制,激光通信具有以下的技术特点及优势:

① 通信速率高,能达到 10 Gbit/s 甚至更高,并且采用点对点无线激光方式,基本上不存在频率干扰问题。

② 隐蔽通信能力和抗干扰能力更强,激光具有极窄的束散角,不容易被侦察和被干扰到,被探测发现的概率仅相当于射频通信的 30%~50%。

③ 设备体积小、质量轻、功耗低,但作用距离远,可达几十万千米甚至更远。

但是激光通信也有其自身的缺陷或不足,相对而言容易受到以下外界因素的影响:

① 大气层的影响:雾、雨、雪、雹等气象条件都会对激光的传播造成衰减;热晕、大气湍流、悬浮颗粒等也会造成光束质量的下降。

② 背景光的影响:太阳光和月光都可能对激光通信链路产生干扰,造成传输性能的下降和可靠性降低。

③ 平台振动的影响:无人机平台固有的随机振动和姿态波动,会使激光设备的精准度下降,信号捕获难度加大,严重时会造成跟踪的不稳定及接收信号质量的下降。

④ 相对运动的影响:无人机和地面站的激光收发设备之间存在着较大的角速度和加速度

动态,会使光束的指向不稳定,影响激光信号的可靠接收。

因此,激光通信技术还有一些应用上的技术瓶颈,需进一步解决全天候、高机动、高灵活、稳定可靠等方面的问题,希望早日在无人机通信中成熟应用。

7.1.5 一站多机技术

随着无人机在工农业及军事领域应用的逐步深入,对多无人机协同完成复杂任务的需求日益增加。尤其在军事方面,伴随着军事任务中战争空间的日益扩大以及现代化战争的超高要求,任务的多样性和复杂性逐步加大,对同时使用多架无人机协同作战的需求越来越多。

但在目前,无人机系统多数还是一个地面控制站控制一架飞机的通信模式,新的需求催生了一种一站多机新技术的产生。同时,对地面通信主设备而言,也要求其功能越来越强大,既要实现一站多机的具有通信、处理和控制一体化的功能,还要实现与其他地面控制站的通信联络,并具备开放性和兼容性等特点。

一站多机技术,是指一个无人机测控站的通信数据链,可以同时与多架无人机进行通信,分别完成对多架无人机的任务管理通信和飞行控制管理通信的技术,一站多机的原理实现框图如图 7.3 所示。

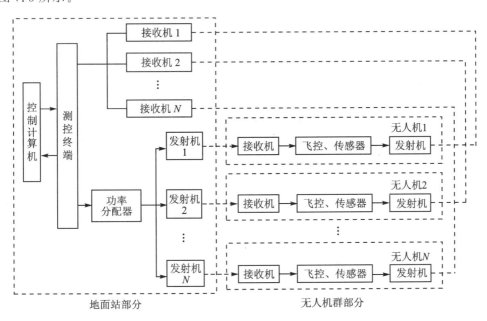

图 7.3 一站多机工作原理图

图 7.3 中,地面站的控制计算机用于向无人机发出遥控指令,并接收无人机的遥测信息和自身状态信息;测控终端完成指令加密、无人机遥测信息的解密等功能;地面站的功率分配器用于将输入信号分成多路信号输出;各无人机上的接收机用于对遥控信号解调,接收控制计算机发出的指令;地面站的多台接收机分别完成对多架无人机回波信号的解调,形成遥测信号传输到控制终端上去,再通过解密等处理过程,送到控制计算机中进行信息处理和存储。整个系统将形成一个单地面站对多无人机通信的闭合回路,从而实现一站多机的功能。

英国一家公司在 20 世纪 80 年代,就曾研制出多无人机控制系统,该系统能同时对 4 架无人机进行跟踪定位、遥测、遥控和信息传输。另外,也可以将移动通信中的多输入多输出

(MIMO)技术与无人机组网技术相结合,通过在地面基站的多个天线,使一站多机模式中的地面基站与每个无人机的通信容量都得到提高。或者,还可以通过引进码分多址(CDMA)技术,实现一站多机通信功能,从应用的角度看也是很不错的一种选择。

7.1.6　信道综合技术

随着无人机载荷能力越来越强,飞行距离越来越远,要求无人机每次飞行执行的任务也越来越多。无人机在空中执行各种载荷任务时,机上要搭载各种机载设备及任务设备,种类及数量日益繁多,并且都需要在无人机机载平台的狭小空间内安装,这就要求无人机的通信设备要具有小型化、质量轻的特点。另外,为保证把每一个任务设备获取的信息都能够及时地传输到地面站,又需要具备高的信息传输率、数据带宽以及更好的通信性能,而日益拥挤的频谱资源限制了这方面的需求。而目前新提出的信道综合技术,提供了解决这两个问题的一种方案。

信道综合技术,就是把无人机与地面控制站间传输不同信息的信道进行整合,达到资源共享、设备简化、频谱节省的目的,目前主要采用的是"三合一"或"四合一"的综合信道体制。

"三合一"综合信道体制,是指建立跟踪定位、遥测和遥控的统一载波体制,即利用遥测信号进行跟踪测角,利用遥控与遥测进行测距,而使用另外单独的下行信道进行视频信息传输的体制。该综合信道体制将宽带与窄带信道分开,并结合实际情况进行灵活使用,以降低对信道资源的浪费。一般来说,少数工作于较低频段的系统可采用"三合一"综合信道体制。

"四合一"综合信道体制,是指建立跟踪定位、遥测、遥控和信息传输的统一载波体制,即视频信息传输与遥测共用一个信道,利用视频与遥测信号进行跟踪测角,利用遥控与遥测进行测距。而视频与遥测共用信道的方式又包括两种,一种是模拟视频信号与遥测数据副载波的频分传输,另一种是数字视频数据与遥测数据的复合传输。

目前,"四合一"综合信道体制的综合程度最高,在无人机高端数据链中得到了较好应用。而"三合一"综合信道体制将宽带信道与窄带信道分开,灵活性更高,当前在低端无人机数据链中有了一定应用。

7.2　无人机通信发展趋势

随着现代通信技术、电子信息技术、计算机技术等的发展,以及无人机应用范围的不断扩大、应用难度的逐渐提高,无人机通信呈现出了多样化、实用化、综合化的发展趋势,通过分析总结,无人机通信的未来发展趋势将主要体现在安全化、小型化、高速化、网络化、通用化等几个方面。

7.2.1　安全化趋势

信息安全一直是通信系统需要着重考虑的一个问题,而无人机系统为远程监管、无人现场控制、可随意飞行的运动载体,其通信的信息安全问题十分重要,直接关系到无人机的飞行安全,而军用无人机还普遍存在被欺骗、被捕获的问题,其通信安全问题尤其尖锐。在实际应用中,无人机不仅要保护好收集到的数据和情报,还要防止敌方通过数据链路来对地面控制站进行定位、打击、摧毁,或者发出干扰信号抢夺对我方无人机的控制权。

因此,在信息技术和电子对抗技术不断发展,通信应用环境异常恶劣的现代战争中,无人机信息的安全、可靠至关重要,特别要求通信系统具备良好的电磁兼容性、低截获概率、高抗欺骗能力、高安全性和足够的抗干扰能力,以保证无人机通信系统在恶劣的战场环境条件下能够稳定、可靠地工作。

7.2.2　小型化趋势

无论从制造的成本角度出发,还是从执行任务的便易性出发,抑或从提高飞行距离的角度考虑,轻小型无人机都有着明显的优势。而通信设备作为无人机的必备设备,其小型化是实现轻小型无人机的主要因素之一,也符合无人机轻载荷的要求,因此无人机通信设备的小型化是无人机通信发展的一个必然趋势。

一方面,无人机基于动力消耗和飞行距离的考虑,其整体尺寸必然受到限制,无人机的通信子系统的硬件部分也同样要求具有更小的物理尺寸。但另一方面,在设计和制造过程中,不能因为无人机通信设备物理尺寸的缩小,就使数据链的通信容量和通信质量得不到保证或有较大下降。这两种相互制约的要求,无疑会对无人机数据链系统的设计、制造、调试等增加了大的难度。

美军在 2009 年就提出了发展联合战术无线电系统(JTRS)和软件兼容体系结构(SCA)合一的软件化通用宽带数据链,原理就是将无人机数据链设计成一个具有开放性、标准化、模块化的通用硬件平台,将调制解调类型、数据格式、加密模式及通信协议等诸多功能用软件的方式来实现,同时尽可能地使处理的模拟信号数字化,以便于利用软件进行处理。该数据链一旦研制成功,一方面可以在技术上实现设备的小型化,另一方面可以使波形和软件都具有更强的可移植性和互联互通能力。这为无人机通信系统的小型化提供了一种可行的解决思路。

7.2.3　高速化趋势

在无人机的具体应用中,为了使地面控制中心更好、更快地做出任务规划和飞行决策,需要实时地获取无人机的详细定位信息及大量图像和视频等信息,这样就使无人机通信链路中的数据量大大增加,尤其在当前光电传感器性能不断提升的环境下,无人机获取的图像和视频的分辨率越来越高,数据量就变得很大,对无人机数据链的传输速率需求就不断提高,呈现出通信高速化的趋势。

7.2.4　网络化趋势

一般情况下,无人机系统中使用的通信链路大多是点对点通信链路,但是随着多架无人机协同作战和执行复杂任务情况的出现,如果仍旧使用点对点通信方式,将会对频谱带宽资源和通信速率提出很高且难以实现的要求。为了解决这个问题,可以利用无人机数据链的宽带高速优势,让部分无人机充当网络中的交换机(或路由器)即中继节点的角色,通过中继通信的方式完成地面控制站同时与多架无人机的通信任务,这就使无人机通信的拓扑结构呈现网络状,体现出网络化的发展趋势。

7.2.5　通用化趋势

随着无人机的发展,无人机形式多样,服务于各种用途,应用于不同的环境场合,并且执行的飞行任务和载荷任务越来越复杂,不但出现了体型巨大、高空长航时无人机,还研制了蜜蜂尺寸大小的微型侦察无人机等。

在未来信息化的战场上,各种无人机系统将被同时运用,出于对无人机的研制成本、协调操作、统一保障、快速维修等多方面的考虑,有必要实现无人机数据链系统的通用化、系列化和标准化,以保证无人机搭载的传感器和通信设备尽量符合相应的规范,实现频段、信号格式和数据格式等通信体制的规划统一,保证各组件之间能够兼容工作,在通用化的基础上保质保量完成所需的信息传输任务。

7.3　无人机通信的机遇与挑战

随着无人机的应用领域越来越广泛,对于无人机通信的研究和应用也越来越多,在这个过程中,遇到了一些机遇和挑战,这些也影响着未来无人机通信的发展方向。

7.3.1　机　遇

当前,各国的国家政策都在大力支持无人机的发展,无人机在各行业的应用也层出不穷,如无人机植保、无人机快递运输和无人机电力巡视等。随着国家继续推进低空开放的政策,无人机迎来了一个蓬勃发展的时期,各种无人机创业公司也如雨后春笋般地出现,如大疆、极飞和易航等公司。相应地,无人机通信公司或无人机电台公司也相继出现,如固迪通信和拓欧力科技等。

因此,无人机行业及无人机通信行业的大好发展形势,对于设计、研发、生产、销售和使用无人机的各行业人士是一个良好的机遇,在当前无人机通信快速发展的浪潮中,会创造出更多的无人机通信相关行业,同时也会出现更多的无人机通信的新问题,需要各方把握机会,协同努力,共同在无人机的通信领域有所作为。

7.3.2　挑　战

但是,目前无人机通信面临的问题也很多,存在着不少挑战。

1. 难以获取足够的频谱和带宽资源

近年来,随着无人机应用的范围越来越广,无人机通信频谱资源短缺和传输数据带宽不足的问题限制了无人机的进一步应用,由频谱保障带来的问题也越来越多。无线电频谱资源非常宝贵,是一种战略稀缺资源,如对于大型侦察机,仅通信系统传输一路图像就至少需要 6 MHz 的频谱资源,并且经常需要同时传输多路信号。具体到实际应用,如在海湾战争中仅"全球鹰"无人机消耗的频谱资源就达到了美军其他用频装备的五倍左右;而在"沙漠风暴"行动中,美国国防部的卫星提供的带宽为所需带宽峰值的 75%。

要解决这个问题,就必须获取更多的频谱资源,然而全球无线电频谱的分配是有相关条约和由国际协议控制的,具体流程由世界无线电通信会议方管理,申请的流程极其复杂困难。另外,也可以从商用资源机构那里购买或者租赁频谱资源,然而价格会非常昂贵,并且还可能存在未知的安全隐患。

2. 通信安全性方面的挑战

地面站大多通过无人机的通信链路,向无人机发送操纵控制指令,这对于无人机的飞行安全与任务执行至关重要。但无人机通信系统对电磁波等干扰非常敏感,一旦受到干扰,就可能导致产生错误的控制指令,致使无法执行任务,甚至可能失控坠机,或者被欺骗、被捕获等。数据显示,美军采购的 269 架捕食者无人机,已有 48% 在事故中坠毁,其中大部分与通信故障有关。因此在实际应用环境中,无人机通信技术还远未成熟,尤其在安全性方面还有待大力发展和提高。

从技术上来讲,综合采用抗干扰技术,如采用自适应干扰抑制、混频扩频等抗干扰技术,可以在一定程度上改善无人机通信的安全性和可靠性。另外,为了应对指挥与控制潜在的或不可预知的中断或消失,无人机系统应该具有相关的预编程序控制或自主返回地面的预案方法,比如当控制站的通信中断时,无人机就原地待命,或者借助机上导航系统自动返回地面基地等。当前,以上这些技术在无人机上都有一定程序的应用,但是尚未达到令人满意的应用程度。

7.4　习　题

1. 无人机通信的新需求有哪些? 请举例说明。
2. 了解并掌握无人机通信的关键技术及其对通信性能的影响。
3. 无人机自组织网络的特点是什么?
4. 熟悉中继通信传输技术的分类及各自的特点。
5. 未来无人机通信的发展趋势有哪些? 请举例说明。
6. 了解未来无人机通信的挑战,并给出解决方案。

第三部分　无人机导航

第8章　导航的基本知识

从古至今,几乎各行各业都离不开导航。在远古时期,无论在平原、在沙漠还是在山区中,人们普遍根据太阳的东升西落来辨别方向;在夜晚,人们通常根据北斗七星的位置来确定行进的方向;在航海中,人们依靠指南针进行导引前行。如今,人们外出不能确定如何去目的地时,总会拿出手机用GPS进行导航;而无人机的飞行也往往借助卫星导航与惯性导航及其组合来为自身提供导航服务,确保飞行任务和载荷任务的完成。因此,导航就是引导载体从一个地方按一定的轨迹运动到另一个地方的过程。

21世纪是信息化的时代,经济高速发展,社会日益进步,在这个信息时代各行各业中都能看到导航定位的具体应用,如机器人导航、汽车导航、船舶导航和无人机导航等。导航作为社会发展和经济发展的基本要素,已经广泛地应用于交通运输、工农业生产、军事作战、科学研究等领域,推动了经济、政治、文化和军事等行业的发展,在现代社会中占有不可缺少的地位,也越来越受到世界各国的高度重视和大力发展。

8.1　导航的起源及定义

在人类发展历史上,由于交通、工农业生产、军事战争等多方面的需要,很久以前就出现了导航应用。在远古时代,早期的人类耕作、迁徙、捕猎等社会经济活动,会利用显著的地形地貌或者人为制造的一些标记物等,来满足人类自己定位与导向的需求。慢慢地,随着活动范围的扩大,地形地貌的导航方式已无法满足人们的需求,人类开始着眼于宇宙天体导航,即利用星体、星座等来指引方向,最常见的星体包括太阳、月亮、北极星等,星座如猎户座、北斗七星等。

随着对导航功能要求的增加及性能需求的提高,人们发现仅仅依靠自然界的导航还是远不能满足人类的社会、经济,尤其是军事的需要。于是,人类开始利用自己的智慧才能去发明导航方法、创造导航设备,在上千年的时间长河里陆续制造出了指南车、计里鼓、磁罗盘以及广泛使用的指南针等,这些看似简单的导航装置对于早期人类认识地球及地理环境,发展工农业生产,赢得战争先机等提供了大量帮助。随着时间的推移和技术的进步,人类更是在不同时期系统地发明、制作了海员历、航海表、经纬位置表示法,以及各种导航坐标系等导航装置、导航标准和导航方法,为近现代导航技术的发展打下了良好的基础。

到了17世纪,牛顿提出了三大定律,奠定了惯性导航的基础。惯性导航是通过惯性器件测量载体的加速度和角速度,通过积分运算,获得飞行器的瞬时速度、瞬时位置以及姿态信息。组成惯性导航系统的设备都安装在运载体内,工作时不依赖于外界信息,也不用向外界辐射能量,并且不受外界干扰,是一种自主式导航系统,具有体积小、成本低、精度高、隐蔽性好等特点,已经广泛应用于各个领域,在导航应用方面占据了较大的比例。

人类社会发展到近现代阶段时,导航的应用已经深入到了生产实践活动的方方面面。随着无线电通信技术的发明和应用,无线电导航作为无线电通信的一个副产品也应运而生。无线电导航就是利用无线电技术对运载体航行的全部(或部分)过程实施导航的技术,通过对无线电信号的测量,可以确定运载体当前所处的位置及其航行参数,引导运载体的安全航行,以及在夜间和复杂气象条件下的着陆或进港,保证运载体能够准确、安全地完成航行任务。

无线电导航受外界条件(如昼夜、季节、气象等)的限制较小,测量导航参数的精度较高,测量速度快,系统的体积小、质量轻,可靠性高,系统价廉经济,易于推广和流行。由于这些特点,使无线电导航技术得到了迅速发展,已经广泛地应用于航空、航海及航天事业中,并且在陆路交通、工农业生产、大地(海洋)勘探测量、旅游探险、科学研究等诸多方面发挥出越来越大的作用。

随着人类跨入到现代社会的发展阶段,无线电导航的一个分支——卫星导航开始进入到人们的视野,它对传统的导航技术和手段提出了挑战。卫星导航是利用人造地球卫星进行导航的一种方法,解决了原有的无线电导航系统信号覆盖范围和定位精度之间的矛盾。相比传统的导航定位方法,卫星导航系统具有覆盖范围广、定位精度高、稳定性好、没有积累误差等诸多优点,可以为区域内的众多国家甚至在全球范围内提供三维位置、三维速度和时间信息,目前已成为军事战争行动不可或缺的导航工具,同时在民用方面也发挥了巨大作用,其应用范围已深入到各行各业及人类生活工作的各个角落。

目前,美国研发的 GPS 卫星导航系统已被全世界用户使用多年,而俄罗斯的 GLONASS、欧洲的 Galileo 和中国的 BDS 对 GPS 形成了竞争关系。可以看出,在现代国际的合作与竞争中,卫星导航已无疑成为一个国家强有力的竞争工具与制胜筹码。

进入 21 世纪,随着手机的广泛使用以及实际导航的需要,根据卫星导航定位和无线蜂窝网基站定位,为个人用户提供了较为精确的定位和导航服务,各种导航地图软件也百花齐放,比如汽车上的车载导航系统就为人们的地面出行提供了许多便利,即使要去从没去过的地方,也可以轻松方便地实现路径引导。

因此,从导航的定义来讲,引导各种运载体(飞机、船舶、车辆等)以及个人按既定航线航行的过程称为导航,它是保证运载体安全、准确地沿着选定路线,准时到达目的地的一种手段。

8.2 导航的基本手段及分类

8.2.1 导航的基本手段

随着导航技术的发展与应用需求的增加,人类根据自然规律和科学原理,发明创造出许多不同的导航手段或方法,这些导航手段利用了不同的工作原理,适用于不同的应用环境,发挥着不同的定位引导作用。对这些导航手段进行总结,可以归纳出目前常用的导航方法,包括以下几类:

1. 卫星导航

卫星导航是指利用人造地球卫星,对地面、海洋、天空和空间等的导航用户进行导航定位的技术,具有全球覆盖、全天候、不间断、实时的特点,以及提供高精度的三维位置、三维速度和时间信息的能力。

当前全球有四大卫星导航系统,一般统称为全球卫星导航系统(Global Navigation Satellite System,GNSS)。除此之外,为进一步提升 GNSS 的性能,补充 GNSS 在某些应用方面的不足,许多国家和地区也都设计并建立了自己的卫星导航增强系统。

卫星导航系统通常由空间的人造卫星、地面的测控站和用户接收定位设备三个部分组成。空间的多颗卫星组成一个导航星座,主要的功能是接收并存储由地面测控站发来的导航信息,执行地面测控站发送的控制指令,并向地面持续发射导航定位信号,确保在地球上任意一点在任何时刻都能观察到足够数量的卫星。地面测控站负责对整个系统的运行进行控制,它通常包括若干个组成卫星跟踪网的监测站、将导航电文和控制命令播发给卫星的注入站和一个协调各方面运行的主控中心站。用户接收定位设备即大家通常所说的接收机,通过捕获、跟踪视线范围内的各颗卫星发射的导航信号,进而确定用户接收机自身的空间位置。

卫星导航的定位原理为用户接收设备精确测量空中 4 颗或 4 颗以上卫星发来的测距信号,根据信号传播的时间或相位测量卫星与用户间的距离(伪距),然后完成一组至少包括 4 个方程式的数学模型的求解运算,就可获得用户实时的三维位置坐标以及时间信息。

卫星导航的优点是可以实现全球全天候导航,导航范围遍及地球的各个区域,在任何恶劣的气象条件下,以及不分季节昼夜,均可利用卫星导航系统进行定位,并且导航的精度高,导航设备小,进行操作的自动化、智能化程度高;缺点是导航精度受卫星时钟、卫星轨道、电离层、对流层、多径等因素的影响会产生偏差,易受其他无线电波的干扰,且在大型建筑内或山体下方、涵洞内等恶劣的环境下难以实现定位。

2. 惯性导航

惯性导航是利用惯性器件来测量运载体本身的加速度和角速度,经过积分等运算得到载体的速度、位置和姿态等信息,从而达到对运载体导航定位的技术。

常见的惯性器件有加速度计和陀螺仪等,有时也会用到磁力计和高度计等。目前常用的含有惯性元件或设备的系统包括惯性测量单元(IMU)、惯性导航系统(INS)、航姿参考系统(AHRS)、微机电系统(MEMS)等。

惯性导航的特点是能工作在地球的任何地方,不依赖于环境条件(如气象、地形、电磁环境等),属于无源自主导航方式,不受外界干扰和虚假信号的影响;缺点是在积分过程中会产生积累误差,不适用于长时间的导航。

3. 无线电导航

无线电导航是利用无线电技术对运载体航行的全部(或部分)过程实施导航的技术。它是能够完成全部或部分无线电导航功能(或任务)的技术装置组合,称为无线电导航系统或设备;而置于地面、飞机、船舰或已知运动轨迹的卫星上,为其他用户载体提供导航定位功能的无线电导航系统或设备,则称为无线电导航台(站)。

常见的无线电导航系统有无线电高度表、无线电着陆引导系统(ILS、MLS)、多普勒导航系统、塔康系统(伏尔(VOR)与测距仪(DME)的复合系统)、罗兰系统(LORAN - C)和卫星导航系统等。其中,大家最为熟悉和应用最广的卫星导航系统有 GPS、GLONASS、GALILEO 和 BDS,这 4 个系统的原理基本相同。

无线电导航的优点是不受时间、天气等的限制,测量精度高,作用距离远,定位速度快,设备简单可靠等;缺点是必须辐射和接收无线电波而易被发现和干扰,另外大部分的导航方式需要载体外的导航设备(台站)支持,一旦导航台失效或被摧毁,与之对应的导航设备就无法正常工作和使用。

4. 图形匹配导航

图形匹配导航也常称为地形辅助导航,是指飞行器在飞行过程中,利用预先储存的在飞行路线上某些地区的特征数据(如地形位置、高度数据、图像信息等),与实际飞行过程中测量到的相关数据进行不断比较,来实施导航修正的一种技术。图形匹配导航一般可分为地形匹配导航、景象匹配导航和桑迪亚惯性地形辅助导航等。

一般来讲,单纯的图形匹配导航不能直接提供地理坐标位置信息,需要和其他导航方式进行组合,常用的是图形匹配与惯性导航的组合方式。

图形匹配导航的优点是没有累积误差,隐蔽性好,抗干扰性能较强。缺点是计算量较大,实时性不佳;匹配效果易受地理环境的影响,适合于起伏变化较大的地形或图像差异明显的地区,不适宜在平原或者海面等环境下的使用;同时还受气象条件的影响,在恶劣气象条件下的导航效果不佳;另外一般还会要求飞行尽量按照规定的路线飞行,导航的灵活性、适应性较差。

5. 地磁导航与重力导航

地磁导航与重力导航都是利用地球的物理特性进行导航的手段。地磁导航是根据地球近地空间的地磁特性,来确定载体经纬度并进行导航的技术。从理论上来讲,地磁场为矢量场,在地球近地空间内任意一点的地磁矢量都与其他地点的地磁矢量不同,且与该地点的经纬度存在一一对应的关系,从而可以通过测量载体所在位置的地磁场矢量来确定载体的定位信息。按照对地磁数据处理方式的不同,地磁导航又分为地磁匹配与地磁滤波两种,其中地磁匹配方式在导航应用中更为广泛。

地磁导航属于无源导航方式,具有无辐射、隐蔽性强、不受敌方干扰、全天时、全天候、全地域、能耗低等优点,并且不存在误差积累。缺点是导航精度易受其他机载设备和无人机动态飞行的干扰,并且地磁匹配方式需要存储大量的地磁数据。

重力导航是从重力测量,以及重力异常和重力垂线偏差的测量与补偿的基础上发展起来的一种导航方法,是利用重力敏感仪表通过测量重力实现图形跟踪的一种导航技术。重力导航需要事先做好重力分布图,图中的各条路线都有特殊的重力分布,并将重力分布图存储在导航系统中。导航时利用重力敏感仪器测定重力场的特性来搜索期望的路线,通过人工神经网络或统计特性曲线识别法等,使运载体确认、跟踪或横过某条路线,实现引导其到达某个目标点的目的。

重力导航也属于无源导航,具有精度高、不受时间限制、不受干扰、无辐射、隐蔽性强的特点。但是重力导航适于用在地理特性变化比较大的区域,因此常作为惯性导航的辅助手段。

6. 视觉导航

视觉导航是通过摄像机采集视觉图像,利用图像处理、计算机视觉、模型识别等相关技术,获取载体的运动信息和空间位置信息,实现自主导航的技术。视觉导航一般可分为主动式视觉导航和被动式视觉导航两种,其中被动式导航的应用较多。

视觉导航设备简单、成本低、经济性好、应用范围较广,但定位效果依赖于对周围环境的分辨程度和识别能力。

7. 天文导航

天文导航是通过对宇宙中的自然天体的测量来确定载体自身位置和航向的导航技术。它根据已知天体的位置,测量天体相对于导航用户参考基准面的高度角和方位角等,来计算载体的位置和航向等导航信息。

天文导航属于自主式导航,即不需要其他地面设备的支持,也不受人工或自然形成的电磁场的干扰,不用向外辐射电磁波,隐蔽性好,并且定位误差与定位时刻无关;缺点是定位、定向的精度一般。

8. UWB 导航

UWB(Ultra Wide Band)是超宽带的英文简称,UWB 导航是指以超宽带通信技术为基础,利用超宽带无线电信号实现高精度定位的导航方式。超宽带导航信号通常利用脉冲冲击的调制方式,形成扩频宽带信号进行信息传输,在完成信息隐蔽传输的同时,可以实现精密的测距定位。

UWB 导航具有传输速率高、功耗低、抗多径效果好、安全性高和系统复杂度低等优点;缺点是占用带宽大,易对其他无线电系统造成干扰。

9. Wi-Fi 导航

Wi-Fi 导航是指利用 Wi-Fi 信号进行定位的一种导航手段。当前在很多室内区域及人群密集的室外区域,都布设了许多 Wi-Fi 接入点(热点)用于通信,接入点会向周围发射信号,信号中包含该接入点的唯一全球 ID。导航用户定位终端通过侦听附近的接入点并检测每个接入点的信号强弱大小,然后把这些信息发送给中心服务器,服务器根据这些信息,查询每个接入点在数据库里记录的坐标,进行定位运算,就可以解算出定位端的具体位置,最后再把定位结果传递给定位终端即可以实现导航。一般接收到的 Wi-Fi 接入点信号越多,导航精度就会越高。

Wi-Fi 导航的优点是一般不需要额外的硬件成本,大多利用现有的无线局域网进行定位,受非视距的影响较小,具有良好的可扩展性;缺点是 Wi-Fi 信号的稳定性不强,定位精度还有待提高。但基于 Wi-Fi 技术的优势,Wi-Fi 导航的开发将具有广阔的市场空间和发展前景,尤其可用于室内定位领域。

10. 外辐射源导航

外辐射源导航,是指利用广播、电视、移动通信、卫星通信等外界或外部辐射源的信号,通过接收外辐射源的直达信号或目标回波等,采用定位理论与算法来确定目标距离、方位、位置等导航信息的技术,通常以使用民用辐射源为主。对于固定目标,获取其位置的常用方法是通过测量外辐射源直达信号和目标回波信号的到达时间差(Time Difference of Arrival,TDOA)进行定位;而对于运动目标,目标的回波信号中将同时含有时差 TDOA 和频差(Frequency Difference of Arrival,FDOA)信息,在实际导航应用中通常的做法是联合这两种信息,以获取更加准确的目标位置结果。

在外辐射源导航中,数字电视信号的导航应用较为广泛,它从接收到的数字电视信号中提取出发射台的发射时间,通过对接收机与发射台之间的距离(伪距)测量来进行定位导航。随着超大规模集成电路工艺的进步,基于电缆或卫星传输的数字电视系统已经在全球范围内使用,数字电视地面广播系统已开始大规模建设,在全球不同区域逐渐形成了以各自广播标准为基础的数字电视广播网,带动了对数字电视信号越来越深入的导航应用研究。导航用户端除了能接收到有效的视频、音频等信息外,还可利用数字电视信号的载波和数字码流,测定从电视发射塔到接收端的距离等空间参数,来实现定位和导航。

利用外辐射源导航的优点是定位误差较小,实时性高,对信号处理的要求低,处理设备少,功耗低,可有效利用现有的基础设施进行导航;缺点是导航的非视距干扰严重,并且不适合在海洋、沙漠、岛屿以及其他接收不到信号的区域进行导航。

11. 其他导航手段

在实际应用中,用于导航的手段还有很多,可以说不同的导航方式千差万别,各有千秋,都有其相应的应用场合。比如在单项参数测量方面,就有气压测高、超声波测高、激光测距、磁罗盘测向等不同机理、不同对象、不同手段的测量方式,这些单项参数虽然无法独立定位,但可以与其他导航手段进行结合,弥补它们在某一方面定位的不足。如借助气压测高就可以弥补室内定位在高度测量方面误差大的缺陷,实现区分楼层的定位目的,目前已经在消防等领域有了初步应用。

目前在导航系统的实际应用中,为了实现用户载体在复杂环境下的定位,或为了取得更优良的导航效果,往往采用多种导航手段进行组合的方法,实现各取所长、优势互补的目的,典型的组合导航系统如 GPS 与惯性导航的组合,已有大量的实际应用,并取得了良好效果。

8.2.2　导航的分类

由于导航的方式多种多样、千差万别,因此对导航技术及系统的分类,也可以从多个角度,依据不同的标准进行,下面就介绍几种主要的无人机导航的分类方法。

1. 测角、测距、测速、测姿等系统

按无人机导航系统所测量的几何参量划分,可分为测角系统、测距系统、测距差系统、测速系统、测加速度系统和测姿系统等。如图 8.1 所示,对角度的测量位置面将对应于一个圆锥面或半平面,即角度为一恒定值时所形成的几何面(线)。同样,测距对应于以导航台为中心的一个球面(在三维空间)或圆(在二维平面上)。测距差是测量运载体到两个导航台的距离差,对应于以两个导航台为焦点的双曲面(三维空间)或双曲线(二维平面)。对速度和加速度的测量不能直接定位,需要通过积分,计算出运载体在各个方向所移动的距离,再进行定位。测姿是指测量运载体的航向角、俯仰角和横滚角三个角度值。

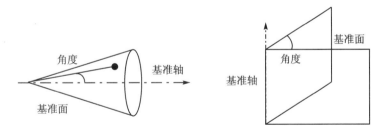

图 8.1　角度测量对应的位置面示意图

2. 单一导航与组合导航

根据无人机导航所使用导航手段的数量,可分为单一导航和组合导航两种。单一导航是仅利用一种导航技术的导航方式,而组合导航是使用两个或两个以上不同单一导航技术进行定位的综合导航方式,它可以充分利用其中某个单一导航技术的优点,同时避免其不足。常见的组合导航多以惯性导航(INS)或卫星导航为主,结合其他辅助导航系统一起工作,如 INS/GPS 组合导航、INS/视觉组合导航和 INS/GPS/超宽带(UWB)组合导航等。

3. 自主式导航与非自主式导航

根据无人机导航是否需要借助外界设备的情况,导航可以分为自主式导航和非自主式导航。自主式导航是指仅利用载体上的导航设备,便可独立产生或得到导航信息的导航技术,如惯性导航、多普勒导航、地形辅助导航和地磁导航等。非自主式导航不仅使用载体上的导航设备,同时也使用载体外部的导航设备如地面导航台站、空间卫星等,两者配合工作才能得到导航定位信息,比如卫星导航、Wi-Fi 导航等。

4. 有源导航与无源导航

按无人机导航收发信号的情况,可分为有源导航和无源导航方式。有源导航是用户设备工作时需要向外发射信号,导航台站或其他物体(如地面)通过与用户设备配合工作,得到用户的定位信息。无源导航是运载体上的用户设备不需要发射信号,其自身可以测量(如惯导)、采集(如视觉导航),或者接收导航台发射的信号(如 GPS),就可以实现定位的方式。

对军事应用来说,无源导航可以实现隐蔽定位,不暴露用户目标,但是不能像有源工作方式那样进行双向通信以及具有指挥功能等。

5. 近程导航与远程导航

按无人机导航的有效作用距离划分,可以分为近程导航和远程导航两种。通常作用距离在 500 km 之内的称为近程导航,大于 500 km 的称为远程导航。

8.3 导航的时空基准

根据导航的定义,要对某一个运载体进行导航引导,就必然会涉及位置和时间的概念,如位置就包括出发点、目的地、运动路线、途经地等,时间一般会包括出发时间、到达时间、途经时间、花费时间等。

在一个二维空间或一个平面上,位置信息可以是二维直角坐标系中 X、Y 的取值,或者通常所说的经度、纬度,又或者距离加方位;在三维空间或一个立体空间内,位置信息则可以是三维直角坐标系中 X、Y、Z 的数值,或者是经度、纬度、高度。涉及时间的表达也有多种形式,比如北京时间、格林尼治时间、世界时、协调世界时等,以及采用卫星导航系统所使用的 GPS 时、北斗时等。

一般来说,除非在海平面上,我们描述一个载体的位置会使用三维空间坐标,而在不同时间,载体的位置也有所不同,这样,为了准确描述一个载体的时空位置,就至少要用四个维度的信息。因此,要实现对载体的导航,就必须要确定导航的时间基准与空间基准(或者称为空间坐标系),这是导航系统正常工作所需的基本条件。

8.3.1 时间基准

在快速发展和快节奏生活的时代,时间的观念尤其重要,如果没有统一的标准来衡量,我们的生产和生活将会陷入混乱。比如我们在不同的国家穿梭旅行,就要注意时间的基准了,由于格林尼治时间的时区划分,典型的如在欧洲国家就可能会经历巴黎时间、伦敦时间等,假如没有及时调整时间,两个人约定的某个时间见面,最后可能因为两个人手表(手机)时间的不一致而导致无法见面,甚至也可能影响乘坐飞机或火车,给我们的生活、旅行、工作等造成不便。

在我们所讨论的导航系统中,系统内部的一些智能模块或控制单元,一般都有自己的时钟产生设备或时间尺度标准,另外导航系统还会与其他系统一起构成更大的任务系统。这些系统在什么时刻执行什么任务或操作,都有严格的时间时序要求,因此需要建立导航系统内部与外部的时间基准,确定不同时间基准之间的相互对应关系,并且根据需要对时间信息在不同时间基准之间实施转换,使各个系统能够在时间同步的基础上依序、协调完成操作任务。

由此可见熟悉、了解导航常用的时间标准及其关系十分重要,这里我们将时间标准大致分为两类,一类为国际上通用的时间基准,包括格林尼治时间(GMT)及时区、世界时(UT)、协调世界时(UTC)、国际原子时(TAI)等;另一类是为导航系统自身运转专门建立和使用的时间基准或时间尺度,包括 GPS 时、北斗时等。

国际上使用最多的通用时间基准是世界时,它是在 1884 年召开的华盛顿国际经度会议上确定的,各国共同遵守的一种统一时间标准。它要求全球范围内以零经度线上的时间作为国际上统一采用的标准时间,因为零经度线通过英国的格林尼治天文台,所以世界时也称为格林尼治时间。

导航自身的时间系统或时间基准,是为了方便导航系统更好地运行和使用,为导航系统内部各单元提供的统一时间参考。导航系统的时间基准通常基于现存的时间系统,利用一定的时间尺度模型,使导航系统中各个模块得以协调配合工作,因此这个时间尺度就成为导航系统内部时间基准的基础,例如现有的各卫星导航系统中的时间尺度:GPS 导航系统中的 GPST(GPS – Time),GLOANSS 系统中的 GLOANSST(GLOANSS – Time),北斗系统中的 BDT(BeiDou – Time)等,就是各卫星导航系统自己保持和使用的时间参考标准。而各个导航系统还需要与外界各功能系统协同合作,实现更复杂和更宏观的上层、顶层任务,因此还需要有外部时间基准,比如北斗系统的外部时间基准是北京卫星导航中心(BSNC)保持的协调世界时 UTC,它与国际的协调世界时的时间偏差在整秒的基础上小于 100 ns。

下面对无人机导航中可能用到的时间系统或时间基准分别进行介绍:

① 世界时(UT):也称为格林尼治时间(GMT),是指格林尼治所在地的标准时间,并依据地球的经度区分将全球划分为 24 个时区,世界各国以所处的经度位置确定本国的时间,一般与 GMT 相差为整时数。世界时是以地球自转为基础的时间系统,容易受极移、不恒定地球自转速度等因素的影响,因此不是一个严格均匀的时间系统。

② 国际原子时:国际原子时是针对某些元素的原子能级跃迁频率具有极高的稳定度而建立的一种高度精确、均匀的时间系统,通常采用铯原子的能级跃迁原子秒作为时标。

③ 协调世界时(UTC):协调世界时是以原子时的秒长为基础,在时刻上尽量接近于世界时的一种时间计量系统,是世界时和国际原子时的一种折中标准。协调世界时确保与世界时的时间差在 ± 0.9 s 之内。

④ GPS 时(GPST):也称 GPS Time,由 GPS 星载原子钟和地面监控站原子钟联合组成的一种原子时基准,与国际原子时保持有 19 s 的常数差,并在 GPS 标准历元 1980 年 1 月 6 日零时与 UTC 保持一致。

⑤ 北斗时(BDT):是 BDS 系统建立、保持和发播的时间参考标准,是由多台高精度原子钟组成和保持的原子时。

8.3.2　空间基准

空间是与时间对等的概念,相应地,导航也存在空间基准的问题,导航系统在对运载体(车、船、飞机等)以及人员进行从一个位置点运动到另一位置点的引导过程中,必须精确地控制目标载体的运行轨迹,这就需要通过一定的空间基准或空间坐标系,去定量地描述载体的起点位置、终点及轨迹上的各个点位。

与时间基准的多元化定义类似,对空间的描述、定义也有多套基准或坐标体系,即对于同一个空间位置点,可以用不同的空间坐标系来定义,并且它们之间可以相互转换。而具体采用哪一套空间基准,主要看所执行的任务、运动的空间范围、使用的便利性等来确定,还可能会出现在某一个运行阶段采用一种坐标系,在下一个阶段采用另一种坐标系的情况。

在实际的无人机导航应用中,我们可能会接触到的坐标系有天球坐标系、地心地固坐标系、地平坐标系和载体坐标系等,它们对应的应用场合不同,从大的宇宙空间到具体的车、船、飞机等载体,并且各坐标系之间可以根据应用场合不同实现相互转换。下面就对这些空间坐标系进行具体描述。

1. 天球坐标系

在某些特定的场合,如研究卫星运动、宇宙航行和天体运动时,需要寻找一个独立于地球之外的、基本稳定的坐标系,以描述物体相对于地球的运动变化,同时,也要能够比较直观地从地球的角度出发来观察和描述整个宇宙。

天球坐标系便是一种能够符合上述两方面需求的空间坐标系,其定义为:原点在地球质心,X 轴指向春分点;Z 轴是天轴,平行于平均地球自转轴;而 Y 轴垂直于 X、Z 轴并构成右手坐标系,如图 8.2 所示。该坐标系是空间准惯性坐标系,也是稳定力学的基本坐标系,卫星等的运动就可以在该坐标系中较为直观和形象地进行描述。其中,黄道与赤道交点为春分点,用 γ 表示;黄道与赤道夹角称为黄赤角,记为 E,约为 $23.5°$;地球的中心至天体的连线与赤道面夹角称为赤纬(δ);过春分点的天球子午面与过天体的天球子午面的夹角称为赤经(α)。

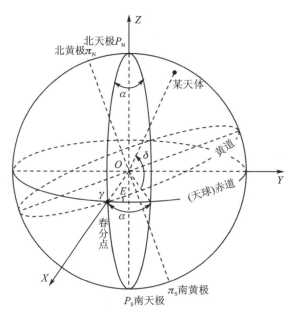

图 8.2　天球坐标系

2. 地心地固坐标系

如果将对宇宙天体的研究范围缩小到地球表面附近,就要选择一个相对于地球自转而静止的坐标系,即建立一个固联在地球上的坐标系,一般称作地心地固坐标系。它的具体定义为:原点在地球的质心,XOY 平面与地球平赤道面重合,X 轴的指向穿过格林尼治子午线和赤道的交点，Z 轴与地球的平极轴重合。该坐标系在大地测量领域中应用较为广泛，国际上常用的 WGS - 84 椭球就是对该坐标系的近似描述。

有了地心地固坐标系，就可以方便地用直角坐标来表示地球表层上的任何一点 $P(x_e, y_e, z_e)$ 的位置。另外，用地心地固坐标系的球坐标形式来描述地球上一点的位置也是比较常用的，即通常所说的地理坐标系的经度、纬度、高度(λ, ϕ, h)，如图 8.3 所示。

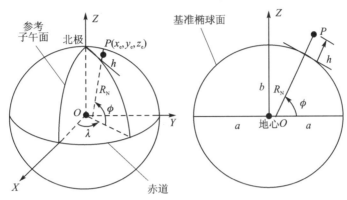

图 8.3　地理坐标示意图

地心地固坐标系和地理坐标系之间的转换关系为

$$\begin{bmatrix} x_e \\ y_e \\ z_e \end{bmatrix} = \begin{bmatrix} (R_N + h)\cos\lambda\cos\phi \\ (R_N + h)\sin\lambda\cos\phi \\ [R_N(1 - e^2) + h]\sin\phi \end{bmatrix} \tag{8.1}$$

式中：e 是椭球的偏心率；R_N 是所在位置点卯西圈的曲率半径。上述关系虽然比较简单，但它们的逆变换比较复杂，通常要采用迭代算法解算。

3. 地平坐标系

对于在地球表面运动范围不大的载体来说，其运动区域基本接近于一个平面，只要能够获得东向、北向载体的位移或速度信息，就可以比较准确地知道载体的位置。因此，建立位于地球表面、小型区域的一种坐标系是比较实用和重要的，通常称之为地平坐标系。其具体定义为：原点位于当地参考椭球的球面上，X 轴沿参考椭球卯西圈方向并指向东，Y 轴沿参考椭球子午圈方向指向地球北极，Z 轴沿椭球面外法线方向指向天顶，如图 8.4 所示。

该坐标系对地球表面处于地表及平流层内的用户来说比较直观，因此适用于大多数运载体导航的应用，故又称为导航坐标系。

4. 载体坐标系

对于车辆、舰船，特别是飞机这样的载体，其往往是群体运动中的一员，特别是在飞机协同作战的过程中，除了需要知道自己的位置、运动速度外，往往更需要掌握与其他成员之间的相对位置与相对速度的关系，以便于操作员采取相应的动作与行动。

因此建立以载体为中心、固联于载体的坐标系十分必要，将其命名为载体坐标系。其定义为：原点位于载体的质心，Y 轴沿载体的纵轴方向向前，Z 轴沿载体的竖轴方向向上，X 轴与 Y、Z 轴构成右手坐标系，如图 8.5 所示。

5. 坐标系间的转换

可以看出，运载体的导航参量是与特定的空间坐标系相关联的，坐标系不同则导航参量将

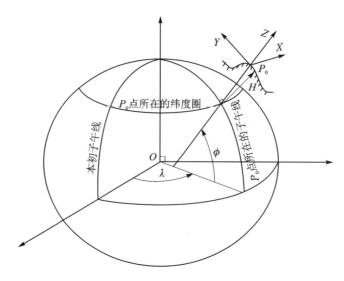

图8.4 地平坐标系示意图

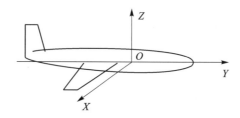

图8.5 载体坐标系示意图

会随之发生变化。在实际应用过程的某些场合中,就需要对导航参量进行不同空间基准的变换,即从一种空间坐标系转换到另一种空间坐标系。

比如,利用卫星导航定位的飞机编队成员之间需要知道彼此的相对位置关系,此时就需要将其他飞机在地心地固坐标系中的位置坐标,转化为某编队成员所在的地平坐标系中的相对位置坐标。再如,卫星的定轨参数通常是在地心地固坐标系中进行测量确定的,但是为了研究卫星的运行轨道以及对轨道进行预测等需要,往往要将卫星在地心地固坐标系中的位置参数转化为天球坐标系中的位置坐标。

坐标系的转换通常包括两个基本环节,即坐标平移和坐标旋转,在此不再展开进一步的描述。

在实际应用中,由于地球形状的不规则、人类认知水平的受限以及不同国家地域之间的差异,即使对于同一种空间坐标系的定义,也发展出不同的、有一定差异的坐标参数描述,最典型的即为地理坐标系(地心地固坐标系)中对地球形状参数的定义,如表8.1所列。

表8.1 地球椭球参数的不同定义

椭球名称	克拉索夫斯基椭球	WGS-84椭球
长半轴 a	6 378 245 m	6 378 137 m
扁率 f	1/298.3	1/298.257 223 563

表 8.1 中,克拉索夫斯基椭球是基于苏联的克拉索夫斯基于 1940 年提出的地球参数建立的椭球坐标系;而 WGS - 84(World Geodetic System 1984)坐标系主要是由美国国防部建立并确定的椭球系,采用的椭球参数是国际大地测量与地球物理联合会推荐的大地测量数值,在国际上认可度较高、应用也更加广泛,如 GPS 广播星历就是以 WGS - 84 坐标系为依据的。

因此就出现了不同国家定义的空间坐标系的多套描述参数,可以看出它们之间还是有一些微小的差异的,这样对于同一个位置点,就会产生出不同的坐标参数定义。虽然通过测量一些特定的位置点,可以求得不同的坐标系之间的换算关系,并通过坐标转换,来实现统一的空间基准以便于应用,但是总是增加了处理的步骤和工作量,并且引发了哪一套参数更好用的疑问。

随着地理信息定位技术的提高和导航应用的逐步深入,就会发现一些原有的坐标体系本身就不甚完善合理,或者其精度水平已经不能满足高精度应用的需求,因此需要建立一套新的空间坐标系统,或者对原有的空间基准进行完善和改进,以适合测绘、导航等应用对更高空间基准的要求。如我国在空间基准的建立上,就不断推陈出新,经历了 1954 北京坐标系、1980 西安坐标系和中国大地坐标系 2000 的发展历程,通过努力探寻建立新的坐标体系,以适应高精度导航等应用的需求。这些坐标系的定义及基本情况如下:

① 1954 北京坐标系:也称北京 54 坐标系,采用苏联克拉索夫斯基椭圆体参数,于 1954 年完成了对我国区域的测定工作,依据这个数据推算出了我国地形图上的平面坐标位置。它的定义如图 8.6 所示。

② 1980 西安坐标系:也称 1980 国家大地坐标系,采用 1975 年国际大地测量与地球物理联合会推荐的数据作为基本参数进行测定,由于该坐标系大地基准点设在西安市泾阳县永乐镇附近,所以通常叫作 1980 西安坐标系。其定义与北京 54 坐标系基本类似(但参数不同),即椭球短轴 Z 轴平行于地球质心指向地极原点方向,大地起始子午面平行于格林尼治天文台子午面,X 轴在大地起始子午面内与 Z 轴垂直指向 0 经度方向,Y 轴与 Z、X 轴成右手坐标系。

③ 中国大地坐标系 2000:也称中国 2000 国家大地坐标系(CGCS2000),是通过 GPS 连续运行基准站、空间大地控制网以及天文大地网与空间地网,进行联合平差而建立的地心大地坐标系统,如图 8.7 所示。CGCS2000 以 ITRF 97 参考框架为基准,参考历元为 2000.0。我国北斗导航系统的空间基准采用的就是 CGCS2000,其坐标精度能够达到厘米级,速度精度则能够达到毫米级每年。

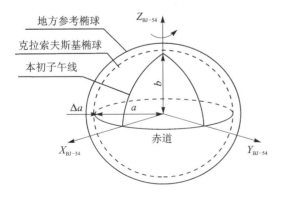

图 8.6　北京 54 坐标系示意图

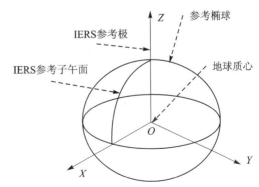

图 8.7　CGCS2000 坐标系示意图

8.4　地理信息与地图

8.4.1　地理信息

在人类生活、工作的地球上,有大海、陆地和天空,陆地上还布满了大小不同、形状各异的高山、河流、平原、沙漠等地理环境,人类为了便于在地球上的活动,建立了村庄、城市、高楼大厦以及各种道路、桥梁、隧道、港口、机场等,在海上、河流及天空等也都划分了航道等,所有这一切,就构成了我们所说的地理信息(Geographic Information)。

因此,要实现在地球表面空间的导航,就必定离不开对地球地理信息的收集与掌握。所谓地理信息,是指表示地理环境诸多要素的数量、质量、分布特征及其相互联系和变化规律的数字、文字、图像和图形等的总称,即通过一定的信息表达方式,把所需要的地理环境描述、表达出来。显然,地理信息属于空间信息,具有多维的结构(如点、线、面、体等)和明显的时序特征(随时间而有所变化)。

随着电子信息时代的技术进步与计算机网络技术和自动化技术的发展,人们应用系统工程技术和信息科学理论等建立了地理信息系统(Geographic Information System,GIS),人类迎来了 GIS 时代。简单来说,地理信息系统是用于输入、存储、查询、分析和显示地理数据的计算机系统,它以地理空间数据为基础,承担着存储、分析和显示地理信息的工作。

地理信息系统与卫星导航系统相结合,利用卫星导航的高精度定位性能,可以充分发挥和扩展地理信息系统的某些功能,如对 GIS 数据进行更新、对移动平台进行实时监控等。所以导航系统可以为地理信息系统提供信息源,反过来,地理信息系统又可以辅助导航系统实现定位及修正定位数据。而地理信息系统与卫星导航系统的紧密结合,必然离不开地理信息系统的一种方便、直观、常用的表达方式——地图。

8.4.2　地　　图

地图,是地理信息的一种载体形式,或者说是表达地理信息的一种可视化工具,由于它是对地理环境的一种最直观的描述,并且便于认识和使用,因而为人们所普遍接受。严格来说,地图是将地理环境诸多要素按照一定的数学法则,运用符号系统并经过制图综合缩绘于平面上的图形,或者是描述大千世界的信息模型,传递出各种自然环境和社会环境的数量、质量、空间分布、相互联系以及随时间发展变化情况的诸多信息。

地图的功用体现在人类生活的方方面面,是国家基础建设、国防建设、军事指挥、国土规划、资源管理以及国民经济发展不可缺少的工具,也是导航定位得以成功应用的基础。在对载体的定位与引导中,不是简单地确定出出发点与目的地的位置坐标就可以完成导航任务的,还必须结合地图中给出的各种地理信息,如道路、建筑、山脉、河流及海域、空域等信息,以提供最优的导航引导轨迹。

地图在帮助我们认识人类赖以生存的大千世界的过程中,经过不断的技术进步和长期的发展变化,有了更加完善的功能和更加精细化的描述。但是,地图在对导航的实用化方面仍存在一定的局限性,如传统的手工或印制地图,成图周期长、信息更新慢,用于现代导航具有较大的滞后性,并且更为关键的是,传统地图无法与电子导航或信息化导航直接结合,无法实现自动化导航或智能导航。

现代导航地图的出现,使得传统地图导航与电子信息技术和互联网技术等相结合,通过计算机分析地理信息和交通信息等,得出最优的出行路径和出行方式,人们只需要打开计算机或手机,在相应的导航应用程序中输入起点和终点,再选择自己的需求或偏好,导航系统就可以输出最佳的地图导航规划路径,这极大地方便了人们的出行,也促进了地图导航在其他行业的应用,比如无人机导航和机器人导航等。

8.5　导航的性能指标

在导航应用中,我们常常要评估导航系统性能的优良及差异,比如对无人机的引导效果,无人机在悬停位置时误差的大小,提供给无人机导航数据的更新率,等等,这些参数对于保证无人机执行任务的质量至关重要。下面我们给出常用导航性能参数的基本定义。

1. 精　度

导航系统的精度,是指系统为运载体所提供的位置与运载体当时所在真实位置之间的偏差大小。由于受到各种因素的影响,如发射信号的不稳定、接收设备的测量误差、气候及其他物理变化等对电磁传播媒介的影响,还有用户与导航台站的相对几何位置关系等,所产生的定位误差会时好时坏。因此导航误差是一个随机变化的量,只能用概率统计的方法来描述,常用在一定的圆概率误差(球概率误差)或均方根误差下的位置点分布来度量。

对于二维定位精度,常采用的圆概率误差(Circular Error Probable,CEP)来表示,即以运载体的真实位置为圆心,用使定位结果以一定概率(如 50%)位于特定圆内时对应的圆的半径 R(CEP50)作为其精度的度量值,它表示了众多定位点以 50% 的概率偏离真实位置(即圆心)的离散程度。同理当概率为 95% 时,常采用 R(CEP95)表示,也可记作" R(95%)",表示概率为 95% 时的二维定位精度;以及概率为 99% 时的 R(CEP99)等。而对于三维立体定位而言,则以球概率误差(Spherical Error Probable,SEP)来表示,不再展开说明。

均方根误差(Root Mean Square Error,RMSE)则以另一种概率方式描述了定位精度在一定的置信概率下的误差大小,通常用置信椭圆(二维定位)或置信椭球(三维定位)的大小来衡量,如置信椭圆的长、短半轴分别表示了二维位置坐标分量的标准差(如经度的 σ_λ 和纬度的 σ_ϕ)。其中 RMSE 即一倍标准差(1σ)的置信概率值是 68.3%,2σ、3σ 对应的概率值分别为 95.5%、99.7%。例如(10 m,1σ)的含义是,以载体的真实位置为圆心,以 10 m 为半径画一个圆,则至少有 68.3% 的定位点会落在该圆内,其余的点会落在该圆外。

2. 系统完好性

导航系统的完好性也称完善性或完备性、完整性等,是指当导航系统发生故障或误差变化超出了允许的范围,不能提供可用的导航服务时,系统能够及时向用户发出告警的能力,它对保障运载体安全、可靠、低风险地使用导航信息提出了要求。

如在引导飞机下滑着陆的阶段中,如果着陆系统发生了故障或误差超过了允许的范围而未及时报警,驾驶员继续根据着陆设备的定位数据引导飞机下滑,便有可能使飞机偏离或滑出跑道甚至撞到地上,酿成重大的安全事故。

3. 连续性、可用性和可靠性

连续性是指运载体在某特定的运行阶段,导航系统能够提供规定的定位引导功能及性能而不发生中断的能力,表明了系统可连续提供导航服务的性能。

可用性是指,当导航系统和用户设备都正常工作时,系统为运载体提供可用的导航服务时间与该航行阶段总时间的百分比,主要包括精度可用性和完好性可用性两个方面的内容。它是设计、选用导航系统的重要指标之一,如航空用户对可用性的要求极高,在某些航段会达到99.99%的要求。另外还有信号可用性的提法,是指从导航台发射的导航信号可以使用的时间百分比,它与发射台性能、用户与台站的距离及电磁波的传播环境等因素有关。

另外,一项与可用性相关联的指标是可靠性,它是指系统在给定使用条件下,在规定的时间内以规定的性能完成其功能的概率,它关注系统发生故障的频度与故障持续的时间,可用导航系统的平均无故障时间(Mean Time Between Failures,MTBF)等进行衡量。

4. 导航信息更新率

导航信息更新率是指导航系统在单位时间内可为运载体提供定位或其他导航数据的次数。一般来说,对更新率的要求与运载体本身的航行速度及所执行的任务有关。相对而言,航空航天和军事应用等高动态、高安全性的用户对更新率的要求更高,如对着陆阶段的飞机而言,需要提供每秒几十次的高精度定位信息。

导航系统必须给出运动中的运载体的实时位置才能引导运载体航行,所以对于高动态用户而言,由于运载体的速度足够快,如果导航信息的更新率不够,在相邻两次为运载体提供定位数据之间的时间内,运载体的当前位置与上一次的指示位置有可能已相差很远,这就会使导航服务的实时性大打折扣,难以满足实时引导的目的,严重时还会影响到航行安全,因此对更新率有更高的要求。

5. 覆盖范围

覆盖范围指的是一个面所代表的区域或一个立体空间,那里的导航信号能够使导航用户以规定的精度确定出运载体自身的位置。一般情况下,运载体(单个或多个)一旦进入导航台站的覆盖区域内,如图8.8所示,它的导航设备便应能输出可用的导航信息。

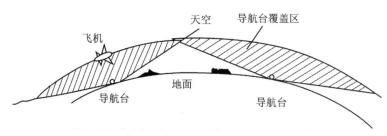

图8.8 无线电导航台的覆盖区

有些导航台站本身就是运动的,如导航卫星,其覆盖范围也在同步移动;有些导航系统的覆盖范围是由多个导航台站的共同作用产生的,其形状就是复杂不规则的。另外,发射信号的功率电平及方向性、接收机的灵敏度、大气噪声条件、地理地形分布及其他影响信号使用的因素如干扰等,都会影响覆盖范围的大小和形状。

值得注意的是,当运载体与导航台之间的相对几何关系(距离、方位等)发生变化时,许多无线电导航系统可提供的导航精度便有所不同,因此对于给定的某一精度要求,覆盖范围也会随系统与用户的几何位置关系(因子)的变化而变化。另外,对于使用同一导航台站信号的不同用户,由于其接收机的灵敏度不同、对精度的要求不同等,其覆盖范围也是不一样的。因此导航的覆盖范围是对导航台站、用户接收、自然环境等综合考量得到的结果。

6. 系统容量

系统容量是指在导航系统的覆盖范围内,系统可同时提供定位服务的运载体用户的数量。由于交通运输的发展和军事任务的需要,总希望在一定的空间内能为更多的运载体提供导航服务,甚至要求能在其覆盖区域内同时为所有的导航用户提供服务。

系统容量的大小,首先取决于导航系统的工作方式。一般采用无源工作方式的导航系统,如卫星导航,由于运载体只需接收导航台的信号即可实现定位,无需向外发射信号,因此无论多少用户都没有关系,理论上可以为无限多;而采用有源工作方式的系统,其容量会受到限制,具体与系统本身的结构体系、通道数量、通信能力、数据处理速度等性能密切相关。但是,在实现相同定位功能或性能的前提下,一般无源工作方式需要导航台站提供更加复杂的导航信号,或需要更多的导航台(站)同时工作才能实现,这是大的系统容量所需付出的代价。

7. 导航信息的多值性

多值性是指有些无线电导航系统所给出的定位数据,对应着多个可能的位置点(或位置线、位置面),如果不增加其他测量手段或辅助信息,就无法确定其中正确的位置点。此时,具有解决多值性的手段就成为对导航系统的基本要求之一。

多值性问题的典型例子来自于采用相位测量的导航系统,如采用载波相位测距的卫星导航系统。图 8.9 给出了一种相位测距方法的示意图。

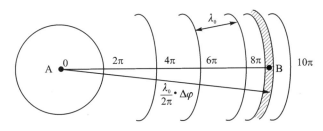

图 8.9　相位法测量距离的原理示意图

图 8.9 中 A 点为导航信号源所在的导航台站,λ_0 为发射信号的波长,可以看出无线电信号的传播距离与其相位有对应的关系,可通过对相位的测量得到导航台站与运载体之间的距离。即当距离变化了一个整波长时,相位就变化了一个整周期 2π 或 $360°$,完成了一个循环或周期;但当距离进一步变化时,相位计将重复读数,出现了多值性,即同一个相位值可能会对应多个距离值,给测距的准确计量带来困难。因此,为了得到确定的单值距离,或者选择出正确的取值结果,需要采取一些专门措施来消除读数的多值性。

8. 导航定位信息的维数

维数是指导航系统为用户所提供的位置信息的空间维度,比如是一维、二维还是三维。有些导航系统从导航信号中导出的其他信息(如时间)也可以归属于这个参数。

一般早期的导航系统大多提供的是一维的定位数据(如方位或距离),通过多个系统联合或进行复合以后,可以得到二维或三维信息。为了提高运载体航行的准时性,要求导航系统不但要给出运载体的实时三维位置,而且还要提供出准确的时间信息,因此提出了四维导航的要求。目前的卫星导航系统即是典型的四维定位系统,并且也有人认为卫星导航系统可提供七维导航信息,即三维位置、三维速度加上时间参数。

8.6　现代导航的现状

随着航空导航的成熟应用和无线电通信技术的发展,现代导航技术也取得了飞速发展。而 17 世纪牛顿三大定律的产生,为惯性导航奠定了理论基础,现在惯性导航的应用处处可见,惯导系统已经更新换代到第四代,其产品形式各种各样,如 IMU、AHRS、INS 和 MEMS 等,目前广泛应用于飞机船舰导航、无人机导航、汽车导航和机器人导航等领域。

从 20 世纪 50 年代苏联发射第一颗人造地球卫星到如今,世界上已经有了多个卫星导航系统,如 GPS、BDS、GLONASS 和 GALILEO,卫星导航系统已经基本成熟,目前全球任何地方的用户都可以全天时全天候地使用卫星导航系统,其已经广泛地应用到人类活动的各个领域,包括交通运输、工农业生产和军事战争等。

随着卫星导航和惯性导航的组合使用,各种各样的导航难题相继被解决,而为了满足更高的应用需求,促使人们进一步研究更加复杂、更加先进的导航方式。当前,现代导航技术呈现出的发展现状主要有:

1. 卫星导航系统及其增强系统发展迅速

纵观卫星导航的发展,除了美国的 GPS 系统、俄罗斯的 GLONASS 系统和欧洲的 GALILEO 系统以外,我国也研制建设了自己的 BDS 卫星导航定位系统。其中,GPS 系统的性能相对较好,目前已经可以为军民用户提供厘米级的导航定位精度,满足了大多数导航用户的需求。此外,科学家还试图通过多种途径将卫星导航的领域从近地轨道以内的空间扩展到更远的地方。从目前全球卫星导航系统发展的大趋势看,从前的美国 GPS 系统"一家独大"的局面,到现在已经受到其他导航系统的挑战,系统间的竞争将愈加激烈。

为了进一步提高卫星导航系统的性能,各国也相继开发了自己的卫星导航增强系统,如美国的 WAAS 系统、欧洲的 EGNOS 系统和俄罗斯的 SDCM 系统等,印度和日本也在开发自己的增强系统。这些增强系统提高了原有卫星导航系统的精度,进一步提高了某一区域导航的完好性、可用性和连续性等性能,为人们的生产效率、生活便利等提供了极大的技术支撑。

2. 以卫星导航为主体,多导航手段并举

目前,在导航领域存在的导航技术有卫星导航、惯性导航、无线电导航、视觉导航、地形匹配导航、UWB 导航、Wi-Fi 导航和地磁导航等多种方式。从应用范围上来讲,卫星导航已经遍及到了地球上(室外)的各个角落,在各个领域都可以看到它的身影,并且形成了以卫星导航为主体、多种导航手段并举的发展现状。有专家预言,卫星导航将是未来导航的主要发展方向,惯性导航是最具发展潜力、应用最多的导航方式。卫星导航辅以惯性导航或其他导航手段可以解决导航领域的大多数问题,但在一些特殊应用场合,其他的导航手段也发挥着不可或缺的作用,甚至起到主导的作用。

3. 导航应用逐渐拓展、深化,综合性能不断提高

随着对导航需求的不断提高,各种用户越来越需要综合性能良好的导航服务,如军事用户要求导航的精度高、导航信息的实时性要强,手机用户要求导航的容量要大、覆盖范围要广,无人机导航要求导航的可靠性和可用性要好,等等。更高的应用需求促使了更先进导航技术的产生和发展,目前多个国家已经开始研究 PNT(定位、导航、授时)体系的建设与应用,将通过对多导航源的综合利用和信息融合,实现导航系统应用的拓展和深化、综合性能的提高和完善。

8.7　习　题

1. 熟悉并掌握导航方式的分类及基本工作原理。
2. 查阅资料了解北斗导航系统的时间基准和空间基准。
3. 了解地理信息系统相对于地图这种导航方式的优势。
4. 导航的主要性能指标有哪些？精度为什么是统计值？
5. 了解地理信息在导航中的作用。
6. 了解并阐述无人机导航的发展历程。
7. 分析无人机导航应考虑的关键性能指标。
8. 举例说明现代无人机的三种不同导航方式及其应用场景。

第9章 卫星导航

9.1 概 述

卫星导航属于无线电导航的一个分支,采用对时间或相位测量获得距离(差)的方式进行定位,其系统归类于无线电时间导航或无线电相位导航系统。它以人造地球卫星作为导航台,能为全球的陆、海、空、天的各类运载体和其他用户,提供全天候、不间断、高精度、实时的三维位置、三维速度和时间信息。目前,卫星导航系统应用广泛且发展迅速,具有替代目前大多数传统无线电导航系统的能力和趋势。

可以说,卫星导航的发明和发现并非偶然,体现了人类强大的想象力和创造力。1957 年,苏联成功地将世界上第一颗人造地球卫星发射到地球的近地轨道上,引起了全世界的广泛关注。以美国霍普金斯大学为代表的研究人员通过观测卫星的发播信号,发现在卫星通过接收站视野的时间内,接收机接收到的卫星信号频率和卫星实际发射的频率不一致,之间存在着一定的频差,这是由无线电信号的多普勒频移效应带来的结果。进一步的研究发现,多普勒频移变化的曲线和卫星轨道之间存在着相互对应的关系,即置于地面固定确定位置的接收机,只要能够测得卫星的多普勒频移曲线,就可以部分确定卫星运行轨道的参数;反之,若卫星轨道(或位置)已知,那么根据接收站测得的多普勒频移曲线,也能部分确定在某一固定地点的地面接收机的地理位置信息。由此产生了利用卫星发播信号的多普勒频移,为地面用户定位导航的技术实现思路,随之诞生了第一代卫星导航系统。

世界上第一个投入运行的卫星导航系统,是美国海军的导航卫星系统 NNSS(Navy Navigation Satellite System),亦称子午仪(Transit)系统。该系统于 1964 年建成并投入使用,1967 年开始对全球民用开放。子午仪系统开辟了世界卫星导航的历史,解决了大覆盖范围与高定位精度相互制约的问题。但是,由于子午仪系统卫星数量少(只有 6~7 颗),信号覆盖存在着较长的时间断续,使用户得不到连续定位,而且由于需要对单星多点测量多普勒频移,每次的定位时间较长(几分钟至十几分钟),加之定位精度不尽人意,促使人们考虑新的更理想的卫星导航系统。

接着,美国海军分别于 1967 年、1969 年和 1974 年相继发射了 3 颗地球中轨高度的蒂麻森(TIMATION)卫星,其中用铯原子钟代替石英钟获得成功;又于 1977 年发射了两颗导航技术试验卫星 NTS-2 和 NTS-3,这些卫星后来即成为 GPS 系统的首批导航卫星。另外美国海军还试验了伪码测距技术,并将时间同步精度提高到微秒量级。与此同时,美国空军也开始了代号为 621B 的"导航开发卫星"系统的试验,首先发射了一颗"静止"卫星进行初步测试,然后又发射了 3~4 颗具有一定轨道倾角的准同步轨道卫星,进行的导航试验也获得成功。

之后,美国国防部综合了海、空两军对导航定位的要求,吸取"蒂麻森"和 621B 的优点,于 1973 年决定联合开发 NAVSTAR/GPS 系统。因此,GPS 系统主要为军方设计,最初目的是用于武器的精密投放和防止军用导航系统种类的大量增加,并且也兼顾民用和商用。GPS 系统最终于 1993 年布满 24 颗 GPS 卫星,达到了初始运行能力(Initial Operating Capability, IOC),1995 年 24 颗工作卫星在指定的轨道正常运行并经过实践证实后,达到了完全运行能力 (Final Operating Capability,FOC)。

可以说,GPS 是冷战时期军事应用的产物,其历经 20 余年,耗资 100 多亿美元,被誉为导航领域的重大技术革命,甚至预言将成为未来统一的导航系统。进入 21 世纪之后,美国又开始实施 GPS 现代化计划,重点包括"导航战"计划和"GPS Ⅲ 卫星计划",主要举措是增加民用频率、加大信号强度、改进导航电文、改善导航定位精度、提高可靠性和强化抗干扰能力等。

继美国研制 GPS 之后,苏联也不甘示弱,开始根据已公开的资料研制其全球卫星导航系统 GLONASS。经过近 20 年的努力,于 1995 年 12 月,苏联的主体国家俄罗斯成功地发射了一箭三星,标志着 GLONASS 的 24 颗在轨卫星已经布满,经过数据加载、星位调整和测试检验,于 1996 年 1 月,GLONASS 系统基本实现了正常运行。

20 世纪 90 年代之后,美国的 GPS 系统和俄罗斯的 GLONASS 系统同时存在,又互相竞争。出于自我保护的需要,美国曾采取了降低标准定位服务定位精度的选择可用性(SA)政策;而俄罗斯则宣布不受限制地为民用用户提供服务,以扩大其影响。

为了克服 GPS 的 SA 带来的精度下降影响,人们研究开发了差分 GPS(DGPS),以后又陆续研制了局域增强系统(LAAS)和广域增强系统(WAAS),以及 GPS 与惯导(INS)的组合导航系统等,以获得精度更高、完善性和可靠性更好的导航定位服务能力。

基于 GPS 和 GLONASS 首先是为军事服务的系统,以及政治和经济上的考虑,欧洲于 2000 年以后正式开始建设"伽利略(Galileo)"系统,该系统是专门为民用而设计的全球卫星导航定位系统,全部 30 颗卫星将于 2020 年发射完毕,它比 GPS 更先进、更有效和更可靠。中国于 2003 年正式加盟"伽利略"导航卫星计划,参与了"伽利略"计划的部分实施过程。

中国的北斗卫星导航系统(BeiDou Navigation Satellite System,BDS)经历了几个阶段,先于 20 世纪 90 年代末建成了区域卫星通信和定位系统"北斗一号",系统发射的是地球同步静止卫星,提供有源、二维定位功能,定位精度比 GPS 和 GLONASS 要差。之后在 2004 年,中国启动了具有全球导航能力的北斗卫星导航系统("北斗二号")的建设,并在 2007 年发射了一颗中轨卫星,并进行了大量试验。从 2009 年起,后续卫星陆续发射,并在 2011 年开始对中国及周边地区提供测试服务,于 2012 年完成了对亚太大部分地区的覆盖并正式提供卫星导航服务。2009 年,"北斗三号"工程正式启动建设。2018 年底,"北斗三号"基本系统建设完成,开始提供全球服务。

20 世纪后期,中国开始探索适合中国国情的卫星导航系统发展道路,逐步形成了"三步走"发展战略:2000 年底,建成"北斗一号"系统,向中国提供服务;2012 年底,建成"北斗二号"系统,向亚太地区提供服务;2020 年,建成"北斗三号"系统,向全球提供服务。

9.2　卫星导航原理

一般的卫星导航系统主要由三部分组成,即空间的人造卫星、地面测控站和用户接收定位设备。空间部分的卫星需要知道自己的精确位置及具有精密同步功能的原子钟,以提供导航的空间基准和时间基准,并按一定的时间周期向用户播发用于导航的参数(星历等)和定位测距信号。

为了保证导航定位精度,必须建立一些能够跟踪卫星运动轨迹、保持卫星间时间同步和对其进行控制的地面测控基站,以对卫星轨道进行精确测量并预测卫星未来一段时间内的位置、测量时间同步误差等相关参数,将其注入到卫星中,供卫星在相当长的一段时间内播发或转发给用户接收机。此外,中国的北斗一代系统地面控制中心和用户之间,还可以通过导航卫星中继进行数据通信。

用户接收定位设备(或称用户接收机),通常是卫星信号的接收测量及位置解算设备,能够搜索、跟踪并测量卫星的信号,解析星历等参数,进行定位解算及其他相关处理。

可以看出,卫星导航定位系统作为星基的无线电导航系统有其特殊的方面,如在传统的无线电导航中,电波的振幅是经常采用的电测量参数,而在卫星导航中则很少应用,原因是卫星距离地面比较遥远,信号在传播过程中衰减较大且不均匀,当卫星信号到达地球表面时,信号功率就与噪声功率相当甚至更低,因而很难从电波的振幅中提取出距离或方位信息。因此,卫星导航系统通常都是利用扩频通信技术,通过扩频增益在本地恢复出所接收的卫星信号,再采用脉冲(时间)测距或相位测距的手段进行导航定位。

9.2.1　测量参数

在卫星定位技术中引入了一个很重要的概念,即伪距,它与距离是同一量纲而且包含有距离信息,但又不单纯是实际距离的物理测量量,即带有卫星与接收机钟差和其他随机误差的一个距离量。伪距的数学表达式为

$$\rho = r + \Delta r \tag{9.1}$$

式中:r 为真实的距离;Δr 为由各种因素引入的确定性和随机性的距离畸变。其中确定性的距离误差是指由于用户接收机的时钟与卫星系统的时钟不同步引起的,即两者钟差 Δt_{su} 所对应的距离。由于接收机测量的是真实距离与各种误差对应距离之和,将其称为伪距,所以在进行定位解算时,需要消除各误差影响,得到卫星与用户的真实距离。

而随机性的距离误差来源很多,包括星历误差、星钟偏差、传输误差、多径误差、接收机分辨误差和各种噪声误差,等等。一般考虑的误差因素越多,测距模型就越精确,所带来的测距、定位精度就越高,其代价是增加了系统的复杂性。对随机性误差的消除,可以有多种方法,但有的误差可以较好消除,有的误差可以部分消除,有的误差则难以消除。

在实际应用中,伪距的测量方法包括两种,即码伪距测量和载波相位伪距测量。

1. 码伪距测量

码伪距测量,是利用伪随机码的相关特性,进行距离或伪距测量的一种方法。

伪随机码也简称伪码,是现代扩频通信中广泛采用的一种信道编码方式。伪码的二进制序列中"0"和"1"的分布具有近似于随机的特性,并且伪码有宽的频谱和优良的相关特性,但由于其并不是真正的随机序列,并且具有预先确定性和周期性,所以也称为伪随机序列。

伪码在实际应用中易于产生、复制,从而可以利用其实现相关接收,产生的相关峰即可以用于测距。一般来讲,当伪随机序列的码片宽度越小,序列周期的码元数目越大时,其信号的频谱就越宽,相关峰越接近于 δ 函数,测距精度就会越高。一种二进制的伪随机序列及对应的自相关峰和功率谱如图 9.1 所示,图中 T_s 为码片长度。

卫星向地面发射的是经伪码扩频调制的载波信号,调制方式一般采用相移键控(PSK)或频移键控(FSK)等。

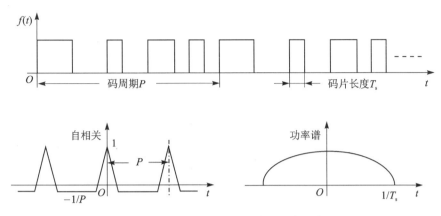

图 9.1 伪码及相关峰和功率谱的特性

利用伪码测距的原理如图 9.2 所示,由于伪码的可复制性,用户本地接收机产生一个可能与卫星发射的伪码相同、但不一定同相的本地伪码信号,接收机在时间窗上搜索卫星发射的信号,对本地信号与接收信号进行相关检测,实际上也就是对本地伪码的相位进行粗调,一旦捕捉到相关的信号,即相关峰超过了一定的门限,便转入对卫星信号的跟踪调整,即伪码的延时锁定环路,使用户产生的本地伪随机序列的相位始终跟踪被接收的伪随机序列,实现与卫星伪码的精确同步。

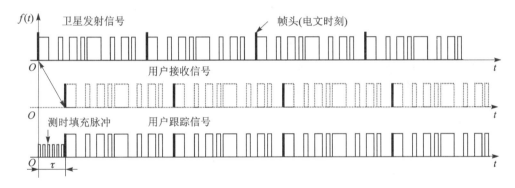

图 9.2 伪距测量

在延时锁定环路精确锁定的情况下,本地伪随机序列将与接收到的卫星信号序列相位同步,而后将本地伪随机序列变换成便于进行时间测量的脉冲,将此脉冲在用户本地的时间轴上读数,即以本地时钟为基准进行测量,获得的时间计量值 τ,就是所要测量的伪距所对应的时间。

因此,利用伪随机序列测距的精度主要取决于码跟踪环路的跟踪精度,而码环路之所以有高的跟踪精度主要是利用了伪随机序列良好的相关特性,另外采用了窄带环路滤波器也有利于压制噪声,提高测距精度。伪随机序列虽然是时间连续的信号,但其相关特性决定了它良好的距离分辨能力,通常码跟踪精度可以达到 $1/10 \sim 1/100$ 的码片宽度,如对于 GPS 系统的 C/A 码,其跟踪精度可达 10 ns,即对应于 3 m 的测距误差,实现了精确测距的能力。

2. 载波相位伪距测量

载波相位测量伪距的原理与用伪随机码测量伪距的原理基本相同,但它是以载波相位作为测量时延的度量,即将接收机所接收到的卫星载波信号,与本地振荡器生成的参考信号的相位之差,作为载波相位伪距测量的观测量。

但通常卫星导航接收机收到的信号是卫星播发的已调制信号(如二进制相移键控 BPSK 信号),欲利用其载波进行测量,首先要去调制。通常在已知码结构的情况下,通过相关处理可以得到卫星发射的纯净载波信号;在不知码结构的条件下,利用一些手段如平方律环路检波等技术,也可以得到纯净载波。一旦去掉调制取得了纯净载波,就可以对这两个信号进行相位差测量了,测量的示意图如图 9.3 所示。

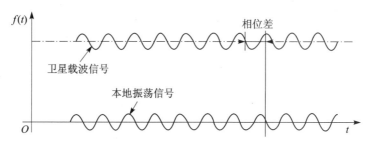

图 9.3 载波相位差测量示意图

由于卫星导航系统时钟与本地接收机时钟的起点时刻不同,其钟差也会造成相位测量距离的一个固定偏差,因此载波相位测量的也是一个伪距值,要得到实际距离同样需要消除钟差对应的距离。

在进行相位差的测量时,要求本地参考信号的频率等于或者基本等于卫星发射信号的载波频率,但由于多普勒效应,本地所接收到的卫星信号载波频率大多会发生偏移,所以就要求对本地参考信号的频率做出相应调整,以尽可能地接近于收到的信号载波频率。

另外一个要解决的问题,是相位(或相位差)的测量只能给出一周以内的相位值($0\sim2\pi$ 或 $0\sim360°$),即相位测量的距离值一旦超过一个信号波长,其相位值就会从头计量,因此必须能够确定所测的相位值是属于哪一个周期的,这就是通常所说的整周模糊度解算问题。如果自某一初始取样时刻以后,能够对整周进行连续计数,就可取得连续的相位测量值,可以用作载波相位的实时伪距值,但该方法存在一定的固有缺陷,所以多采用更可靠实用的方法来得到相位的整周模糊度。

在接收机中,通常把所接收到的高频信号与本地信号进行混频,取得中频信号以便进一步处理。而该中频信号的相位值即是所接收信号与本地信号的相位差,也就是说,接收机接收到的卫星发播信号与本地参考信号的相位差值,可以通过测量中频信号的相位值得到。

一般而言,在相同的信号参数和测量条件下,载波相位测距的精度比振幅测距、频率测距和时间测距的精度都要高,有时可以达到($1/200\sim1/100$)的载波波长的水平,如对于 GPS 系统的 L1 频段的载波,其波长大约为 0.2 m,其相位测距精度可高达 2 mm,因此采用此方式定位就可达到毫米级至厘米级的精度,远远高于采用码伪距测距与定位的精度。但是载波相位测量普遍存在载波整周的多值性问题,需要专门采取措施加以解决。

9.2.2 卫星定位原理

利用卫星导航,可以分别采用单星、双星、三星、四星(及以上)实现定位,现分别描述如下。

1. 单星定位

最早的子午仪(Transit)系统后期改进的定位原理,就是在多普勒测量的基础上加入单星定位方法,它采用序贯(连续)伪距测量的方式获得用户的位置,即利用一颗卫星,在相近的不同时间点上,通过连续测量卫星与用户接收机之间的伪距实现定位,但定位的前提通常需要满足一定的假设条件。根据前面的论述,卫星导航定位的基础是伪距,即式(9.1),其还可描述为

$$\rho = r(X_s, X_u) + \Delta r \tag{9.2}$$

等式右边第一项表示卫星与用户的实际距离取决于其空间参数 X。通常情况下,上面的公式可以近似简化为

$$\rho(t) = \sqrt{[x_u(t) - x_s(t)]^2 + [y_u(t) - y_s(t)]^2 + [z_u(t) - z_s(t)]^2} + c \cdot [\Delta t_u(t) - \Delta t_s(t)] \tag{9.3}$$

式中:$x_u(t)$、$y_u(t)$、$z_u(t)$ 是用户的三维位置坐标;$x_s(t)$、$y_s(t)$、$z_s(t)$ 是卫星的三维位置坐标;$\Delta t_u(t)$ 为用户相对于时钟基准的钟差;$\Delta t_s(t)$ 为卫星相对于时钟基准的钟差,$\Delta t_u(t) - \Delta t_s(t)$ 表示用户与卫星之间的钟差;c 为光速。

式(9.3)左边为伪距观测量,可认为是已知量,右边的参数是未知量。因此为了求解用户的位置,需要假定卫星在任意时刻的位置皆是准确已知的(可由星历确定),而卫星的时钟是与地面同步的,其钟差可忽略不计,从而上式可简化为

$$\rho(t) = \sqrt{[x_u(t) - x_s]^2 + [y_u(t) - y_s]^2 + [z_u(t) - z_s]^2} + c \cdot \Delta t_u(t) \tag{9.4}$$

在有了上面的假设之后,还需要一些条件才能进行位置的求解,即①用户采用高精度原子钟,从而可以保持用户的钟差不变(或变化可忽略);②用户的位置也应当是与时间独立的未知量,即要么用户是静止的,要么用户的运动速度很慢,这样在伪距序贯测量的时间段内其位置的变化才不大。这样方程中就只有用户的三维位置的 3 个未知量了,通过 3 次或 3 次以上的序贯测量,得到 3 个伪距测量量,就可以获得用户的三维位置信息了。

由此可见,采用单星是可以定位的,在原理上也是行得通的。但是要完成用户的导航定位,对许多条件的要求比较苛刻,在实际应用中往往会受到限制。这也就是美国的子午仪系统只能主要用于固定点定位及船舰等低动态用户定位,而不适合高动态的用户导航的原因。

2. 双星定位

双星定位一般采用的是有源工作模式,即用户需要发射导航信号,并且用户和地面中心之间要建立双向通信。通常有三种定位模式,即双发单收、单收双发的非视距模式,以及视距模式,如图 9.4 所示。

在非视距的两种模式中,地面中心通过卫星 S1 或 S2 向用户发射询问信号,用户接收并转发一个应答信号,应答信号再通过 S1、S2 两颗卫星返回地面中心,在地面中心可以根据信号的到达时间分别测得距离 $r_{S1} + r_1$ 和 $r_{S2} + r_2$,其中 r_{S1}、r_{S2} 为地面中心与两颗卫星的距离,r_1、r_2 为用户与两颗卫星的距离。

由于地面中心及卫星在空间的坐标为已知,因此 r_{S1}、r_{S2} 也已知,这样就可以解算得到 r_1、r_2 两个距离参量,即得到分别以卫星 S1、S2 为球心,以 r_1、r_2 为半径的两个球面,用户应该处于这两个球面的交线上,实现二维定位。如果再结合用户在地球的海平面上的信息,或已知用户的高度数据信息,则第三个位置面即为地球海平面或有一定高度的地球面,用这三个位置面即可对用户进行三维定位。地面中心据此可以计算出用户的位置坐标,再通过卫星 S1 或

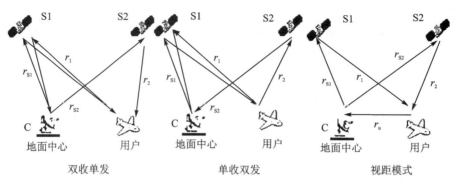

图 9.4　双星定位模式

S2 传送给用户。

　　而视距模式与非视距模式稍有不同,其中用户的应答信号不是按原路径返回地面中心,而是由用户在视距范围内直接返回到地面中心,因而这种模式的工作范围较小。地面中心测得的距离为 $r_{S1}+r_1+r_u$ 和 $r_{S2}+r_2+r_u$。其中,r_{S1}、r_{S2} 是已知的,因此对测量进行修正后可得到 r_1+r_u 和 r_2+r_u,它们是用户到卫星的距离和用户到地面中心的距离之和,由此可确定出以卫星 S1 或 S2 分别与地面中心 C 组成焦点的两个旋转椭球面,用户则处于这两个椭球面的交线上,实现二维定位,如果能再结合用户在地球海平面上的数据信息或已知用户高度的数据信息,就可进一步求得用户的三维位置。

　　可以看出,在双星定位系统的工作过程中,卫星必须位于地面中心的视界之内,用户则须处于卫星 S1、S2 的共同覆盖区域之内。一般采用与地面保持相对静止的地球同步轨道卫星,其对地高度很高,容易满足这些要求,并且还可以得到很大且连续覆盖的工作区域,是一种实现大区域覆盖的双星导航解决方案。美国的 Geostar、欧洲的 Localstar 及我国的北斗一代卫星导航系统就是采用的这种方案。

　　因此,双星定位系统给出的是二维定位数据,第三维数据可通过其他特定的条件得知,如用户在海平面上,可采取其他手段(如气压测高、电子地图等)得到。而系统的地面中心集中了所有用户的位置信息和通信信息,便于实现对系统中所有用户的监视、指挥和控制,但当用户数目过大时,地面中心会因其通道数量、处理速度、计算复杂度和控制容量等的限制而产生系统的饱和问题。另外,系统中的用户设备只是转发信号和解调必要的信息,设备可以做得很简单,但因用户要发射电波,易被侦测,尤其不利于军事用户对无线电静默的要求。

3. 三星定位

　　三星定位是在双星定位系统的基础上,通过再增加一颗卫星建立三星定位系统。这三颗卫星都带有相互同步的精密时钟,用户同时接收三颗卫星发射的电波,可以分别测量 S1 与 S2 卫星、S2 与 S3 卫星的信号到达时间差,相应得到距离差 r_1-r_2、r_2-r_3。这两个距离差参量分别表示以卫星 S1、S2 和卫星 S2、S3 为焦点的两个旋转双曲面,用户应该处于这两个双曲面的交线上,实现二维定位,如果能够再得到用户在地球上的高度信息,这样这三个位置面的交点,即为用户的当前三维位置。

　　在这种定位方案中,用户不需要高稳定度的时钟,也无需发射信号,但系统仍为二维定位;对于非海平面上的用户,必须有其他的高度测量信息,才可实现三维定位。另外,由于双曲面的发散特性,系统的定位误差受高度误差的影响较大,并且系统精度和系统覆盖范围往往不能同时达到较好的效果。

4. 四星定位

目前我们经常应用的几个卫星导航系统,除了中国的北斗一代以外,都采用四星定位或四星以上的定位方式。四星定位的基本机理也是从伪距方程出发,由于伪距表达式中通常含有本地用户时钟和卫星时钟之间的钟差这一未知变量,因此利用伪距测量技术除了需完成对三维位置的解算外,还要同时解算出钟差,从而需要求取的未知数增加到了 4 个,从解方程的角度考虑,就至少需要 4 个独立的伪距测量方程,即至少需要对 4 颗卫星的信号进行伪距测量,这就是四星定位的由来。

从式(9.3)中,可以方便推出四星定位的方程如下:

$$
\begin{cases}
\rho_1 = \sqrt{(x - x_{S1})^2 + (y - y_{S1})^2 + (z - z_{S1})^2} + c\Delta t \\
\rho_2 = \sqrt{(x - x_{S2})^2 + (y - y_{S2})^2 + (z - z_{S2})^2} + c\Delta t \\
\rho_3 = \sqrt{(x - x_{S3})^2 + (y - y_{S3})^2 + (z - z_{S3})^2} + c\Delta t \\
\rho_4 = \sqrt{(x - x_{S4})^2 + (y - y_{S4})^2 + (z - z_{S4})^2} + c\Delta t
\end{cases}
\tag{9.5}
$$

式(9.5)所示方程组其实就是把 4 个不同的单星定位方程进行联立得到的,式中 ρ 就是 4 个单星定位中的伪距;x、y、z 为所求用户位置的三维位置坐标;x_{Si}、y_{Si}、z_{Si} 表示各个卫星的三维位置坐标,其数值可由星历获得;c 为电磁波的传播速度,即为光速;Δt 为用户与卫星之间的钟差,由于各个卫星的时钟可认为是基本同步的,所以用户与每个卫星之间的钟差表示都相同。

四星定位系统为了做到全球覆盖,即保证任意时刻、在地球上的任何地方都能够至少观测到四颗及以上卫星而进行独立定位,往往要保证在空间段布置一定数目的卫星,比如美国GPS 系统、俄罗斯 GLONASS 系统初期都分别设计有 24 颗在轨卫星,欧洲的 Galileo 系统和我国的"北斗三号"分别部署了 30 颗及以上的在轨卫星,而美国的 GPS 现代化也进一步将在轨卫星的数量增加到 30 颗左右。

9.3　全球卫星导航系统

全球卫星导航系统(GNSS)采用四星定位原理,导航卫星发射测距信号和导航电文,电文中含有卫星的星历数据,可解算出卫星的空间位置;用户接收机只要收到四颗卫星的信号,测出到每一颗卫星的距离,就可解算出接收机的三维位置和卫星与接收机的钟差。

假如用户接收机的时钟与卫星系统时钟已严格同步,不存在钟差,就可以利用三球交会原理(见图 9.5)来理解 GNSS 的定位机理,三球交会定位可按以下几个步骤开展:

① 卫星的位置数据通过播发给用户的导航电文获取。

② 用户接收机同时测量所在位置点到三颗卫星的距离。

③ 以卫星所在位置为球心,所测距离为半径画球,用户位置应处于这些球面上。

④ 三个球面相交可得两个位置点,根据地理常识或其他辅助信息可排除一个不合理的点,另一个点即是用户接收机当前所在的真实位置。

目前,世界上多个国家或联盟已经研制出了自己的全球卫星导航系统,其中包括美国的GPS、俄罗斯的 GLONASS、欧洲的 Galileo 和中国的 BDS。下面根据其发展情况及技术特征

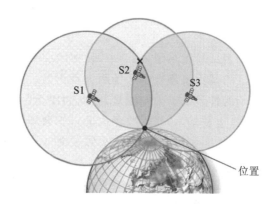

图 9.5 三球交会定位原理图

分别进行介绍。

9.3.1 GPS

GPS 是全球定位系统(Global Positioning System)的英文简称,是由美国军方发起和建立的一个卫星导航系统。GPS 具有全球覆盖的能力,能够全天候、实时地为用户提供高精度、高安全性、连续的导航定位服务,包括三维位置、三维速度和时间信息,满足美国当初提出的最佳定位系统的性能标准。

1. 系统组成

GPS 系统由三部分组成,即空间部分、地面测控部分和用户终端。

(1) 空间部分

GPS 空间部分是由发播导航信号的多颗导航卫星组成的空间星座,卫星运行在距地球表面约 20 200 km 高空的中地球轨道(Medium Earth Orbit,MEO)上,运行周期即绕地球一圈的时间约 11 h58 min。GPS 基本星座由 24 颗工作卫星组成,均匀分布在 6 个轨道倾角为 55°的轨道面上,每个轨道面包括有 4 颗卫星。卫星的轨道近似为圆轨道,长半轴为 26 559 800 m。卫星各轨道平面相对地球的分布、每个轨道面上卫星位置的分布,都采用对称、均匀的原则,以保证整个星座对地球表面的近似均匀覆盖。GPS 卫星星座的分布示意图如图 9.6 所示。

图 9.6 中这种结构星座的分布,可保证为全球的任何地方同时提供 4~8 颗遮蔽仰角在 15°以上的可观测卫星,如果将遮蔽仰角降到 10°或 5°,则分别最多可观测到 10 颗或 12 颗卫星。

一种 GPS 卫星的外形如图 9.7 所示,其主体大体呈圆柱形,直径约为 1.5 m,在轨重量为 843.68 kg,设计寿命约为 7.5 年。卫星上的导航分系统包括导航电文存储器、高稳定度的原子频标、伪噪声码发生器和 S 波段接收机、L 波段双频发射机等。GPS 卫星一般安装 2 台铷原子钟和 2 台铯原子钟,其稳定度分别为 10^{-12} 和 10^{-13}。

采用码分多址(CDMA)方式对卫星进行区分,各卫星分别在 L1(中心频点 1 575.42 MHz)、L2(中心频点 1 227.60 MHz)两个波段上广播测距码和导航数据,用于 GPS 用户接收机的伪距测量和定位解算。

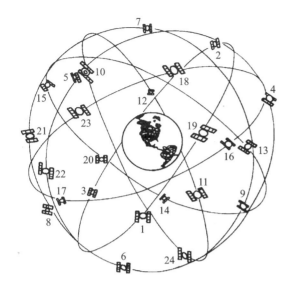

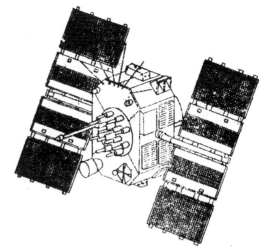

图 9.6　GPS 卫星星座分布示意图　　　　**图 9.7　一种 GPS 卫星外形图**

GPS 卫星需完成的主要功能有：

① 接收和储存由地面监控站发来的导航信息，接收并执行监测站的控制指令。

② 卫星上设有微处理机，可进行必要的数据处理。

③ 通过星载高精度原子钟产生基准信号，提供精确的时间基准。

④ 向用户连续不断地发送测距定位信号和导航电文信息。

⑤ 接收地面主控站通过注入站给卫星发送调度命令，如调整卫星姿态、启用备用时钟、调度备用卫星等。

进入 21 世纪，GPS 现代化计划设计的新一代导航卫星，不仅增强了军事功能，而且扩展了数据存储容量，能够进行自主导航，具有卫星交联测距和软导航数据的处理能力，在没有地面测轨支持及与地面通信联系的情况下，也可以自主工作 6 个月，而其精度的下降有限，说明未来导航卫星的自主运行能力会不断提高。

（2）地面测控部分

地面测控部分的基本组成，包括 1 个主控站、5 个全球监测站和 3 个地面控制站，主要任务是通过跟踪、监测和控制所有的卫星，开展轨道和时钟测定、预测修正模型参数、卫星时间同步、数据加载、电文编排注入、卫星调度等工作。各组成部分的主要功能如下：

1）监测站

监测站配有精密的铯钟和能够连续测量到所有可视卫星伪距的接收机，所测伪距一般每 1.5 s 更新一次，再利用电离层和气象数据对其进行修正，每 15 min 进行一次数据平滑，然后把测量数据发送给主控站。

2）主控站

负责从各监测站收集对卫星的跟踪数据，用以计算卫星的轨道参数和时钟参数，并将这些结果送到 3 个地面控制站，以便向卫星加载数据。此外，主控站还进行卫星控制和协调系统工作。

3）地面控制站

地面控制站，也可称作地面天线（GA），主要负责地面部分与各导航卫星之间的数据通信，由主控站传来的卫星星历和时钟参数等，每天一次或两次通过 S 波段射频链路上行注入到各个卫星，再由卫星播发给地面用户。

如果某个地面监测站发生故障，各卫星中预存的导航信息还可继续使用一段时间，但随着卫星星历和时钟等参数的老化，导航精度就会逐渐降低。

（3）用户终端

GPS 用户设备或终端即通常所说的接收机，主要用于接收卫星发送的导航信号，恢复载波信号的频率和卫星时钟信息，并从导航电文中解调出卫星星历、卫星钟校正参数等数据；通过测量本地时钟与恢复的卫星到达信号之间的时延，来测量接收天线至卫星的距离（伪距）；通过测量恢复的载波信号频率变化（多普勒频率）来测量伪距变化率；根据这些数据，解算出用户的地理经度、纬度、高度（或 x、y、z）、三维速度、准确的时间等导航信息。GPS 接收机为无源方式工作，无用户数量的限制。

常用的 GPS 接收机可按以下原则进行大致分类：

① 按其用途分类，可分为授时型、精密大地测量型、导航型等。

② 按其动态性能分类，分 X 型（高动态）、Y 型（中动态）、Z 型（低动态或静态）接收机。

③ 按所接收的卫星信号频率，分为单频（L1）、双频（L1/L2）、多频（L1/L2/L5）接收机。

④ 按接收的伪码类型，有 C/A 码、P 码、P/Y 码、M 码接收机等。

⑤ 按采用的观测量类型，可分为码伪距接收机、载波相位接收机。

2. 导航信号结构

GPS 系统采用直序扩频通信技术，导航卫星基于码分多址（CDMA）方式，在实现高抗干扰能力的保密通信和卫星识别的同时，还用于完成精密的单程码测距功能。GPS 卫星发射的扩频码，采用两种伪码，即 P 码（精测码）和 C/A 码（粗测/捕获码）。P 码只供美国及其盟国军事用户和特许的非军方用户使用，提供精密定位服务（PPS）；C/A 码则无差别地供世界民用、商业等用户使用，提供标准定位服务（SPS）。

在卫星上利用日稳定度约为 10^{-13} 的铯原子钟，产生 $f_0 = 10.23$ MHz 的基准频率，将其直接作为 P 码的码速率，而 C/A 码的速率为 $f_0/10 = 1.023$ MHz。另外在反电子欺骗（Anti-Spoofing, A-S）的功能接通时，密钥码 W（码速率为 0.5115 MHz）用来将 P 码加密成 Y 码（Y= W ⊕ P），用来提高系统的抗欺骗能力。

卫星测距码的载波信号工作在 L 波段，为了校正电离层折射引入的附加传播时延，系统采用双频工作体制，分别为 L1 和 L2，它们与基准频率 f_0 的关系分别为

$$f_{L1} = 154 \times f_0 = 1575.42 \text{ MHz} \tag{9.6}$$

$$f_{L2} = 120 \times f_0 = 1227.60 \text{ MHz} \tag{9.7}$$

其中 P 码调制在 L1 和 L2 两个载波上，因此能校正大部分的电离层误差，再加上 P 码的速率为 C/A 码的 10 倍，使接收机测距的分辨率更高，测量噪声较低，同时多径的影响也较小，故最终的定位精度明显优于 C/A 码。而 C/A 码只调制在 L1 上，其相位与 P 码正交（即移相90°）。GPS 最初的试验结果表明，P 码接收机的水平定位精度为 10 m（50%），C/A 码也可达到 20 m（50%）。

3. 导航电文

用于导航定位解算的卫星星历、星钟等参数,将以调制信息的形式广播给用户,称为广播星历或导航电文,又称导航定位数据码(D码)。

GPS卫星向用户广播的导航电文主要包括:卫星星历及卫星星钟校正参数、系统时间、测距时间标记、轨道摄动改正、大气附加延迟校正参数(主要是电离层)、工作状态信息、C码引导P码的捕获信息、全部卫星的概略星历、其他与导航有关的信息。

GPS导航电文的格式结构有主帧、子帧、字码以及页码,如图9.8所示。导航电文信息采用不归零二进制编码形式,数据符号位的传送速率为50 bit/s,而一个主帧包括1 500 bit(位)的数据,播发完毕需30 s的时间。

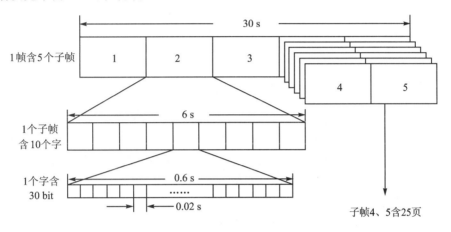

图 9.8　GPS 电文帧结构

其中,每主帧包括5个子帧,每子帧长300 bit;每子帧含10个字,每个字30 bit。第1、2、3子帧内容每30 s重复一次,每小时更新一次。而子帧4、5各含有25页,共15 000 bit(2×300 bit×25＝15 000 bit),其内容只有在卫星注入新的数据后才得到更新。子帧1、2、3和4、5的每一页均构成完整的一帧(共300 bit×5＝1 500 bit)。因而完整的导航电文包含25帧,共有37 500 bit(1 500 bit×25＝37 500 bit),发播完毕总耗时为12.5 min(750 s)。

最后,电文数据经编码后与伪码(C/A码或P码)通过模2和进行扩频,再将扩频后的码对载频进行二进制相移键控(BPSK)调制后,发射给地面用户。

4. GPS 系统应用

GPS是一种以军事为主要目的、兼顾民用的全球卫星导航定位系统,它的建成和成功应用是导航领域的一场革命,具有划时代的意义。系统以无源方式定位,可同时为无限多用户提供时空信息服务,具有高精度、全天候、连续、实时的特点,因而使其在工农业生产、交通运输、航空航天、大地测量、防灾救灾、地球物理、武器制导等许多方面得到了广泛的应用,正如美国的一个研究学者所说过的:"没有GPS做不到的,只有你想不到的。"目前系统的应用主要体现在以下几个方面:

(1) 导航定位的基本应用

GPS是目前天空、海洋和陆地导航定位中最先进、最理想的技术手段,可以为航天飞行器、飞机、舰船、车辆、人员以及军事装备设备等提供全天候连续的导航定位,也是航天飞机和载人飞船理想的制导、导航系统,可为其起飞、在轨运行和再入过程等提供连续实时的导航服务。

（2）精密定位应用

应用 GPS 载波相位测量技术,可以精确地测定两点间的相对位置,相对精度可达其距离的 $10^{-7}\sim10^{-8}$;利用载波相位差分定位,绝对精度甚至可以达到厘米级,为农业精密耕作、无人驾驶、大地测量、海洋测量、航空摄影测量、地质监测、地球动力学测量等提供了高精度、现代化的实现手段,已广泛应用于建立准确的大地基准、大地控制网和地壳运动监测网等。

（3）精密授时和大气研究

GPS 用户接收机通过对 GPS 卫星的观测,可获得准确的 GPS 时。GPS 时与 UTC 时是同步的,因此 GPS 亦是当今精度最高的全球授时系统。普通 GPS 接收机的测时精度为 100 ns,而专用的授时型接收机可获得更高的时间精度,用于远距离的时间同步可达 ns 级。

利用 GPS 所测定的电离层延迟和多普勒频移延迟,可用来研究电离层的电子积分浓度、折射系数、电子浓度等随高度的变化分布,以及这些参数在时间、空间上的相关性等,是开展精细化大气研究的有效技术手段。

（4）武器制导

GPS 的高精度可以增强武器平台的精确打击能力,为各种武器装备系统提供高精度、实时的定位、定姿和定速数据,被称为战争的"效益倍增器"。为进一步提高武器制导的精度和可靠性,GPS 组合导航技术也得到了发展应用,如 GPS/INS（惯导）、GPS/DNS（多普勒导航系统）等组合系统已经基本成熟并且装备于军用设备。

（5）航天试验研究

GPS 在各类航天研究中有着广泛应用,其导航信号可以覆盖到 9 000 km 以下的空间,且不受天气条件、发射场区、射向、射程和发射窗口等的限制,可实现连续、全程的跟踪测量,可跟踪定位多个目标,且定位精度高、试验费用低。GPS 还可以为低轨通信卫星群进行实时轨道测量,为卫星入轨和回收提供实时的点位测量,为航天飞行器等提供高精度的姿态测量,而差分 GPS 还可以完成飞船的交会和对接引导。

9.3.2 GLONASS

随着美国 GPS 计划的开展,苏联看到了卫星导航存在的巨大潜力和 GPS 对其构成的军事威胁,于是在 20 世纪 70 年代启动了建立独立自主的卫星导航系统 GLONASS 的计划,并于 1982 年 10 月成功发射了第一颗导航卫星。在 1994—1995 年的两年间,苏联的主体国家俄罗斯共进行了 7 次发射,1995 年底当 24 颗卫星布满星座时,俄罗斯宣布 GLONASS 系统具备了完全工作能力。

在 1988 年的国际民航组织（ICAO）会议和国际海事组织（IMO）会议上,苏联向世界承诺可以无偿使用 GLONASS 导航信号;1991 年俄罗斯再次宣布 GLONASS 将不带任何限制地供民间使用,因而打破了美国垄断卫星导航的局面,使 GPS 系统处于与 GLONASS 系统的竞争状态。

GLONASS 系统在定位原理、系统构成等方面与 GPS 基本相似,在技术性能方面略低于 GPS 系统。为进一步提高 GLONASS 系统的定位能力,开拓民用市场,俄政府计划近几年内将其更新为 GLONASS-M 系统,并计划将系统的发播频率改为 GPS 频率,并将系统的频分多址（FDMA）卫星复用方式改为码分多址（CDMA）。

GLONASS 卫星导航系统也包括空间部分、地面部分和用户终端三个部分,具体各部分的功能就不再展开讨论了,仅将 GLONASS 与 GPS 的几个主要区别叙述如下:

1. GLONASS 星座布局

GLONASS 星座如图 9.9 所示,由 24 颗工作卫星(其中 3 颗为在轨热备份卫星)组成,均匀分布在 3 个轨道平面上,轨道倾角为 64.8°。卫星处于离地面 19 100 km 的圆轨道上,运行周期为 11 h15 min。

由于 GLONASS 轨道的倾角比 GPS 的高,因此在高纬度地区能够看到更多的卫星,定位性能相对也会更好一些,比较适合于俄罗斯这样的高纬度国家使用。

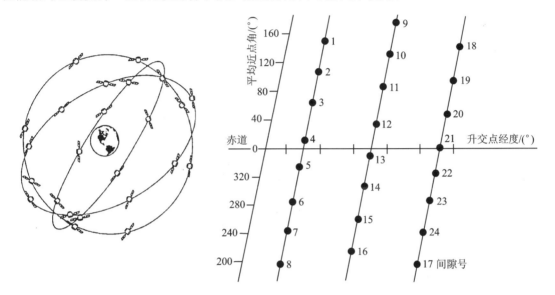

图 9.9　GLONASS 系统星座及其平面展开图

2. GLONASS 信号结构

所有的 GLONASS 卫星都发射一组同样的伪码,但采用不同的载波频率发射,即区分各个卫星的方法采用的是频分多址(FDMA)方式。每个 GLONASS 卫星以两个分立的 L 频段载频发射信号,每颗卫星的载波频率(单位:MHz)可由下式求得

$$f = (178 + K/16) \cdot Z \tag{9.8}$$

式中:K 为 1~24 之间的整数值,分别代表 24 颗卫星;$Z=9$ 或 7,分别代表 L1 或 L2 频率。其中 L1、L2 上相邻频率间的间隔分别为 0.562 5 MHz、0.437 5 MHz,即相邻编号卫星的信号中心频率之差。

采用 FDMA 的复用方式具有良好的抗干扰和抗互相关的特性,对于接收机处理具有更简单的选码判据,但由于需要多路频率滤波器来分离各个卫星信号,使接收机的体积较大且造价昂贵,给推广应用带来了一定的影响。

3. 系统应用的可靠性

根据 GLONASS 系统的实际运行效果来看,其整体性能比 GPS 要低一些。一方面是 GLONASS 卫星的可靠性较低,易出现故障且寿命低于 GPS,比如 GLONASS 就曾经出现过多次缺星的状态,使各国推广和应用该系统的积极性受到影响;另一方面,是 GLONASS 的定位精度比 GPS 要稍差一些,使 GLONASS 在多数应用中处于从属和辅助的地位,总体上无法超越 GPS,或者还没有达到可以与 GPS 并列应用的水平。

9.3.3 Galileo

由于美国 GPS 系统在完好性、抗干扰等方面的一些不足,使得卫星导航的高端商业应用特别是在民用航空的应用受到限制。同时,欧洲主要国家认为卫星导航系统是欧洲安全的重要保障,应确保欧洲各类用户在导航定位方面不会陷入被他人独占或垄断的被动局面和困境,鉴于政治、经济、社会、军事等多方面利益的考虑,欧洲提出了建立自己的伽利略定位系统(Galileo Positioning System)的计划。

1999 年 2 月欧盟宣布要发展下一代全球卫星导航系统(GNSS),目的是和其他任何卫星导航系统一起实现全球的无缝导航定位。2002 年 3 月欧盟首脑会议批准了伽利略卫星导航定位系统的实施计划,按三个阶段实现,2001—2005 年为研究开发与在轨验证阶段;2006—2007 年为星座部署阶段;预计 2008 年后投入使用。但由于种种原因,GNSS 预计 2020 年后才能全面投入使用。

系统的研制方宣称,伽利略系统不是一种以军用为主的卫星导航系统,并且设计目标是在技术和性能上更优于 GPS,因此无论在经济领域还是军事领域都向 GPS 提出了巨大的挑战。相比于 GPS,伽利略系统的主要技术优势和应用特点如下:

1. 系统组成

伽利略系统的组成及定位原理与 GPS、GLONASS 基本一致,都是通过时间或相位测距的方式进行导航定位,但其空间部分和地面监测站部分有一定优化或改进。

伽利略星座包括 30 颗中地球轨道(Medium Earth Orbit,MEO)卫星,其中 27 颗呈现对称的 Walker 结构,该结构被认为是卫星导航系统的最优星座分布,剩下的 3 颗提供在轨冗余,以便对故障卫星进行快速补充。卫星分布在相对赤道倾角为 56° 的三个轨道平面上,三个轨道面相对地球对称均匀分布,每个轨道上有 9 颗工作卫星和 1 颗备份卫星,轨道离地面高度是 23 222 km,每颗卫星的运行周期是 14.4 h。图 9.10 为伽利略的 Walker 星座的示意图。

图 9.10　伽利略的 Walker 星座示意图

其中,每颗卫星上都配备有导航有效载荷和搜索营救有效载荷,其中导航有效载荷的功能与 GPS 基本一致,而搜索营救有效载荷则通过一套(或根)独立的天线,专门接收遇险求救者发出的 406 MHz 的标准遇险信标信号,再用 1 544 MHz 的频率转发到搜索营救控制中心,并实时将这些信息集成到伽利略的导航数据流中,通过中继发回给紧急救援的无线电指向标。

地面控制部分除具有 GPS 系统地面站的功能外,还特别具有完好性监测功能,为保证民用航空的应用创造了基本条件。这种应对各种高端业务应用的完好性监控系统,由一个完好性全球监控网(IMS)、完好性监控中心(ICC)和完好性上行站(IULS)组成,各个完好性监控站负责接收卫星单路伪距测量结果,并与本地气象和其他数据一起送往完好性信息处理站,形成单星与系统级的完好性信息,经由完好性上行链路发给在轨的 MEO 卫星,卫星将其汇入(更新)到导航数据信息流中,并向用户实时广播。

2. 系统服务

根据不同的用户需求,以及相关的业务性能要求和安全性要求,Galileo 系统主要提供以下类型的导航定位服务:

(1)开放服务

该类业务可向全球免费提供优于 GPS 现行民用精度的导航、定位和授时业务,可广泛应用于一般的航空、航海、道路交通运输、工业界和个人用户等。任何用户只要拥有伽利略卫星导航接收机就可以免费获得服务。

(2)商业服务

相对开放服务而言,该服务是需要付费的定位增值业务,在信号中含有加密的增值数据,只有在接收机上使用密钥才能使用该服务。增值的服务内容主要包括业务保证、伽利略和 GPS 完好性报警、精确授时业务、准确的电离层延时改正模型、本地差分改正信号等,因此其定位精度比开放服务有进一步提高。

(3)搜救服务

Galileo 系统设计的搜救功能,与国际现存的 COSPAS‐SARSAT 搜救系统、GMDSS 搜救系统和泛欧洲运输服务网络等相互兼容,并且在定位精度和授时性能上均有改善。系统规定从灾难浮标到地面站的检测时间应小于 10 min,数据率为 6 条信息/ min,每条信息的长度为 100 字节,传输误码率应小于 10^{-5},系统可用性大于 99%。

(4)公共管制服务

公共管制服务由专用频段的信号提供,从而保证欧洲国家公共安全在欧盟国家区域的连续性,服务内容涉及警察事务、国内安全、法律执行、国内危机和其他政府行为等。公共管制服务具有灵活性,为了防止恶意的干扰、阻塞或攻击,需要通过授权使用,每个用户的使用权限将受到限制。

3. 其他特点

伽利略定位系统的目标是全球无缝隙的和高精度的定位,并且将大大提高系统的完好性和可靠性,其与 GPS、GLONASS 等导航系统相比,主要有以下一些优点:

① 伽利略系统将采用无源氢钟、先进的导航信号生成装置、性能良好的天线等多项关键技术,使其具有更高的定位精度,即使是免费使用的一般业务,定位精度也将达到 6 m,并且其整体性能也有明显提升。

② 伽利略系统按等级提供导航定位服务,通过不同的频段组合和加密手段等,为不同等级的用户提供不同的特色服务,避免了 GPS 以军用系统为主限制民用的问题。

③ 伽利略系统是非军用为主的系统,但与安全性相关的问题也被充分考虑,在技术方面也具体考虑系统适应临危状态的处理程序与措施等。

9.3.4 BDS

北斗卫星导航系统(BDS)是中国自主建设运行的全球卫星导航系统,能为全球用户提供全天候、全天时、实时的定位导航授时(PNT)、测速定姿、短报文通信和国际搜救等服务。目前,BDS 在全球的定位精度为 10 m(95%),测速精度为 0.2 m/s(95%),授时精度为 20 ns(95%),在亚太地区的定位精度更高,可达 5 m(95%)左右。

BDS 自提供服务以来,已在交通运输、农林渔业、水文气象、航空航天、电力能源、救灾减灾、公共安全等领域得到了广泛应用,改变着生产和生活的各个方面。相比其他 GNSS 系统,BDS 具有以下特点:

① 采用三种轨道混合的卫星星座,高轨卫星多,抗遮挡能力强,在低纬度地区的优势更为明显,可为中国及周边用户提供区域短报文、星基增强和精密单点定位等服务。

② 具有有源服务和无源服务两种技术体制,并提供多个频点的导航信号,通过多频信号的组合使用,可进一步提高定位精度和可靠性。

③ 融合了导航与通信功能,短报文服务可用于紧急情况下的通信,在人员搜救、抗灾救灾、野外作业、沙漠海洋、军事应用等方面发挥作用。

1. 系统组成与基本功能

北斗系统组成与 GPS 的区别在空间段上,采用的混合星座包括 3 颗地球静止轨道(GEO)卫星、3 颗倾斜地球同步轨道(IGSO)卫星和 24 颗中圆地球轨道(MEO)卫星,其卫星星座分布如图 9.11 所示。其中的 GEO 和 IGSO 星座,可为亚太区域提供更多的可见卫星和增强服务。由于 BDS 在全球布局的地面站不足,卫星间还会通过星间链路进行星间测距,以提高星座运行的稳定性和可靠性。

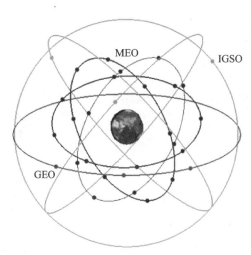

图 9.11 北斗三号卫星星座

北斗卫星导航系统基本的导航、定位、通信功能如下:

（1）定位导航功能

BDS 的普通定位误差小于 10 m，采用差分载波相位定位（RTK）技术，精度可达厘米至毫米级。BDS 允许一台终端接收机同时接收不同 GNSS 系统的导航信号，以实现系统间的兼容互操作，解决某些特殊场景下单一导航系统卫星及信号不足的问题。

（2）授时功能

北斗系统提供了高精度的授时服务，精度可达到 20 ns，为一些对时间同步要求高的行业提供了时间基准，比如通信、金融、电力、电台等领域或部门。

（3）短报文功能

特有的短报文双向通信功能，一次可传输 40～60 个汉字信息，通过北斗卫星转发实现点对点通信，一般不受距离的限制。短报文功能需配置有源的通信收发机，在用户提前申请、获得授权并完成配置后，才可以进行短报文的收发，有系统容量的限制和一定时延。

（4）精密单点定位（PPP）

通过 3 颗 GEO 卫星的专用信号提供 PPP 服务，利用高精度的载波相位测量与伪距测量进行定位解算，可实现单台接收机的高精度定位，精度可达厘米或分米级。

（5）地基增强（GAS）

BDS 通过移动通信的辅助，可向用户提供基于 GAS 的高精度定位服务，通过消除或降低定位误差，实现实时的分米级、厘米级定位，或者事后的毫米级定位。

（6）国际搜救服务（SAR）

通过符合全球卫星搜救系统（COSPAS－SARSAT）标准的 406 MHz 信号和北斗的 B2b 信号，提供具有双向链路的 SAR 服务，可为全球用户提供遇险报警和报警确认服务。

2．BDS 的无人机应用

北斗系统可应用于无人机的飞行监控中，提高无人机的定位精度与可靠性，也能为无人机的应急通信提供广泛的覆盖区域及良好的信息交互能力。

（1）为无人机提供实时可靠的精准位置和导航信息

基于北斗地基增强的精准定位与数字化地图的配合，可在电子地图上标注出无人机的实时精确位置及时间信息。利用 BDS 的多模定位芯片和模组，可同时搜寻、利用更多的导航卫星信号，使在复杂恶劣的环境依然可见足够数量的卫星，实现可靠定位。

（2）北斗短报文支持无人机应急处理

在无人机系统出现通信设备故障、超出通信范围或信号被干扰的情况下，地面站无法与无人机建立联系，可利用预先设置的北斗短报文的专用指令查找和定位无人机，即使在没有移动通信信号的环境区域，也可以建立与无人机的有效通信联系。

（3）实现对无人机的远程操控

具有短报文通信功能的北斗收发机，既可以作为无人机常规通信的备份设备，也可以作为远程、超远程飞行的主用通信设备，由于每次短报文通信的字节数有限且有延时，地面站通过北斗卫星仅发送必要的遥控指令，无人机也是回传位置等关键状态参数信息。

9.4 卫星导航系统的误差分析

除北斗一代系统的 RDSS 功能外,各卫星导航系统的工作方式基本相近,因而它们的误差来源也十分相似,如信号在由卫星到地面用户的传播过程中,都经历了电离层、平流层、对流层的影响,因此可对卫星导航系统的误差做统一的概括性分析,为下一步系统性能的改进提供理论基础,以及为各类用户的良好应用指明改进的方向。

卫星导航系统主要的误差来源包括以下几类:

1. 星钟误差

卫星导航的伪距测量是基于时间或相位的测量,任何时间或相位方面的误差都将导致用户的最终定位误差。而多星定位的一个前提条件,是所有卫星与用户之间的钟差或相位差都相等,即所有卫星时钟的走时完全精确并且同步,信号相位也完全一致,但实际上这一点很难做到,虽然卫星上都安装了精度与稳定性很高的多个原子钟,但时钟也不是绝对稳定准确的,信号相位也不完全一致,均存在着固定偏差和随机漂移。这种由各卫星的时钟与相位误差,或星间不一致性造成的伪距测量误差,就称为星钟误差。

2. 星历误差

所有卫星的星历,为卫星预报位置的最佳估计值,是根据之前的测轨数据,结合卫星轨道参数及各种轨道摄动因素,通过计算递推拟合出来的,其与卫星真实位置之间存在的差异称为星历误差,如图 9.12 所示。

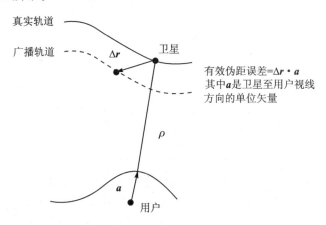

图 9.12 星历误差在观测方向上的投影

图 9.12 中,预报位置与真实位置间的误差矢量 Δr 的大小即为星历误差,它所带来的有效伪距误差为 $\Delta r \cdot a$,其中 a 是真实卫星位置至用户视线方向的单位矢量。比如对于 GPS 系统,星历误差投射到卫星至用户的视线矢量上造成的有效伪距误差大约是米级。

3. 电离层效应误差

导航卫星发射的测距信号需要穿过大气层传播到地面,由于大气层是一个时变非均匀的媒介,其在经纬度上和高度上的不均匀,都会对信号的测距造成影响,其中电离层的折射、散射效应和对流层的折射效应等,都会对电波的传播时延造成误差。这些效应如果能够找到它们的主要变化规律,则通过建立合适的传播误差修正模型,就可以将误差修正到比较好的程度。

其中,电离层延迟是卫星导航信号传播误差的一个重要来源,可以引起几米到几百米的测距误差。由于电离层形态的复杂性并且变化剧烈难以预报,即使采用复杂的数学模型(如经验型气候模型或理论气候模型等)和庞大的数据库也无法完全消除误差。另外,无线电波在通过电离层时,由于相当多的自由电子和离子的存在,电离层对伪码观测值和相位观测值的影响截然相反,它使码观测值产生延时,而载波相位观测值却超前,故进一步增加了信号的处理难度。

一般来讲,GPS 单频接收机通过 Klobuchar 模型,可以修正大约 60% 的电离层延迟(改正程度和效果还受到太阳活动、季风和洋流等的影响),其改正参数往往在导航电文中进行播发。而双频(L1、L2)工作模式的 GPS 接收机,可以修正大约 95% 的电离层延迟误差,它利用了电离层延迟正比于电离层的积分电子浓度(TEC),反比于信号工作频率的二次方的关系,可以解算出 TEC 和电离层延迟值,从而进行伪距修正。

4. 对流层效应误差

对流层对无线电信号的主要影响是折射效应,其折射指数具有非均匀的空间分布特性,卫星导航信号在其中传播的速度小于光速,并呈现一定的空间变化,从而引起电波阵面的偏转。对流层折射效应的大小与信号频率无关,主要依赖于沿路径的折射指数变化梯度和电波射线的初始仰角;此外,折射率还与海拔高度(空气稀薄程度)、地区差异、季节昼夜等的变化有关。因而,对于精确的导航定位系统来说,这种大气的不均匀性将导致电波传播速度的变化,使接收信号的时间延迟增大,给定位结果带来直接的误差,其影响是无法忽略的。

由于大气折射率在垂直方向的变化比水平方向显著得多,可以把大气折射率看作分层均匀的,而忽略水平方向的变化。因而随着可视卫星仰角的逐渐加大,对流层效应也就越来越小。比如在较小的卫星仰角时,对流层折射能够造成较大的延迟,这时如果仅采用较简单的模型,就会导致较大的修正残余误差;而在卫星仰角为 90° 附近时,则可以把对流层误差修正到可以忽略的程度,因此应尽量采用仰角较大的卫星进行定位。

对于对流层折射效应的修正,目前常用的有两种模型,应用较为广泛的是 Hopfield 经验模型,精细一点的模型为 Saastatamoinen 模型,但其过程也较为复杂烦琐一些。

5. 多路径效应误差

多路径效应是复杂环境下导航接收机伪距测量的主要误差来源之一。由于起伏不平的地面和附近物体(如山体、建筑物、车辆等)的反射,导航信号会通过直射和反射等多条路径到达接收机(见图 9.13),使调制到载波上的伪随机码和导航数据失真,使载波信号的相位发生畸变,从而导致测距精度的明显下降。在最坏的情况下,还可能使接收机的跟踪环路失锁,无法

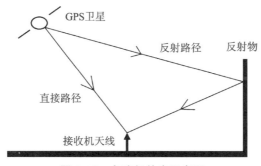

图 9.13　多路径效应示意图

正常捕获跟踪。

对于 GPS 的 C/A 码接收机,其多径误差有时可达到 12 m 左右;在良好的卫星几何布局情况下,利用军用的码片宽度较小的 P/Y 码,也仅能将最坏情况下的多径误差降到 8 m 左右。因此,对多径误差的测量与修正,一直是导航应用领域的一个难题。

6. 接收机噪声和分辨率

导航接收机的跟踪环路也会产生测量误差,主要是由接收机中的热噪声颤动和动态应力误差,以及硬件和软件的码分辨率、振荡器的稳定度较低等因素引起的。

一般来说,由伪码的分辨率不足造成的测距误差,大体相当于其 1/100 码片左右的宽度,如 GPS 的 C/A 码,码速率为 1 MHz,对应的码片宽度为 1 000 ns,码分辨率可以达到 10 ns,对应的测距误差为 3 m 左右。而 GPS 的 P(Y)码的码片宽度是 C/A 码的 1/10,其接收机的噪声和分辨率的复合误差也大约比 C/A 码低 1 个数量级,如一种典型的 GPS 接收机的噪声和分辨率误差,对 C/A 码来说有 2.5 m 左右的误差,而对 P(Y)码来说大约存在 30 cm 的误差。

9.5　卫星导航的增强系统

卫星导航增强,是指通过卫星导航系统外部的一些措施或手段,对导航系统的一个或多个性能进行提升、优化、改善的方法。人们最常用的卫星导航差分系统,即是一种典型的导航增强系统,其主要目的是提升导航定位的精度。

在通常的导航应用中,航空用户对导航系统的整体需求包括精度、完好性、可用性和连续性等性能,即要求导航系统在这 4 个方面要同时满足所服务用户的需求。虽然卫星导航系统自身可以实现全球覆盖和实时高精度定位,现有的系统对于民用用户的定位精度已可以达到 10 m 以内,授时精度也可以达到数十 ns,已经能够满足大多数用户的需求了,但对于要求更高精度的高端用户(如民航、测绘、农业、自动驾驶等)来说,在定位精度性能上还有一定差距。

另外,对于一些特殊的导航应用或使用场合,如大地测量、航线管理、精细农业、精确打击、飞机精密进近着陆、航天高精度测量等应用,或者在山区、城市峡谷、森林、半地下矿井、深空等存在各种不利条件或因素的地方,除了要求定位的高精度外,对导航信息的完好性、可用性和连续性等也有较高要求,因此就需要继续探索卫星导航的误差修正、完好性监测、可用性和连续性提高等技术,推动和促进卫星导航差分系统或增强系统的建立,使卫星导航的应用进一步向深度和广度方向发展。

目前,许多国家或地区都设计和建立了卫星导航增强系统,如美国的广域增强系统(Wide Area Augmentation System,WAAS)和局域增强系统(Local Area Augmentation System,LAAS),俄罗斯的差分校正与监视系统(GLONASS System for Differential Correction and Monitoring,SDCM),欧洲研发的静止轨道卫星导航重叠服务(European Geostationary Navigation Overlay Service,EGNOS)系统,日本的多功能传输卫星增强系统(Multi-functional Satellite Augmentation System,MSAS),印度的 GPS 辅助型静止轨道增强导航系统(GPS Aided GEO Augmented Navigation System,GAGAN)等。

根据这些卫星导航增强系统的辅助设施所处的位置,GNSS 增强系统可分为地基增强系统(Ground Based Augmentation System,GBAS)、星基增强系统(Satellite Based Augmentation System,SBAS)和空基增强系统(Aircraft Based Augmentation System,ABAS)等,如美国的 LAAS 系统就属于地基增强系统,美国的 WAAS 系统、欧洲的 EGNOS 系统、日本的 MSAS 系统和印度的 GAGAN 系统则属于星基增强系统。下面就按这种划分分别进行介绍。

9.5.1 地基增强系统(GBAS)

卫星导航的地基增强系统,是指其增强的设施主要布设在地球表面上,比如机场的塔台或跑道附近的地面上,它通过差分改正算法来提高导航定位的精度,同时根据导航信号的完好性监测算法,计算卫星信号的完好性信息,进而改善卫星信号的完好性、可用性和连续性等。地基增强系统能够为一个小的区域,如机场及周边区域、大型农场区域、军事基地等,提供高性能的导航服务,如引导飞机进行精密进近和着陆,成为卫星导航着陆系统,或开展精密耕作农业,建立高精度的农业工作区等。

目前全世界比较成熟的卫星导航地基增强系统,是美国基于 GPS 卫星导航系统研发的区域增强系统 LAAS,其已经完成建设并可为民用航空提供导航服务。也有其他国家和地区在进行地基增强系统的研究和建设,如中国正在以北斗卫星导航系统为基础,建立自己的地基增强系统,并且已经建立了首个地基增强网,定位精度可以达到分米级。

图 9.14 所示为 GPS 地基增强系统 LAAS 的组成结构图,它由卫星导航子系统、地面子系统和机载子系统三部分组成,各部分的具体功能及增强原理介绍如下:

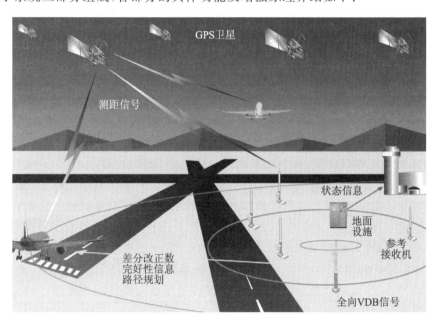

图 9.14 地基增强系统组成结构图

① 卫星导航子系统,主要是指 GPS 卫星导航系统,其用来产生测距信号,发送给地面子系统和机载子系统。

② 地面子系统,是指固定在地面点处的参考接收机、地面信息处理设备和全向甚高频数据广播(VDB)发射机。地面接收机放置在已精确标定的位置上,跟踪可见范围内的所有 GPS 卫星,接收、处理 GPS 卫星数据进行测距和定位,并与已知的接收机位置进行比较获得各卫星

的伪距修正值,地面信息处理设备根据完好性算法产生系统的完好性信息,这些信息都通过甚高频数据广播链路发送给空中的机载子系统用户。

③ 机载子系统,是指飞机上面的 GPS 接收处理机、GBAS 信号接收处理机等机载航电设备,它利用接收到的 GPS 信息和 GBAS 信息,计算得到飞机自身的实时精确位置,并根据对完好性数据的分析,确定是否产生完好性告警信息。当然,这里的机载子系统只是 LAAS 系统用户中的一类,其他处于 LAAS 覆盖区域内的用户,也都可以享受到系统提供的高性能导航服务。

9.5.2 星基增强系统(SBAS)

星基增强系统,是指通过卫星向导航用户发播差分信息和完好性信息的增强方式,因而其覆盖范围可以很广,但在覆盖范围内也需要布设很多个地面监测基准站,来生成差分和完好性等增强信息,因此系统主要的增强设施还是在地面上,只是播发增强信息的设备放在了卫星上。星基增强系统开始主要是为解决民航飞机从航路飞行阶段到垂向引导精密进近阶段的导航引导问题而提出的。

传统的星基增强系统利用地球同步卫星 GEO(Geostationary Earth Orbit),或倾斜地球同步轨道卫星 IGSO(Inclined GeoSynchronous Orbit)作为通信媒介,向用户提供差分校正值和完好性数据,属于广域差分系统。除此之外,也可以基于低轨星座 LEO(Low Earth Orbit)的通信卫星来建立和应用导航增强系统。基于 GEO 的星基增强系统的典型代表有美国的 WAAS 和欧洲的 EGNOS,现以美国的广域增强系统 WAAS 为例,介绍 SBAS 系统的基本组成与工作原理。

WAAS 由分布于北美的 38 个地面基准站、6 个注入站、2 个运转控制中心、3 个主站和 3 颗地球同步轨道卫星组成,其中地面基准站和主站一起构成地面监测网。所有的基准站都配备了双频 GPS 接收机、精密原子钟和气象站等,基准站接收机天线的位置坐标经过精密测绘后,作为已知值储存在主站计算机中,在后续卫星误差的估算中使用。

WAAS 系统的工作原理是,各个基准站以一定的周期跟踪、接收 GPS 卫星信号,并将对 GPS 的测量值、卫星星历和当地气象等数据,通过地面通信网络传输给主站;主站接收各基准站传输的这些测量数据,估算出卫星在轨道运行中的真实位置、卫星时钟状况、电离层延时和对流层延时等,然后将对前三种误差的差分校正量和对卫星的完好性评价结果打包成数据包,上传给 WAAS 系统中的地球同步轨道卫星;空中的 GEO 卫星将收到的这些数据,按与 GPS 导航电文兼容的形式调制在 GPS 信号所在的 L1 频率波段上,然后发射到地面;地面的用户接收机在接收到 WAAS 增强信息后,经过误差校正和完好性监测判断等处理,得到高精度和高完好性的定位结果。

9.5.3 空基增强系统(ABAS)

空基增强系统,是指利用空中即飞机上的设施或接收机的冗余信息实现卫星导航增强,目前主要采用接收机自主完好性监测(RAIM)和高级接收机自主完好性监测(ARAIM)两种工作方式,典型的 ABAS 系统至少包括其中一种完好性监测手段。

通常,卫星导航接收机收到 4 颗卫星的导航信号就可以实现定位,而 RAIM 算法通过利用接收机的冗余观测信息,即 4 颗以上的卫星信息进行完好性监测,它是由飞机上的 GPS 接收机自主执行的一种故障检测程序,是保证飞机导航信息完好性的重要手段之一。RAIM 实现的基础是接收机可以观察到比定位所需的 4 颗卫星更多的卫星,通过分析每颗卫星的测距信号对定位结果的影响,来检测和识别在当前监测的卫星群中的故障卫星。一般来说,利用几何分布较好的 5 颗及以上的可见卫星,可以检测有无故障卫星;如可见卫星数达到 6 颗及以上时,就可以识别出故障卫星。因而从监测机理上来说,RAIM 可以用在所有的卫星导航接收机上,只是目前主要用在民航飞机方面,实现在航路和终端区飞行阶段的辅助导航,并支持进近阶段的水平导航,现在尚无法支持垂直导航。

为解决民航飞机在垂直(高程)导航中的完好性问题,美国联邦航空局(FAA)利用全球卫星导航系统多频多系统的有利条件,在 RAIM 的基础上提出了高级接收机自主完好性监测(ARAIM)的概念,即基于多频多星座的导航数据源,并结合地面监测站提供的完好性支持电文(ISM),能够为空中的飞行用户的垂直导航提供完好性的支持,目前 ARAIM 技术已经处于试验阶段。

ARAIM 的工作机理本质上与 RAIM 基本类似,只是其利用的导航信息源更多,除了机载 GPS 接收机外,还可以与惯性导航、气压高度表、无线电高度表、伏尔(VOR)、测距仪(DME)等中的一种或多种导航设备进行联合故障检测,从而检测和识别可能出现的故障及来源,进行完好性监测和精度等性能的改善,以提高导航系统整体的完好性、可用性和可靠性。

9.6 无人机卫星导航应用

得益于卫星导航系统的建立和发展,无人机导航应用中发展较早和相对成熟的就是卫星导航系统,利用搭载的卫星导航接收机为无人机提供精确的定位和导航服务,已成为目前无人机导航应用的普遍状态。在实际应用中,单纯地采用 GPS 卫星导航系统基本可以实现对无人机的全程导航,但这并不能保证提供的是最优的导航服务,比如卫星导航信号易受周围环境和外部干扰的影响,使得导航信息常常发生误差加大、中断甚至缺失的情况。一般来讲,将卫星导航与惯性导航一起使用,为无人机提供组合导航,是一种优势互补的不错的选择,也不会影响卫星导航在无人机导航中的主导作用。下面就通过一些具体的案例,说明卫星导航在无人机方面的成功应用。

9.6.1 军用无人机

军用无人机要完成各种各样的作战任务,多数情况下如果没有卫星导航系统提供精确、实时的导航信息则很难完成。可以说,卫星导航对于军用无人机来说至关重要,其提供的导航信息种类及服务质量,将直接影响军用无人机战场作用的发挥,无论是执行精确侦察,还是进行精密打击,都必须要求机载卫星导航系统提供精确的位置、姿态、速度、时间等关键定位信息。

美国军方使用的全球鹰(Global Hawk)无人机,就是卫星导航应用的典型代表。Global Hawk 无人机是美国诺斯罗普·格鲁曼公司为美国空军制造的高空长航时飞行器,有效载荷 907 kg,最大航程可达 25 945 km,飞行时间长达 42 h,通常活动半径为 5 556 km,在目标区上空 18 288 m 处可连续巡航 24 h。

由于具有高空长航时的特点,全球鹰无人机一般被用来执行不适合其他飞行器的测量、监视和侦察等任务,其上搭载的导航系统需要具有准确、可靠的特性和长时间稳定工作的能力。

高空长航时无人机最重要的任务是实施目标监控和地理测绘等,无人机深入到敌方,对军事目标进行侦察和拍照时,不仅要对探测设备本身的位置有极高的精度要求,同时对探测平台的瞬间姿态和航向也有很高的要求。

全球鹰无人机的导航系统,由设备硬件和机载软件组成。设备硬件主要包括 KN4072 INS/GPS 导航系统、大气数据系统和综合任务管理计算机,其中卫星导航的应用就体现在由美国 Kearfott 公司研发的 KN4072 INS/GPS 组合导航系统中,该系统也是全球鹰无人机的主要导航设备。KN4072 INS/GPS 是一种成本低、质量轻和效率高的导航设备,其性能直接影响着全球鹰无人机定位的精确性、连续性和可用性等技术指标,其中的 T16－B 单片集成环路激光陀螺仪,与嵌入式的差分 GPS 接收机相连,并进行信息的互补融合,可以有效提供无人机的方位、姿态、速度及位置等导航所需的基本信息。

全球鹰无人机系列中的 RQ－4A 型全球鹰无人机,就曾经在阿富汗和伊拉克战争中成功执行过 50 多次的侦察任务,大多都取得了成功。该无人机采用卫星导航系统定位,在执行任务时,首先借助全球卫星导航系统获取任务执行地点的坐标,并在卫星导航系统的帮助下到达预定目标的精确位置点,接下来开始侦察,通过光学成像等系统将观测到的军事目标及其具体位置信息,通过卫星等通信系统传输到地面指挥中心,完成侦察任务后,返回到出发地或其他的指定地点。

9.6.2　快递无人机

随着网络购物、电子商务、即时物流等的迅猛发展,日益膨胀的邮寄运输市场需求与传统快递业发展的相对滞后之间的矛盾愈发突出,尤其在一些重要的节假日和特殊的购物节点,庞大的网购订单给快递业带来了巨大压力,而快件的人工投递又存在着较大的延误率、损毁率和丢失率,并且传统的快递业还存在着运营成本、管理成本、人力成本"三高"的问题,这些现状与问题迫使一些相关企业考虑选择使用小型无人机提供递送货物服务的可行性。

如图 9.15 所示,为美国亚马逊公司开发的 Prime Air 快递无人机,由于要求其具有较高的安全级别,其搭载的导航系统中都包含有 GPS 导航接收机。无人机在进行快递时,首先快件调度中心通过互联网络,将客户订单和地址信息发送给集散基地,集散基地则将快件放置在快递无人机上,并且将目的地输入到无人机的信息处理系统中,快递无人机则借助于 GPS 导航系统完成快递任务并返回到出发地。

(a) 四旋翼无人机　　　　　　　　(b) 八旋翼无人机

图 9.15　亚马逊快递无人机 Prime Air

图 9.15 所示为两种不同型号的快递无人机,其中图(a)为四旋翼无人机,每个螺旋桨都设置有防护装置,快递被放置在无人机中央的上方位置,适合递送一些质量较轻但比较贵重的快递;图(b)为八旋翼无人机,没有对螺旋桨进行安全防护,快递被放在无人机中央的下方位置,适合递送一些质量较重的快递。根据实际递送的物品种类、质量、大小等属性,可以选择不同型号的无人机来完成任务。

美国除少数大城市高楼林立外,大多的百姓住房分散、层数不高、空间开阔且有院落,给快递无人机的应用创造了便利,这时采用普通的 GPS 接收机就可以完成投递任务。而大中城市的中心地带、居住密集区、繁华商业区等,除 GPS 接收机外,还需要与惯性导航、视觉导航等进行组合,以应对信号遮挡、多径效应、障碍物避让、投递点探寻等技术难题。

9.6.3 航拍测绘无人机

随着无人机技术与应用水平的不断提高,用于遥测和航拍的无人机也越来越多,尤其在一些类似于火山爆发、毒气泄漏、火灾爆炸、洪水泛滥等对人和生物有危险的环境场所,使用机器人、无人车(船)、无人机等去实时查看现场情况,几乎成为最合适的选择。

图 9.16 所示为某型无人机执行测量绘图任务所对应的系统工作示意图,首先,通过 GPS 定位系统能够使无人机获得更为可靠和精确的导航服务,可以使地面控制中心对无人机的遥测工作进行监视和干预,所提供的定位数据用于精确控制无人机的飞行轨迹和飞行点位,以获得更精确的测量数据。其次,在无人机将测量到的图像数据传回到地面控制中心进行处理之前,还需要从机载 GPS 系统日志记录中,提取这些数据对应时刻的无人机的俯仰角、偏航角、翻转角、位置坐标、飞行高度、速度等导航信息,来更好地解读、处理无人机获得的测量绘图数据。

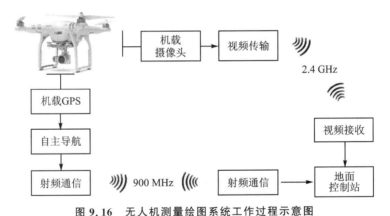

图 9.16　无人机测量绘图系统工作过程示意图

9.7　习　题

1. 请总结分析当前四大卫星导航系统的相同点和不同点。
2. 熟悉卫星导航系统的基本工作原理。
3. 了解卫星导航系统的组成及各部分的功能与作用。
4. 卫星导航增强系统产生的背景及意义分别是什么?
5. 了解掌握卫星增强系统的分类及服务场景。
6. 卫星导航系统有几种定位工作方式?分别有哪些限制条件?对应的系统叫什么名字?
7. 熟悉了解卫星导航在无人机上的典型应用。

第 10 章　惯性导航

10.1　概　述

惯性导航(Inertial Navigation)，简称惯导，是利用惯性测量元件(如加速度计、陀螺仪等)测量载体在地理空间中的惯性运动参数，并在给定的初始条件下推算出导航定位参数，从而引导载体及时准确地到达目的地的一种导航方式。为了感知、测量载体的运动参数，组成惯性导航系统(Inertial Navigation System，INS)的设备都必须安装在运载体内。INS 工作时不需要依赖外界信息，也不用向外界辐射能量，是一种可自主独立工作的无源导航系统。

惯性导航是通过测量运载体本身的加速度和角速度，经处理得到载体的速度、位置和姿态等信息，具有完全自主、隐蔽性强、不受任何干扰、信息输出量大和更新率高等优点，在军事领域和许多民用领域都得到了广泛的应用。在无人机导航应用中，惯性导航已被许多机种、机型选为标准的必装导航设备，不管是对于民用无人机还是军用无人机的导航定位需求，大多都已离不开惯性导航。

随着现代战争所面临的电磁环境日益复杂，无线电导航及卫星导航等的抗干扰压力越来越大，对自主工作的惯性导航系统的依赖和要求也越来越高，惯性导航技术已经成为现代高科技战争中的一项重要支撑技术，日益受到各个国家的重点关注。

但是，惯性导航系统也有其自身的明显缺陷，其主要问题就是定位误差会随时间逐渐积累变大，尤其长时间的工作会产生很大的积累误差。要减小这种积累误差，措施之一就是通过大幅度提高惯性传感器的精度来解决，但这要以高昂的系统成本及大的体积、重量等为代价，不利于惯导的大规模推广应用。措施之二是以惯性导航系统作为基本导航设备，与其他导航设备如卫星导航系统进行信息交互融合，通过多系统的组合一起为载体提供导航服务，这样就可以减弱或消除惯导系统的积累误差，满足长航时、远距离无人机精确导航与制导的要求，同时还提高了卫星导航系统的可用性与可靠性。

10.1.1　惯性导航的发展历程

可以说，惯性导航的发展历史与惯性器件的产生和发展进程密不可分，其中加速度计和陀螺仪的发展是其重要组成成分，并且惯性导航系统的关键性能指标即成本和精度也主要取决于惯性器件的成本和精度。因此基于精度的考虑，一般来讲可以将惯性导航技术的发展划分为四个阶段，如图 10.1 所示，图中横轴为发展时间，单位为年；纵轴为各阶段出现的惯性器件的精度，单位为(°)/h，表示惯导系统在一个小时内角度测量的误差值或漂移值，也称为惯导的漂移率。需要注意的是，惯性技术发展的各个阶段之间并无特别明显的时间界线，下面将按阶段进行介绍。

第一阶段(惯性导航基础奠定阶段)，是指 1930 年以前的惯性技术。17 世纪后期，牛顿研究了高速旋转刚体的力学问题，提出了牛顿力学定律，至 1687 年牛顿三大定律建立，成为惯性

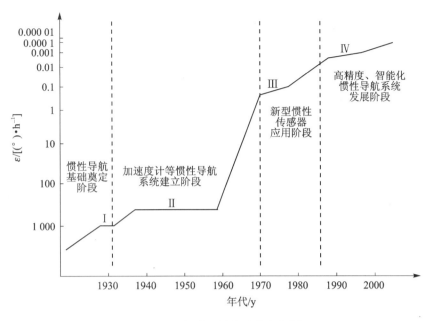

图 10.1　惯性导航发展的历程图

导航的理论基础。后来人们将这种旋转刚体称为陀螺,并据此制成了可以测量姿态的陀螺仪、陀螺罗盘等,这些研究成果成为了惯性导航系统的先导。1923 年舒拉发表的"舒拉摆"理论,解决了在运动载体上建立垂线的问题,为工程上实现惯性导航技术提供了理论依据。

　　第二阶段(加速度计等惯性导航系统建立阶段),开始于 20 世纪 40 年代火箭发展的初期,其研究内容从惯性仪表技术扩大发展到了惯性导航系统的应用。首先,惯性导航技术在德国 Ⅴ-Ⅱ 火箭上第一次成功应用;其次,在 50 年代至 60 年代,单自由度液浮陀螺平台惯导系统、动压陀螺仪等先后被研制出来并成功应用,陀螺仪表支承悬浮技术被逐步采用;最后,1960 年激光技术的出现为激光陀螺的发展提供了理论支持。在这个阶段,还出现了惯性传感器加速度计,并且随着时间的推移,捷联惯性导航技术也日趋完善。

　　从 20 世纪 70 年代开始的第三阶段(新型惯性传感器应用阶段)的惯性技术,出现了一些新型陀螺、加速度计和相应的惯性导航系统,进一步提高了惯性导航系统的性能,降低了系统成本,减小了体积、质量,使得惯性导航技术得到广泛推广和应用。在这一阶段,有代表性的陀螺主要有:静电陀螺、动力调谐陀螺、环形激光陀螺、干涉式光纤陀螺等。

　　从 20 世纪 80 年代中叶至今,惯性技术处于第四发展阶段(高精度、智能化惯性导航系统发展阶段),其目标是实现高精度、高可靠、低成本、小型化、数字化的智能化导航系统,以促进惯导应用的更加广泛和深入。一方面,陀螺仪的精度不断提高,误差漂移量可低至 $1\sim6(°)/h$;另一方面,随着新型固态陀螺仪的逐渐成熟,借助高速大容量数字计算机技术,使测量精度进一步提高,比如出现的冷原子陀螺,其精度就达到了在一个月内的误差仅为 $3\sim5$ m 的水平。

10.1.2　中国惯性导航的发展现状

　　1964 年,中国两院院士"惯性导航之父"陆元九出版的《陀螺及惯性导航原理》一书,是中国国内惯性导航领域的奠基性著作之一。之后,中航工业西安飞行自动控制研究所率先研制出我国第一套采用液浮惯性器件的航空惯性导航系统,为我国航空惯导的应用奠定了基础。自 1970 年以来,在多次发射的人造地球卫星、火箭及各种飞机上,都采用了国内自行研发的惯性导航系统。

近年来,中国的惯导技术已经取得了长足进步,并且在军用、民用的各个领域都发挥了重要作用,比如液浮陀螺平台惯性导航系统、动力调谐陀螺四轴平台系统等,已相继应用于长征系列运载火箭;新型陀螺稳定平台已应用到最新发射的资源卫星上,显著改善了卫星遥感的分辨率和测量精度;漂移率为 $0.01\sim0.02(°)/h$ 的新型激光陀螺捷联惯导系统已经在新型战机上试飞;而漂移率在 $0.05(°)/h$ 以下的光纤陀螺、捷联惯导,已在舰艇、潜艇上大范围应用;小型化挠性捷联惯导,也在各类导弹制导武器上应用;其他各类小型化捷联惯导、光纤陀螺惯导、激光陀螺惯导,以及匹配 GPS 修正的惯导装置等,也已经大量应用于战术制导武器、飞机、舰艇、运载火箭、宇宙飞船上。这些惯导技术及系统的应用,极大地改善了军用、民用装备的性能,也反映了惯性导航测量装置在国防和国民经济中所发挥的重大作用。

10.2　惯性导航原理

直观来讲,惯性导航就是依据牛顿惯性原理,利用惯性敏感元件(加速度计、陀螺仪等),来测量运载体本身的三维加速度即线运动参数(如垂向加速度、横向加速度、纵向加速度),和三轴角速度即角运动参数(如航向角速度、俯仰角速度、横滚角速度),并在给定的初始地理位置坐标和初始速度下,经过时间积分和运算处理,得到载体的三维速度、三维位置和角位移(即航向、俯仰、横滚三个姿态角),从而达到引导运载体航行的导航目的。

因此,从本质上来说,惯性导航系统是一种推算导航方式,即从某已知点的位置、姿态及其初始速度出发,根据由加速度计或陀螺仪连续测得的运载体的加速度和角速度,通过积分推算出运载体下一时刻点的位置或姿态,因而可连续测出运动体的当前运动参数及状态。

在惯性导航系统中的陀螺仪的三个轴,可以用来形成一个导航坐标系,把三轴加速度计的测量轴标定校准之后,稳定在该坐标系中,这样就可以给出航向和姿态角(俯仰角、滚转角和偏航角);同样,利用加速度计的三轴形成的导航坐标系,可以测量运动体的加速度,并经过对时间的一次积分得到速度,二次积分即可得到载体的运行距离,进而实现定位。

虽然惯性导航的原理比较简单,但是真正实现起来有一定难度,在实际操作中还需要一些应用方面的技术做支撑,这些技术的具体实现需要了解掌握不同惯性器件的基本机理,下面就分别对加速度计和陀螺仪的工作原理进行介绍。

10.2.1　加速度计原理

在惯性导航中,加速度计主要是指线加速度计,是一种能够测量物体运动加速力的惯性传感器。加速力就是作用在物体上的、使物体运动速度发生变化的一种力,如地球引力(即重力)等。加速力可以是常量,如重力加速度 g;也可以是变量,如火箭的推力。加速度计通过感受加速力,来测量目标载体在三维空间的平移运动的加速度,然后据此推算出载体的运行速度和运动距离等导航信息。

不同种类的加速度计,其工作原理也有所不同,在此我们以常用的微机电系统(Micro Electro Mechanical System,MEMS)加速度计为例,先通过对 MEMS 的分类了解其基本工作方式,再介绍其中一种的典型工作机理。

如果根据测量参数的不同,可以将 MEMS 加速度计分为四类,即压阻式、电容式、扭摆式和隧道式微加速度计。其中压阻式微加速度计,是通过间接测量电阻两端电压值的变化来测量加速度的;电容式微加速度计是以电容的变化来检测的;而扭摆式微加速度计,是通过测量由于扭摆导致的电容变化来测量的;隧道式微加速度计则通过检测隧道电流的变化来感应加速度。

一种电容式 MEMS 加速度计的基本结构如图 10.2 所示,主要包括上、中、下 3 个电容极板,也称为三明治式。其中间的电容板是一种悬臂梁结构,并且质量很大,当其上的速度变化(或加速度)足够大时,它所受的惯性力就会超过固定或支撑它的力,因此产生位置移动,从而使上下电容板之间的距离也因此发生改变,导致电容值改变。将电容的变化值由一个电子晶片转变成电压信号,再经放大、转换、零点校正和灵敏度校正等处理后,即可输出对应的加速度信息。

因此,电容式 MEMS 加速度计是靠中间的可移动部分对电容的改变来感知和测量惯性信息的,根据物理机理其电容的变化值应该和加速度成正比。依据应用场合的不同,电容式中间电容板悬臂结构的强度或弹性系数设计也不同,且测量不同方向的加速度也会使 MEMS 结构有相应的改变。

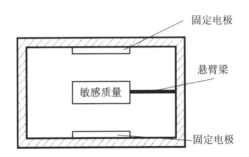

图 10.2　三明治式电容加速度计结构示意图

随着制造技术的不断进步,MEMS 加速度计的体积尺寸和质量大大缩小,一个 MEMS 加速度计仅有指甲盖的几分之一大小,具有体积小、质量轻、能耗低等优点。

10.2.2　陀螺仪原理

1. 陀螺仪概述

绕一个支点高速转动的刚体称为陀螺。常见的陀螺都是对称陀螺,是一个质量均匀分布的、具有轴对称形状的刚体,其几何对称轴就是它的自转轴。在一定的初始条件和一定的外在力矩作用下,陀螺会在不停自转的同时,还绕着另一个固定的转轴不停地旋转,这就是陀螺的旋进,又称为回转效应,是陀螺仪得以测量运载体惯性运动的技术基础。

陀螺仪最早用于航海导航,随着科学技术的发展和进步,它在航空和航天事业中也得到了广泛的应用。自 1910 年首次用于船载指北陀螺罗经以来,陀螺已有 100 多年的发展史,发展过程大致可分为四个阶段:第一阶段,是滚珠轴承支承陀螺马达和框架的陀螺的初级阶段;第二阶段,是 20 世纪 40 年代末到 50 年代初发展起来的液浮和气浮陀螺的中级阶段;第三阶段,是 60 年代以后发展应用的干式动力挠性支承的转子陀螺的高级阶段;目前陀螺的发展已进入到第四个阶段,即以静电陀螺、激光陀螺、光纤陀螺和振动陀螺等为代表的成熟阶段。

进入 20 世纪 80 年代后,随着陀螺仪制造技术和性能水平的质的提高,在航天飞机、宇宙飞船、卫星等民用领域及各种军事领域,已开始大规模采用动力调谐式陀螺、激光陀螺和光纤陀螺等组成的捷联惯导系统,其中由于激光陀螺和光纤陀螺具有许多优势及特点,已成为捷联惯导系统的主导器件。

2. 陀螺仪原理

根据陀螺的旋进或回转效应可知,一个旋转物体的旋转轴所指的方向,在不受外力影响时是不会改变的,这个现象在我们抽陀螺的游戏中也能得到了解和启示。根据这个原理,用旋转物体的旋转轴来保持方向,所制造出来的惯性装置就称为陀螺仪。

陀螺仪在工作时要给它一个旋转力,使它能够快速旋转起来,一般要达到每分钟几十万转的转速,就可以使其工作很长时间。当有外力作用时,旋转轴向就会发生变化,可以用多种方法来读取旋转轴所指示的方向,并将反映该方向的数据或信号输出出来。惯性导航系统就是利用这个原理,用 3 个陀螺仪来测量运载体受力后的 3 个转轴运动变化,从而得到载体受力的方向角度。

现以目前常用的激光陀螺仪为例,介绍这类陀螺仪的基本工作原理。如图 10.3 所示,激光陀螺是利用光程差来测量旋转角速度(即 Sagnac 效应)的,即在一个闭合光路中,由一光源发出的光,分别沿顺时针方向和逆时针方向传输,这两束光在其交会的光路上就会形成光干涉,通过检测光波的相位差或干涉条纹的变化,就可以测出闭合光路旋转的角速度。

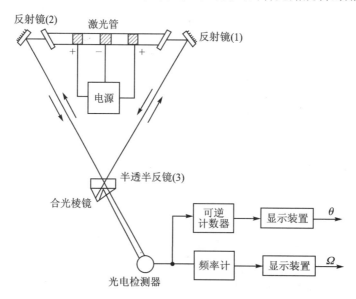

图 10.3　激光陀螺的工作原理图

图 10.3 中,激光陀螺仪的基本元件是环形激光器(图的上半部分),它由三角形或正方形的石英制成的闭合光路组成,内有一个或几个装有混合气体(氦氖气体)的管子,两个不透明的反射镜和一个半透半反镜。反映运载体方向变化的旋转轴置于合光棱镜中,每当载体发生旋转时,合光棱镜的倾斜角度就发生变化,两束光产生的干涉现象图谱也会随之变化。而为维持回路谐振,回路的周长应为光波波长的整数倍。陀螺仪采用高频电源或直流电源,激发激光管

中的混合气体产生单色激光。最后,用半透半反镜将激光导出闭合回路,经反射镜使两束相反传输的激光产生干涉,通过光电检测器和计量电路的处理,输出与角度变化成比例的数字信号,从而得到运载体的受力方向变化。

10.3　惯性导航系统

10.3.1　系统简介

根据前面介绍的测量原理,惯性敏感元件如加速度计、陀螺仪等,一般难以直接用于导航服务,需要与处理单元等共同工作,组成一个惯性导航系统,才能在众多应用场合更好地发挥作用。从工作机理上来说,惯性导航系统就是一个自主的空间基准保持系统,它主要由以下4 部分组成:

① 惯性导航组件,包括加速度计和陀螺仪,主要完成导航参数的测量和计算;

② 控制显示组件,实现导航参数的显示、初始值的引入、系统故障显示和告警等功能;

③ 方式选择组件,主要用来控制系统的不同工作状态;

④ 备用电池组件,用于特殊情况下的紧急供电。

一种典型的惯性导航系统的组成结构如图 10.4 所示。

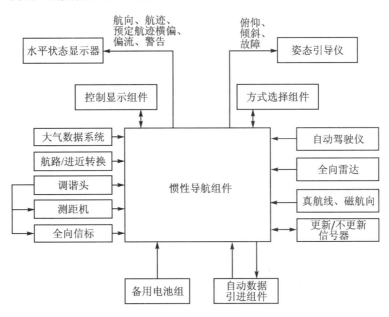

图 10.4　惯性导航系统的组成结构示意图

从图 10.4 中可以看出,惯导系统就是通过各种惯性传感器,来感受和测量载体的各种惯性运动信息,再通过数据计算与处理得到所需要的导航参数,然后与其他导航传感器联合或融合,用于载体的导航与控制。为保证将惯性测量信息处理转换为可用的导航信息,各类惯性导航系统还必须解决以下两个问题:

① 需利用陀螺稳定平台解决输入信号的测量基准;

② 通过利用加速度计测量数据的积分,得到载体的速度和位置等信息。

但是,不管惯性器件的测量精度有多高,由于陀螺漂移和加速度计的误差在积分运算时都会随时间逐渐积累,成为纯惯导系统的主要误差来源,它们对位置误差增长的影响是时间的乘方函数,因此惯导系统长时间的运行必将导致客观的大的积累误差。目前人们除了在不断地探索提高自主式惯导系统的精度外,还在努力寻求通过引入外部信息的方式进行误差校正的方法,常用的比如利用卫星导航数据等,也就是与其他导航系统进行组合式导航,这是弥补惯导系统先天不足的一个重要手段。

10.3.2 惯性导航系统分类

不同惯性坐标系的选取、不同的实现方法等构成了惯导系统的不同实现方案,据此惯导系统可以划分为两大类:平台式惯导系统和捷联式惯导系统,如图 10.5 所示。下面就针对这两类惯性导航系统的再划分展开介绍。

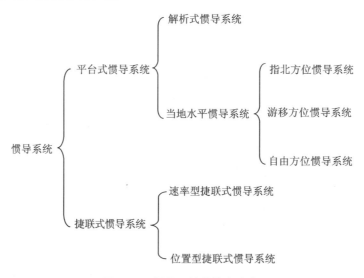

图 10.5 惯导系统的基本分类

1. 平台式惯导系统

采用实际的物理平台模拟导航坐标系的系统,称为平台式惯导系统。根据该平台模拟的坐标系类型的不同,平台式系统又分为解析式惯导系统和当地水平惯导系统,前者物理平台模拟的是惯性坐标系,而后者模拟的是当地水平坐标系。当地水平式惯导系统根据平台跟踪地球自转角速度或跟踪水平坐标系类型的不同,又可以分为以下三类:若物理平台跟踪的是地理坐标系(其必然要跟踪地球自转角速度),则系统称为指北方位惯导系统;若平台除跟踪地球自转角速度外,还跟踪当地水平面,则系统称为游移方位惯导系统;若平台只跟踪地球自转角速度中的水平分量,并跟踪当地水平面,则系统称为自由方位惯导系统。

这些平台式惯性导航系统,一般是将测量装置安装在惯性物理平台的台体上,并利用陀螺通过伺服电机驱动来稳定平台,始终维持一个空间直角坐标系(导航坐标系)的空间基准。通过实体的物理平台,陀螺和加速度计分置于陀螺稳定的平台上。该平台通常跟踪导航坐标系,以实现速度和位置的解算,姿态数据则直接取自于平台的环架角度输出。

平台惯导系统是一种技术较为成熟、结构比较复杂的导航系统,系统的导航精度很高且能够自主完成导航任务,多用于火箭、导弹、无人机及潜艇等对导航系统精度要求较高且工作环境较为特殊的载体上,系统的基本组成如图 10.6 所示。

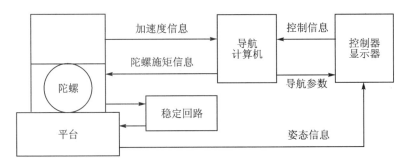

图 10.6　平台式惯导系统组成示意图

总体来说,平台式惯导系统能够自动隔离载体的振动,计算方便,也易于补偿和修正测量仪表的输出结果,可以独立自主地完成导航任务,且导航精度很高,受外界的干扰较小,可以在一些卫星导航、地形匹配导航等系统短期失效或无法工作的环境下应用。但是该类系统也存在结构复杂、尺寸过大、价格昂贵等缺点,所以实际应用以军事为主,其在民用领域的应用不是很多。

2. 捷联式惯导系统

采用数学算法确定导航坐标系的系统,称为捷联式惯导系统(Strap-down Inertial Navigation System,SINS),根据所用陀螺仪的不同又可以分为两类:一类采用速率陀螺仪,如单自由度挠性陀螺仪、激光陀螺仪等,测得的是运载体的角速度,这类系统称为速率型捷联式惯导系统;另一类采用双自由度陀螺仪,如静电陀螺仪等,测得的是运载体的角位移,这类系统就称为位置型捷联式惯导系统。由于前者的应用更为普遍,故通常所说的捷联式惯导系统,一般是指速率型捷联式惯导系统。

从发展的历程来看,捷联式惯导系统是在平台式惯导系统的基础上进展变化而来的,它是一种无框架结构的系统,仅由三个速率陀螺、三个线加速度计和微型计算机等组成。SINS 系统不再采用实际的机电物理平台,其保持惯性平台的功能由计算机完成,即在计算机内部建立一个数学(软件)平台,运载体的姿态数据等通过计算机处理计算得到,故有时也称为"数学平台"惯导系统。

一种典型的捷联式惯导系统的组成及工作原理如图 10.7 所示。

图 10.7 中,SINS 系统将加速度计和陀螺仪生成的三轴加速度和三轴角速度信息经过误差补偿后,一方面经坐标转换和姿态角计算,得到运载体的姿态信息输出到用户显示界面上;另一方面经坐标转换后输入到导航处理计算机中,经过计算得到运载体的位置和速度信息,也输出到用户界面或导航执行机构中。

因此从本质上来说,捷联惯导系统采用的是由数学或算法"稳定"的平台,即在计算机中实时计算出姿态矩阵,建立起经数学运算得到的虚拟物理平台,其中的姿态更新计算、导航计算等是捷联惯导系统的算法核心,也是影响其测量精度的主要因素。因此在实际应用中,SINS系统在惯性器件等硬件配置已定的情况下,其算法决定了系统的基本性能,这也是捷联惯导系统实现及应用的关键所在。因此 SINS 惯导系统相对于平台式系统,其物理结构的简化,实际上是用算法和软件的复杂性换取的,而当前计算机性能水平的快速提升,恰恰为这种复杂性的实现提供了技术保障。

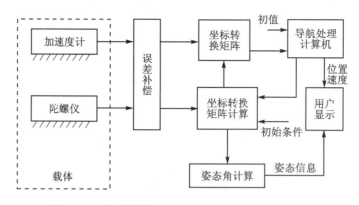

图 10.7　捷联式惯导系统的组成及工作原理示意图

综上所述可知,SINS 系统具有结构简单、成本低、体积小、质量轻、准备时间短、平均无故障时间长等优点,并且捷联惯导可供利用的信息比平台式惯导系统要多很多,这对实际操作应用尤其军事应用来说十分重要。而随着激光陀螺仪、光纤陀螺仪等技术的成熟,捷联惯导系统也逐渐成为惯导系统的主流,并在大部分的应用场合逐步取代了平台式惯导系统,成为未来对惯导系统的一种自然而客观的选择。

目前捷联惯导系统在各类民用的航天飞行器、运载火箭、客/货机等,以及军事领域的各类军用飞机、战车船舰、战术导弹等武器系统上都已被大量采用,并且随着航空航天技术的发展及新型惯性器件关键技术的突破而被进一步广泛应用。

相信,随着相关技术研究的不断深入,捷联惯导系统的可靠性、精度等性能将会更高,成本也将更低,同时,随着机(弹)载计算机容量和处理速度的不断提高,许多惯性器件的误差处理技术也会走向实用,这样就可以进一步提高捷联惯导系统的精度,降低积累误差,并拓展加大其应用的广度与深度。

10.3.3　常见惯性导航产品

虽然惯性导航设备或系统种类很多,产品也多种多样,但相对于无人机的导航应用来说,由于受限于无人机的载荷平台,因此可供选择或实际应用的却不是很多。在这里我们选择了几款比较常用的典型惯导产品,包括惯性测量单元、微机电系统、航姿参考系统,下面就对它们进行介绍并对它们的特性进行分析。

1. 惯性测量单元

惯性测量单元(Inertial Measurement Unit,IMU),是测量物体(运载体)三轴姿态角(或角速率)及加速度的一种基本单元装置。一般地,一个 IMU 包含了三个单轴的加速度计和三个单轴的陀螺,加速度计负责检测物体在载体坐标系统中的独立三轴加速度信号,而陀螺用来检测载体相对于导航坐标系的角速度信号,这样通过测量物体在三维空间中的角速度和加速度,通过相应处理算法,如互补滤波算法或卡尔曼滤波算法等,就可以解算出物体的姿态和位置参数。由于 IMU 相对独立和较为实用,在导航系统中有着重要的应用价值。

IMU 的精度主要受加速度计和陀螺仪积累误差的影响,为提高测量精度,在运载体行进过程中,一般采用每隔相等时间便停下来的方法进行校正,即当运载体停止不动时,其运动的加速度和速度应精确归为零。利用这一信息,可以检核和改正前段航程随时间积累的误差,这一操作被形象地称为"零速更新",但该措施也使 IMU 的应用受到较大限制,尤其对于空中的多数飞行器而言实现难度较大。

IMU 的特点是自主式导航,克服了传统大地测量所受的自然条件限制,目前已被广泛应用于航空器导航、车辆导航、船舶导航、无人机及机器人相关应用、机器制造业等领域中,并且在各种跟踪和稳定系统、姿态参考与测量领域、动态测量应用等方面发挥了很大作用。通常 IMU 中的陀螺仪用的是光纤陀螺或者机械陀螺,这些陀螺的成本普遍很高,这使它的应用主要集中在了中高端的导航领域。

而安装在无人机载体上的惯性测量单元,不必依赖外界的其他辅助设备,能快速而独立地测量多种定位和地球重力场、磁力场等参数,使测绘作业效率大大提高。IMU 组件可以全天候工作,不受大气折射、无线电干扰等的影响,不要求相邻待测点之间的通视,因此为利用无人机开展大地控制网的加密和快速定位开辟了新的途径。IMU 的缺点是仪器结构复杂,造价较高,维护工作繁重,但仍是一种能满足军事、测绘等要求的全天候快速测量仪器。

2. 微机电系统

微机电系统,也叫微电子机械系统、微系统、微机械等,它是集机械元素、微型传感器、微型执行器以及信号处理和控制电路、通信单元、接口电路、电源等于一体的完整微小型机电系统。MEMS 是一个独立的智能系统,易于大批量生产,其系统尺寸可以在几毫米以内甚至更小,而内部结构一般在微米甚至纳米量级。

MEMS 器件主要包括 MEMS 加速度计和 MEMS 陀螺仪两种。

（1）MEMS 加速度计

MEMS 加速度计也称微加速度计,是微机电系统传感器件的典型代表,使用 MEMS 技术制造,其理论基础和通常的加速度计一样,都是基于牛顿第二定律,即在物体质量一定的情况下,物体加速度的大小跟其上的作用力成正比。MEMS 加速度计具有体积小、质量轻、能耗低等优点。

目前,MEMS 加速度计的应用归纳起来主要包括以下几个方面,即振动检测、姿态控制、安防报警、动作识别、状态记录、摔倒检测等,一般为惯性变化比较明显的场合。比如 MEMS 加速度计可以定位机器人的位置,并对机器人的姿态调整起到重要作用;又如在目前的数码相机和摄像机里,可以用 MEMS 加速度计来检测拍摄期间的手部振动,并根据这些振动信息自动调节相机的聚焦;还可以用来分析各种发动机的振动情况、检测撞击以启动汽车的防撞气囊,等等。

（2）MEMS 陀螺仪

MEMS 陀螺仪即硅微机电陀螺仪,是指采用微电子技术和微加工技术(包括硅体微加工、硅表面微加工、LIGA 和晶片键合等技术)相结合的制造工艺,制造出的性能优异、价格低廉的微型化陀螺仪传感装置。绝大多数的 MEMS 陀螺仪,是依赖于相互正交的振动和转动所引起的交变科里奥利力来工作的。而科里奥利力或科氏力,是对旋转体系中进行直线运动的质点,由于惯性相对于旋转体系产生的直线运动偏移的一种力学描述。

这种陀螺仪具有体积小(其边长都小于 1 mm)、质量轻(核心器件的质量仅为 1.2 mg)、成本低、可靠性好(工作寿命超过 10 万小时)、能承受 1 000g 的冲击、测量范围大等优点,比如可以用在卫星导航短暂失去定位信号时继续精确导航。

综合来看,微机电系统 MEMS 具有器件体积小、质量轻、能耗低、惯性小、谐振频率高、响应时间短等优点,其最大的缺点是精度低,积累误差大。近年来随着大众市场的开拓,MEMS 的应用越来越广,在医疗、运动跟踪、汽车电子、无人机导航、手机导航等领域都有了相关应用,未来其应用范围还会进一步扩大。

3. 航姿参考系统

航姿参考系统(Attitude Heading Reference System,AHRS),也称微型航向姿态参考系统,是一种全姿态的测量传感装置,它由三轴陀螺仪、三轴加速度计和三轴磁阻型磁强计等传感器构成,能够为飞行器、船舶、车辆等提供准确可靠的姿态(航向角、横滚角和俯仰角)信息与航行信息。AHRS 系统包含了嵌入式的姿态数据解算单元与航向信息处理单元,内部采用卡尔曼滤波器、多传感器数据融合等算法软件进行航姿数据的解算。

AHRS 系统以地球的重力场和地球的磁力场为参考来测量导航参数,其静态精度取决于对磁场和对重力的测量精度,而陀螺则决定了系统的动态性能,因此 AHRS 离开了地球这种同时有重力和磁力的环境是无法正常工作的。根据航姿参考系统的结构设计,当磁场和重力场越接近正交时,航姿测量的效果就越好;如果磁场和重力场平行了,比如在地球的南北两极附近,此处的磁场方向是向下或向上的,即和重力场方向相同或相反,这时的航向角是无法测出的,即航向角的误差会随着地球纬度的变高而变大,这是 AHRS 的客观缺陷所在。

航姿参考系统的传感器,通常采用成本低廉的 MEMS 陀螺仪和加速度计,这样它的积累误差相对来说就会比较大。比如对一种三轴 MEMS 陀螺仪的数据进行积分,1 min 的角度数据就会漂移 2°左右,3 min 以后运载体的测量输出姿态就与实际的姿态参数相去甚远了,因此在系统设计时,对 AHRS 这种低成本陀螺仪和加速度计的配置,就必须运用磁场和重力场的数据来修正,以提高最终的姿态测量精度。

总的来说,航姿参考系统具有体积小、耗电量低、精度比较高和隐蔽性好等优点;缺点是 AHRS 的陀螺仪和加速度计的测量误差相对较大,需要依赖于重力场和磁场的修正。目前,AHRS 已被广泛应用于机动车辆、无人机、工业设备、摄像与天线云台、地面及水下设备、虚拟现实、游戏界面、室内定位、生命运动科学分析等需要三维姿态数据的场合。

10.4 无人机惯性导航应用

实时精准的无人机导航,是无人机完成飞行任务和载荷任务的必要条件,目前在无人机上采用的导航技术主要有惯性导航、卫星导航、多普勒导航、地形辅助导航以及地磁导航等。在这些导航系统中,由于惯性导航能够同时提供速度、位置、姿态等导航信息,并且可以完全依靠机载设备自主完成导航任务,工作时不依赖外界信息,不向外界辐射能量,也不易受到干扰,不受气象气候条件的限制等,是一种完全自主、隐蔽性好、抗干扰、全天候、输出导航信息多、数据更新率高的导航系统,并且具有体积小、质量轻、易于搭载的特点,因此在无人机导航应用中占有重要的地位。

对于无人机操控员,通过惯导系统可以实时地知道任何时刻无人机的位置和姿态信息,便于对无人机飞行的监督与控制。而对于无人机的自主飞行或全自主飞行模式,虽然无需控制站与飞机之间全时段地保持通信联系,但也需无人机在飞行过程中的任意时刻都知道自己的位置及姿态,即需要通过惯性导航设备为无人机提供相应的导航信息,来保证无人机安全、有效地自主飞行。

　　通常,无人机导航是按照给定的精度、沿着预定的航线、在指定的时间内正确地引导无人机到达目的地的过程,而要成功地完成预定的航行任务,除了确定无人机的起始点和目标点的位置之外,还必须知道无人机的实时位置、飞行姿态、航行速度、航向方位等导航参数,惯性导航是目前唯一可以自主、同时提供这些参数的导航系统,并且系统的性价比较高,为广泛应用于无人机创造了先决条件。

　　但是由于惯导系统所特有的误差随时间积累的效应,使得单一惯导系统无法满足无人机长时间的导航精度的需求,并且由于无人机的载荷平台有限,无法搭载或尽量避免搭载价格昂贵、体积大、质量重的高精度惯导系统,因此采用普通惯导系统与其他导航系统的组合就成为一种必然。

　　组合系统一般是以惯性导航系统为主,外加一个能够优势互补的导航系统,通常采用卫星导航系统进行组合最为合适,通过弥补两个系统各自的缺陷,可为无人机提供组合性能优质的导航服务。目前最为成熟、应用最多的组合方案是 GPS/INS 组合导航系统,可在存在惯导积累误差和 GPS 短暂丢星的恶劣条件下,为无人机提供高精度、高可靠、实时连续的导航性能。当前,在全球鹰、捕食者和不死鸟等无人机上,利用惯导系统与其他导航系统进行多系统组合的应用已经很多,并取得了良好效果。

　　研制新型惯导系统,提高组合导航系统的精度和可靠性,是未来无人机惯性导航发展的主要方向,目前世界各国已经研制出光纤惯导、激光惯导、微固态惯性仪表等多种工作方式的惯导系统,并已经投入应用。随着现代微机电系统的技术发展、微机械惯导装置的研制,惯导系统的功耗和体积会变得越来越小,也更加适于无人机的应用。另外,在基础理论创新、关键技术突破和加工工艺不断改进、提升的情况下,未来会研发出更多高精度的惯导装置,无人机组合导航的发展与应用空间也会越来越大。

10.5　习　题

　　1. 简述惯性导航系统的基本组成及功能,说明其定位和测姿的工作过程并指出其优缺点。

　　2. 惯性导航的理论基础是什么?给出对应的著名惯性力学公式,并对其进行解释。

　　3. 请描述陀螺仪的基本工作原理。

　　4. 请叙述加速度计的工作原理,并比较其与陀螺仪原理的异同。

　　5. 举例给出 2 种常用的惯性导航系统或产品,描述其工作过程及性能特点。

　　6. 分析平台式惯导和捷联式惯导的联系与区别,并比较其优缺点。

　　7. 针对无人机对惯导设备的导航应用需求,说明采用组合式导航的必要性,并选择出你认为合适的组合对象,说明理由。

第 11 章　其他导航

可以说,导航可用的手段或方式多种多样,除了前面介绍的目前最常用的卫星导航与惯性导航之外,无人机可能用到的一些导航方式主要还有:无线电导航、图形匹配导航、地磁导航、视觉导航、天文导航、UWB 导航、Wi-Fi 导航等,本章将对这些导航技术和设备作专门介绍,并给出它们在无人机上的导航应用。另外还有其他一些导航方式,如外辐射源导航、无线电高度表、气压高度计、重力导航、激光测距、量子导航等,由于篇幅所限,本章不再一一单独介绍,但其中的一些会在其他章节或无人机应用的描述中进行简单的描述。

11.1　无线电导航

11.1.1　概　述

无线电导航是指利用无线电技术,对载体航行的全部或部分过程实施导航的技术。能够完成全部或部分无线电导航功能(或任务)的技术装置称为无线电导航系统或设备。置于地面、船舰、飞机或已知运动轨迹的卫星上,为其他用户提供导航定位功能的无线电导航系统或设备,称为无线电导航台(站),台站中通常包含有信号发射机或信号接收机等导航装置。

无线电导航的发展基础是无线电通信,是基于无线电波传播的基本原理来工作的。具体举例来讲,无线电信号在自由空间中是按直线方式以光速传播的,因此只要确定了无线电波从发射机到接收机之间的传播时间,便可以用光速与传播时间的乘积来确定收发机间的距离;或者根据无线电信号在空间传播时,传播距离与信号波长和相位的关系,通过相位测量来获得信号传播距离;也可以依据无线电信号在传播时多普勒频率的变化,来推算出载体的运动速度变化,再通过积分运算进行载体的推算定位;还可以利用有空间方向性的信号,通过对信号幅值的测量来确定载体相对导航台的方位。

通常,无线电导航过程的实施由导航系统完成,一般由装在载体上的导航设备,以及装在其他地方的导航台站组成,两部分设备配合使用完成相应的导航功能。有时仅利用载体上的导航设备也可以实现导航功能,这时与其进行配合完成无线电信号传播的,往往是可以反射无线电信号的自然环境,最常见的即为地球表面。

依导航台站所在的位置划分,无线电导航系统主要包括地基无线电导航系统、空基无线电导航系统和星基无线电导航系统。地基导航台站位于陆地上,如距离测量设备(DME)、甚高频全向信标(VOR)系统、仪表着陆系统、微波着陆系统、罗兰 C 导航系统等;空基导航台安装在飞机上,如美国的联合战术信息分发系统(JTIDS)等;星基导航台设在人造卫星上,因此其覆盖范围大大增加,如美国的 GPS 全球定位系统、俄罗斯的 GLONASS 全球卫星导航系统等。

任何一个无线电信号,都包含有四个电气参数,即振幅、频率、时间和相位。无线电波在传播过程中,其中的一个或几个电气参数可能会发生与某几何参量(如角度、距离等)有关的变化,通过测量这一变化就可得到相应的导航参量(方位、位置、速度等)。因此,根据所测电气参数的不同,无线电导航系统可分为振幅式、频率式、时间式(脉冲式)和相位式四种。

根据要测定的几何参量,还可以将无线电导航系统分为测角(方位角或偏流角)、测距、测距差和测速等导航系统。而根据作用距离,又可以将无线电导航系统分为近程、远程、超远程和全球定位四种无线电导航系统。

从其工作原理和分类就可以看出,无线电导航系统或设备的种类很多,其中有些可能不太适用于无人机导航,但多数应该可以在无人机上应用,比如传统的无线电导航系统(设备)可用的就有无线电高度表、多普勒导航系统、应答测距系统(DME)、伏尔导航系统(VOR)、塔康导航系统(TACAN)、罗兰 C 导航系统等,而卫星导航系统、UWB 导航系统、Wi-Fi 导航系统等属于新型的无线电导航系统,它们在无人机导航中已有成功应用,尤其卫星导航系统如 GPS 目前已成为无人机的主要导航系统。

无线电导航的优点是不受时间、天气、季节等的限制,定位精度高,作用距离远,定位速度快,并且设备简单可靠、成本低;缺点是必须辐射和接收无线电波而易被发现或被干扰,并且大部分导航方式需要载体外的导航台站支持,而一旦导航台站失效或被摧毁,与之对应的导航设备就无法正常工作,另外早期的导航系统也容易发生故障。

11.1.2　基本原理

无线电导航的原理基础主要是基于以下几个无线电波的基本传播特性:

① 电磁波在均匀理想媒质或空气中,沿直线(或最短路径)传播。

② 电磁波在自由空间或空气中的传播速度是恒定或近似恒定的。

③ 电磁波的传播距离越远,其无线电信号的功率下降就越厉害。

④ 电磁波在传播路径上遇到障碍物或在穿越不连续媒质的界面时,会发生反射现象。

⑤ 无线电波的传播距离除与传播时间有关外,还与信号波长及相位存在着固定的关系,即距离等于波长与相位的乘积,如果波长一定,则传播距离就正比于相位。

⑥ 当无线电信号的发射方或接收方处于相对运动状态时,接收到的信号频率就会产生偏移,即产生无线电波的多普勒效应。

无线电导航的工作机理就是利用电磁波的上述特性,通过无线电波信号的发射、接收和处理,测量出该导航信号的时间、相位、幅度、频率等参量中的一个或多个,对应计算出用户载体相对于导航台的方位、距离、距离差、速度等导航参量(几何参量),从而确定运动载体与导航台之间的相对位置或相对速度关系,在导航台位置已知的条件下,实现对运动载体的定位和导航。

无线电导航是多种导航方式中的一个大类,其中包括十几种的系统和设备,大家熟悉的卫星导航就属于无线电导航中的典型代表。由于篇幅所限,下面仅以无人机导航中有一定应用的多普勒导航系统为例,进行原理、特点及应用等方面的介绍。

11.1.3　多普勒导航

1. 系统概述

多普勒导航是一种基于无线电信号的多普勒效应实现自主式导航的技术,它通过频率测速并进行积分实现运载体的定位,导航方式归属于推航定位的范畴。由于可以提供精确的地速测量,系统的核心部件多普勒导航雷达(Doppler Navigation Radar)被广泛应用于飞机的导航定位,是许多军用、民用飞机自主导航的必选设备之一,是大型远程无人机常用的一种自主式导航设备。

多普勒导航系统由多普勒雷达、航姿系统、导航计算机、显示控制装置等组成,如图 11.1 所示。

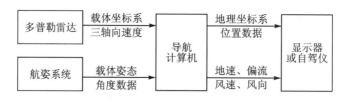

图 11.1 多普勒导航系统原理方框图

图 11.1 中,多普勒雷达是系统基本的测量器件,负责发射并接收回波信号,其天线系统固定在无人机上,通过测量雷达各个波束上收发信号之间的频率偏移,解算出在载体坐标系中的三个轴向速度分量 v_x,v_y,v_z,即这三个速度分量是对无人机坐标系来说的。为了得到以地平坐标系为基准的三个速度分量,必须引入航姿系统的角度信息进行坐标转换,即利用无人机的航向角、横滚角、纵向俯仰角,由导航计算机负责将雷达测量的载体坐标系中的速度分量转换到地平坐标系中,并对这三个速度分量(东向速度、北向速度、垂向速度)进行时间积分,得到无人机在三个方向上飞过的距离,再根据给定的起飞点的地理坐标值,完成对无人机的推航定位功能。

推航定位是许多自主式导航系统和设备(包括惯性导航)的主要定位方式,其基本原理是运动学方程的积分关系,它定位的主要步骤如下:

① 给定用户或载体出发时刻的位置坐标。

② 测定用户在运动过程中的速度参量或加速度参量(通常在用户的载体坐标系中进行)。

③ 利用航姿系统所测量的姿态信息(横滚角、俯仰角、航向角),将测量到的载体坐标系中的速度分量或加速度分量转换到地平坐标系中。

④ 经积分运算,即通过加速度与时间乘积的累加和得到速度,速度与时间乘积的累加和得到运动的距离,最终通过几何运算得到用户的当前位置坐标。

在实际工作中,多普勒雷达不停地沿着某个方向向地面发射电磁波,测出无人机相对地面的飞行速度以及偏流角,如图 11.2 所示。根据多普勒雷达提供的地速和偏流角数据以及航姿系统提供的姿态角数据,导航计算机就可以连续地计算出位置、速度等导航参量,为无人机提供导航服务。其中航姿测量可由磁罗盘或陀螺仪表等完成,其作用类似于指北针,可测出无人机的航向角等姿态信息。

2. 工作原理

多普勒导航的工作原理基于多普勒效应,其中的多普勒导航雷达通过测量无人机在运动过程中发射到地面并反射回来的信号的频率偏移或变化,计算出无人机的对地速度和偏流角等,并在航姿系统的辅助下,通过导航计算机对这些信息进行推航计算,完成对无人机的定位导航功能。

具体来讲,通过安装于无人机上的多普勒雷达,在三到四个不同方向上用很窄的波束不断地向地面发出无线电波,利用相对运动产生的多普勒效应,测出不同方向上的多普勒频移。因

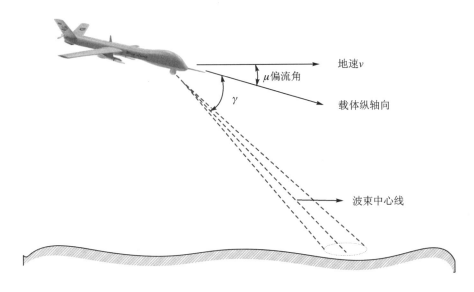

图 11.2　多普勒测速原理示意图

无人机与被电磁波照射的地面之间存在相对运动,雷达接收到的地面回波信号频率与发射的电磁波频率 f_t 之间会相差一个多普勒频率 f_d,它们与无人机的飞行速度 v 之间的关系如下:

$$f_d = f_t \frac{2v}{c} \cos \gamma \tag{11.1}$$

式中:v 为无人机的飞行速度(地速),即由空速和风速合成的对地速度;γ 为速度 v 的方向与雷达波束轴线之间的夹角(此时假设无人机运动速度与其纵轴重合,即偏流角 $\mu = 0$),如图 11.2 所示;c 为光速,系数 2 表示无线电波到达地面再返回到无人机时,会产生两次多普勒效应及频移。

在运载体运动速度与其纵轴重合的情况下,角度 γ 实际上就是运载体纵轴方向与天线射束中心线方向的夹角,该角度为已知数。这样,在测得多普勒频率 f_d 之后,根据上式就可以计算出地速 v,即运载体相对于地面的航行速度,它的方向也就是无人机在该点航线运动的方向。

但在空中实际飞行过程中,由于受风力的影响,运载体的纵轴线方向与航行方向不再保持一致,出现了偏流角 μ,即地速与运载体纵轴之间的夹角,如图 11.2 所示。该偏流角的大小反映了地速、风速和空速之间的相互关系。此时式(11.1)应该修正为

$$f_d = f_t \frac{2v}{c} \cos \gamma \cos \mu \tag{11.2}$$

上式表明测得的多普勒频率 f_d 是地速 v 和偏流角 μ 的函数。利用这一关系,通过测量多普勒频移 f_d,假设在已知地速 v 或已测量出地速的条件下,即可求出偏流角 μ。

因此,由以上方法就可以得到运载体的地速以及偏流角。而利用磁罗盘或陀螺仪可以测出无人机的航向角,即无人机纵轴方向与正北方向之间的夹角。把地速和偏流角数据、航向数据等信息送入到导航计算机,计算机对地速矢量进行积分运算得到无人机当前的实际位置,通过不断地推算无人机飞过的实际路线,实现对无人机的导航。

但从测量的原理可以看出,式(11.2)中包含有地速 v 和偏流角 μ 两个未知数,仅通过一

个方程式是无法解算出来的,即必须要再增加一个测量方程才行,也就是需要增加另外一个发射波束才可以。但即使这样,该公式中解算出来的速度也是二维的或水平方向的速度,垂直方向的速度还是无法解算或没有考虑。

一般来说,由于空间是三维的,要完全确定载体运动的三个速度分量就至少需要三个波束,而在实际应用中,典型的多普勒导航系统都是采用左右两侧加前后指向的三波束或四波束的多波束系统,具体波束的配置形式各种各样,主要包括 Y、λ、T、X、Ψ 五种基本配置,如图 11.3 所示。

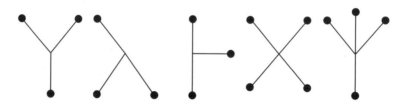

图 11.3　多波束系统波束的配置形式

最常见的三波束结构如图 11.4 所示,其俯视平面图看起来像希腊字母 λ,称为三波束 λ 形多普勒雷达,其天线为既有前视又有后视、既有左视又有右视的波束配置。

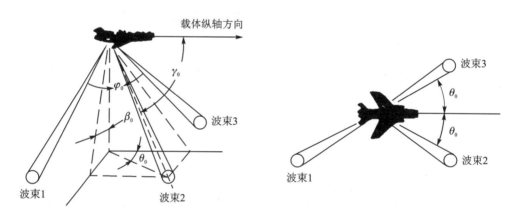

图 11.4　多普勒系统的 λ 形三波束的配置形式

虽然只需三个波束就能提供速度的三个分量,但大多数现代多普勒导航仪使用的都是四波束系统,这主要是基于以下 4 个方面的考虑:

① 平面阵列天线可以比较容易地产生出四个相同且相互对称的波束。

② 当四个波束中的某一个出现问题时,其他三个波束仍然可以保障系统能够连续工作,大大提高了系统的可用性。

③ 从四个波束中任取三个进行组合测量,可以获得两套不相关的速度测量估值,从而实现冗余观测。如果进一步对这两套估值进行平均处理,还可抑制随机误差,得到更精确的测速结果。

④ 在系统正常工作的条件下,以上两套估值之间的差异应该很小,若差异比较大,那么可判定系统有部件出现了故障,该测速数据不能保证可用,从而增加了对系统可靠性的判断。

图 11.5 所示即为 X 形的 D91 多普勒雷达的四波束配置示意图,图中的 f、b、L、R 分别表

示前、后、左、右的缩写,v_x、v_y、v_z 为无人机在载体坐标系中的三个轴向速度分量,φ、θ 分别为雷达波束方向与载体坐标系坐标轴之间的夹角。利用这种扩展的多波束系统,不仅能够有效地导出无人机的三个速度分量,而且还能够对无人机的姿态变化进行补偿。

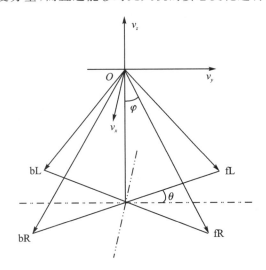

图 11.5 X 形 D91 多普勒雷达的四波束配置示意图

3. 系统特点及应用

基于多普勒导航系统的工作原理,相对于其他导航系统而言,该系统所具有的优点如下:

① 系统基本上可以全天候工作,能在各种气象条件和地形条件下进行导航。

② 为无人机自备导航设备,可实现自主导航,不需要设置地面站,另外系统反应迅速,抗干扰能力强。

③ 可以提供全球导航服务,不受地区及国际协议等的限制。

④ 能够连续提供飞机的飞行速度及方向和位置等信息,测速精度高。

⑤ 在一般条件下,系统推航的位置精度约为航程的 2%,其测速精度可高达 0.1% ~ 0.3%,偏流角的测量精度为 1%。

同时,系统也存在如下的不足之处:

① 需要罗盘、航姿系统等的姿态信息才能完成位置定位。

② 工作时必须发射无线电波,因此系统的隐蔽性不好。

③ 系统通过速度测量并积分产生的航迹信息,会随时间增加产生积累误差,一般随飞行距离(位移)的增加误差相应增大,绝对定位精度随之下降。

④ 运载体的定位误差主要来源于姿态误差,包括航姿系统的测量误差及多普勒雷达天线的安装误差等,而测速雷达带来的测量误差相对较小。

⑤ 由于随机误差的存在,系统测量的瞬时速度不如(一段时间的)平均速度准确。

⑥ 系统工作受地形地物的影响,定位性能的好坏与反射面的形状有关,如在波动水面或起伏沙漠上空工作时,反射性不好会导致性能降低;另外由于反射体的运动(如对于流动水面上的应用),精度也会有所下降。

基于多普勒频率直接与运载体的运动速度相关的原理,通过测量频率来确定运动速度是非常方便的,因此多普勒导航常常用于为无人机测定运动参量,包括地速、偏流角、风速、风向等,这对于保障无人机的操控安全性和环境适应性等十分必要,已成为无人机导航的一个重要应用;多普勒导航具有自主特性,可以为无人机提供在荒漠、大洋、高山等没有或难以布设地面站的区域的飞行引导,也可以进行全球导航;通常要完成无人机的更高要求的导航任务,以及克服本身的积累误差时,多普勒导航往往也与其他导航系统组合使用,如多普勒/惯性导航、多普勒/图形匹配导航、多普勒/GPS 导航等组合导航,以提供更加丰富的导航信息和性能更好的导航服务。

11.2　图形匹配导航

图形匹配导航也称为地形辅助导航,是指无人机在飞行过程中,将实际测量到的地形地物、地理参数、人造建筑工程等的特征数据,与事先测量并储存在无人机的飞行测量数据进行比对,从而确定无人机当前位置,并对飞行路线进行修正、引导的一种导航方法。

因此,在进行图形匹配导航之前,需要预先将无人机可能经过的区域,通过大地测量、航空摄影,或利用已有的地形图、电子地图等方法,将图像信息、地理信息、地形数据(主要是地形位置和高度数据)等制作成数字化地图,并存储在机载计算机中。当无人机飞越上述区域时,上面搭载的探测设备将再次对该区域进行测量,并与预先存储的信息数据的特征值进行比较,以确定无人机的当前实际位置和飞行偏差,从而实现对无人机的导航。

一般来讲,单纯的图形匹配导航不能提供绝对的或精确的地理坐标位置,需要与其他导航方式进行组合,常用的组合方式是图形匹配与惯性导航,或者与卫星导航的组合。

根据图形匹配导航的具体实现方法,一般又可细分为地形匹配导航、景象匹配导航和桑迪亚惯性地形辅助导航三种方式,下面分别进行介绍。

11.2.1　地形匹配导航

地形匹配导航可以实现的基本依据,是基于在全地球的陆地范围内(不包括大面积的水面等缺少差异化的区域),没有完全一模一样的地形地物,这样就可以根据地球陆地表面上任一位置点周围地域的等高线数据或地貌信息,来单值地确定该地点的地理坐标。如果形象化地去理解,则地形匹配导航的定位原理可类比于指纹识别或人脸识别,只是这里要判断得到的是位置信息。

地形匹配导航的具体过程是,通过事先获取的沿途飞行航线上的地形地貌信息,画出专门的数字地图并分块存入计算机,作为地形匹配的基本信息。当无人机飞越某块已数字化的地形时,利用机载无线电高度表测出无人机与地表的相对高度,气压高度表测出飞行的海拔绝对高度,两者相减即可得到所在位置的地形标高。当飞行一段时间后,即可得到飞行真航迹的一连串或连续的地形标高。将测得的这些标高数据与预先存储的数字地图进行相关分析,从而确定无人机航迹所对应的网格位置,再通过数字地图对应得出飞行网格的各点对应的经纬度值,并用于导航或用来校正惯导误差。由于是基于地形标高的定位原理,所以该方法也被称为地形高度相关导航。

11.2.2　景象匹配导航

景象匹配导航又称景象相关导航,与前面地形匹配导航不同的是,预先存储到计算机中的信息不是地形地物的高度参数,而是通过摄像等手段获取的、在预定飞行路径上的景象信息,一般要求这些景象信息特征明显、易于观测和便于匹配,将这些信息数字化后储存在机载计算机设备中。无人机在实际飞行过程中,通过机载摄像设备实时获取飞行路径中的景象,通过机载数字景象匹配相关器与预存的景象数据进行相关比较,并确定出两幅图像的偏移程度,以此定位无人机的当前位置并进行导航。

景象匹配方式要匹配的景象区域可以比较小,因此定位的准确度要高于地形匹配导航,并且其图像是实时获取,不需要飞行一段时间,故定位的实时性也比较高,故得到了较广泛的导航应用。

11.2.3　桑迪亚惯性地形辅助导航

桑迪亚惯性地形辅助导航,是一种基于地形匹配导航与惯性导航相结合的导航方式,并且采用了递推卡尔曼滤波算法来提高导航的精度与可靠性。

导航的工作原理是根据惯性导航系统输出的位置信息,先在数字地图上找到地形高程,再根据惯导系统输出的绝对海拔高度与该地形高程做差,得到无人机飞行位置点的相对高度估计值,该估值应该与无人机上无线电高度表的相对高度实测值一致或十分接近,若有偏差或偏差较大,则说明该导航系统的某一环节出现了问题或测量误差在增大。

之后,系统将无人机相对高度的估计值与实测值之间的差值,作为递推卡尔曼滤波的输入测量值,结合惯性导航系统的误差状态方程进行递推滤波,可进一步得到对导航误差状态的估计值,将其输出用来修正惯性导航系统的积累误差,就可以获得更好的定位精度。

11.2.4　图形匹配导航的特性

从以上三种导航方式的定位原理可以看出,图形匹配导航包括以下几个方面的特性:

① 优点是没有累积误差,隐蔽性好,抗干扰的能力较强。

② 缺点是计算量较大,定位的实时性受到制约。

③ 系统的导航性能受地形的影响较大,比较适合起伏变化大的地形,不适宜于在平原、沙漠、水面或者海面等比较平缓的区域使用。

④ 受天气的影响较大,在雾霾、大雾和多云等不利天气条件下的导航效果不好。

⑤ 一般会要求无人机按照规定的路线飞行,不利于无人机的机动飞行,随机应变的能力较差或不具备。

基于以上原因,该类导航方式在民用无人机上的应用较少,但由于其隐蔽性好,在军用无人机上有一定的应用及尝试。

11.3　地磁导航

11.3.1　基本原理

地球的磁性与磁力大家都是知道的,如中国古代发明的指南针,就是利用地磁原理进行方向识别和航行引导的。更进一步可知,地球磁场还是一个矢量场,即它的磁力除了大小外还有方向,并且在地球近地空间内任意一点的地磁矢量,都不同于其他地点上的地磁矢量(大小及方向),这样就形成了任一地点的地磁矢量与经纬度之间的一一对应关系。根据这种关系准则,理论上只要确定出地球上任意一点的地磁场矢量,即可实现全球范围的定位。但在实际应用中,还需要解决对地磁检测的精度与分辨率等关键技术问题。

地磁导航是一种新兴的无源自主导航方式,按照对地磁数据处理方式的不同,地磁导航可分为地磁匹配导航与地磁滤波导航两种方式。前者原理简单,可断续使用,对初始误差的要求低,测量精度高,但需存储大量的地磁数据,目前尚处于初始研究阶段;后者对初始误差的要求高,实际的导航精度和收敛速度还与运载体的航迹有关,但依赖于相对比较成熟的地磁滤波技术及算法,有效解决了地磁非线性和未知扰动等问题,目前在某些地磁条件良好的场合有了一定的导航应用。

可以看出,地磁匹配的定位原理类似于地形匹配导航,区别在于地磁匹配可用多个特征量来匹配,如总磁场强度、水平强度、东向强度、北向强度、垂直强度、磁偏角和磁倾角等。地磁匹配导航需要把预先规划好的航迹的某段区域、某些点的地磁场特征量绘制成参考图(也称为地磁基准图),事先存储在载体计算机中。当载体飞越或通过这些区域时,由地磁匹配测量仪器实时测量出这些点位的地磁特征量的特征值,构成实时图。载体上的计算机将实时图与参考图进行相关匹配,就可以解算出载体当前的实时位置坐标,从而实现对运载体的导航定位。

而地磁滤波导航是对随位置变化的磁场建立观测模型,通过滤波的方式来消除磁场干扰,以获得精确导航信息的一种导航方式。目前在地磁滤波导航技术中,主要的滤波算法有扩展卡尔曼滤波(Extended Kalman Filter,EKF)、无迹卡尔曼滤波(Unscented Kalman Filter,UKF)、粒子滤波(Particle Filter,PF)、自适应卡尔曼滤波(Adaptive Kalman Filter,AKF)和联邦滤波(Federal Filter,FF)等。由于变化磁场的观测模型难以准确建立,通常以非线性系统来描述该变化磁场并对其展开研究。

在非线性系统中应用最广泛的是 EKF 和 UKF 算法,或者基于二者的改进算法。在算法实现上,EKF 和 UKF 都是线性卡尔曼滤波方法的变形或改进形式,因此会受到线性卡尔曼滤波算法自身条件的限制或者外界条件的影响。而自适应滤波技术在处理未知或时变系统模型时具有一定的优势,因此用来与其他滤波技术相结合,以获得更高的滤波精度,来解决磁暴和亚暴期间的地磁导航问题。

在当前地磁模型精度不高的条件下,仅仅利用地磁信息进行导航,定位的误差通常较大,一般在几千米到几十千米之间,若能够联合其他观测信息,则定位误差可降至几百米至几千米,但该精度仍然难以满足大多数用户的导航需求。因此进一步提高地磁场的模型精度,通过组合导航实现优势互补,是未来地磁导航技术的主要发展方向。

11.3.2 导航特性

地磁导航具有无源、无辐射、隐蔽性强、不受电磁干扰、能耗低等优良特性,可以实现全天时、全天候、全地域的导航,并且不存在积累误差,尤其在跨海跨洋制导方面有一定的优势。其缺点是地磁匹配导航需要存储大量的地磁数据;导航精度易受其他机载设备或磁性设备的干扰,也会受无人机飞行动态的影响;导航实时性的高低与计算机数据处理的性能有关。目前地磁匹配方式的导航应用相对地磁滤波方式的导航应用更为广泛。

地磁导航在无人机导航方面的应用有一定的尝试,但尚不成熟。对于地磁匹配导航,需要存储大量的地磁数据,而收集这些数据本身就比较困难,如果缺少实际地磁数据的支撑,该方法在未知地磁环境下往往不能使用。另外,地磁导航精度易受干扰,定位误差偏大,单独使用往往不能很好工作,有时将地磁导航与惯性导航、卫星导航等进行组合,来为无人机进行定位服务。

11.4　视觉导航

随着新一代摄像机硬件设备的创新改造以及图像处理技术的发展,使计算机视觉技术应用于导航成为了可能。一方面,摄像机可以根据采集到的视频图像,捕捉其所搭乘载体的运动信息,其中通常包含有丰富的位置、速度等信息;另一方面,应用视觉技术获得的原始信息以图像形式存在,其中包含有大量的冗余信息,采用图像处理技术等可以提取出有用的导航定位信息。

由于视觉信号只受雾霾、大雾、云层等的影响,不受无线电信号的干扰,因此视觉导航的抗干扰性能很好;摄像机利用的是可见光或红外线等自然环境信息,不用发射信号,具有很强的隐蔽性,尤其适合于军用。另外,这种从视觉中提取的定位信息通常可以与 GPS 或惯性导航等信息进行整合,以弥补自身缺陷,提高视觉导航的精度。

随着视觉导航技术的发展,其应用范围也越来越广,在交通运输、自动化仓库、柔性生产线、运料车等方面已经得到了较好的应用,在移动机器人导航、智能车辆导航、室内定位等方面也取得了初步成果,并且已逐步应用于无人机导航和月球探测车导航等高端领域。

11.4.1　概　述

视觉导航是通过载体上的相机拍摄的周围环境图像,运用机器视觉等相关技术定位,自主实现定位与导航的一种新的导航技术。该技术通过对图像跟踪的方法获取目标载体的位置、速度、姿态及其他导航信息,其实现导航的原理与眼睛观察目标然后定位的方法大致相似,因此将该定位方法称为视觉导航。

在视觉导航过程中,目标载体可通过搭载可见光摄像头、红外摄像头以及激光测距机等多种传感器,同时采集多维度的周围环境信息,然后通过载体的视觉处理器计算出所需的定位信息,实现对目标载体的导航。或者,载体上的处理器也可以与地面上的其他处理系统进行数据交互与协同计算,实时重建周围未知环境的三维模型,实现不依赖任何外部定位设备(如 GPS 系统等)的自主定位,以及自主视觉的避障、跟踪、出入、着陆等引导功能。

一般来讲,视觉传感器和计算处理设备大都安装在载体上,其中计算设备需要完成图像识别、位置姿态解算和路径规划等高层决策,所以工作量很大,会产生一定的延迟。因此为了满足实际应用需求,要求视觉导航系统的处理速度必须与移动速度同步,即具有较高的实时性。另外,由于周围环境的多样性及复杂性,要求视觉导航系统能够对不同的周边环境、复杂的图像状况、变化的气象气候条件等均具有良好的适应性,即具有较高的鲁棒性。

视觉导航通常采用被动的工作方式,即只接收外来信息而不向外发射信息,具有设备简单、成本低、精度高、信号探测范围宽、获取信息完整、自主性强、隐蔽性好等特点。

11.4.2　基本原理

视觉导航的工作原理是,用一部或多部摄像机对载体周围场景进行图像采集,通过图像处理、计算机视觉、模式识别等算法,把二维图像信息与实际位置信息联系起来,从而确定载体的运动信息和位置、姿态等信息,完成对目标载体的自主导航定位。

一般来讲,视觉导航可以分为局部视觉导航和分布式视觉组合导航两类,下面分别进行描述。

1. 局部视觉导航

局部视觉导航,就是在载体上安装摄像机,通过采集图像对特定的路标进行识别,或与已有的地图模型进行匹配,实现对目标载体定位与导航的方法。该导航系统主要由摄像机或电荷耦合器件(Charge-Coupled Device,CCD)图像传感器、视频信号数字化设备、基于数字信号处理器(Digital Signal Processor,DSP)的快速信号处理器、计算机及其外设等组成。摄像机或图像传感器负责将图像数据采集到系统中,为了便于后续设备处理,需要先将连续的视频模拟信号数据进行数字化转换,然后在信号处理器中利用各种图像处理算法对其进行识别或匹配,最后将处理结果传递到计算机中用于支持导航决策。由于所有的计算设备、控制设备和传感器等都安装在无人机载体上,所以对载体的负荷能力和电源供给等提出了较高的要求。

局部视觉导航的缺点,需要在工作区域内铺设行走、转弯等各种路径指示路标,或者需要事先采集图像以建立数据库用于图像匹配定位,目标载体如机器人、自动车或无人机等只能按固定路径行走或飞行,不能灵活改变路径实现自由运动。另外,图像识别、位姿解算、路径规划等都由载体控制计算机完成,数据容量和处理计算量都很大,对计算机的实时运行速度要求非常高,由此造成的延迟问题也较为明显。

目前,国内外广泛研制的足球竞赛机器人,通常采用的就是局部视觉导航方式,通过在机器人小车系统中安装摄像头,配置图像采集板等硬件设备,再加上图像处理软件等就组成了机器人视觉系统,利用该系统足球机器人可以实现对球的监测和机器人自身的定位,并按照程序设置做出相应动作。

2. 分布式视觉组合导航

分布式视觉组合导航,是在局部视觉导航的基础上,增加了全局视觉导航功能。而全局视觉导航,是将摄像机与载体分离,通过分布于工作区域内固定位置上的多台摄像机,对载体在该区域环境中的活动情况进行图像采集,通过位置标定等手段,确定出目标载体的位置并进行导航。为保证运动载体导航的可用性与连续性,全局摄像机的监视范围应该能够覆盖载体活动的绝大部分区域。

因此,该视觉导航系统由两部分组合而成,包括局部视觉系统和全局视觉系统,其定位结果也由两部分结果融合而成,并且全局视觉系统本身具有分布性,故称这种导航方式为分布式视觉组合导航。

可以看出,分布式视觉组合导航的关键是全局视觉系统,而系统所需的摄像机数量及其安装的具体位置、照射角度及照射范围等布设参数,需根据载体工作区域的大小、工作环境的复杂程度、各种障碍物的大小和分布,以及对导航定位精度的要求来确定,并且还要将环境因素与载体的局部视觉导航性能统一进行考虑分析。

一般来讲,全局摄像机安装的位置会比较高,使其获取的场景比较大。利用全局视觉进行绝对定位时,还需要预先对全局摄像机的相关参数进行标定,如距离、角度、位置信息等,其标定的精度、定位坐标的计算方法等将成为决定导航精度的重要因素。

11.4.3　无人机应用

目前,基于视觉导航的分布式视觉组合导航及全局视觉导航已开始有所应用,但在图像处理方法、定位信息提取等方面还尚未完全成熟,需要开展进一步的算法研究与性能实验。目前,国外的一些科研人员已在移动机器人导航系统中,加入了全局视觉导航系统,作为控制装置反馈环节的控制器,同时还可以作为一种监控移动机器人工作的手段。基于降低导航系统的成本、减小体积、简化设备以及提高导航自主性的考虑,视觉导航技术在无人机导航中已有所应用。

无人机局部视觉导航平台,主要是通过搭载多种摄像传感器,采集周围飞行环境的信息,利用机载处理器和地面计算设备等,通过实时重建所在位置的三维环境模型,完成目标识别、自主定位、路径规划、自主视觉避障等导航功能。而全局视觉导航的应用,目前已有 Vicon 光学运动捕捉系统,用于无人机的室内导航,通过在室内固定地点布置好相机,在无人机上设置好标识点,就可以实现对无人机的高精度导航定位。

而利用视觉导航系统控制无人机的姿态,是近年来发展起来的一种新的定姿技术,视觉导航通过摄像机采集图像信息,经图像处理,提取并识别姿态相关信息,估计出无人机当前的运动姿态,进而控制无人机进行安全飞行。

对于装备小型视觉导航系统的微小型无人机,基于图像统计信息还可以估计出无人机的滚转角与俯仰角,从而进行部分飞行姿态估计,并且可以解决惯性姿态估计过程中滚转角与俯仰角相互影响的耦合问题。如果将该视觉导航系统进一步与微惯性测量单元组合使用,还可以增大无人机姿态角估计的范围,提高估计精度,以及提升估计的实时性和鲁棒性。

综上所述,无人机采用视觉导航系统,可以实时估计出无人机的运动参数,具有独立性、准确性、可靠性以及信息完整性等优势,已广泛应用于电磁环境复杂的场所,如未知环境侦察、危情监控及探测、灾难现场搜救等军用和民用领域,尤其在低空飞行导航、障碍物检测与回避、无人机自动着陆等方面发挥了重要作用。

11.5　天文导航

11.5.1　概　述

天文导航,是根据天体星座来测定无人机位置和航向的导航技术,基于天体的坐标位置和它的运动规律是已知的事实,通过测量多个天体相对于无人机参考基准面的高度角和方位角等,就可以计算出无人机的位置和航向。因此天文导航是一种自主式导航系统,不需要地面设备,不受人工或自然形成的电磁场干扰,也不向外辐射电磁波,系统的隐蔽性好,定向、定位的精度较高,并且定位误差与时间无关,因而得到了比较广泛的应用。

根据跟踪测量的星体数目,天文导航可分为单星导航、双星导航和三星导航。其中单星导航航向基准误差大,定位精度较低;双星导航的定位精度较高,并且在选择星对时,两颗星体的方位角差越接近 90°,其定位精度越高;三星导航常利用对第三颗星的测量,来检查前两颗星测量的可靠性。目前在航天应用中,天文导航往往用来确定航天器在三维空间中的位置信息。

11.5.2 基本原理

航空航天中的天文导航是在航海天文导航的基础上发展起来的,在航海天文导航中跟踪的天体主要是亮度较强的恒星,而航天导航由于载体在空中的位置较高,受大气层的遮挡较少,因此可以用亮度较弱的恒星或其他天体。无人机的飞行高度区域基本处于航海区域和航天空间的中间区域,因此跟踪的星体可以都有涉及,但以亮度较强的恒星为主。

在天文导航应用中,关于无人机真航向角的测量,是以天体作为参考点,使无人机上星体跟踪器中的望远镜自动对准天体方向,测出无人机前进的方向(纵轴)与天体方向(即望远镜轴线方向)之间的夹角,称为航向角。由于天体在任一瞬间相对于南北子午线(天轴)之间的夹角即天体方位角是已知的,这样,从天体方位角中减去航向角就可以得到无人机的真航向角,其测量原理如图 11.6 所示。

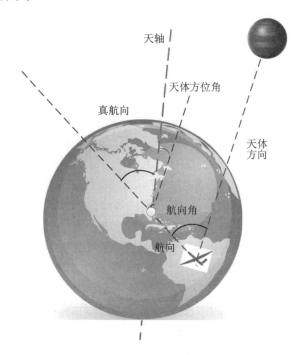

图 11.6 天文导航航向测量原理图

关于无人机位置的测量,是通过测量天体相对于无人机参考面的高度,并以此为已知量,通过相应的几何关系解算得出无人机的位置。其具体定位方法如下:以地平坐标系为参考,在无人机上测得某星体 C_1 的高度角 h,由 $90°-h$ 可得天顶距 z(在天体方位圈上,天体与天顶之间的角距离,称之为天顶距),以星下点 S(天体在地球上的投影点)为圆心,以天顶距 z 所对应的地球球面距离 R 为参考作一圆,称为等高圆,如图 11.7 所示,在这个圆上测得的天体高度角都是 h。以同样方法测量另外两个天体 C_2、C_3,便又得到两个等高圆。由其中的两个等高圆的交点,可得出无人机的实际位置 M 和虚假位置 M',见图 11.7。再用第三个等高圆(也可以用无人机位置的先验信息)来排除掉那个虚假的位置,最后经计算机解算,即可得出无人机所在的经度、纬度$(λ、φ)$位置信息。

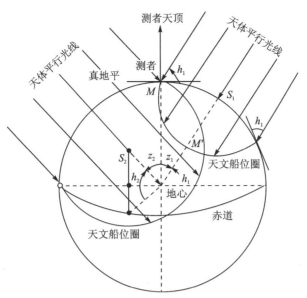

图 11.7　天文导航位置测量原理图

11.5.3　基本特点

天文导航是一种通过测量仪器,被动探测天体角度来解算载体位置的导航方式,它不需要地面设备的支持,具有自主导航的特性,也不受人工或自然的电磁干扰,不向外辐射信号,工作安全,应用范围广,海陆空用户均可使用,具有可靠性高、自主性强、隐蔽性好、抗干扰能力强、成本低、定位定向精度较高等特点。

天文导航用于无人机导航时,大多在大气层内飞行的无人机,会因无法准确敏感反应地平信息而导致导航失败。目前在国内尚未将天文导航普遍用于无人机,相信随着人们对天文导航的认识与研究的不断深入,可以期待天文导航会逐渐成为高空长航时无人机的主要导航系统之一。

11.6　超宽带导航

11.6.1　概　述

超宽带(Ultra Wide Band,UWB)导航,是利用 UWB 信号进行定位的一种导航方式。超宽带的含义是信号中心频率下降 10 dB 所对应的带宽与中心频率之比大于 20% 或任何时刻信号带宽大于 500 MHz,其中一种 UWB 雷达系统给出的超宽带信号的定义是:

$$\frac{f_h - f_1}{f_c} > 20\% \tag{11.3}$$

式中:f_h 和 f_1 分别为信号功率较峰值功率下降 10 dB 时所对应的高端频率和低端频率;f_c 为信号的中心频率,一般表达式为 $f_c = \dfrac{f_h + f_1}{2}$。式中信号带宽($f_h - f_1$)与中心频率 f_c 的比值,称为电磁波波形的相对能量带宽。该式说明超宽带的信号带宽至少要大于其中心频率的 20%,因此所对应的时域信号往往比较尖锐,脉冲信号也可以做到很窄。

超宽带技术是一种基于极窄脉冲,使用 1 GHz 以上的带宽且无需载波的新型无线电技术,而超宽带系统就是产生、发射、接收和处理这种极窄脉冲信号的无线电系统。UWB 系统中发射的脉冲,一般是具有非常宽的频谱、脉宽小于 1 ns 的高斯脉冲,这种窄脉冲能够直接用来激励天线并发射电磁波,以及进行信号的测试与处理,而不再像传统的无线电系统那样需要载频。随着电子技术的不断发展,宽度在 0.2 ns 以下、相对带宽接近或大于 200% 的窄脉冲产生器也已经出现。

UWB 导航技术最早应用在军事上,由于采用该技术的导航性能良好,近年来各国对 UWB 技术愈发重视,并投入相当的人力物力进行研究,开始逐渐地应用到很多民用领域及无人机导航中。

11.6.2　基本原理

超宽带导航的基本原理,是通过对发射的极窄脉冲的测量,得到载体的几何参量如距离、距离差、角度等,然后利用定位算法确定出载体的位置。目前,UWB 导航确定载体位置的常用方法有:基于到达时间法(Time of Arrival,TOA)、基于到达时间差法(Time Difference of Arrival,TDOA)、基于接收信号强度法(Received Signal Strength,RSS)和基于到达角度法(Angle of Arrival,AOA)四种算法,下面分别对它们进行介绍。

1. 到达时间法

基于无线电信号传播的等速性与直线性,TOA 算法通过测量移动站(Moving Station,MS)发射的信号到每个位置已知的基站(Base Station,BS)间的传播时间,将其转换成距离并建立相应的数学方程来进行定位,如图 11.8 所示。

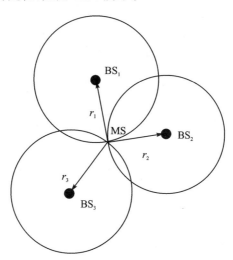

图 11.8　TOA 二维定位原理图

图 11.8 中,移动站首先测量目标载体到三个固定基站的距离,然后分别以 3 个固定基站的位置点为球心、以测量的相应距离为半径作圆,则 3 个圆的交点即为目标载体所在的二维位置。对于移动站的三维定位,则需 4 个基站才可完成。

到达时间定位法中的测距方式,常用的有单程测距法和双程测距法,分别对应于无源无线电导航和有源导航。单程测距法是基站仅仅接收移动站发射的脉冲信号来测量传播延迟,这时要求移动站与基站的时钟基准要严格同步,同时在测距脉冲中以电文的形式传输其发射时刻,基站收到测距脉冲后,利用电文中所解码的脉冲发射时刻计算脉冲到达时间,得到移动站与基站之间的距离,如图 11.9(a)所示,对应的计算公式为

$$d = c(t - t_0) \tag{11.4}$$

式中:c 为光速;t_0 和 t 分别为信号发射时刻和接收时刻。

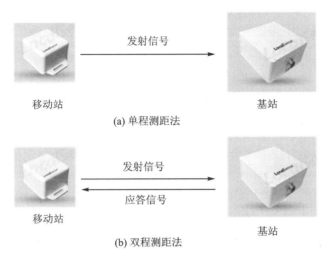

(a) 单程测距法

(b) 双程测距法

图 11.9　单双程测距原理示意图

而双程测距法的脉冲信号在移动站和基站之间经历了往、返两个传播过程,通过测量往返时间计算出移动站和基站之间的距离。通常测距询问脉冲由移动站发出,该询问脉冲需要经过特殊的编码,以区别是哪个移动站的询问脉冲,基站收到该脉冲后,延迟一段固定的时间后向移动站发射应答脉冲。由移动站用户接收并测量询问脉冲和应答脉冲之间的时间间隔,便可以得到两站之间的距离,如图 11.9(b)所示,即

$$D = \frac{\Delta\tau - \tau}{2} \cdot c \tag{11.5}$$

式中:c 为光速,$\Delta\tau$ 为询问脉冲与应答脉冲间的时间间隔;τ 为基站对信号的固定时延。

双程测距法相比单程测距法,不需要移动站时钟与基站时钟的同步,节省了硬件资源开销尤其是对高精度时钟的需求,更有利于无人机导航的推广应用。其缺点是定位的更新率有一定程度的下降。

2. 到达时间差法

到达时间差法(TDOA),不需要基站与移动站间的时钟严格同步,只需要各基站间的时间严格同步即可,并且脉冲测距差信号也不需要双程传播,因此该定位系统相对简单,成本较低。

TDOA 与 TOA 的工作原理类似,都是利用测定信号在发射机和接收机之间的传播时间来进行定位的,区别在于 TDOA 测量的不是绝对时间而是一个时间差,即两个同步的基站信号到达目标载体(或者反方向传播)的时间差,由此可以计算出移动站到两个基站之间的距离之差。据此就可以建立唯一的一条双曲线方程,如果基于 3 个及以上的基站,就可以建立双曲线方程组来求解移动站的位置。

比如,通过测量目标载体到两对固定基站的距离差,就可以分别得到 2 个双曲线,其交点

即为目标载体所在的位置(其中有一个交点为虚假位置),其 TDOA 双曲线定位的数学模型示意如图 11.10 所示。

图 11.10 中,以基站 1 与基站 2 作为焦点可做出一个双曲线,以基站 1 与基站 3 可以做出另一个。两个双曲面有两个交点,可以通过载体的先验信息、或再增加一个基站、或用其他导航手段等,来排除虚假位置,确定移动站(目标载体)具体处于哪一个交点位置上。

利用测量时间差对应的双曲面法进行定位,不必要求发射机和接收机满足严格的时间同步关系,这就使得目标载体的定位设备相对简化,便于在无人机上搭载使用,所以 TDOA 方法在无人机导航中得到了较多的应用。

3. 接收信号强度法

在自由空间中,根据无线电波的传播原理,一定频率的无线电波的功率下降只和传播距离有关;而在自然环境中,电波功率的变化还和周围的地理环境、障碍物等多种因素有关,但在传播条件比较好的环境中,也可以认为功率的下降主要与传播距离有关。基于这个原理及假设的信号强度分析法(RSS),就是利用接收机到发射机之间的距离与接收信号强度关系,通过测量信号的功率或电平建立其与距离的关系式,然后再根据求解出来的距离样本集对目标定位。

但这种方法对信道传输环境的依赖性非常强,像多径效应、障碍物的遮挡以及环境条件的变化等,都会影响信号在信道中的传输及功率变化。由于这个原因,UWB 信号强度分析法的定位精度不高,并且随环境的变化还会下降严重,其无人机导航应用没有得到较好推广。

4. 到达角度法

到达角度法(AOA),是通过测量目标载体到两个固定基站的信号到达角度进行定位的方法,其角度测量可以通过配置智能天线、阵列天线或其他复杂天线系统来实现,定位原理如图 11.11 所示,两条角位置线的交点就是移动站所在的位置。

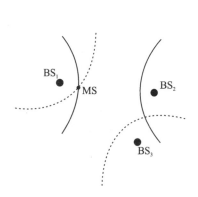

图 11.10　TDOA 定位原理的示意图

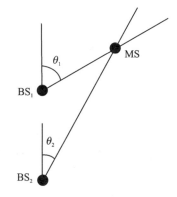

图 11.11　AOA 定位原理示意图

由于角度测量的精度不高,其定位性能与 TOA 和 TDOA 方法相比有一定差距,并且系统尤其是天线部分的实现比较复杂,因此到达角度定位法一般只作为辅助的导航手段使用,且受多径反射信号的影响较大,不宜应用于复杂的环境条件下。

5. UWB 导航工作过程

根据对以上几种定位方法的原理描述,可以推知 UWB 超宽带无线定位系统是由固定基站(接收机)、移动站(移动标签、发射机)以及定位解算平台等组成的。当有载体需要导航时,只需把移动站固定在目标载体上,通过确定移动站的位置来得到载体的位置信息。

在无人机 UWB 定位的具体应用中,通常的工作过程是:

① 布置好固定基站(至少 4 个),应尽量使这些基站所共同包围的区域涵盖了载体运动的导航区域;

② 建立或确定相应的导航坐标系,并量取或标定各个基站的坐标;

③ 将移动站固定到无人机目标载体上;

④ 开始导航,无人机移动站发出 UWB 无线信号脉冲;

⑤ 基站接收到相应的 UWB 脉冲,得到时间或时间差、功率、角度等原始测量数据;

⑥ 转换得到移动站到每个基站的距离或角度,或到多对基站的距离差;

⑦ 利用前述的定位方法,或将它们组合起来使用,解算确定出移动站即无人机目标载体的位置。

11.6.3　系统特点

目前,超宽带定位系统大多采用的是 TOA 和 TDOA 定位方法,RSS 和 AOA 方法比较少见,而应用场景多用在室内定位环境中,但在室外也有一定应用。结合 UWB 定位系统的信号形式、定位方式、系统组成和应用场景等,可以得到该系统的一些特点如下:

① 高分辨率:超宽带拥有亚纳秒级的极窄脉冲时间宽度,使它的距离分辨率极高,一般可以达到厘米量级,因此可以获得很高精度的测距信息和定位结果。

② 频谱共享利用:由于超宽带系统发射的极窄脉冲持续时间很短,具有极低的信号干扰比门限,其平均发射功率也很低,如工作范围在几十米以内时,所需功率仅为几十到几百微瓦。并且其带宽很宽,因此功率谱密度极低,甚至可以在低于环境噪声以下的环境场合正常工作,所以 UWB 信号一般不会对其他电子系统产生不良的干扰,可以实现频带共享、兼容共存,从而最大限度地利用稀缺的频谱资源。

③ 多用户共享:超宽带系统可以对不同的用户分配不同的伪随机编码,根据不同编码对脉冲信号进行调制,以区分不同的用户载体,通过码分多址实现多用户同时共享定位服务的能力。

④ 适合室内环境:在室内环境和拥挤的城市场所中,电磁空间环境非常复杂,电磁信号碰到墙壁、楼板、家具、物体、设备设施等各种障碍物后,会发生反射、折射、绕射、衍射等物理现象,进而产生的多径信号等各种干扰会与正常直达的测距/测角信号相互叠加,从而影响定位精度。

复杂环境中的多径时延常为亚纳秒级,即使当前相对窄带的无线电导航系统如卫星导航等,也无法分辨和抑制如此小的时延,因而使定位误差加大。

而超宽带系统采用亚纳秒级的离散窄脉冲进行测量,时间分辨率很高,经多径反射的延时信号等干扰与直达信号在时间上可以分离,从而提取出有用的直达信号,因而 UWB 导航具有较强的抗多径干扰能力和室内环境适应性,室内定位精度也高。

⑤ 系统简单易做:UWB 系统无需中频电路,结构相对简单,硬件易实现,功耗低、质量轻,在有限小区域应用的场合,是一种性价比较高的导航系统。

⑥ 缺点:频谱使用不灵活、频谱利用效率不高、信息传输速率不高;工作频率较高导致信号的覆盖范围十分有限,且穿透障碍物的能力不强;定位精度受环境因素的影响较大,动态物体如行人的遮挡会造成性能的大幅下降;需要提前布设多个基站,并确定其坐标位置。

综上,超宽带定位系统具有结构简单、功率很低、信号隐蔽性好、定位精确、抗多径干扰能力强等特点,可以说,UWB 定位技术凭借其极窄脉冲测距的特性,在系统小型化、成本、功耗、精确度等各个方面均具有明显的优势,为无人机的导航应用创造了有利的条件。

11.6.4　无人机应用

实测的 UWB 定位技术能提供高达 2 cm 的三维定位精度,可以满足无人机室内和室外定位与导航的需求,近年来已逐渐被应用于无人机定位领域,国内外各院校、研究院、公司企业等对无人机 UWB 导航技术的研究也日趋深入,取得了众多的应用成果。

美国 PLUS Location Systems 公司以其全球领先的技术优势,开发出定位精度高达 2 cm 的超宽带实时三维定位系统,其体积只有硬币般大小,响应速度可达 0.01 s,在复杂环境下可以稳定工作,市场认可度高。该 PLUS 三维定位系统在无人机定位应用中显示出高精度、高更新率、高稳定性的优势和特点,系统还带有 GPS 定位功能,使无人机定位可以实现室内室外的无缝对接,并且还可以直接在 PLUS 三维定位软件中绘制三维地图,是无人机研发和应用领域的得力助手。

美国 Time Domain 公司研发生产的 P440 超宽带定位系统,也应用到了无人机导航方面。该系统全向测距有效半径可达 4 000 m,测距精度为 2 cm,用 3 个 P440 模块作为定位基站,1 个 P440 作为定位标签(移动基站)安装在无人机上,通过无人机上的定位标签,实时测量到 3 个定位基站的精确距离,计算出无人机实时准确的三维位置坐标。基于该系统远距离、高精度的定位性能,可以在 GPS 定位精度达不到要求或无法定位的场景,如山区、室内、楼宇间、隧道、半地下矿区等场景下使用,实际效果良好。

为了给无人机提供更多、更准确的导航信息,已有人开始着手研究把 UWB 与惯性导航器件(如 IMU)等融合在一起进行组合导航,为无人机同时提供位置和姿态等导航信息。目前这方面的研究已处于起步阶段,如瑞士业内专家就融合了超宽带、机载加速度计和机载陀螺仪等信息,对四旋翼无人机进行闭环控制,利用扩展卡尔曼滤波器(EKF)进行导航状态的信息估计,该系统的状态估计器、控制器和轨迹生成器等全部运行在四旋翼的机载微控制器上,使定位信息的多样性、可靠性等得到提高,为 UWB 在无人机导航方面的应用给出了指导方向。

11.7　Wi-Fi 导航

目前,随着 Wi-Fi 通信应用的逐渐普及,很多设备如手机、计算机等都安装了 Wi-Fi 芯片及运行软件。另外由于其基础热点设施(基站或固定收发点)的覆盖区域也越来越广,很多公共场所如机场、车站、商场、学校、办公场所以及家庭等都有布设,因此其功能也开始从通信逐步扩展到了导航应用,用于实现室内定位及室外有限区域的定位,其有望成为未来极有潜力的一种定位方式,目前已被很多研究机构作为重点研发对象,在室内外人员定位、智能交通、无人机导航等方面发挥重要作用。下面从 Wi-Fi 通信的由来及工作原理展开介绍。

11.7.1　WLAN 与 Wi-Fi

1. WLAN

Wi-Fi 来源于 WLAN,后者是无线局域网络(Wireless Local Area Networks)的英文缩

写,是一种利用射频(Radio Frequency,RF)方式进行数据传输的技术,主要用于弥补有线局域网络及无线移动基站覆盖的不足,达到延伸网络覆盖范围的目的,实现无网线、无距离限制的快速网络访问,并且按需满足网络通信用户的移动或变化。与有线网络相比,WLAN 的优势是不需布线,适合运动人群、移动办公、区域活动用户等需要,目前已经应用到医疗保健、库存控制、管理服务、教育培训、智能交通和无人机通信等行业。

WLAN 的工作频率为 2.4 GHz 和 5 GHz,其无线网络的发射功率较一般的手机通信要微弱一些,为 60~70 mW,而手机约 200 mW。WLAN 的覆盖范围与所处环境的开放程度有关。无外接天线的情况下,在较开放空间的视线范围以内,覆盖范围可达 250 m 左右;在半开放性空间、有间隔的区域内,覆盖范围为 35~50 m。在外接天线的情况下,覆盖范围会有所扩大,具体的范围大小取决于天线增益值及天线的方向性图,以及根据用户所在的环境确定。

2. Wi-Fi

Wi-Fi 是无线保真(Wireless Fidelity)的英文缩写,属于 WLAN 的一个分支,或是WLAN 中的几个标准之一,采用 802.11b 标准。Wi-Fi 发展的初期是为短距离无线通信所设计的,是通过采用 WLAN 的协议产生的一项通信新技术,但后来发现其信号也可以用于导航,并在一些场合得到了实际应用。目前 Wi-Fi 信号的频率主要是 2.4 GHz 和 5.0 GHz,其无线路由的发射功率一般都在 50 mW 以下,最大可以达到 100 m 的覆盖范围;如果要达到 300 m 的话,功率大约要加大到 75~80 mW,因而其覆盖范围一般比 WLAN 的要小一些。

11.7.2　定位基本原理

Wi-Fi 的定位方式与 UWB 的基本类似,主要采用到达时间法(TOA)和接收信号强度法(RSS)来实现。在有 Wi-Fi 无线局域网覆盖的地方,手机、专用 Wi-Fi 装置等用户载体设备上的定位卡会周期性地发出信号,固定位置点上的 Wi-Fi 局域网接入点或访问点(Access Point,AP)接收到该信号后,将信号传送给定位服务器。后者根据信号的功率强弱或信号的到达时间确定出载体的具体位置,并可通过电子地图显示出来,或发送到载体设备上用于导航。

相比 UWB 定位,Wi-Fi 虽然覆盖范围广泛,但受周围环境等因素影响,其定位精度并不高,因此基于 Wi-Fi 定位的研究,主要体现在如何提高精度与环境适应性方面,采用的具体定位技术在 UWB 的基础上又有一定的拓展和深化,主要包括以下三种:

1. 接收信号强度定位法

该方法基于接收信号强度的大小,通过三边测量进行定位。其基本思路是通过信号强度测量和信号衰减模型,来估计待测点标签与接入点 AP 的距离,根据至少与 3 个接入点的测距值画出圆(或球),多个圆(球)的交叉点就是待测载体的位置,这种传统的三角定位原理,也称为三圆/三球交汇定位原理。

该定位方法的优点是布局和维护成本相对较低,只需要采集 Wi-Fi 接入点 AP 的位置数据库即可实现定位,是现在业界应用较多的 Wi-Fi 定位技术;缺点是定位的精度低,一般仅能得到 10~20 m 的精度或更低。当用于室内定位时,因为室内空间的墙体、楼板、家具、物体等障碍物会造成多路径干扰,导致信号接收强度的变化较大;或者 Wi-Fi 信号经过反射后才到达接收器,而不是一条直达的路径,这些现象都给信号强度测量及定位结果带来了较大的误差,影响了在室内环境中的推广应用。

2. 信号强度指纹定位法

该定位方法是对接收信号强度定位法的一种改进或修正,其技术思路是将在某点测量到的各 AP 点的信号强度,与前期在众多采样点采集到的信号强度特征进行对比分析,选取其中匹配最好的采样点位置,或者对匹配较好的几个采样点位置进行综合加权处理,作为载体的最终估计位置。

因此在实际进行定位之前,需在定位区域内设置很多个采样点,将信号接收定位终端分别放在各给定的采样点上,把每个 Wi-Fi 接入点发射的信号特征都记录下来,记录这些采样点与各 AP 点信号强度特征的对应关系,建立一个信号指纹库,用来表征定位终端在不同位置时的信号强度变化。在实际定位时,定位系统根据实时收集到的信号特征,通过与指纹库数据进行对比匹配,计算给出载体的最佳估计位置。

相比上一种方法,该方法的优势是定位精度高,可以达到 3~5 m 的精度。不足之处是系统对射频信号强度的指纹数据库依赖性较强,而指纹库的生成和维护成本也相对较高,且可移植性差,一旦周围的环境有所变化时,就需要重新采集附近可能受影响采样点的信号强度信息;系统要想得到较高的定位精度,则需要更加密集的采样点数据,以及更加庞大的指纹数据库,并且在增加数据库生成工作量的同时,也使定位的匹配时间加长,不利于动态用户的导航应用。

3. 信号传播时间定位法

这种定位方法与 TOA 方法类似,取得距离信息的方法也与双程测距法基本一致,是通过测量无线信号在载体标签与 Wi-Fi 接入点之间的往返飞行(传播)时间,来解算得到载体位置的。其基本思路是载体标签或 Wi-Fi 接入点发出一个询问信号,接收一方收到这个信号后,返回一个应答信号,询问方测量收发信号间的时间差,得到标签与 Wi-Fi 接入点之间的距离。系统要实现定位需要至少测量 3 个距离信息,通过三圆/三球交汇的原理进行定位。

该方法的优点是精度高,一般定位精度会优于 1 m。其局限在于现有的 Wi-Fi 设备还不完备,尚不支持这种询问应答式的工作机制,需要对设备进行升级改造,并制定相应的测距标准。这样一是会增加系统的复杂度,二是目前由于缺少标准,还难以大范围推广,影响了该方法在导航领域的深入应用。

11.7.3 基本特点

一般来讲,Wi-Fi 定位系统的精度与 AP 点铺设密度、定位载体的类型和周围环境等因素有关。基本的规律是 AP 点部署的密度越高,定位精度就越高;试验结果还表明,Wi-Fi 系统对物体的定位精度可以达到 3 m 甚至更好,而受人体干扰的影响,对行人的定位精度会略低一些,通常在 5~10 m 的范围内;在一般情况下,环境越复杂,定位精度就越低。

结合目前 Wi-Fi 定位系统的基本原理、系统架构和应用实例,可以概括出 Wi-Fi 系统的特点如下:

① 由于 Wi-Fi 通信系统已经非常普及,容易搭建、维护和管理,并且在实现网络、语音、视频等通信功能的同时就可以进行定位,使 Wi-Fi 导航功能易于实现和推广应用。

② 定位精度高,最高可达 3~5 m,可准确掌握人员或物品所在的位置,进行实时的人员或物品跟踪,以及给出在某时间段内载体所经过的路径轨迹。

③ Wi-Fi 设备功耗超低,可进行更换电池或充电操作,工作时间长,且对人体安全、无辐射损害。

④ 具有区域监控和越界报警功能,通过设定区域范围,监控区域内的人员或物品的位置及出入等情况,一旦越界或偏离预定轨迹时,可报警提示。

⑤ Wi-Fi 信号对建筑物、树木、物体等的穿透能力不强,导致在环境较复杂、遮挡物较多的情况下,穿透障碍物后的信号强度会明显减弱,信号覆盖面积会大打折扣。

⑥ 室内环境复杂时,信号会产生反射、折射、衍射等现象,多径效应会使信号传播路径明显变化,对定位精度的影响较大。

⑦ 现有的 Wi-Fi 定位技术,大都依赖 AP 点位置分布数据库和接收信号强度指纹数据库,存在如何可靠便利地产生、动态快速地维护这些数据库的难题,同时需要降低建立和使用数据库的复杂度,才能在更多、更广泛的领域中推广应用。

11.7.4　无人机应用

目前,基于 Wi-Fi 的导航、定位技术已在无人机上有一定应用,如对无人机的室内导航等,但尚不广泛。据报道,瑞士一高校的科研团队,将 Wi-Fi 定位技术与无人机相结合,用于在紧急情况下或危险环境中快速发现和定位人员,以及时开展救援、拯救生命。

该系统的工作原理为,利用无人机作为活动的 Wi-Fi AP 点,通过接收受困者手机发射的 Wi-Fi 信号来判断受困者的位置。在系统工作时,无人机需要飞行(或悬停)到几个不同的位置点收集手机的 Wi-Fi 信号,实现"一机代多点"的功能,而无人机的悬停位置则可以通过其他方式,如差分 GPS 等精确得到。一般可以通过测量无人机与手机之间的距离信息,利用三圆/三球交汇的方式定位手机所在的位置。

通常无人机上的 Wi-Fi 设备,能够探测到至少 9 m 以外的智能手机辐射的信号,并对其进行定位,因此对于难以进入的建筑物内部、地下室内或被掩埋而不可见的受困人员的检测与营救,该方法提供了一种利用外部无人机 Wi-Fi 进行搜寻与定位的应用模式。

11.8　习　题

1. 无线电导航可以利用的电气参量有哪些?对应可以测量什么几何参量?请分别举一个例子。

2. 熟悉多普勒导航的原理及其特点,其主要的缺点是什么?

3. 了解 UWB 的几种导航方式,为什么其定位精度比较高?

4. 简述 Wi-Fi 与 UWB 在定位原理上的相同与不同,举例说明它们在无人机上的应用。

5. 简述视觉导航的工作原理与分类,举例说明无人机的应用方法。

6. 了解天文导航的原理与特点,其在无人机上的应用存在什么大问题?

7. 地磁导航为什么可以实现全球定位?目前应用存在的最大障碍是什么?

8. 描述图形匹配导航的原理、分类及特点,给出无人机应用的例子。

第 12 章 导航系统的组合应用

为了引导载体沿着特定的路线运动并及时到达目的地,通常先要选用一种导航手段来为目标载体提供定位与导航服务。但是一般来讲,每种导航系统都有其自身的优缺点,在很多情况下,仅仅依靠某个单一导航系统,往往难以满足载体对多方面导航性能(如精度、可用性、连续性、完好性、可靠性等)的要求。

这时,就需要考虑采用两种或两种以上的导航系统,共同联合为同一个载体提供导航服务,以充分利用不同导航系统提供的导航信息,发挥各自的特点,取长补短,优势互补,就可以达到单一导航系统无法实现的功能,或提高联合系统的综合导航性能。这种导航应用的方式,我们称其为组合导航。而一个工作良好的组合导航系统,相比其中的单一导航系统,会在定位精度、实时性、可靠性等方面全面提高或部分提高,因此系统组合已成为现代导航应用发展的一个基本方向。但是也存在组合以后,系统整体性能或部分性能反而下降的情况,这是需要研究人员力求避免的情形。

12.1 概 述

把两种或两种以上不同工作方式的单一导航系统组合在一起,利用多种导航信息源相互补充融合,通过冗余信息或互补信息来弥补缺陷、提高性能,构成的一种新的导航应用方式称为导航系统的组合应用,简称为组合导航。

通常,将不同的导航系统组合使用,可以达到提高性能、增强功能、扩大适用范围、增强系统可靠性、提升性价比等方面的目的,因此组合导航已被广泛应用于军事和民用的诸多导航系统中,在交通运输、航空航天、武器装备、无人机导航、机器人导航和个人导航等领域发挥了重要作用。在无人机导航中,为了适应各种复杂的环境,保障无人机导航的精度、可用性、可靠性以及自主飞行能力等,常常使用组合导航来解决无人机在飞行控制与导航中的疑难复杂问题,组合导航已经成为无人机导航技术中的一个关键技术及主要发展方向。

为了实现组合导航的基本功能,需要在导航系统选取、组合方式等方面开展研究。下面就这两个问题分别展开讨论。

1. 组合系统的主体选择

关于上面第一个问题,主要需考虑组合双方或多方是否具有功能或性能的互补性,即是否能够发挥各自优势,用一种系统的优势,弥补另外一种系统的劣势,实现你无我有、你弱我强的组合目的。

目前,最常见、常用的组合导航是卫星导航系统(GNSS)和惯性导航系统(INS)的组合,它是众多组合导航中最典型的代表系统。惯性导航是以牛顿力学定律为基础,依靠安装在载体内部的加速度计、陀螺仪等,测量载体的三轴角速率以及在三个坐标轴上的运动加速度,经积分运算得出载体的瞬时速度和实时位置。卫星导航可以实现全球覆盖,通过测量太空中多颗导航卫星发射的无线电信号,进行高精度测距或测距差,经几何运算实现定位,可以为全球各个国家和地区的用户提供导航服务,适用于大范围、高精度的导航应用。通过对这两个系统的原理分析及应用实践,可以得出它们各自的特点及互补性,主要包括以下几个方面:

第一,GNSS 系统,如 GPS 等的定位精度较高,但由于信号较弱,容易受到干扰、遮挡、衰减等的影响而无法实现定位;而惯导系统为独立导航工作模式,自主性好、抗干扰能力强,定位完全不受外界因素的影响,这样两者形成了第一个互补关系。

第二,惯导测量的是加速度参量,要实现定位需要二次积分,导致导航精度较低,且导航误差会随时间积累,若仅使用惯性导航进行定位,会使误差越来越大;而 GPS 测量的是实时距离信息,可直接转换为位置信息实现高精度的定位,没有积累误差,这是第二个互补。

第三,GPS 测量的原始信息是距离,而惯导得到的是加速度(速度)信息,参量属性不同但可以互相转换,这样数据有冗余并且可以相互验证,以消除各自的误差,提高容错能力,此为第三个互补。

第四,GPS 定位数据的更新率受硬件处理能力限制,目前可以达到 50 次/s(个别可到 100 次/s);但惯导的更新率很高,一般可以达到 1 000 次/s 甚至更高,这样就可以弥补 GPS 在这方面的不足,提高系统高动态应用的能力。

因此,GNSS 和 INS 的这几种互补关系,使它们的组合成为一种很好的典型应用模式,而一般来说,只要有前两个方面的互补就可以选择进行组合了。

在实际应用中,除了 GNSS/INS 的组合,其他的组合方式还有很多,大都包括了卫星导航或惯性导航,或同时包括了它们两者。根据利用单一系统的数量,可以划分为二组合、三组合、四组合等导航系统,其中有一定应用的如卫星导航与多普勒导航、惯导与地形匹配导航、惯导与地磁导航等二组合,以及 GNSS/INS/地形匹配的三组合等。另外,在组合导航的应用中,对于多组合系统,还会在不同的环境条件下、不同的航程阶段等,选用不同的系统或采用不同的组合方式进行导航应用。

2. 组合系统的工作方式

在实际应用中,要实现性能提高、功能增强的组合目的,不是简单地把两种导航设备放在一起,进行数据补充或简单平均就可以解决的,上述第二个问题的解决,即如何组合的问题,需要通过一些专门的技术、手段、算法来解决,其中主要的技术包括系统误差建模技术、信息融合技术和系统容错技术等。

系统误差建模技术,是通过组合来校正单个导航系统的误差,以提高组合后的总体导航精度。通常,每个导航系统输出的结果都是有误差的,通过建立误差模型,利用组合的互补或冗余特性,来分析单个系统的误差来源和误差特性,计算出每个时刻各个观测参数以及估计出参数的误差,通过校正单个系统的输出结果,得到更精确的组合定位精度。

信息融合技术,是将多个导航系统的传感器信息,即不同类型的导航数据进行检测、估计、关联、综合等多方面的处理,以获取性能更优良的导航结果输出的过程,也是一个对导航数据不断自我修正、持续精炼、获得结果改善的过程。信息融合往往会与卡尔曼滤波等数据处理算法联合使用,通常可以更好地提高组合系统的导航性能,这也是组合导航比较关键和需要深度研究的地方。

系统容错技术,是用于诊断、解决或排除组合导航系统中出现的故障,提高系统的可靠性和可用性的一种实用技术。容错就是在某一系统中,当一个或多个关键部件出现故障时,容错装置能够采取相应的措施,维持现有系统的规定功能,或在可接受的性能指标变化下,继续稳定、可靠运行的能力。

　　一般而言,组合导航系统会比单一导航系统具有更加良好的性能,但同时系统也会更加庞大和复杂,组合后的系统故障率也会提高,工作过程中难免会有一些传感器或子系统发生故障,进而可能会很快地影响整个系统的正常工作,导致定位精度等性能下降,严重时甚至会使系统工作失常而发生崩溃。

　　因此,组合导航系统对可靠性提出了更高的要求,容错就是要建立一种故障监控机制及一个与之对应的监控系统,来及时地监视系统的运行状态,实时地检测系统发生的故障,并对故障原因、故障频率和故障的危害程度进行分析、评估、判断,给出对系统正常工作影响程度的结论,据此采取必要的控制措施,对故障子系统或故障元部件等予以隔离或弃用,并利用组合系统的冗余特性,尽量重构出一套可以保证系统基本性能的新系统,以实现导航系统必要的健康可靠运行,提供可用的定位服务。

12.2　组合导航原理

　　组合导航的基本原理,就是利用各个单独导航系统传感器的导航信息,进行信息融合、数据滤波、故障诊断、容错重构等方面的处理,以得到更优的性能参数和增强的系统功能。因篇幅所限及内容要求,下面主要对组合中的信息融合和数据滤波进行介绍。

12.2.1　信息融合技术

　　信息融合是组合导航必须用到的技术手段之一,是组合应用的最基本功能,它是将来自多传感器或多源的信息数据进行综合处理,以得出更为可靠准确的结论,因此也可以称为传感器信息融合或多传感器信息融合。从 20 世纪 70 年代起,信息融合就作为一个新的独立的学科逐渐发展起来,最早主要出现在军事领域方面,现在已经广泛应用于军用及民用的各行各业中。

　　对组合导航应用来说,多传感器系统是信息融合的硬件基础,也是导航载体了解外界信息、采集定位数据的窗口与通道。多传感器通过观测、感受载体的运动信息,把采集到的多源信息传送给信息融合计算机,计算机负责对这些信息进行协调优化和综合处理。通常多传感器系统的信息特性是互补的,观测到的信息具有不同的度量特征,因而在进行融合时,就可以使这些信息进行独立明确的分工与协作。

　　从工作机理上来讲,信息融合发挥着类似人类大脑的信息处理功能,即利用五官所具有的听觉、视觉、味觉、触觉等功能,将观察到的外部世界事物,变成生物电信号送到大脑进行信息综合处理,大脑根据已知的经验或信息进行分析、理解、评估、判断,给出对外部事物的评价结论。相对于计算机导航信息融合,利用按时序获取的若干传感器的观测信息,计算机利用融合算法在一定的准则下加以自动分析、评估判断与综合处理,以完成所需的导航决策和估计任务,获得精确的位置等参数估计,以及对系统状态良好程度的一个判断。

　　将信息融合技术用于多传感器组合导航系统,处理来自各个导航传感器的信息,就形成了组合导航信息融合系统,一种典型的组合导航信息融合系统的结构组成示意图如图 12.1 所示。

　　图 12.1 中,预处理是对单个导航传感器内部信息的初步处理,一般包括野值去除、小波降

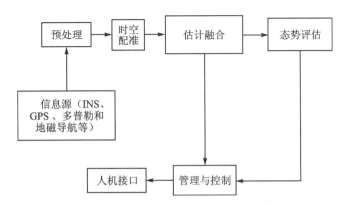

图 12.1　组合导航信息融合系统的结构组成示意图

噪、数据压缩等。时空配准则是指对各导航系统之间的、不同类型的信息进行时间同步、量测同步及空间坐标系、量测空间等方面的统一与转换。估计融合是通过信息融合方法对载体的导航状态进行估计和判断。态势评估则是利用分布的各导航系统对任务环境、导航态势、协同状态等做出评估。最后,将估计融合和态势评估的结果都输入到管理与控制单元中,以便完成对后续人为控制决策的导航定位实现,可以通过人机接口等显示或输出。

可以看出,组合导航的信息融合大多是属于位置级或信息域的融合,即直接在导航传感器的观测数据(或测量点迹)和传感器的状态估计上进行的融合。位置级的融合可以直接估计目标的状态(位置、速度、加速度和姿态等)信息,并通过时间和空间的配准与融合,综合来自多传感器的位置信息,建立目标的运动航迹和模型数据库,通过数据校准、互联、跟踪、滤波、预测、航迹关联及航迹融合等处理,得到更加优质的位置信息和导航性能。

从物理概念上来讲,位置级融合是根据传感器的物理模型、系统模型及对传感器的噪声统计估计,将传感器的观测数据转换到位置状态矢量空间进行融合的过程,可以说,位置融合是导航信息融合的基础,是进行态势评估和故障风险估计等后期系统级融合的前提。

按照导航系统内部结构层级的划分来说,位置级融合只是组合导航信息融合方式的一种,属于信息域层级的融合。根据导航系统从内到外的级别层次,组合导航信息融合可以包括误差级、传感级、位置级、系统级四种级别,分别对应系统的状态域、测量域、信息域、评估域的信息融合,而前三种分别对应于大家通常所说的超紧组合、紧组合和松组合。由于篇幅所限,在此不再展开讨论,其中部分融合方式后面会有具体描述。

当前,导航信息融合技术已成为多学科交叉的新技术,涉及包括信号处理、概率统计、信息论、模式识别、人工智能、模糊数学、综合决策等诸多基础理论,在导航的诸多应用领域都有着广泛而深入的研究与体现。

12.2.2　卡尔曼滤波算法

在组合导航系统中,为了更好地提高组合后的导航性能,信息融合通常会与一些方法、算法等配合使用,比较常用的方法有递推最小二乘法、独立线性组合法、卡尔曼滤波法等,其中卡尔曼滤波法是组合导航信息融合中应用最多的方法,也是融合效果比较好的方法。

卡尔曼滤波方法的本质,是一种时域递推的最小均方差估计方法,采用了状态空间的模型结构,利用上一时刻的状态信息,来预测当前时刻的状态,其目的是从采集到的导航观测量中通过算法估计出所需的信号或信息。该观测量是导航信号(信息)与噪声的混合体,因此需要抑制噪声,提取有用信号。因此,卡尔曼滤波是将前期预测状态和当前观测状态通过滤波公式,来估计此刻状态的一种算法,其典型的系统状态方程表达式如下:

$$\boldsymbol{X}_k = \boldsymbol{\phi}_{k,k-1} \boldsymbol{X}_{k-1} + \boldsymbol{B}\boldsymbol{U}_k + \boldsymbol{W}_k \tag{12.1}$$

式中:$\boldsymbol{X}_k$ 为 k 时刻的系统状态;$\boldsymbol{X}_{k-1}$ 为 $k-1$ 时刻即上一时刻的系统状态;$\boldsymbol{\phi}_{k,k-1}$ 为 $k-1$ 时刻向 k 时刻的状态转移矩阵;$\boldsymbol{U}_k$ 是 k 时刻系统的输入向量或导航传感器采集的信息,即距离、角度、速度、加速度等观测量;$\boldsymbol{B}$ 是系统输入量与系统状态之间的关系转换矩阵;$\boldsymbol{W}_k$ 是系统噪声。

而系统的测量方程表达式,或系统的输出公式为

$$\boldsymbol{Z}_k = \boldsymbol{H}\boldsymbol{X}_k + \boldsymbol{V}_k \tag{12.2}$$

式中:$\boldsymbol{X}_k$ 是 k 时刻的测量输出向量,即导航的位置、速度、姿态等信息;$\boldsymbol{H}$ 代表观测量与系统状态之间的关系转换矩阵;$\boldsymbol{V}_k$ 为量测噪声向量。因此只要给定了系统初始状态 $\boldsymbol{X}_0$ 和初始状态协方差阵 $\boldsymbol{P}_0$,就可以依次递推并实时更新系统的状态,得到所需的导航参数信息。

卡尔曼滤波算法具有数据存储量小、易于计算机实现、实时性强的特点,但由于它仅适用于线性系统,只能用它解决一些线性、简单的问题,使广泛应用受到限制。随着多位学者的深入研究,将卡尔曼滤波进行了改进、优化和发展,得到了扩展卡尔曼滤波算法。1988 年,有国外学者进一步提出了联邦卡尔曼滤波器融合算法,该方法简单有效,融合周期可选定设置,可大大减少计算工作量,并可用于组合导航系统中的容错设计。采用联邦滤波结构设计的组合导航系统,相对最优结果损失了少许精度,但换来的却是组合导航系统的高容错能力,目前美国空军等机构已将其应用于具有高容错性能的新一代组合导航系统中,发挥了优良的作用。

卡尔曼滤波既可在传感器层或单一导航系统层进行局部融合(测量域融合),也可在组合系统层进行全局融合(信息域融合)。在联邦卡尔曼滤波中,各传感器信息分配系数的取值决定着整个联邦滤波器的性能,精度越高的传感器,信息分配权值就应该越大;反之,精度差的传感器,其权值就应该越小,这样就可以保证系统总体性能的最优。

在实际应用中,相比其他方法或算法,卡尔曼滤波算法往往是结果最优、效率最高,并且最可用的方法,能够解决大部分实际中的问题,因此在各行各业获得了广泛应用,如组合导航、计算机图像处理、雷达系统、制导系统、机器人控制、导弹追踪、传感器融合等多个领域。比如,GPS 地面监控部分的主控站,就是利用卡尔曼滤波器来估算各个卫星的星历参数和时钟校正参数的。

组合导航是航空航天、机器人、无人机等导航应用的基本技术手段,其中经常会使用卡尔曼滤波、扩展卡尔曼滤波、联邦卡尔曼滤波等算法进行数据处理、信息融合和定位解算,可以说组合导航是卡尔曼滤波方法最成功的工程应用之一。

12.3 典型组合导航方式

组合导航作为一种面向应用的导航技术手段,通过对两种或两种以上的导航系统进行数据融合和信息处理,来提升导航的整体性能,已经在无人机导航系统中得到了比较广泛和成功的应用。组合导航未来发展的一个关键问题,就是如何从众多的导航手段或导航系统中,选出

一种综合性能最优、可用性最高、性价比最高的组合方式，来满足运载体用户的导航定位需求。目前，业界的普遍看法是，一般会选择以卫星导航和惯性导航（两者或其中之一）为主，再根据需要与其他导航系统进行组合的应用方式。

当前，无人机系统应用最多的组合导航方式，就是惯导（INS）/卫星导航（GPS）的组合，而其他的组合方式在无人机中也有涉及，例如卫星导航/多普勒组合导航、惯导/地磁组合导航和惯导/地形匹配组合导航等。

在实际应用中，通过惯性导航与其他导航系统进行组合的应用案例较多，这是因为惯性导航具有高度自主性，可以不依赖于外界信息，只靠对载体本身的惯性测量就可完成导航任务，并且具有高可靠性，受外界因素的影响小，以及具有高速数据输出率，方便与其他导航方式的数据结合，同时还可以输出完备的载体姿态信息和运动数据。

而利用卫星导航系统的组合优势，在于其全球的覆盖陆、海、空、天用户的能力，以及全天候、不间断、高精度、实时的定位特性，可以提供精确的三维位置、三维速度和时间信息进行位置级的融合，也可以利用伪距信息实现测量域的融合，因此在组合方式中占据了很大的应用比例。

12.3.1　GPS/INS 组合导航

由于 GPS 的低动态、窄带宽、高精度特性，以及 INS 的高动态、宽频带和误差缓慢漂移等特点，形成了卫星导航与惯性导航的优势互补、取长补短的特性，它们的组合方式常常被称为"黄金组合"。而 GPS 是卫星导航的典型代表，目前卫星导航与惯性导航的组合，大多是以 GPS /INS 组合为主，也是目前应用最广泛的一种组合导航方式。

除了前文提到的 GPS 与 INS 的互补特性外，该组合导航方式的优点，还包括以下几点：

① 可以利用 GPS 系统辅助实现对于惯导系统各传感器的校准、惯导的空中对准以及高度通道的稳定等，从而有效地提高惯性导航系统的精度和性能。

② 惯性导航系统短期数据的稳定性与精确性，可以辅助 GPS 接收机增加其跟踪卫星的能力，提高其动态特性和抗瞬态干扰性。

③ GPS/INS 组合可以实现对 GPS 完好性的监测，从而提高系统的可靠性和抗故障风险的能力。

④ 把 GPS 接收机放入惯导部件中，可以实现一体化组合，以进一步减小系统的体积、质量和成本，也便于实现惯导和 GPS 间的同步，减小非同步误差。

根据 GPS/INS 组合的紧密程度不同，又可以分为松组合、紧组合和超紧组合三种。这些组合方式的主要区别在于其融合或处理的参数或数据处于导航系统的层级不同，如果仅利用系统表面的、直接的输出数据进行组合处理，则称为松组合或浅组合；如果利用或针对系统内部的参数开展融合，则称为深组合，其又包括紧组合和超紧组合两种。下面分别进行介绍：

① 松组合：属于位置级或信息域的组合，分别取 GPS 和 INS 输出的速度计算其速度差值，输出的位置信息计算其位置差值，作为组合导航系统的输入或观测量，以 INS 的误差方程作为系统方程，通过卡尔曼滤波对 INS 的速度、位置、姿态以及各传感器的误差进行最优估计，根据估计结果对 INS 进行输出补偿或反馈校正，以提高组合系统的测速、定位、可用性、连续性等性能。

② 紧组合：属于传感级或测量域的组合，根据 GPS 导航卫星的星历数据计算获得卫星的

位置信息,再根据 INS 输出的位置和速度信息,计算得到导航卫星与 INS 输出位置对应的伪距、伪距率,将其与 GPS 接收机测量到的伪距和伪距率做比较,其差值作为组合系统的输入观测量,通过卡尔曼滤波对 INS 的误差和 GPS 接收机的误差进行最优估计,之后再对 INS 进行输出补偿或反馈校正,得到高精度的定位结果。

③ 超紧组合:属于误差级或状态域的组合,即利用滤波技术等对 INS 的各种误差进行最优状态估计,同时利用校正后的 INS 的速度信息,辅助调整 GPS 接收机的载波环、码环等的状态参数,从而减小环路的等效带宽,缩小 GPS 接收机在高动态条件或强干扰环境下的捕获与跟踪误差,提高系统的捕获跟踪能力和定位性能。

GPS/INS 组合导航目前已成为一种普遍应用的导航手段,也是组合导航中最主流的组合方式,在各行各业的导航中都有应用。统计发现,大多数的无人机导航系统都是采用 GPS/INS 为主导的导航设备,是导航系统的核心部分甚至全部,该组合方式对于保证导航信息的精确性、可用性、连续性、完好性等起到了关键作用。除了在室内环境外,在室外有一定遮挡或干扰的条件下,GPS 会出现信号不好或短期无法使用的情况,而采用 GPS/INS 组合即是一种几乎最优的选择。

例如,美国的高空长航时"全球鹰"无人侦察机,其导航系统中最重要的导航设备是美国 Kearfott 公司生产的 KN 072 型 GPS/INS 导航系统,它通过一个单片集成环路激光陀螺仪,与嵌入式的 C/A 码 GPS 差分接收机相连,可提供 INS/GPS 组合系统或纯惯导系统输出的方位、姿态、速度、位置等信息,是一种成本低、质量轻、效率高的导航设备,可以满足无人机用户的多方面导航需求。

12.3.2　惯导/地形匹配组合导航

将惯性导航与地形匹配导航进行组合,也是一种互补性较强的组合方式。地形匹配导航系统具有自主性、高精度、无积累误差的突出优点,与惯性导航系统结合构成惯导/地形匹配组合导航系统,一方面可以利用地形匹配定位的精确位置信息,消除惯性导航长时间工作的累计误差,提高惯性导航系统的定位精度;另一方面利用惯性导航的短期稳定性,可以解决地形匹配导航偶尔失效的问题,提升组合以后系统的可用性与连续性。

惯导/地形匹配组合导航也可以称为地形辅助惯性导航,在无人机导航中有着良好的应用,已成为无人机导航发展和应用的未来趋势之一。当无人机需要执行诸如测绘、摄影、侦察、监视、对地攻击、毁伤评估等比较复杂的军用、民用任务时,装载的多种图像和高度传感器在完成其基本任务的同时,可继续用于地形匹配导航以及与惯导的组合导航,实现"一机二用"的多功能目标,适应更加复杂多样的实际导航环境。

惯导/地形匹配组合导航技术发展于 20 世纪 70 年代,由于其工作不依赖于任何外部设备,具有自主性高、隐蔽性好、抗干扰能力强等特点,成为弥补惯导固有缺陷、实现无人机高精度自主导航的重要途径。这种组合方式的缺点在于,由于地形、景象测量设备的分辨能力有限,限制了地形辅助导航的应用范围,比如对于无人机导航而言,只有在低空飞行、天气状态良好时才可以应用,一般是在 500～800 m 以下的范围,未来随着高分辨影像采集、大功率高度测量等设备的出现,以及对大气污染的逐步治理,相信对无人机飞行高度的限制会逐渐放宽。总体而言,该组合导航系统能够有效提高无人机的自主导航精度和可用性,已经取得了一定的军事和经济效益,体现了良好的应用价值。

地形辅助导航的基本工作过程如下：

① 在无人机执行飞行任务前,通过地形特征分析确定合理的地形匹配区,并向地形匹配存储器加载任务所需的数字高程基准图或景象匹配数据库以及任务参数。

② 在无人机飞行过程中,首先通过机载惯导系统将无人机引导至匹配区内。

③ 组合系统将本次匹配的数字高程基准图或景象匹配数据库,从数据存储器中调入到系统的工作内存中,并开始地形高程数据的采样,或地面影像数据的采集。

④ 系统同步采集惯导输出的速度和位置数据、气压高度表数据、无线电高度表数据等。

⑤ 将以上数据输入到地形匹配组合导航系统的滤波软件中,进行匹配滤波计算后,输出对惯导系统的校正信息,并获得高精度的定位信息。

可以看出,惯导/地形匹配导航系统的所有工作都是在机载设备上实现的,包括存储基准数字地图或景象匹配数据库,加载地形匹配组合导航软件,采集测量数据并实时处理,进行匹配组合滤波,进行惯导校正和输出定位结果等。因此要求机载设备具有一定的或比较大的存储能力,尽量采用大容量的存储设备,并且要求机载计算机具有较高的计算能力和较快的运算速度。

按地形匹配工作原理的不同,地形辅助惯性导航系统一般分为两大类:地形高度匹配组合导航系统和景象匹配组合导航系统,而前者与后者相比有更多的实际应用。

1. 地形高度匹配组合导航系统

地形高度匹配组合的基本思路,是利用惯导的粗略位置数据,通过对飞行高程的实时测量并与之匹配,利用滤波算法提高对地形高度的匹配概率与匹配精度,得到精确的位置信息,再反过来对惯导的定位数据进行补偿校正。常用的地形高度匹配组合导航系统,通常由硬件设备、软件程序及数据库等组成,具体包括惯导设备、对地高度测量设备、绝对高度测量设备、地形解算计算机、匹配滤波软件以及存储在计算机上的数字地图等。

无人机在飞越航线上某些特定的地形区域时,利用无线电高度表测量无人机正下方的距离,即飞机对地的相对高度,通过气压高度表测量当前位置的海拔高度,两个高度之差就是本地的地形高度,这样无人机便可自主测出所在位置正下方的地形高度值。而无人机上存储的事先测绘的数字高程地图,本质上反映的就是地形高度与地理位置的对应关系。通过将地形高度的实时测量值与参考地图上的高度数据进行匹配,一般便可以得出无人机所在的地理位置。但在参考的数字地图中,可能有多个地理位置的地形高度与实测的地形高度值相等或相近,尤其在相似的地形或比较平坦的区域情况更是如此。为了解决这个问题,即从多个地理位置中匹配确定出无人机所在的真实位置,就需要来自惯导 INS 的导航信息。

通过 INS 提供的带有积累误差的无人机位置、速度和航向等信息,结合地形高度的序列测量值,即前面多个时刻沿着飞行路径连续测量的无人机正下方的地形高度值,就有可能排除错误的无人机地理位置,确定唯一正确的位置估计值,从而自主连续地计算出无人机精确的三维位置信息,并对惯导输出结果进行及时修正。

2. 景象匹配组合导航系统

景象匹配辅助导航的基本原理,与上面描述的地形高度匹配组合导航基本一致,只是它利用的是无人机上图像传感器获取的实时图像,与机上事先存储的参考图像进行匹配,来获得无人机的当前位置,然后与惯性导航系统相结合,给出精确的位置信息,并修正 INS 系统的累计误差,实现无人机的自主高精度导航。

景象匹配组合导航系统一般由惯导系统、图像传感器、基准图像存储装置和图像相关处理器等组成。其中匹配所需的实时图像,是通过机载(或弹载)图像传感器实时拍摄当前所在位置的地物景象得到的,图像传感设备通常为雷达敏感装置或光学摄像装置,用于取图、成像和处理图像等。常用的基准图像存储装置为数字图像存储器或模拟图像存储器,用于储存预先获得并经过处理的基准图集或图像特征数据库。图像相关器可以是计算机、光学相关装置、电子图像相关器或数字/模拟相关器等,用于完成实时图像与基准图像的相关运算,并给出匹配结果。

12.3.3　惯导/多普勒组合导航

惯导/多普勒导航的组合方式,既可以解决多普勒导航精度受地形因素的不利影响,又可以解决惯导自身的积累误差,同时在隐蔽性上二者也可以实现较好的互补,因此在无人机导航中有一定程度的应用。

在惯导/多普勒导航系统中,通过引入卡尔曼滤波器进行信息融合,利用该滤波器输出的参数误差估计值直接去校正惯导输出的导航数据,通过闭环反馈最终得到高精度、高可靠性、高自主性的定位结果。

一种典型的惯导/多普勒组合导航的原理框图如图 12.2 所示,图中采用了将输出校正和反馈校正相结合的校正方式,即在估计过程中首先采用输出校正,等待滤波器稳定之后再进行反馈校正,然后将校正后的导航参数作为系统输出。如果只采用输出校正,那么惯导系统的误差会随时间积累越来越大,这样就会与状态方程的线性化特性相冲突,从而导致滤波发散。而反馈校正是将估计状态引入系统内部进行校正,因卡尔曼滤波存在动态收敛过程,而在此过程中的估计精度不高,内部校正可以减小估计误差,有效避免卡尔曼滤波结果的发散。

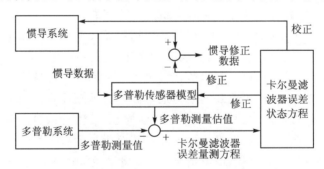

图 12.2　惯导/多普勒组合导航系统原理框图

12.3.4　惯导/地磁组合导航

惯导/地磁组合导航又称地磁辅助惯性导航,简称为地磁辅助导航。这种组合的方式具有较好的互补性,既可利用地磁匹配定位的长期稳定性,来弥补惯导系统的误差随时间积累的缺点,又可利用惯导系统的短期高精度特性,来弥补地磁匹配系统易受干扰的不足,两者组合以后具有自主性强、隐蔽性好、成本低、可用范围广等优点,是当前导航领域的一个应用热点,目前在无人机导航上也有一定程度的应用。

无人机惯导/地磁组合导航系统的基本工作流程如下:

① 根据预先规划好的无人机航迹,把航迹上每段区域内的地磁场匹配特征量绘制成基准

图,构成基于航迹的地磁数据库,存储到导航计算机中。

②　当无人机飞越各段区域时,搭载在无人机上的磁测量设备(如地磁探测仪等),实时测量当前位置上的地磁场强度,通过数据处理转化为飞越点的匹配特征量,得到实时的地磁变化图,输入到匹配模块。

③　利用惯导给出的初步位置,在计算机中将实时地磁图与基准图进行相关匹配,确定无人机的实时匹配位置。

④　将匹配位置输入到组合导航滤波器中,滤波结果再反馈给惯性导航系统以补偿惯导的积累误差,或者也可以直接把地磁数据和惯导数据输入到滤波器中,进行系统状态的实时估计。

⑤　导航滤波器输出的位置信息即为载体的当前位置,从而实现无人机高精度导航的目的。

其中在步骤③中,可以进行匹配的地磁特征量有很多,如总磁场强度(B)、水平磁场强度(F)、东向分量(Y)、北向分量(X)、垂直分量(Z)、磁偏角(D)、磁倾角(I)、磁场梯度等,都可以作为匹配特征量使用。但是如果参与匹配的特征量过多,无疑会增加匹配的复杂度,降低匹配的实时性,因此一般应该选择特征或特征变化比较明显的地磁参量进行匹配,或者根据是否具有较高的匹配精度和匹配捕获概率的原则,选择方便、灵活及实用的匹配方式。

图 12.3 是一种惯导/地磁组合导航系统的工作原理框图,可以看出整个组合过程构成了一个大的数据回路,并且在闭环、反馈的模式下工作。其中磁力仪与地磁基准图的数据用于进行地磁匹配定位,定位信息再与惯性传感器的解算数据一起送到组合导航滤波器进行滤波处理,将其输出作为最终的导航定位结果,并反馈给惯性传感器对其进行参数校正。

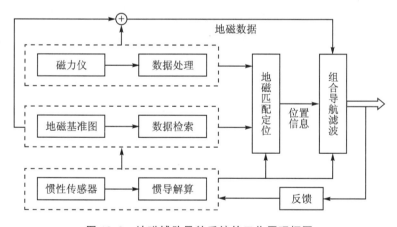

图 12.3　地磁辅助导航系统的工作原理框图

从以上的系统工作原理及工作过程可以看出,地磁辅助惯性导航具有以下优势:

①　对地磁的测量不受位置和环境的影响,无论在地上、高空还是水下以及室内室外,无论任何季节、气象气候条件,地磁场都可以被检测到,这无疑为全天候、全地域的组合导航提供了实现基础。

②　惯性导航和地磁导航都是无源导航方式,不会有电磁信号泄露,这将大大提高载体运动的隐蔽性,因而具有很大的军事应用价值。

③　作为一种匹配定位方法,地磁导航的误差不会随时间产生累积效应,非常适合与惯性

导航系统进行信息融合,并通过组合导航的滤波结果对惯性器件产生的积累误差进行及时修正。

④ 地磁场有多个特征量可以匹配,其中矢量场的特征量,不仅有幅值信息可以利用,而且其方向信息也可作为导航信息的参考,相较于地形匹配、景象匹配等标量数值的匹配算法,可以提供更加丰富的导航参照信息,有利于组合导航滤波器的快速收敛和性能提高。

基于以上优势,地磁辅助惯性导航技术正在引起国内外研究学者的兴趣,成为无人机导航应用领域的一个新热点。相比于其他辅助导航手段,地磁辅助导航完全是被动的,不向外发射任何能量,适合军用平台高隐蔽性的要求,凸显了在这一应用背景下的优势,为军事无人机导航提供了更为广阔的发展空间。当前,惯导/地磁组合导航在地磁高精度测量技术、地磁数据库构建技术、地磁匹配技术、组合滤波技术等方面还存在一定的不足,需要继续完善和提高,以满足无人机的高性能导航需求。

12.4　习　题

1. 组合导航中的组合,应该遵循的基本原则是什么?

2. 描述组合导航的基本机理,组合可以在哪几个层次上进行?

3. 分析信息融合技术的特点。

4. 给出卡尔曼滤波原理介绍,指出其公式中的参量与卫星导航或惯性导航中的参数的对应关系。

5. 在 INS/GPS 组合导航系统中,INS 与 GPS 是如何实现优势互补的?

6. 分析如果多普勒导航与 GPS 进行组合,会带来哪些好处?

7. 描述地磁辅助惯性导航的工作过程,分析其组合的特点。

8. 分析地形辅助惯性导航方式的优势与不足。

第 13 章　导航设备及应用模式

无人机为完成飞行任务和载荷任务,需要其导航系统及相关设备等提供诸如位置、高度、速度、加速度、姿态、时间等方面的导航信息,不同的任务所关注的导航参数不同,且对每个参数的性能需求也有所不同。导航需求一旦确定以后,导航设备的选择及如何应用就成为无人机完成特定任务的关键,下面就通过对无人机导航的需求分析,论述相应的导航设备及其工作应用模式。

13.1　无人机导航需求分析

无人机不同的飞行任务和载荷任务,对应着或可以转化为不同的导航任务,需要通过不同种类的导航参数,并且达到不同等级的导航性能,去支撑无人机完成任务目标。从导航参数的种类来看,不外乎包括位置(二维或三维)、高度(绝对和相对)、速度、加速度、姿态(航向角、横滚角、俯仰角)和时间等这些主要和常用的导航参数。

13.1.1　位置需求

位置是无人机导航中最为关键的信息,一般是指载体在特定坐标系(或专门定义的坐标系)下的三维坐标参数,或者二维参数(比如在海面上或某一个特定已知的平面上)。因此,确定无人机的位置需要在一定的空间坐标系下完成,可以选择或自行建立参考坐标系,选择(或建立)的原则主要应考虑以下两个因素:

① 能否直观、完整、全面地描述无人机的运动状态。

② 是否便于对导航参数的描述、处理和进行导航解算。

一般而言,地球是人类活动的中心,人们总是以地球或地球的某一区域作为考虑的出发点,来确定运载体定位的空间参考坐标系,坐标系建立后就可以采取相应的导航手段来获取载体的位置信息。

通常对位置信息的具体需求主要包括如下内容:

1. 定位精度

确定无人机的位置是无人机导航的基本需求,但仅仅获得位置信息还不够,还要综合考虑定位精度是否能够满足无人机的导航任务需求。一般来讲,定位精度的高低对于无人机能否准确悬停、精确沿某一轨迹飞行或到达精准目标位置执行特定任务等有至关重要的影响,因此高精度的定位信息,是无人机完成高级别任务的基本保障。

按照目前导航的发展水平,可以大致将无人机导航定位的精度划分为低级(低于 20 m)、普通级(10～20 m)、较高级(米级)、高级(分米级)、精确级(厘米级)、精密级(毫米级)等几个层次,通常可以根据无人机执行任务内容的不同,选择不同的精度等级。以上精度的置信概率,大多是按均方根误差(RMSE)一倍的标准差(1σ),即 68.3% 来定义的,但是也可以根据导航任务对定位离散程度的要求,规定不同的置信概率,比如 99.74% 或 3σ 等。

2．覆盖范围

不同的精度等级,所对应的覆盖范围不同,因此也是无人机执行导航任务要考虑的因素。一般来讲,要求的精度等级越高,覆盖范围就越小。低精度等级所对应的覆盖范围,一定包含了高精度等级的覆盖范围,反之则不可能。

如果某一定位精度对应的覆盖范围小,则无人机只能在这个小范围内才能接收到可用的导航位置信息,导致活动区域受限。而一旦出了这个覆盖区域,无人机的定位精度就会下降,不能完成相应的导航任务或完成质量下降,严重的还可能失去自身的位置信息,迷失飞行的方向。因此,位置信息对应的覆盖范围大小,决定了无人机的可用工作区域。

3．定位更新率

对无人机而言,所提供的位置、速度、姿态等导航信息的更新率应该足够高,这是由于无人机的飞行速度一般比较高,而飞行环境瞬息万变,只有较高的位置和速度信息更新率才可以保证无人机实时了解自身飞行状态,及时调整飞行轨迹与姿态,在保证飞行安全的前提下准确沿规划路线飞行,顺利完成导航任务,及时到达目的地。特别是在军事任务中,无人机还需要通过高速率的导航信息,随战场态势变化而变化,实时更新自身的位置以保持对目标的攻击等,以达到更好的作战效果。

近年来,随着信息化进程的加快以及对导航需求的提高,许多应用领域如无人机导航、汽车导航和机器人导航等,对导航信息特别是位置信息的要求逐步提高,无人机导航通常要求位置精度高、信息更新快,汽车导航一般要求位置信息的覆盖范围要大,特别是在有楼群对导航卫星信号遮挡的区域,而机器人导航对定位更新率的要求不高,但对精度和覆盖范围有较高的要求。未来,越来越多的导航用户不但会要求位置信息的精度要高、覆盖范围要大、更新率要高等,并且还会对导航的连续性、可用性、完好性和可靠性等提出相应要求。

13.1.2　高度需求

高度是无人机起飞、降落和定高飞行的必需参数,也是无人机导航中的关键参数。由于无人机是在三维空间活动的,其高度信息对于保障无人机飞行控制系统的正常运行、维护飞行安全等至关重要,也是保证地面指挥和操作人员对无人机的起飞、降落、按需飞行等的安全引导,顺利完成导航任务的基础,因此飞行高度的测量是无人机必不可少的导航任务。

无人机的待测高度包括绝对高度(或海拔高度)和相对高度两个量。无人机中有一种飞行或任务模式——等高飞行,即是以恒定的绝对高度或相对高度进行飞行的,绝对等高飞行容易理解,相对等高飞行是无人机沿着与地面固定的高度飞行,即随着所在位置的地形高低调整其飞行高度。相对等高飞行在许多应用领域有现实需求,比如农田播撒农药、地面管线勘测、林区生态监测、城市环境采集、地质地理勘探等。

绝对高度的测量可以基于地球的大气压力或密度的变化规律完成,如利用气压高度计测高,也可以采用卫星导航系统实现,如GPS系统可以给出经度、纬度和高度信息,另外也可以利用惯性导航实现。还有一种方法,就是利用数字电子地图与相对高度测量设备联合实现,数字电子地图可以给出无人机下方位置点的海拔高度,再加上无人机测量的相对高度就可以了。

而相对高度通常对无人机的飞行安全更为重要,如在山区、林区、城市高楼区域等高度落差较大的环境下,必须要保持无人机的安全飞行距离或高度,以避免与周围障碍物的触碰或撞击。相对高度的测量一般可以通过超声波、激光或无线电测距等技术实现,如超声波高度计、无线电高度表等。另外,也可以采用卫星导航与数字电子地图联合的方式测量,具体不再展开描述。

需要注意的是,对无人机导航系统提供的三维位置数据,在水平方向(经纬度平面或 XY 平面)的精度与垂直方向(即高度、高程或 Z 轴)的精度可能是不一样的,如最常用的卫星导航系统,一般其高程误差是水平误差的 1.5 倍左右。这样,有时就会出现水平精度满足了导航需求,但高程精度不满足或不能使用的情况。

通常,无人机基于安全飞行的目的,对高度的变化会更加敏感,对高程的精度要求反而会比水平的要求更高。这时就需要再增加一个或多个高度传感器,如气压高度计或超声波高度计、无线电高度表等,通过联合测量无人机的高度信息,来修正高度数据、提升测高精度;也可以采用 GPS 增强系统或 GPS 差分系统(DGPS),可以大幅度提高整体的定位精度,对高度的定位有时可以达到精确级(厘米级)。

近年来,随着无人机应用的普及,所对应的飞行环境更加复杂了,对无人机飞行高度的导航需求也有了全面的提升。如高空飞行时要求测高设备的信号功率高,测量范围要大;低空飞行要求测高设备能够适应近地的复杂地形变化,信号的抗干扰能力强,要考虑地形条件导致的信号遮挡等因素;对地作业的无人机要求相对高度的精度要高,信息更新率要快;侦察、探测无人机则要求可测的高度范围要大。随着越来越多的无人机导航用户对高度提出的更严格的性能要求,测高技术将向高精度、高信息更新率、大可测范围,以及高的可用性、完好性和可靠性等方向发展。

13.1.3　速度需求

速度是无人机导航和控制中的重要参数,精确的速度测量和速度控制是保证无人机稳定飞行和正确操控的前提,是提高无人机安全性和可用性的保障,是确保其可靠执行各类任务的必要条件。

随着无人机应用范围的逐渐扩大,各类无人机的应用都对无人机的速度性能提出了较高的要求。如无人机的协同编队飞行,要求每架无人机的速度一致性要好,控制精度要高,且能实时调整;无人机自动跟踪移动目标时,要求无人机能够实时反应,以保持与目标的实时动作,跟上目标的速度变化;无人机的空中加油,要求加油机和受油机的速度要准确、误差范围要小,且能实时动态调整各自的动作;无人机自主着陆时,要求对无人机速度控制的可靠性要强、实时性要好。这些应用,都会对速度测量的精度及离散程度(置信概率)、实时性(数据更新率)、可用性、完好性、可靠性等指标,提出相应的性能要求。

今后,越来越多的无人机导航应用,需要利用良好性能的速度信息进行导航引导,速度测量将向着精度高、实时性强和可靠性高的方向发展,这是无人机导航的发展趋势之一。

13.1.4　加速度需求

加速度是无人机导航的一个基本测量参量,对于无人机的高动态飞行、起飞、降落等阶段的飞行控制十分重要。通过对加速度的测量与控制,无人机才可能在规定的时间内实现对飞行速度的改变,才能完成高机动飞行任务,以及在有限的跑道上进行高难度的起飞、降落操作。

加速度信息可以从无人机导航中的直接或原始输出参量中获取,如在惯性导航系统中;也可以从间接输出参量中获取,如在卫星导航系统中可以通过对速度的微分获得。无论哪一种测量方式,加速度都可以作为导航系统的已知量来使用,可以用它来推算其他参量或校正相应参数。加速度测量性能的好坏,直接会对无人机的高动态飞行任务产生影响,因此对加速度的测量精度、更新率、可用性等方面提出了较高的要求,以满足无人机速度大范围变化时的应用需求。

需要专门指出的是,加速度的测量在以惯性导航为主要方式的无人机导航中发挥着极其重要的作用,对加速度的测量性能要求也最高。由于惯性导航是以测量运载体的加速度为基本手段的导航定位方法,通过对加速度进行一次积分得到速度,二次积分得到距离,再进一步处理计算得到位置信息,因此只有获取准确可靠的加速度信息,才能保证速度、距离以及位置信息的准确,减小由于积分带来的积累误差。一般来讲,惯导系统划分的不同等级,决定了加速度测量的性能优劣,再进一步反映到无人机导航的速度、距离和位置等参数上,因此在这里,对加速度的性能要求是一个最基本的要求,即所有对速度、定位等的性能需求,最终都会转化为对加速度的性能需求,体现了对加速度测量的重要性。

13.1.5　姿态需求

无人机的姿态,指的是无人机载体坐标系相对于当地地理坐标系的方位关系,通常由航向(偏航)角(Yaw)、俯仰角(Pitch)和横滚(滚转)角(Roll)三个姿态角来定义,如图13.1所示。

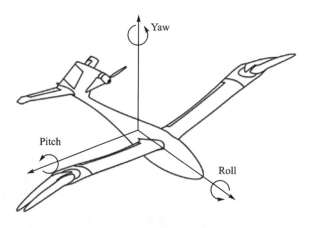

图 13.1　三维姿态角及方向定义

姿态是保证无人机飞行安全、完成某些特定飞行动作的关键参数,在无人机的飞行控制领域,姿态角的瞬间变化对于无人机的导航与控制性能有着十分重要的影响,只有及时获知其变化并做好相应调整,方可确保无人机飞行控制任务的圆满完成。比如在无人机的起飞、着陆以及一些特殊的飞行任务过程中,如果无人机的姿态角发生超调即调整过度,就可能导致飞行质量下降、无法完成飞行任务,甚至导致安全事故的发生,在实际应用中出现的很多摔坏、摔毁无人机事件中,很大一部分就是由于对姿态控制不到位或控制过度造成的。

所以,在实际的飞行操作与导航过程中,要根据任务目标变化、飞行环境变化、气象气候变化等因素,及时调整无人机的飞行姿态,保证无人机飞行的稳定性能、操纵性能和导航性能,避免其影响飞行安全,保障飞行任务的顺利完成。

无人机的姿态测量,可以通过惯性导航系统实现,可直接给出三维的姿态信息;也可以通过卫星导航系统完成,这时就需要在无人机上放置多个接收天线,通过测量这些天线的相对位置获得无人机的姿态数据,通常希望这些天线尽量分开布置,比如基线长度为 1 m,因此对微小型无人机就不太适用。对无人机姿态测量的性能要求,同样包括精度及离散程度(置信概率)、实时性(数据更新率)、可用性、完好性等指标。

近年来,随着无人机的应用范围越来越广,如无人机的编队飞行表演、无人机联合作战和无人机空中加油等,都对无人机的姿态精确测量与精确控制提出了更高的要求,对姿态信息的更新率与上传速率要求也比较高,并且希望具有良好的可用性和可靠性等。

13.1.6　时间需求

时间及其同步,是无人机系统内部、多无人机之间同步操控与协调工作的重要参数。在对时间的需求中,除了需要确定时间基准、保持时间同步、进行不同时间系统间的时间转换外,时间精度和时间分辨率是衡量时间测量性能高低的两个重要指标,并且它们之间是相互联系和相互依存的关系。一般来讲,时间精度的提高,就要求对时间分辨率进行更小单位的识别或区分,才能体现出更精确的时间计量与表达;而高的时间分辨率,由于可区分更小的时间单位,所以相应的测量误差就越小,进而可以达到高的时间精度。通常情况下,精度是分辨率的 3～10 倍的关系。

从运行的角度上来讲,无人机是一个以计算机为核心的机器人系统,无人机与操作者进行信息交流时,每次指令发出或开始动作时的时间偏差都不能太大,否则会带来大的动作误差或引起操作混乱。比如,无人机以 360 km/h 的速度飞行,如果时间计量的误差为 0.1 s,则相应带来的位置偏差就会达到 10 m;如果再加上传输延时、动作延迟、定位误差等,等到无人机实际动作时的位置偏差就会更大,再加上飞行惯性等因素,其总体影响对于侦察、监视、探测、计量、精密作业等方面的应用是不允许的。因此就要求无人机系统具有高精度的时间基准,至少要达到毫秒级以下,时间分辨率最好可以达到 0.1 ms 或更低,这样,与时间相关的位置偏差就可以降低到 0.01 m 以内,能够满足目前绝大多数无人机导航任务的要求。

另外,随着网络技术的进步,多机联合成为无人机的未来发展方向之一,其中的多无人机平台协同工作、多平台多元数据的传输交流、无人机和有人机之间的协同飞行等操作,同样也需要高精度的时间基准,并且还需要考虑时间的精确同步问题。如在无人机自组网、多无人机协同任务系统、多无人机编队飞行系统中,各无人机就需要具备统一的时空基准和时空信息。这里的多机意味着不同型号或不同产地的所有无人机,它们在保证高精度时间基准的基础上,还要采用一些专门的方法或手段来保证机间的时间同步。

无人机的时间保持系统一般由两部分组成,即本地的时钟单元和对时钟校正的授时设备,前者保证无人机的时间基准在短期内的精度与稳定性,后者负责对时钟单元的误差进行定期修正,保障长期精度与稳定性,以及实现与上一级的时间系统保持统一,或与其他无人机系统进行同步。

在无人机导航系统中,授时设备也可能与定位设备是同一个设备,比如在卫星导航系统中。通常要求时间保持系统提供的时间精度要高,时间表述方法与格式要与总体相一致,表达格式的字节量要尽量小,同时由于无人机的轻载荷需求,也要求时间系统的体积要小、质量要轻、成本要低、性价比要高等。

13.1.7　避障需求

在无人机的自主飞行中,需应对多样化的应用场景和复杂的飞行环境。无人机真实飞行环境与预设环境常有不同且随时变化,导航给出的位置也都有一定偏差或者会受到外界干扰,因此躲避障碍物的能力成为无人机安全飞行的必要条件。即使有地面人员操控无人机,也需要机上搭载的避障设备实时提供障碍物信息,避免与无人机相互撞击。

无人机的自主避障包括及时检测发现障碍物和通过飞控机制避开障碍物两个方面。由于障碍物的多样性,给正确发现检测障碍物及相撞概率评估提出了很大的挑战。对不同类型的障碍物,应针对其具体的检测需求,采用不同的检测手段。

① 低空障碍物多为静止或低动态,但种类多、数量大、高度落差也大,有些静止的也会原地小范围摆动。检测要求:视角宽、范围大、灵敏度高,最好能识别不同障碍物。

② 高空障碍物多为中高动态,速度快、能量大,相对位置、飞行方向不好预测,一旦撞上后果严重。检测要求:速度要快,6 个方向都可以检测,最好能判断目标速度及运动方向。

③ 需要贴地飞行的无人机除了要按地形地貌规划航线外,对地高度的监测也十分重要,尤其对前下方的距离测量,一些未知和时变的地形变化,会造成较大的飞行风险。

④ 有些障碍物识别难度大,比如架空电线、发射天线、避雷针、大尺寸玻璃、飞鸟、漂浮的薄塑料袋等,需要综合多种检测手段进行判断和评估。

无人机避障的另一个关键是能够根据检测情况及时改变飞行状态、调整飞行轨迹,平稳地躲开障碍物,减少外界因素造成的无人机损伤,提高任务执行的成功率和效率。

13.1.8　室内导航需求

无人机体积小、移动灵活、控制简便,适合完成一些室内的危险、烦琐任务,如对危险品泄漏实验室的探测、室内火源探查,以及消防灭火、地下管道、地铁轨道巡检等,但目前无人机的室内应用案例较少,其优势没有发挥出来。

由于 GNSS 卫星信号被遮挡无法使用,惯导系统的积累误差也无法忍受,故传统导航手段丧失了在室内应用的能力。室内环境复杂多变,对无人机的精确定位和准确引导成为无人机室内应用的关键,在室内场景下对导航技术的具体需求如下:

① 应适应室内复杂多变环境,导航信号受反射体的影响要小,对固定和移动障碍物都可以判断识别和处理应对,对陌生场景应具备自主探测、避障、导航的能力。

② 要具备高可靠、高精度的定位能力,定位精度应该在厘米级别,使无人机能够在狭窄空间和众多障碍物之间准确穿梭、自如飞行,降低无人机的控制难度。

③ 具有对室内障碍物高灵敏、全方位的检测能力,对无序移动的人体和机械等要能够提前做出预判,保留合理的安全距离,保证无人机的平稳飞行。

④ 具有高程定位能力,能够区分判断楼层,使无人机在合理的高度上飞行,避免触碰地板或天花板,并实现“爬楼梯”等高难动作。

13.2　导航功能设备

在无人机导航中,无人机所需要的导航参数主要有位置、高度、速度、加速度、姿态和时间等，多种导航设备或系统可以提供其中的一个或多个参数，对应的参数性能也有高低差异。下面将分别以不同参数需求为出发点，介绍对应的导航设备或系统的工作过程及应用模式。

13.2.1　定位设备

1. 简　介

对于无人机的定位与导航，利用不同的导航方式所对应的定位设备不同，工作应用模式也不相同，最常用的导航方式有卫星导航和惯性导航。对于卫星导航，只需在无人机上装载卫星导航接收机，通过接收导航卫星的信号进行位置求解，便可以实现基本定位。如果需要进一步提高定位性能，可以通过差分或增强系统，在提高位置精度的基础上，还可以增强系统的完好性、可用性、连续性等。对于惯性导航，需要在无人机上装载惯性器件，如加速度计等，通过惯性器件输出的加速度观测量，进行积分推算得到所需的位置信息。把卫星导航设备和惯性器件联合使用进行组合导航，也是很常见的一种定位方式，如 GPS/INS 组合导航。

2. GPS 定位设备

（1）定位原理

GPS 系统采用的是四星定位方式，它的基本原理是，机载 GPS 接收机通过接收可见的且在一定截止角（一般为 10°或 15°）以上的至少 4 颗 GPS 卫星的信号，来测定无人机用户到 4 颗卫星的伪距，基于到达时间法，通过三球交汇的定位算法进行解算，就可以得到无人机的三维位置信息和精确时间信息。

关于 GPS 伪距的测量，可以采用伪随机码测距的方法，或者采用载波相位测距的方法。一般来说，在相同的系统参数和测量条件下，采用载波相位测距的定位精度会远高于码伪距方式的定位精度，但代价是载波相位测距存在整周模糊度，需要通过整周模糊解算才可以实现定位，不太适用于高动态的导航用户。在实际的无人机导航应用中，大多采用的是伪随机码测距的定位方式，定位精度在 10 m 左右；当需要更高精度的定位时，才考虑采用差分方式或载波相位测距方式，且后者对无人机的动态性有一定限制要求。

根据无人机利用 GPS 卫星导航设置或不设置地面参考站的区别，可以将无人机 GPS 定位划分为动态绝对定位和动态相对定位两类。前者只利用空中导航卫星的信号，定位精度为普通级（10～20 m），采用码伪距测量定位。后者还通过地面参考站，对定位误差进行差分修正，以进一步提高定位精度，比如采用码伪距差分测量算法，可以将定位精度提高到米级（较高级）甚至分米级（高级），而采用载波相位伪距差分算法，定位精度还可以达到厘米级（精确级）或者毫米级（精密级）。

在动态绝对定位的工作模式下，GPS 接收机随无人机平台一起处于运动状态，载体的位置是实时变化的，只要接收机能够观察到至少 4 颗卫星（在一定的截止角以上），获得 4 个码伪距的观测值，就可唯一确定无人机的三维坐标及时间信息，定位原理如图 13.2 所示。

图 13.2 中，空中共有 5 颗卫星可见，用户 A 可以选用其中的 4 颗卫星组合进行定位，得到相同或不同（图中左、右两个位置点）的定位结果。

在实际无人机导航应用中，如果仅有 4 颗卫星可见，这时就只能得到一组可用的位置解；如果多于 4 颗（GPS 一般为 5～11 颗）卫星可见，即存在多余的伪距观测量，则可以利用所有的这些卫星伪距观测值进行平差处理，来求取 A 点的位置平均值，相对可以抑制或消除部分噪声和随机误差，提高定位的精度。如图 13.2 中，任意 4 个卫星都可以用来确定 A 点的三维

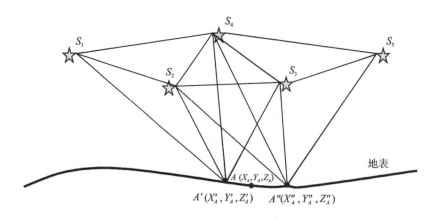

图 13.2　动态绝对定位原理图

位置,可以选取 S_1、S_2、S_3、S_4(对应 A'),或者选 S_2、S_3、S_4、S_5,(对应 A'')在正常情况下,两种选择得到的定位位置点的差异应该很小,进行平均处理可以提高精度以求得 A。

　　而动态相对定位原理,是基于在一个不大的区域(比如半径 50 km 的范围)内,利用卫星导航定位的用户,其定位误差的来源大部分是相同的,比如星历误差、星钟误差及电离层、对流层误差等,其误差的大小也相等或比较接近,可以通过相对差分的方法来消除或减弱其影响。

　　如图 13.3 所示,就是将另一台 GPS 接收机放置在位置已知的固定观测站,作为基准站或参考站,并同步观测相同的卫星,基准站接收机将每一次的距离观测量,与由基准站已知位置求得的相应距离结果进行比较,得出差分校正值,通过一定的通信链路发送给无人机上的接收机,用来改正无人机移动用户接收机的观测量,从而求出无人机的更精确的绝对位置或相对于基准站的精确相对位置。在图 13.3 中,S 代表卫星,T 为基准站,M 表示无人机用户移动站,R 代表由基准站电台和移动站电台组成的通信链路,当然,通信链路也可以采用其他方式,比如图中的无线移动蜂窝通信等。

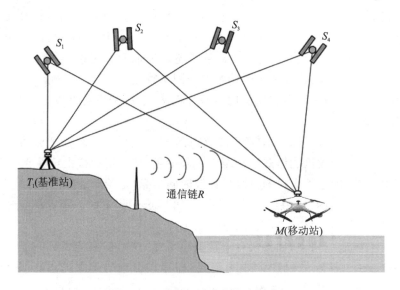

图 13.3　动态相对定位原理示意图

（2）应用模式

GPS 定位经过几十年的发展,已经产生了许多成熟的高性能应用模式,并成功运用于工农业生产、军事、社会等多个领域,上面提到的动态绝对定位精度一般,使用比较简单,不再单独介绍。而动态相对定位方式通过地面参考站的差分修正,可以大幅度提高精度,主要包括有非实时动态定位和实时动态定位两种模式,而后一种模式又包括快速静态测量、实时准动态测量、实时动态测量三种方式。下面分别介绍这几种与无人机定位相关的应用模式。

1）非实时动态定位

该应用模式的测量方法是:在基准站安装 GPS 接收机,并连续跟踪所有可见卫星;无人机上的 GPS 接收机先在出发点上静态观测导航卫星数分钟,然后无人机从出发点开始连续运动,实时、定期或事后将观测到的卫星数据发给基准站,站内计算机按指定的观测时间间隔,对无人机的定位数据进行差分修正,得到高精度的定位信息,测量定位过程如图 13.4 所示。

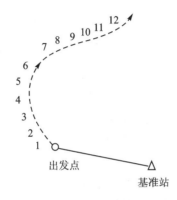

图 13.4　非实时动态定位示意图

为获得较好的测量定位效果,需同步观测 5 颗卫星以上,其中至少 4 颗卫星要连续跟踪,无人机与基准站的距离最好不要超过 20 km。这种应用模式适用于精密测定运动轨迹、测定道路中心线或进行剖面测量、航道测量等,其定位精度可达 1~2 cm。

2）实时动态定位

对于无人机 GPS 的高精度实时定位,目前最常用的手段是实时动态(Real Time Kinematic,RTK)测量技术,其采用基于载波相位伪距观测量的实时差分(Real Time Differential,RTD)方法,突破了 GPS 高精度实时定位的技术瓶颈。

RTK 测量技术的基本思路是,在基准站上放置一台 GPS 接收机,对所有可见的 GPS 卫星进行连续测量,并将其观测到的数据通过无线电传输设备实时地发送给无人机接收机(称为用户观测站)。在用户站上,GPS 接收机在接收 GPS 卫星信号的同时,还通过无线电接收设备接收基准站发来的观测数据,然后根据差分和相对定位的原理,消除大部分的相关性测距误差,解算出载波相位的整周模糊度,实时地计算出用户的三维位置、三维速度、时间等高精度定位信息。根据用户的动态不同,目前 RTK 测量的应用模式主要有以下三种:

◇ 快速静态测量

此种测量模式要求 GPS 接收机在每一个用户站上静止地进行观测。在观测过程中,根据接收到的基准站的同步观测数据进行差分处理,实时地解算相位整周模糊度和用户站的三维坐标,如果解算的定位结果趋于稳定,且精度已满足应用需求,便可结束观测,记录、存储定位数据,再前往下一个用户静态观测点。

采用这种测量模式时,用户站的接收机在到下一个静态观测点的移动过程中,可以不保持对 GPS 卫星的连续跟踪。这种测量方法的定位精度可达 1~2 cm,可应用于城市、矿山等区域性的控制测量、工程测量和地籍测量等,能够利用无人机连续对多个固定静止点的测量,即无人机先飞停到一个固定点进行高精度位置测量后,再飞停到下一个静止点进行测量,有较高的测量效率。

◇ 实时准动态测量

与一般的准动态测量类似,这种测量模式通常要求移动用户接收机在正式观测工作开始之前,首先在某一起始点上静止一段时间进行观测,以便开展快速解算整周模糊度等的初始化工作,直到解算的定位结果趋于稳定,精度满足应用需求。初始化完成后,移动用户接收机在每一观测站点只需静止地观测几个历元,并利用基准站发来的同步观测数据进行差分,实时地解算出移动站的三维空间位置坐标。该方法要求接收机在观测的过程中要保持对所观测卫星的连续跟踪,一旦发生失锁,便需要重新进行一次初始化工作。

其中历元为测量开始时设定或默认的定位时间间隔,它与定位数据的更新率成反比,如定位更新率为 100 次/s 时,则一个历元周期为 0.01 s。一般根据导航任务的需求或用户动态的高低确定历元的取值。

目前,该测量方法的定位精度可达厘米级,主要应用于地籍测量、地物特征点测量、路线测量和工程放样测量等,同样适用于对无人机的动态飞行定位。

◇ 实时动态测量

该工作模式本身也需要先在某一起始点上,静止地观测导航卫星数分钟以进行初始化工作,也要求在观测过程中保持对所观测卫星的连续跟踪,但在上述实时准动态测量模式的基础上进行了改进提高。

其主要的区别在于,在观测过程中一旦发生信号失锁,对于陆上、海上和空中的运动目标用户来说,不用再使其处于静止状态,而是采用动态初始化技术完成初始化工作,即在用户的运动过程中进行重新初始化,避免了必须静止一段时间带来的运动状态中断,利于动态用户的连续不间断高精度定位。当然,对于一些运动用户来说,如果条件允许,也可以在卫星失锁的情况下停车、停船、悬停,通过静止地观测数分钟,来进行重新初始化。

目前,实时动态测量模式的定位精度可达厘米级,主要应用于航空摄影测量、航空物探采样、道路中线测量以及运动目标的高精度导航等领域,特别适合于无人机这样的机动用户的不间断定位需求。

3. 加速度计

(1) 定位原理

加速度计是惯性导航设备的一种,其工作原理是把对加到载体上的力所引起的加速度变化转化为电信号来测量,通过牛顿运动学定律建立电信号与力、设备质量之间的关系,来确定载体的加速度,然后通过积分等处理得到载体的位置信息,因而采用加速度计进行定位是一种间接的导航方式,也称为推航定位方式。

在实际应用中,将加速度计安装于无人机上,加速度计会输出无人机在载体坐标系中的三轴加速度值,再结合陀螺仪输出的角速度信息进行坐标系的转换,就可以得到在惯性坐标系中的三维加速度参数,在初始位置、初值速度等信息已知的条件下,经过一次积分得到速度,二次积分就可得到无人机的运动距离,进而可以得到运载体的三维位置信息。用加速度计为无人机进行定位的工作原理如图 13.5 所示。

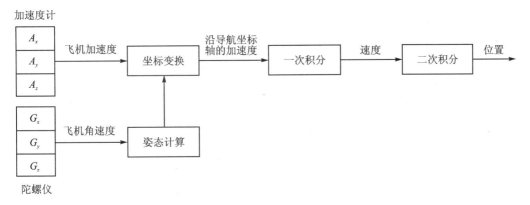

图 13.5　惯性导航中加速度计定位原理图

（2）应用模式

在惯性导航系统中,加速度计用于定位不是单独使用的,它总是要借助于陀螺仪的配合才能工作,其惯性测量的组合如图 13.6 所示,通常由 6 个传感器组成,包括 3 个单自由度的加速度计和 3 个单自由度的陀螺仪。这 6 个传感器安装于一立方体的 3 个正交平面上,它们的感应轴相互垂直,从而组成测量载体的三维坐标系。

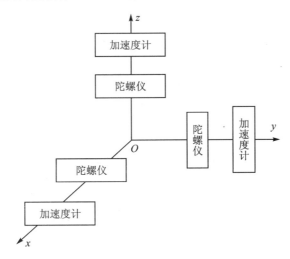

图 13.6　惯性组合测量中加速度计测量示意图

在使用之前,要先确定一个惯性坐标系,在此坐标系中要对三轴加速度计和三轴陀螺仪进行初始校准,标定其初始参数,然后再进行惯性测量。当该惯性组合的信号提取出来后,应及时传递给计算机进行计算与处理,最终解算确定出载体的实时位置信息。

13.2.2　测高设备

1. 简　介

无人机为了执行各种飞行任务和载荷任务,需要在海面上掠海飞行,在地面上贴地飞行或在高度起伏的山区、大楼林立的城镇环境飞行,要完成这些危险的飞行操作,就需要精确的高度感知及保持装置,通过高精度的高度传感器,来测量高度、高度差、高度变化率等反映无人机高度变化的信号与信息,再通过飞行控制系统,使无人机保持或控制在一个安全的飞行高度。

而无人机为了自身的飞行安全和导航任务需要,在飞行过程中往往需要同时测量其绝对高度和相对地面高度,前者可以通过气压式高度表、卫星导航、惯性导航等进行测量;后者通常由无线电高度表等传感器完成。

绝对高度(海拔高度)的测量,可由气压高度表基于地球表面的大气压力或密度随高度的变化规律来实现,但其高度测量的误差相对较大,并且易受环境因素和气象气候条件的影响,宜在中高空以上的飞行高度使用。而采用卫星导航如 GPS 接收机,得到的高度信息为海拔高度,其普通定位的测高精度在 10 m 左右,与气压高度表大致相当。利用惯性导航测高,同样会存在积累误差。以上测高方式也可以通过组合使用,来提高高度测量的精度与可靠性。目前一种可行的高精度测量方式是采用差分 GPS 手段,它可以将测高精度提高到 1 m 左右,代价是需要在地面部署差分站。

相对高度的测量可以采用超声波、激光或无线电等测距方式来实现,如常用的无线电高度表,包括频率式和脉冲式两种,其对高度的测量误差较小,精度可达 1 m 以内,一般多应用于低空、超低空及掠海贴地等飞行的高度测量,对保障无人机的飞行安全至关重要。

这些绝对高度、相对高度以及高度差、高度变化率等高度信息,主要有两种用途:一是回馈给无人机的自动驾驶仪,来稳定保持无人机的定高飞行;二是通过遥控遥测系统下传给地面任务控制站,以便地面控制人员(领航员)实时掌握无人机的飞行情况,以及在需要时对无人机采取应急控制措施。

由于卫星导航、惯性导航等对无人机的绝对高度测量,是它们定位的一个基本功能,其高度信息可以在定位数据里直接得到,在这里就不单独介绍了,下面主要对气压高度表、无线电高度以及组合测高方法展开描述。

2. 气压高度表

(1) 工作原理

在地球表面,随着高度的上升,大气密度下降,空气开始稀薄,气压降低,因此,通过气压传感器就能够间接获取无人机的飞行海拔高度。对于不同的气压高度表,由于其气压敏感元件不同,其工作原理也略有不同,但大体来讲,它们都是由气压敏感元件来感应大气压力的变化,并将其转化为电信号,结合海拔高度与气压(或大气密度)之间的变化规律,通过大气压力间接求取海拔高度(绝对高度)的。

(2) 应用模式

飞机上测量气压高度的仪表,一般有膜盒式、振动筒式、硅谐振式、硅压阻式等类型,在无人机上以采用硅压阻式气压高度表比较常见。

气压高度表的测量是基于标准大气条件实现的,而无人机实际的飞行环境十分复杂,并不是标准的大气环境,这样就会产生测量误差。实际应用中的气压高度表,在其设计和应用时要考虑温漂和温度变化等影响测高精度的因素,及时修正或补偿非标准大气所产生的误差,并且在使用前还要进行调零等校正工作。

气压高度表的调零,一般在固定场地、机场或海平面等高度上进行,在固定场地或机场上进行调零后,气压高度表所测量的高度便是相对(机场)高度;在海平面高度上进行调零后,测量的就是绝对高度。

气压高度表的优点是在无人机飞行的任何高度上均可以进行测量,且不受地形、地貌、建筑设施等限制,也不需其他导航设备或地面站的配合,具有可靠性高、体积小、质量轻等特点。其缺点是测量精度不高,并且其调零参考平面上的大气压力会随季节、气候等的变化而改变,即气压高度表的参考面是不固定的,在不进行再次调零的情况下会产生误差。因此气压高度表常配合其他高度传感器,如无线电高度表、GPS 导航设备等,一起来为无人机提供绝对高度测量信息。

3. 无线电高度表

(1) 工作原理

无线电高度表是测量无人机到地面垂直距离的机载无线电导航设备,测量的高度是无人机相对地面的真实高度,并且为了保证飞行安全,它实际测量的是无人机下方离无人机最近的物体或反射面的距离,有可能是一个斜距。无线电高度表包括调频式和脉冲式(雷达式)高度表两种,一般由发射机、接收机、测量模块、天线和指示器等组成,其工作原理是根据无线电波在空中的传播延时,基于雷达探测机理,在无人机上发射无线电波,并接收通过地面等障碍物反射回来的电波,测量发送信号和接收信号间的时间差(脉冲式)或频率差(调频式)来计算高度。

无线电高度表测量的是相对高度,测量精度可达 1 m 左右,测量范围从零高度可到几 km 的高空,因此应用范围较广,几乎是中型、大型飞行器必备的导航设备,对保障飞行安全十分重要。

(2) 应用模式

按无线电高度表的测高范围,又可以分为小高度表和大高度表两类,小高度表主要用于无人机靠近地面时的低空引导,如 600 m 以下的飞行,要求精度较高,多采用调频式无线电高度表;而大高度表对测量精度的要求略低,一般多采用脉冲式的无线电高度表。

无线电高度表因在低空可精确测高的特点,多被用作无人机的起飞、降落设备和相对地面等高飞行的监测设备,但它测量的是无人机至地面的高度,无法得到无人机的海拔高度,所以在实际应用中,常常结合其他测高设备如 GPS、气压高度表等,一起为无人机提供全方位导航服务。

4. 多传感器融合测高

目前,关于对高度的高精度测量,一直是导航应用领域的一个短板,各种高度传感器各有其优缺点,如普通 GPS 测高精度一般;而差分 GPS 具有高精度的特点,但需要建立地面参考站且其覆盖范围不大,另外其测量数据的更新较慢,限制了差分 GPS 的测高应用;INS 的测高精度一般,并且会产生积累误差;气压高度表的测量精度也不高,需要调零并且受季节、气象气候等的影响较大;无线电高度表的测量精度较高,但只能测量无人机至地面的相对高度,无法得到海拔高度;民航飞机采用的大气数据计算机,能够测量包括飞行高度在内的多种导航参数,数据连续且分辨率高,但由于受大气压强变化的影响,高度测量的精度也不高。

由此可见,由于各传感器自身的特点和测量条件的限制,单一传感器不能满足无人机在各种飞行状态下高度精确测量的需求,单独使用一种往往难以达到好的效果。而多传感器信息融合可以弥补单个传感器的不足,通过对来自多个传感器的数据进行多级别、多方面、多层次的处理,通过信息互补、数据挖掘等产生新的有价值的高度信息。

为此,可以在无人机上安装多种高度传感器,引入信息融合技术,并结合数字电子地图,在不同的飞行高度和飞行状态下对几种传感器获得的高度信息进行融合处理,就可以在一定程度上提高高度数据获取的可靠性,得到更高精度的高度信息,为无人机完成自主飞行、执行复杂导航任务提供技术保障。

一种可行的组合应用方法:可以利用无线电高度表,得到精确的无人机相对高度,再结合数字电子地图获得比较精确的绝对高度,然后与GPS组合,通过减少GPS的测高误差,进行GPS载波相位的解算,最后实现高精度的绝对高度测量。如果再加上惯导系统,可以进一步提高测量数据的可靠性,并且在无人机高度变化剧烈时保障测高数据的可用性和连续性。

13.2.3 测速设备

1. 简　介

无人机在起飞、降落以及执行探测、拍摄、侦察、攻击、救灾等任务时,必须准确地掌握无人机的飞行速度,一方面是为了无人机的自身飞行安全进行合理控制,比如在复杂环境、恶劣气象条件下,以及在拐弯、避障等应用场景下,对速度的掌控十分重要;另一方面是为了能够顺利快速完成任务而进行及时的引导,提高飞行效率,因此要求对无人机的飞行速度进行实时、精确的测量。

目前常见的无人机测速设备除了GPS和惯性导航设备外,还陆续出现了其他的测速方式,如多普勒导航测速、光学测速、超声测速等。在无人机导航中,为了获得性能优良的速度信息,有时不只采用一种测速手段,将多种测速设备进行组合,对输出的导航信息数据融合使用,就可以得到更高精度、更加可靠的速度信息。

2. GPS测速设备

利用GPS进行测速,可以通过选取不同的观测量进行处理计算来获取载体的速度,常用的测速方法有三种:

① 位置中心差分法:基于GPS的高精度定位结果,通过一定时间内的位置差分来获取速度,通常利用单位历元间的位置向量变化率得到瞬时速度。

② 原始多普勒频移法:是利用GPS原始的多普勒频率观测值直接计算速度,即采用由伪距变化导致的多普勒频移观测量并进行适当近似,来推导出载体的速度。

③ 载波相位中心差分法:是在原始多普勒频移法的基础上,选取单位历元载波相位观测值的变化量来计算求取载体的速度,即利用一定时间内的载波相位伪距差分获得多普勒观测值来计算速度。

其中,位置中心差分法和载波相位中心差分法,都是假设载体在做匀速运动,相对实际运行情况而言,是一种近似测速方法,一般要求1 Hz甚至更高的数据采样率,其测速精度主要取决于位置精度或载波观测值精度以及载体的运动状态;而原始多普勒频移法是相对比较精确的方法,其速度精度主要取决于多普勒频移观测值的精度,基本不受载体运动状态的影响。

因此,当载体做匀速或近似匀速运动时,位置中心差分法和载波相位中心差分法的测速精度基本相同,稍稍优于基于原始多普勒观测值的测速精度;但在做非匀速运动时,则原始多普勒频移法的测速精度最好,载波相位中心差分法次之,位置中心差分法最差。基于此,原始多普勒频移法的应用最为普遍。

在实际应用中,无人机测速可以根据其具体应用需求和运动状态,采用不同的GPS测速方式,并且也常常会与无人机上安装的其他测速系统进行组合使用。

3. 惯性测速设备

惯性导航设备输出的原始观测量是载体的加速度,一般通过一次时间积分就可以得到速度值,因此是采用间接方式来实现测速的。如将加速度计装载于载体上,加速度计会输出载体在载体坐标系中的三轴加速度,通过陀螺仪输出的角速度信息进行坐标系转换,可以得到在惯性坐标系的三维加速度,在初值速度已知(或处于静止状态)的条件下,通过一次积分就可得到速度,其工作原理如图 13.7 所示。

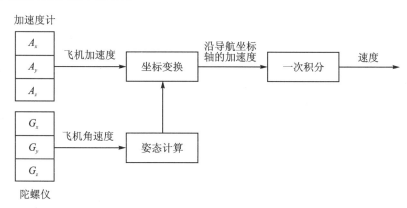

图 13.7 惯性导航中加速度计测速原理图

由惯性导航原理可知,利用惯性测速往往会存在积累误差,即随着时间推移其测速误差会越来越大,必须通过联合其他测速或导航设备如 GPS 等,才可以长时间地正常工作。所以,惯性测速设备往往需要另外一套没有积累误差的测速导航系统来对其进行有效校正,才能保证惯性测速的精度长时间满足无人机导航的需求。

13.2.4 测加速度设备

无人机在起飞、降落及执行一些大机动飞行任务时,速度的瞬间变化会比较大,就需要对加速度进行实时测量和监控,其测量设备主要包括惯性设备和 GPS 设备。

1. 惯性测加速度设备

加速度是惯性导航中的关键技术参数,惯导设备输出的原始观测量就是载体的加速度。在无人机导航中,常常使用加速度计来测量无人机的加速度,将其装载于载体上,就会输出载体在载体系中的三轴加速度,通过三轴陀螺仪输出的角速度信息进行坐标系转换,就可以得到在惯性系的三维加速度。因此,常常采用包含三轴加速度计和三轴陀螺仪的惯性系统来测量加速度参数,如 IMU、AHRS 和 INS 等。

2. GPS 测加速度设备

GPS 测加速度,可通过选取不同的观测量进行处理计算,来获取载体的加速度信息,通常有两种加速度的测量方法:

① 速度差分法:对前面 GPS 测速中,由位置中心差分法或载波相位中心差分法得到的速度信息,再进行一次对时间的差分,即选取单位历元间速度向量观测值的变化率,就可以计算获得载体的加速度参数。

② 原始多普勒频移微分法:是利用 GPS 原始的由伪距变化导致的多普勒观测值,进行基

于时间的微分处理,就可以计算得到无人机的加速度值。

其中,速度差分法是假设载体在做匀加速运动条件下的近似测量方法,一般要求 1 Hz 甚至更高的采样率,其测速精度主要取决于速度观测值精度和载体运动状态;而原始多普勒频移微分法是相对比较精确的方法,其加速度精度主要取决于多普勒频移观测值的精度,受载体运动状态的影响较小。

13.2.5 测姿设备

1. 简 介

姿态是无人机飞行的重要状态信息和关键参数,对于保证无人机的飞行安全、高质量地完成载荷任务至关重要。

姿态有多种表示方法,如欧拉角(姿态角)、旋转矩阵(方向余弦阵)、四元数和三维向量等,其中最常用的表示方法是姿态角,即通常我们所说的航向(偏航)角、俯仰角和横滚(滚转)角,来作为姿态角的三个元素或三维姿态数据。测量姿态的主要设备有陀螺仪、磁力计、加速度计以及卫星导航系统等。

2. 陀螺仪

陀螺仪是最主要和最常用的姿态测量设备,它可以直接输出载体的三轴角速度,结合姿态初值经过一次积分就可以得到相应的姿态角(欧拉角),以此就可以确定无人机载体的当前姿态。

目前测姿所用的陀螺仪主要为微机械陀螺仪,它与其他类型的陀螺仪相比,具有成本低、体积小、质量轻、可靠性高、易于批量生产等优点,因此被广泛应用于无人机的航姿系统,可以满足无人机对机载导航设备成本低、体积小、质量轻的要求。

由于利用陀螺仪输出的角速度进行积分得到的姿态角会产生积累误差,并且随着时间推移,姿态测量的误差会越来越大,所以陀螺仪在进行姿态测量时,也需要结合其他设备一起使用,如加速度计、磁力计、卫星导航系统等。

3. 磁力计

磁力计也称作磁强计,它的工作原理是:磁力计内部的磁芯在交变电场的饱和激励下,由于对被测磁场的敏感作用,使感应输出的电压发生非对称性变化,可以通过对输出电压的变化进行磁场的测量,从而得到载体方位或航向的测量数据。具体来讲,就是根据载体所在地的磁场分量的大小和方向,结合地磁偏角信息并进行补偿校正,来确定无人机的实时偏航角。

一般常利用磁力计感应线圈中的二次谐波感应电动势来测量外部磁场,这相对于其他磁场测量方法,具有噪声低和稳定性高的优点。但是由于地磁场本身的强度很小,也容易受到外部磁场的干扰,很难实现连续工作,因此磁强计只能作为一种辅助的导航方式,一般不能独立完成对姿态的测量。

4. 加速度计

三轴加速度计也可以用来测量姿态,它是根据目标载体即无人机的速度与角速度之间的对应关系,经过近似处理后,推导出重力加速度、三轴加速度与姿态角之间的相互关系,在测量出三轴加速度的基础上,进行解算得到所需的姿态角大小,从而达到姿态测量的目的。

这种经过近似求解得出的姿态角通常是不准确的,其与真实的姿态角之间存在一定的偏差,并且还会受到无人机速度和角速度等的影响。因此,加速度计需要与其他测姿设备如陀螺仪和磁力计等一起工作,才能满足无人机导航对姿态信息的精度需求。

5. GPS 测姿系统

GPS 系统不仅可以用作无人机的定位和导航设备,其相对定位功能还可以用作无人机的姿态测量设备。GPS 测姿方法是在无人机的几个不同位置上,分别安装 GPS 接收天线,利用 GPS 信号的载波相位测量伪距,求解这几个不同位置点的相对关系或进行相对定位,利用其与姿态角之间的关系,就可获得无人机的三维姿态参数。

从几何原理上来说,一个飞行器平台的平面,可以由分立且不在同一条直线上的 3 个点唯一确定,即通常所说的"三点定一面",或者也可以由 2 条相交且独立的直线确定。基于这个几何概念,要确定无人机平台的空间走向或者姿态,则最少需要在无人机上安装 3 个满足上述布局要求的 GPS 接收天线,这样才能形成 2 条相交、独立的基线,来实现对无人机姿态的测量。

下面先来介绍采用 2 个 GPS 天线进行运动载体姿态测量的基本原理。通过 2 个天线只能估计出两个姿态角,为了使求解姿态角的过程更加直观简洁,一般假设将两天线安装在载体的纵轴上,它们在载体坐标系中的位置点如图 13.8(a)中的 A_1、A_2 点所示。

具体的姿态计算过程为,假设将天线 A_1 放置在无人机的质心处,并且还将其设为载体坐标系和当地水平坐标系(LLS,即东北天坐标系)共同的原点,这样就可以不必利用姿态参数转换矩阵进行两个坐标系之间的复杂转换,仅采用简单的三角几何关系就可以计算无人机的姿态角;将天线 A_2 放置在无人机的机头位置,设 L_{12} 为 A_1 到 A_2 的距离,即为姿态测量的基线长度,则天线 A_2 在载体坐标系中的坐标为 $(L_{12},0,0)$,将其转换到当地水平坐标系中,对应的坐标值为 (x_2,y_2,z_2);那么根据姿态角的定义及其与载体坐标系和当地水平坐标系的关系,A_1A_2 基线(在东北天坐标系中从 $(0,0,0)$ 到 (x_2,y_2,z_2))与正北方向的夹角即为无人机的偏航角,与水平面的夹角为无人机的俯仰角,采用如下的两个公式就可以将其解算出来:

$$\alpha_{yaw}=-\arctan\left(\frac{x_2}{y_2}\right) \tag{13.1}$$

$$\alpha_{pit}=-\arctan\left[\frac{z_2}{\sqrt{(x_2)^2+(y_2)^2}}\right] \tag{13.2}$$

另外,由于在横滚角方向没有观测信息,因此横滚角是无法得出的。

而在实际测姿应用中,坐标值 (x_2,y_2,z_2) 的获得,是通过对 GPS 载波相位的观测,测定天线 A_2 相对天线 A_1 在 WGS-84 地心坐标系下的精确三维位置,再将其变换成以天线 A_1 为原点的当地坐标系的坐标即为 (x_2,y_2,z_2),就可以利用式(13.1)和式(13.2)解算出无人机的偏航角和俯仰角了。

当采用 3 根天线测姿时,就组成了 2 条独立的基线,如图 13.8(b)所示,另一天线 A_3 安装于主轴右侧,并且与先前的天线 A_1、A_2 同在载体坐标系的 xOy 平面内,已知基线 A_1A_2 和基线 A_1A_3 的夹角为 α,或者该值可以精确测定。这样通过基线 A_1A_2 用前述两天线的测姿公式就可以测定出无人机的偏航角和俯仰角;基线 A_1A_3 可用于测定横滚角,即通过载体坐标系到当地水平坐标系的转换矩阵,求出天线 A_3 在水平坐标系中的位置坐标,再利用对应的三角几何关系就可以计算得到无人机的横滚角数据,具体过程与双天线测量偏航角和俯仰角的方法类似。

一般来讲,GPS 姿态测量的精度,除了与 GPS 载波相位的测量误差密切相关外,还与各天线间的距离(或基线)长短有关。在相同的测量条件及环境下,基线越长,则对应的姿态角测量

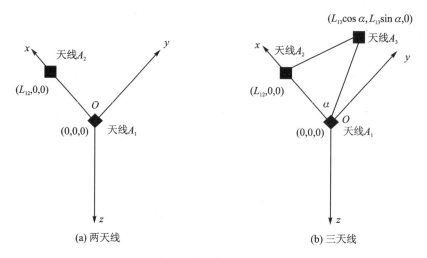

图 13.8　GPS 天线在无人机载体坐标系中的布局示意图

精度就越高,所以在条件许可的情况下,会尽量去延长各基线的长度,但延长的程度会受限于无人机平台的大小以及安装的条件限制等因素。

　　相比陀螺仪、磁力计、加速度计等测姿设备,GPS 姿态测量系统的优点是不需要借助额外的惯性测量设备,通过多台 GPS 接收机或多个 GPS 接收天线就可以独立实现,并且在静态条件下姿态测量的精度相对较高,几乎可以接近专业测向设备的精度。缺点是在载体动态的条件下姿态测量的精度相对较差,并且采用多个接收机或多个天线相对增加了无人机的载荷量及能源消耗等,另外由于要求各天线要在一定尺寸的空间上进行布局安装以保持测量精度,因此小尺寸的小微型无人机,或载荷平台较小的无人机,可能无法使用这种测姿方式,或者测姿的精度会比较差。

　　6. 组合测姿系统

　　可以看出,以上单一类型的测姿设备由于自身的测量原理缺陷或技术特点不足,不能很好地应用于无人机的导航任务中,如陀螺仪测姿会随着时间推移产生积累误差,磁力计测姿由于地磁场场强较小易受其他电磁场信号的干扰,加速度计测姿的精度受载体速度和角速度等因素的影响,而卫星导航测姿则需要在一定空间上布设多个天线。因此,在实际应用中通常使用多种测姿传感器组合方式,通过信息融合的方法测量无人机的姿态,图 13.9 为一种常见的无人机测姿组合系统的原理方框图。

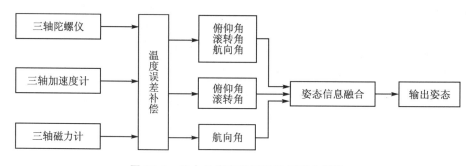

图 13.9　无人机姿态测量系统原理方框图

图 13.9 中,姿态测量组合系统由三轴微机械陀螺仪、三轴微机械加速度计和三轴磁力计等组成,其中用三个相互正交的陀螺仪测量出无人机的三个姿态角,通过两个相互正交的加速度计测量得到俯仰角和滚转角,借助磁力计的测量值可以得到偏航角。这样就可以得到两组姿态测量值,利用加速度计和磁力计所得到的一组姿态测量值,去校正陀螺仪的姿态测量值,以消除陀螺漂移带来的积累误差。

在无人机绝大部分的应用场合,重力场和地磁场是始终存在且可以获知的,这样就保证了该姿态组合测量系统具有完全自主运行及高精度的特点,因而得到了一定的应用。

13.2.6　授时设备

1. 简　介

在无人机系统正常运行中,需要一个准确、稳定、可靠的时间基准,来保证无人机系统内部、无人机群间及无人机与其他运载体的同步工作与协调飞行。根据无人机自身的特点及飞行的需求,机上时间基准一般不通过携带昂贵笨重的原子钟实现,通常采用相应的授时设备来提供,即利用无线电波发播标准时间信号的方式,或通过含有时间信息的定位解算算法,实现高精度时间的传递或获取。

根据授时手段的不同,可以将授时方式分为卫星授时、互联网、电话授时、短波授时和长波授时等,具体的授时机理介绍如下:

① 卫星或导航卫星授时,是利用空中卫星作为授时台,通过卫星与用户之间的无线电信号传播完成时间传递,可以实现发播信号的大面积覆盖,与短波授时和长波授时相比,其授时精度更高。根据卫星在授时中所起的作用,又可分为主动式卫星授时和中转式卫星授时两种,主动式授时的卫星搭载有精密原子时钟,可自主发播标准时间信号;而中转授时的时间基准或精密时钟设在地面上,卫星仅转发通过卫星地面站送来的标准时间信号。

② 网络授时和电话授时,通常采用用户询问的方式,授时台站根据用户的请求信号,及时或定期地向用户提供标准的时间信号,用于用户对本地时钟的标校。

③ 短波授时,基本方法是由无线电台定期播发短波时间信号(简称时号),用户用无线电接收机接收处理时号,然后进行本地时钟的对时。该方式的覆盖范围一般比较小。

④ 长波授时,是利用长波(低频信号)进行时间频率传递与校准的一种授时方法,其信号的覆盖能力比短波强,并且通过利用载波相位信息,校时的准确度可以更高。比如无线电导航中的罗兰 C(LORAN - C)系统,就属于此类授时系统。

在无人机导航系统中,基本上都是采用卫星导航授时的方式,基于卫星导航具有定位与授时的双重功能,无人机用户在得到精确位置信息的同时,也获得了精确的时间信息。相信随着授时技术和无人机技术的发展,其他授时方式如网络授时、短波授时和长波授时等,也将在无人机的时间基准系统中发挥作用,并促进无人机时间系统性能的进一步提升。

2. GPS 卫星授时

无人机卫星授时是一种传播可靠性好、精度高的授时方法,它不仅消除了地面地理环境对授时性能的影响,而且可以实现全球范围内的授时。GPS 作为导航卫星,其授时过程是从GPS 星载时钟产生标准的时间信号,以该信号为基准发出 GPS 的测距信号,通过空中传输的方式把到达时间传递给用户,用户接收机利用本地时钟测出测距信号的到达时间,从而解算出卫星时钟与用户时钟的偏差,实现对无人机等用户的时间基准传递或时间同步。

(1) GPS 授时原理

根据 GPS 的基本定位原理,当无人机同时观测到 4 颗及以上的 GPS 卫星时,可以在不知自身位置的情况下,同时测得无人机的时钟偏差和三维位置坐标,从而实现对无人机时钟的精确校时,授时精度可以达到 100 ns 以内。或者也可以通过建模算法,推算出无人机时钟与 GPS 时钟的钟差,通过钟差改正,实现与 GPS 卫星时钟的同步及精确授时。GPS 系统由于卫星数量多,覆盖范围广,授时精度高,可以作为一种全球性的对用户无限制的时间信号源,用于精确的时间传递。GPS 授时的缺陷在于到达地面的测距信号十分微弱,易于受到外界干扰,在室内环境及恶劣条件下难以应用。

(2) GPS 授时设备

能够在无人机上搭载的 GPS 授时设备,有两种不同的选择,一种是直接利用普通的 GPS 接收机,在进行定位的同时实现授时功能,精度为几十 ns;另一种选择是采用专门的授时型 GPS 接收机,其授时精度更高,一般可以达到 10 ns。

GPS 授时接收机通过接收导航卫星发射的测距信号,经过信号测量与处理计算可以直接输出 GPS 时间(GPST)。为获得准确的 GPS 时间,授时接收机必须先接收至少 4 颗 GPS 卫星的信号,并计算出自己所在的三维位置。一旦获得了无人机具体的位置,GPS 接收机只需收到一颗卫星的信号,就能保证时钟测量的连续性与准确性。

GPS 授时接收机能在任意时刻,同时接收其视野范围内多达十几颗卫星的信号,其内部的硬件电路和软件程序通过对接收到的信号进行测距、解码等处理,能从中提取并输出两种时间信号:一种是间隔为 1 s 的 1 PPS(Pulses Per Second)同步脉冲信号(电平为 3 V),即俗称的 1 PPS 秒,其脉冲前沿与协调世界时(Coordinate Universal Time,UTC)的同步误差不超过 1 μs,但该脉冲不包含具体的时间信息;二是通过接收机串口(RS-232)输出的 UTC 绝对时间信息,即年、月、日、时、分、秒,它是与 1 PPS 脉冲相对应,并且同步输出的串行代码如图 13.10 所示。

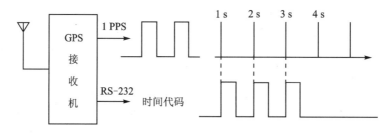

图 13.10　GPS 授时接收机输出信号示意图

无人机利用 GPS 进行授时时,首先要使无人机的时钟与 GPS 时钟同步,同步方式主要有脉冲同步和串行同步两种。而在无人机群的导航应用中,需要在不同的无人机上分别安装 GPS 授时接收机,用于解算 GPS 播发的时间信号,为无人机群提供统一的时间基准,实现无人机群间的高精度时间同步。

(3) GPS 授时误差分析

根据 GPS 定位的原理可知,GPS 卫星的空间坐标可通过 GPS 导航电文中的广播星历获知,而无人机的精确位置坐标可以利用 GPS 发射的导航测距信号获得,那么通过 GPS 卫星坐标值与无人机的位置坐标值可计算出星机间的"真实距离"。但是,由于无人机时钟与 GPS 卫星的时钟是不同步的,因此利用 GPS 的"测距码"信号测量出的信号传输时延,对应计算出的星机距离是一个"伪距离"。

因此,卫星与无人机间的"真实距离"与"伪距离"是有偏差的,即产生了距离测量的失真,对应会带来测距误差与授时误差,除此之外,还有其他造成授时误差的因素,在此基于信号传播的过程,对这些误差因素及其特性一并归纳总结如下:

① 由 GPS 卫星的空间坐标不准确对应的伪距偏差:在总的测距误差中占比较低,并且随着卫星定轨技术的提高,该项误差越来越小。

② 每个 GPS 卫星时钟与标准的 GPS 时(GPST)不完全同步带来的伪距测量误差:可通过每颗 GPS 卫星向用户播发的钟偏、频偏和频漂等时钟改正参数,得到较好的误差修正。

③ GPS 信号在穿越电离层和大气对流层时传播速度变化造成的测距误差:是无人机授时的主要误差项,其中电离层的速度变化引起的误差可按照电离层统计模型,用 GPS 导航电文中提供的修正参数推算出来,但修正效果一般;或者可以利用双频 GPS 接收机,通过双频测量方式来精确地修正电离层的传播误差。但对对流层的速度变化,需利用当地的气象气候信息进行修正,不易实现且只能部分修正。

④ 接收机时钟与 GPS 卫星时钟不同步造成的传输时延测算误差:通过增加一颗 GPS 卫星的观测量就可以消除,即利用该观测量解出无人机与卫星间的钟差改正值,通过钟差改正该项误差就不再存在。

⑤ 接收机的噪声与分辨率等带来的伪距测量误差:属于 GPS 接收机固有的系统测量误差,以及由各种噪声引起的随机测量误差,一般难以消除,只能通过滤波等方法进行部分抑制。

13.2.7　避障设备

面对日益复杂的飞行环境和愈发精细的应用场景,通常需要无人机增加检测传感器来获取周边环境障碍物的形态和状态信息,提高对障碍物的检测成功率及实时性,并具备获取障碍物定量状态信息的能力。根据检测到的障碍物信息和无人机当前的位姿状态,飞控系统做出避让决策以躲避障碍物。

无人机的避障方法可分为两类:一类主要针对静态、固定的障碍物,可利用高精度的导航技术结合精密的地理信息数据实现,比如 GNSS、RTK、UWB 等;另一类主要是针对未知、动态、不确定的目标,通常采用雷达、图像视觉等方法检测并躲避。

1. 激光雷达

激光雷达可分普通型和 3D 型两种,前者主要给出某单一方向的测距值,如对地高度、前方障碍物的距离等;后者为三维的全方位测距,可把周围可视物体的方位、距离等一并测量给出,进一步可应用于场景的三维建图(如 SLAM)。

激光雷达的原理是通过尖锐的激光波束照射来获取目标的距离和方位信息,其光源向某一设定方位角度发射激光,当遇到目标时发生反射,回波经光电探测单元接收,通过计算光信号的飞行时间获得目标的距离。激光雷达具有分辨率高、抗干扰能力强、探测距离远、适于弱光环境等优势,其体积小、质量轻,在产品化应用中获得了广泛推广。

激光雷达测距精度达毫米级别,具有 100 m 的远程测量能力、360°的视场角,测距盲区可低至 10 cm,支持 1 MHz 输出速率,适于在复杂、多变、高动态环境下应用。

2. 毫米波雷达和超声波雷达

雷达的原理都类似,只是信号形式不同。毫米波雷达发射波长为 1～10 mm 的无线电信号,工作模式包括脉冲方式和调频连续波方式。前者要求在很短的时间内发射大功率脉冲信号,容易出现探测盲区;后者可同时测量目标的距离和速度,基本不存在盲区。毫米波雷达可同时实现对多目标如植被和地面的高度测量,精度达 2 cm,且体积小、灵敏度高、质量轻。

超声波雷达可向某一特定方向发射声波测距信号,优势在于短距离测量和强指向性,但受天气、温度的影响大,传播速度慢且不稳定,对远距离目标无法精确测距。超声波雷达可应用于中低速无人机,在近距离检测、碰撞预警、室内场景等方面发挥作用。

3. 图像视觉设备

图像视觉目标检测设备是利用摄像机捕获外界事物信息,通过图像处理算法获取物体的轮廓、位置和深度信息。其拍摄方式有单目和双目视觉法,前者利用单个摄像机连续拍摄,通过计算前后两帧图像的特征区别和像素变化,判断、获取物体的运动信息及远近程度;后者利用两个摄像头从不同角度拍摄,通过计算视图差获取物体的带有深度的三维信息。图像视觉设备价格低、精度高、使用方便,但效果依赖于可获取的光源信息,需要摄像机标定、图像处理、几何运算等复杂步骤,对硬件的要求较高。

光流传感器是由图像视觉技术发展出来的运动目标检测设备,它按一定的速率连续采集物体图像,通过比较相邻帧图像特征的差异与联系,判断出物体的结构、位置、速度等状态信息。光流传感器在良好光照条件下的计算速率可达 400 Hz,在室内或较暗场景无需 LED 照明可达 120 Hz,感光度较高,可用于对动态目标的检测。

13.2.8 室内导航设备

无人机室内导航还不成熟,目前的技术思路有 2 种:如果有条件或有必要在室内搭建一个引导、监测或定位无人机的环境,如航线上的路标点、飞行区域的摄像头、按一定几何分布的定位基站等,就可以使无人机沿规划的航线飞行;如果没必要或没条件搭建,或者处于一个陌生的室内环境,就需要无人机具有自主导航、自动避障、智能飞行的功能。

室内导航的关键在于高精度的定位和可靠的目标检测,对应的系统或传感器包括 UWB 定位、相对气压测高、激光测距、超声波测距、图像视觉(光流)等,其中前两种可实现室内定位,后三种通过目标检测用于无人机避障和引导,下面简单介绍前两种。

1. UWB 定位系统

UWB 定位系统包含用户定位节点、多个基站(锚节点)、上位机解算平台 3 部分,工作时定位节点即无人机与不同基站进行测距,反馈给上位机解算出无人机的位置;为了得到高度信息,在布设基站时应有高程差。也可将上位机部分合并到基站或用户节点上。

UWB 定位精度为厘米级,功耗低、体积小,且抗干扰抗多径效果好,已用于无人机室内定位。对应的 Wi-Fi 系统定位精度低,信号稳定性差及需要指纹库的采集,目前应用不多。

2. 气压相对测高系统

在复杂多层的室内环境中,通过一定精度的高程信息获知无人机所在的楼层,对正确规划航线、及时到达目标点、有效避撞十分重要,气压相对测高是目前可行的手段。

气压相对测高是通过在一层地面布放一个基准气压传感器,根据气压和高度的关系算出绝对高度作为基准,无人机上的气压计也给出一个绝对高度,两者相减就可以得到无人机相对一层地面的相对高度,可以达到 2 m 左右区分楼层的精度。有时为了简单,也采用让无人机在一层地面先停一下,记录下当时的气压和基准高度后,再往高层飞的方案。

13.3　无人机常用导航设备介绍

现实应用中导航设备门类众多、品种多样,本节选择在无人机上用到的几款设备进行简单介绍,使大家有一个初步概念和基本认识。

13.3.1　GNSS/惯性组合导航系统

目前,GNSS 与惯性部件的组合导航系统为大多数无人机的标准配置,可满足无人机多数应用场景的导航需求;而在高精度应用方面,RTK 设备不可替代。

一款基于微机电(MEMS)的惯性平台与卫星导航接收机融合的组合导航系统,采用 GPS/BDS 单频双模卫星导航芯片,嵌入高精度的 MEMS 惯性器件、气压传感器、三轴磁强计,具有组合导航、航姿参考系统、垂直陀螺三种工作模式,适用于无人机、车载导航、水面航行器等的导航及控制,可满足城市、森林、峡谷等环境的导航应用。

该组合导航系统定位精度可达 1.5 m(RMS),测速精度为 0.15 m/s(RMS),测姿精度为 0.15°(RMS),数据更新率在 100 Hz 以上,功耗为 3 W,尺寸为 57 mm×57 mm×35 mm,质量小于 200 g。

13.3.2　惯性传感器和地磁传感器

无人机上用的惯性部件通常是加速度计和角速度计的集成模块,包括 3 轴加速度计(重力感应器)、3 轴角速度计(陀螺仪),用于测量无人机的运动距离、速度、姿态等。

一款 6 轴整合型空间运动传感组件,内带 3 轴陀螺仪和 3 轴加速度计,可获取 3 个加速度分量和 3 个旋转角速度信息,数据处理子模块的滤波算法可满足许多应用的性能要求,具有体积小、功能强、精度较高等优点,广泛应用于航模、无人机、智能制造等领域。

地磁传感器,也称数字罗盘,利用地磁场来确定北极方向,常用来校准无人机的指北航向。采用三维地磁传感器可给出 3 个轴上的地磁力投影,获得无人机的 3 个姿态角。

一款集成多个磁力计的地磁传感器,可实现三维空间磁场大小的测量,有连续测量、单次轮询两种工作模式,可操控一个、两个或三个地磁感应线圈,设置采集的分辨率和采样率,具有磁场强度监测报警功能,功耗低、抗噪声能力强、动态范围大、采样率高。

13.3.3　探测雷达

用于无人机的探测雷达包括激光雷达、超声波雷达与毫米波雷达,它们都是通过对目标物体的距离测量,实现对障碍物的检测并进行避障的。

普通激光雷达在无人机上主要用于测距、测高及防撞;三维激光雷达还可获得目标物体的方位、速度信息,感知周边环境,确定自身位置,引导无人机无障碍飞行,并对周围场景进行三维地图绘制。激光雷达具有分辨率高、隐蔽性好、抗干扰能力强等优势。

一款用于单点测距的普通激光雷达,测距盲区低至 10 cm,支持 1 kHz 输出速率,内置多种适配算法,可调节配置多种参数,优化不同反射率的测距精度,室外测距性能更好,可实现稳定、精准、高灵敏的距离测量,具有体积小、质量轻、功耗低的特点。

一款用于三维制图的 3D 激光雷达,能够以 360°的视场角实时获取三维坐标数据和校准反射率,可测 100 m 的远程目标,设备小巧、安装方便、适应性强。

超声波雷达是通过以声速传播的声波来测算距离的,优势在于短距离测量,缺点是传播速度慢且不稳定,受天气影响大,在不同温度下测量的距离值也不同,对较远距离的目标测量不灵敏,多用于无人机对障碍物的近距离检测及碰撞预警。

毫米波雷达的测距信号频带宽、波束窄、隐蔽性好、角分辨力高,对烟、尘、雨、雾有良好的穿透性能,不受恶劣天气的影响,抗环境变化能力强,兼有微波雷达和光电雷达的优点,测试距离远、识别快速、抗干扰能力强,可用于无人机的自适应巡航、障碍物检测。

一款用于多目标测高的毫米雷达,采用 79 GHz 频段,测距精度达 2 cm,适应各种复杂地形环境,可同时探测无人机到植被和地面的高度,体型小巧、灵敏度高、质量轻。

13.3.4　气压相对测高设备

如果气压测高的误差太大,那么即使加上温度参数进行修正,对无人机的实际飞行帮助也不大。气压相对测高,也称差分气压测高,与差分 GPS 机理类似,可大大提升测高精度。

根据局部区域的温度、大气等环境参量接近的特性,在已知高程的位置点测定本地气压,换算成高度值并与真实高度求差,发送给无人机,对机上的气压测高值进行差分校正,可获得 2 m 左右的精度,大大优于 GNSS 的测高精度,可满足室内定位区分楼层的应用需求。气压相对测高不需改造气压计的硬件,只需通信链路发送高度的差分改正值就可以实现。

一款适用于中小型无人机的气压传感器,其精确的气压测量可提供保证飞行稳定和着陆精度的高度数据,也可用于气压相对测高方面的应用。

13.3.5　视觉导航及光流传感器

视觉导航通过摄像机对周围环境进行图像采集、滤波和计算,完成自身位姿确定和路径识别,不需要外界信息即可做出导航决策,设备简单、成本低,具有自主性和实时性,可用于无人机的近地飞行、室内场景、避障应用等需求。

一款可精确定位的视觉导航相机,体积小、性能优,内置视觉同步定位与建图算法,通过两个摄像鱼眼,可提供 6 个自由度的检测跟踪,输出对无人机自身状态的估计。

光流传感器按一定速率连续采集空间运动物体在光测中的成像,比较相邻帧图像特征点的差异,计算与运动状态的关联关系,进而判断物体的形态及动态。光流传感器在室内外都能够应用,可解决无人机在复杂环境下定位的通用性和连续性问题。

一款具有 752×480 图像分辨率的光流传感器,在白天室外可实现 400 Hz 的计算速率,在室内或较暗环境下也可达到 120 Hz 的计算速率,且无需 LED 照明辅助,具有很高的感光度。

13.4　习　题

1. 请根据无人机的工作环境及运动特点,分析给出无人机导航的主要需求。
2. 根据本章所述内容,总结无人机导航常用的测量设备有哪些。
3. 请分析用于无人机定位的各设备的优缺点,并说明组合定位的必要性。
4. 描述无人机导航中测速设备的工作原理及应用模式。
5. 请说明无人机导航中姿态测量的重要性、GPS 测姿设备的工作模式及应用的局限性。
6. 描述无人机加速度的测量方法。
7. 给出无人机授时的几种主要方法,以及 GPS 授时接收机的工作原理。

第 14 章　无人机导航的典型应用

由前面几章讲述的内容可知,无人机可用的导航方式多种多样,无人机的导航任务及对应的导航应用需求也各不相同,因此就形成了多种多样的无人机导航应用。在单机导航应用中,根据航程的不同,单架无人机一般采用卫星导航、惯性导航等导航方式及其组合来完成相应的飞行任务。而在多机导航应用中,根据工作任务的不同,多架无人机可以采用相同或不同的导航方式来完成多机协同任务,并且需要通过统一的时间系统来保证机群间的同步操作。在导航的军事应用服务中,无人机导航子系统一般不仅要为自身提供定位和导航服务,更多情况下还要作为整个联合作战平台或者任务系统的"眼睛",为其他任务单元或平台中心提供定位和导航信息,并且还要对执行任务的周围环境进行监测,以助于进行战场态势评估,解决复杂环境下的导航难题,完成高难度的工作任务。在以上诸多应用中,有些导航方式较为典型,也有些导航系统的特点较为突出,本章将基于单机导航、多机导航及导航服务的由简入繁的应用模式,结合不同类型的无人机、不同的工作任务及相应的导航需求,介绍无人机导航在不同环境下的典型应用。

14.1　单机导航

近年来,无人机朝着类型多样化、系统复杂化和功能强大化等方向发展,无人机导航也因此呈现出各种各样的特点,从微小型的无人机导航到高空长航时的无人机导航,无人机导航也越来越多元化、自动化、智能化,适应环境与应用的能力越来越强,逐渐实现了全空域覆盖,并遍及于越来越多的行业应用。但在不同飞行环境和不同工作任务的约束下,不同类型的无人机要采用与之相适应的导航方式,以实现精确定位、高效导航的目的。

14.1.1　微小型无人机导航

微小型无人机具有体积小、质量轻、成本低和隐身性好的优点,适合复杂多变的工作环境,被广泛应用于各行各业。在军事上,它可以用于执行侦察、精确打击、态势感知等战斗任务;在民用上,它可以用于探测、巡察、感知等工农业作业。

考虑到其应用环境的多变性,微小型无人机需要采取高可靠、高容错、高完好性的导航手段。一般来讲,GPS/INS 组合导航是目前比较成熟的导航技术,可提供连续可用的高精度导航服务,是大多数无人机导航应用的首选。在 GPS 信号基本完好、处于不太复杂环境或遮挡不严重的情况下,GPS/INS 的组合导航基本可以满足微小型无人机的应用需求。

但在 GPS 信号遮挡严重的复杂区域,或在恶劣的电磁干扰环境下,或无人机要执行复杂艰巨的战场、灾变工作任务时,GPS 会出现信号质量下降甚至缺失的现象,导致其无法提供基本的定位服务,并且随着 INS 的误差积累进一步扩大,最终可能造成由于定位精度下降较大而无法完成给定的飞行任务或载荷任务。

另外,在某些军事应用中,敌方也经常会采取基于伪卫星的干扰和欺骗技术,来阻断卫星导航接收机的正常卫星信号,致使 GPS/INS 组合导航系统逐渐失效,或提供不可用的导航服务,使无人机飞行和控制系统产生错乱,或者还可能将我方无人机诱导至危险地带或敌控区域,丧失继续执行飞行任务的能力。

这时如果能够借助视觉导航或图像匹配导航,利用无人机周边的环境信息为无人机进行正确引导,就可以减少或避免上述情况的发生,提高无人机在恶劣环境下的生存能力。由于微小型无人机的飞行高度一般较低,完全可以利用其上的摄录装置进行图像采集,获取丰富的周边环境信息来完成视觉导航。视觉导航借助周围环境参照物,利用可见光或者红外线这种自然信息,获得无人机相对地表运动的状态信息,在 GPS 信号失效和 INS 误差变大的情况下,可以完成对无人机的准确、可靠导航,并且能有效抑制惯性导航的积累误差,提供具有自主性、隐蔽性、完好性的良好导航服务。

因此,可以考虑将这三者进行组合,集 GPS、视觉导航和惯性导航各自的优势,建立 GPS/INS/视觉组合导航系统。这种三组合的方式,可以充分利用卫星导航系统、视觉导航系统和惯性导航系统各自的导航信息,既兼顾了无人机导航的自主性、隐蔽性和抗干扰能力,又具有高精度和大范围覆盖的特性,是一种高性价比、深层次的组合导航方式,在强干扰环境下能为无人机提供更加可靠的导航服务,尤其可以满足军事上隐蔽侦察等任务的需求,大大扩展了微小型无人机的应用范围。

14.1.2　作战无人机导航

无人机最早即起源于军事需求,因此作战无人机或军用无人机在无人机中占有较大的比例。对作战无人机的基本要求是可靠性高、机动能力强、飞行速度快,且能够携带一定数量的任务载荷,航程要满足较长距离的飞行需要,并具有在复杂环境下完成侦察、战斗、攻击的能力,对抗各种干扰的能力要强,才能在战场上发挥重大作用。基于以上这些基本要求及能力需求,作战无人机的主选机型往往为中大型无人机。

当前作战无人机的主要任务,包括用于压制敌人的防空系统、打击地面关键目标、开展重要兵力支援、战场侦察态势感知等,按所执行任务的不同,可以将作战无人机分为三类,即侦察无人机、战斗无人机和攻击无人机。

侦察无人机主要用于长时间的侦察以及强度较弱的对抗,为了完成侦察工作任务,无人机一般要有一定的飞行高度,这时卫星信号不易被遮挡,电磁环境相对较好,其导航系统通常采用卫星导航与惯性导航的组合即可满足要求。如果对侦察区域的位置精度要求较高,可以考虑采用 GPS 的差分技术,普通的码伪距差分校正方法可以达到 1 m 左右的定位精度,而 RTK 实时动态差分法,采用的是载波相位差分方法,可以达到亚米级甚至厘米级的动态定位精度。

而战斗无人机或攻击无人机,通常工作在双方作战的战场环境条件下,会受到各种故意和非故意的电磁干扰影响,应具备较强的抗干扰能力;为了防止被敌方探测设备发现,常以较低的飞行高度飞行或贴地飞行,导航系统应具备较高的导航精度以及对地相对高度的探测能力。因此,战斗无人机或攻击无人机可以考虑采用 GPS/INS/地形匹配的三组合导航,因为地形匹配定位具有自主性和高精度的特点,在 GPS 失效的情况下,可以利用地形匹配数据提供精确的位置信息,来消除惯性导航系统长时间工作的累计误差,提高组合导航系统的定位精度及可用性。另外,如果作战区域的地形起伏较大,就需要增加无线电高度表进行对地相对高度的测量,并且使其输出与飞控系统直接相连,就可以在离地较近时自动实时地调整飞行高度,保证无人机的基本飞行安全。

下面以英国军方的不死鸟侦察无人机为例,介绍作战无人机的典型导航方式。图 14.1 所示为不死鸟侦察无人机的外形图片。

该侦察无人机导航系统的基本原理如图 14.2 所示。英军方在无人机上分别装载了 GPS 和 INS,形成一种典型的组合导航方式。组合系统分别利用 GPS 与 INS 的位置(经度 λ、纬度 L、高度 H)数据的差值、速度(V)数据的差值进行卡尔曼滤波,然后对 INS 的定位数据进行修正,并通过 INS 系统综合输出所需的导航参数,包括位置、速度、姿态等信息。该组合系统采用松组合方式,结构相对简单,两个系统相对独立,使得导航信息具有冗余度,可以满足侦察无人机对导航参数的基本需求。

图 14.1 不死鸟侦察无人机

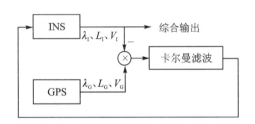

图 14.2 不死鸟侦察无人机导航原理图

14.1.3 高空长航时无人机导航

高空长航时无人机(High Altitude Long Endurance Unmanned Aerial Vehicle, HALE UAV),是一种飞行高度在 10 000 m 以上,续航时间至少为 12 h,能昼夜持续进行空中侦察、监视的无人驾驶飞机。利用 HALE UAV 观察地面目标,具有分辨率高、成本低、安全性好、灵活性强等特点,它的航程较远,可用于横跨地球半球的距离,去完成远程的侦查监视任务,具有长时间持续侦察、监视、截获和收集目标区域完整情报的能力,并可兼具引导条件下的攻击功能。因此,高空长航时无人机需要具有强大的动力能源或电源再生能力,其机型常常选用大型或超大型无人机。

由于高空长航时无人机任务的特殊性和运行环境的复杂性,一般要求其导航系统要有一定的自主性和灵活性,并且在电子对抗等恶劣环境下要保持较高的可靠性和抗干扰能力,必须具有长时间保持高精度定位的能力,能够实时、连续地提供无人机的位置、速度、姿态和航向等信息。基于这些考虑,高空长航时无人机一般采用 GPS 与 INS 组合导航的方式,来满足以上多维度的导航需求。

首先,由组合导航的内容可知,GPS 系统可以提供精准的时空信息,INS 惯导系统与 GPS 是一种很好的优势互补的组合方式。其次,高空长航时无人机上的大气数据系统(ADS),利用安装在载体外侧的压力传感器、总温传感器和攻角传感器等,通过测量机体周围气流场的动压、静压、总温和攻角等数据,并将这些信息送到计算机中进行解算,得到无人机的气压高度和速度等导航信息,可以作为对 GPS 和 INS 的数据补充。另外,由于高空长航时无人机的飞行高度较高,观测星体比较容易,因此天文导航系统(CNS)也可以与惯导系统进行组合,来进一步保证姿态与航向测量的精度,提高组合系统的可靠性。

因此,为了达到 HALE UAV 导航性能的要求,通过多系统组合来提升导航性能,通常采用 INS/CNS/GPS/ADS 四组合导航系统,对四大系统按自适应联邦滤波算法处理,使之优势互补。如图 14.3 所示,给出了相应高空长航时无人机组合导航的系统结构图。

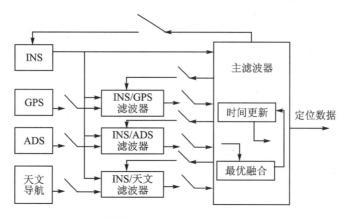

图 14.3 高空长航时无人机组合导航系统结构图

在图 14.3 中,高空长航时无人机以 INS 为主导航系统,在各个不同的时间段分别利用 INS、GPS、ADS 和天文导航的部分或全部导航信息,通过联邦滤波并进行各传感器输出数据的信息融合,以获取最佳的导航参数,供无人机完成飞行任务使用,并用最终的定位结果来修正 INS 的定位积累误差。

作为高空长航时无人机的典型代表,全球鹰无人机取得了较为广泛的成熟应用,如图 14.4 所示为其 RQ-4A 型的外形结构图。全球鹰无人机导航系统使用美国 Vista 公司的综合任务管理计算机(Integrated Mission Management Computer,IMMC),来完成对导航信息的融合和飞行控制的管理。IMMC 使用特定的通信手段与多种导航传感器相联系,并可以根据不同的任务情况和战场情况,随时进行设备间的切换和重新配置。

图 14.4 RQ-4A 全球鹰无人机

全球鹰无人机充分利用了 IMMC 的开放式结构,在采用 INS/GPS/ADS 多传感器组合方式的同时,还允许在一些特殊的飞行阶段,把其他导航传感器纳入组合系统中,比如无线电导航系统、天文导航系统或地形匹配导航系统等。

在 IMMC 中装载的飞行管理软件,负责对导航飞行控制系统进行管理,其中 GPS/INS 组合系统、大气数据系统以及其他导航系统的数据,将按照一定的导航算法进行融合,以产生所需的导航信息,并通过 1553B、RS－422、RS－232、以太网、ARINC－429 等数据传输总线,与无人机的其他部件或机构进行数据通信,以实现无人机系统的通信、导航与控制等基本功能。

IMMC 的这些功能特点,大大增强了全球鹰无人机导航系统的容错性与可靠性,保证了无人机系统能够应付多变复杂的飞行环境和恶劣严酷的任务环境。如图 14.5 所示,给出了全球鹰无人机导航系统的整体结构示意图。

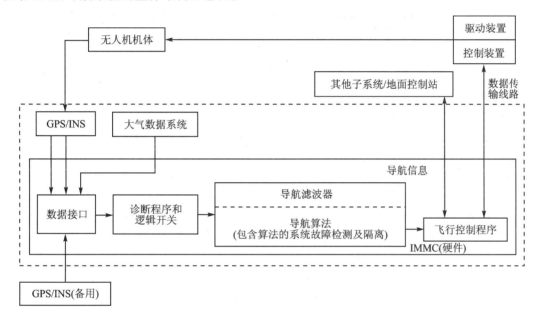

图 14.5　全球鹰无人机导航系统整体结构示意图

在图 14.5 中,全球鹰无人机采用 INS/GPS 组合系统作为主导航系统,提供的导航信息包括水平位置、绝对高度、速度以及姿态等参数,其精度都优于全球鹰导航系统要求的性能指标,因此只要 GPS/INS 能够正常工作,就可以满足该无人机系统的基本导航服务需求。但是如果 INS/GPS 失效,对于数十小时都需要工作在敌方区域上空的全球鹰无人机,其导航系统很难长时间地工作在精度指标内,甚至没有定位输出,这种导航性能的退化往往会导致其载荷任务的失败。

这时,全球鹰无人机就要充分利用其自身所具有的多种信息源,通过对多导航传感器的信息融合来提高导航精度,同时增强导航系统的可靠性和容错性。高空长航时无人机的大气数据系统,是一种自主、无源工作的导航信息处理系统,可靠性较高,且不受高度、地形等因素的影响,在高空长航时无人机的全程飞行中都可以使用,是一种适应性较强的导航信息源。因此,利用全球鹰无人机的主导航系统结合 ADS,构建的 SINS/GPS/ADS 作为导航系统的基本结构,形成了对无人机导航性能和导航服务的良好保障。

并且,为了进一步保障全球鹰无人机系统导航信息的高可靠和高可用性,一套备用的 INS/GPS 组合导航系统也搭载在无人机上,为导航系统长时间的正常工作提供了硬件设备的冗余,这种结构配置使系统的导航工作能力得到大幅度提高。

14.2　多机导航

随着无人机飞行任务和载荷任务需求的复杂化和多样化,多机协同工作就成为一种必然选择。这时,无人机技术的发展除了要继续提高单架无人机的功能和效用以外,还需要综合考虑多架无人机的联合使用所带来的控制、组织与管理问题,特别要探索和实践多机系统在完成复杂、协同、多功能的应用任务时,应采取的灵活有效的无人机通信、导航与控制模式,因此相应地,多机相对导航的概念就应运而生。

对于多无人机的导航,除了要求各无人机的绝对位置外,它们之间的相对位置可能更为重要或更加关键,高精度、高完好性的相对定位与导航信息,是无人机完成密集编队飞行、协同编队飞行、空中加油、空中自主交会对接等飞行任务的基础,因此建立高精度、高可用的相对导航系统,对于多机导航协同任务的完成具有重要意义。

根据无人机导航传感器的不同配置,常用的无人机相对导航方法主要有两种:

(1) 基于载波相位的差分 GPS 滤波方法实现的相对导航

考虑到无人机飞行的动态性,这种基于载波相位差分 GPS(Carrier-phase Differential GPS,CDGPS)的相对定位方法,通过使用扩展卡尔曼滤波器(Extended Kalman Filter,EKF)和最小二乘模糊度解相关修正方法,来确定相位整周模糊度的数据,然后再通过一个运动学滤波器进一步抑制噪声、改善数据质量,以获得更高精确度的测距信息,从而可以实现无人机之间的高精度相对导航。根据前期科研人员在载波相位差分定位方面的研究结果,由于与载波相关的周期模糊度的整数特性,可以通过处理双重差分载波相位的测量数据,来实现高精度的卫星导航相对定位服务。

(2) 基于相对 GPS 信息和相对惯导信息的相对导航

下面以一架主无人机与一架从无人机的相对导航为例进行说明,其导航的原理示意图如图 14.6 所示。这种相对导航方法的主体思想是,首先通过主、从无人机机载的 GPS 和距离传

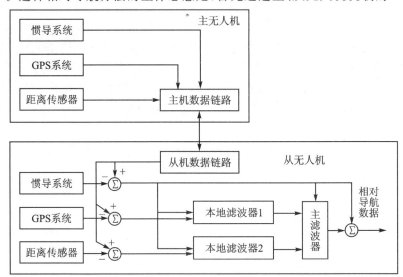

图 14.6　基于相对 GPS 信息和相对惯导信息的相对导航原理示意图

感器,分别获得两组独立于相对惯导数据的误差估计值,然后经过一定的数据融合处理,得到最终的相对惯导误差估计,最后利用该最终估计去校准从无人机的相对定位惯导的位置信息。

图 14.6 中,主无人机上的 GPS 系统、惯导系统、距离传感器的数据,分别通过无线数据链路发送给从无人机,从无人机对接收到的主无人机的导航数据和自身的 GPS 系统、惯导系统、距离传感器的数据分别求差,再通过从无人机上安装的联合滤波器进行数据融合,联合滤波器包括两个分别用于处理相对 GPS 测量数据和相对距离测量数据的本地滤波器,以及一个用于综合数据融合的主滤波器组成。这种方法只需要无人机间传输经度、纬度、高度三维位置信息及距离信息就可以实现,数据的传输量比较小,最终可以得到从无人机相对主无人机的位置信息。

综上可以看出,方法(1)的特点是算法简单,但数据输出频率不高,且完全依赖于 GPS 信号,易受外界干扰的影响。方法(2)是在方法(1)的基础上引入了惯导测量信息,使数据输出频率得到较大提高,并且在 GPS 信号短暂失效时仍能使用,但如果 GPS 长期被干扰,则相对定位精度就会严重下降直至不可用。

根据多无人机协同任务的不同,无人机的相对导航可以有多种应用,比较典型的有无人机编队飞行、无人机空中加油等,下面就分别介绍这两种导航应用模式。

14.2.1　编队飞行导航

由于单架无人机所能够搭载的设备载荷、航程和活动区域等都是有限的,所以要完成比较复杂繁重的任务时,就必须出动多个架次的无人机,通过编队协调完成总体任务。编队作业的多架无人机可以分散搭载设备,将复杂的任务拆分为若干个相对简单的任务,分配给编队中的不同无人机分别执行,使该项任务能够集中、一次、迅速地完成,以有效地提高无人机的任务完成效率。在编队飞行时不同的无人机可以分别携带不同的装备,协作完成诸如高精度实时定位、多角度实时成像、大区域通信中继等单架无人机无法完成的任务。因此无人机编队飞行是无人机未来应用的一个重要方向,拥有广阔的发展和应用前景。

另外,在无人机执行任务的过程中,由于各种意外因素的影响,难免会造成局部损失、整体毁坏等而脱离当前任务环境,这对于单机来说就意味着任务实施的失败,而对于多无人机编队来说,仅仅是局部受到了影响,而整体仍然能够继续执行并按质完成任务。如果在编队中编入有备用的无人机,则在个别无人机脱离任务后还可以接替其任务,以保证整个编队任务的实现不受任何影响,这种高可靠和高冗余度的设计,在复杂多变的任务中显得尤为重要,也是无人机编队飞行突出的特点和优势。

无人机的合理、高效编队,是多无人机工作的基础和重要环节。简单地讲,无人机编队是指多架无人机为适应任务需求,而进行的某种队形排列和任务分配,编队内容包括了无人机飞行时的队形产生、保持和变化等,也涵盖了飞行任务的规划、组织、控制与执行等操作内容。

无人机编队相对导航是目前多机导航的主流应用,是实现多架无人机编队飞行、协同工作的基础,而基于"长机-僚机"(或主机-从机)的导航模式又是编队导航实现的关键与核心。基于这种导航模式的编队导航系统,由长机导航系统和僚机导航系统构成,长机系统用于确定整个编队系统在空间中所处的绝对位置,而僚机系统用于确定僚机相对于长机的相对位置,两者所提供的位置信息及精度,是编队飞行控制的基本要素和重要条件。

对于"长机-僚机"模式的无人机编队导航来说,长机一般可以采用惯导/GPS 组合来实现精确可靠导航,而僚机则可采用视觉相对导航来确定僚机和长机之间的相对位置关系。如果是多架无人机编队的飞行环境,则每架无人机都可载有一套捷联惯导系统和一套数传设备,另外长机还应载有一套一定精度的 GPS 导航系统,其余无人机作为僚机,并都载有视觉相对导航设备。关于"长机-僚机"模式编队飞行的导航系统,一种典型的导航系统实现方案如图14.7所示。

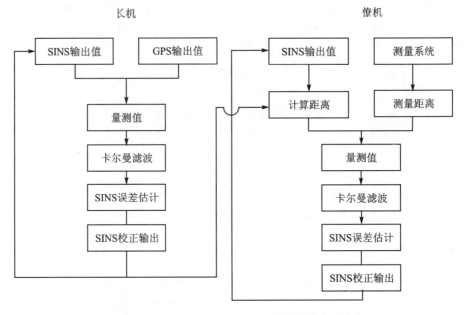

图 14.7 一种无人机编队飞行导航系统的实现方案

在该方案中,分别采用了捷联惯性导航(SINS)和 GPS 技术,是隶属于前述相对导航方法(2)的范畴。编队中各成员可以通过无人机间的通信数据链,获取整个编队或其他成员的导航定位信息。长机采用 SINS/GPS 组合导航,以 SINS 输出与 GPS 输出之差作为测量值,来估计长机惯导的误差并进行校正。僚机运用 SINS /视觉系统的组合导航,并通过数据链系统获取长机的精确位置,再以每架僚机和长机之间的视觉测量距离与计算距离之差作为量测值,来估计僚机惯导的误差并进行校正,其中计算距离是指由长机的精确位置与僚机组合导航输出的位置计算得到的距离。这种相对定位方法,导航传感器使用不多,但兼顾了系统定位的精度与可用性指标。

14.2.2 空中加油导航

对于军用级和工业级无人机,其动力驱动类型主要是油动的,气动、电动等驱动采用的较少,而娱乐级无人机则以电力驱动的较多。相对而言,油动发动机的机动速度快、维护费用低、生存能力强,在现代工农业生产和军事战争中扮演着越来越重要的角色,但空中加油(Aerial Refueling,AR)能力的欠缺,大大限制了无人机的使用范围和工作效能,空中加油技术成为未来无人机发展和提高的应用瓶颈。

空中加油主要是用一架携带足够油料的飞机,飞行去给另一架油料不足的飞机提供燃料动力的在线空中飞行补充支持。空中加油的飞机分为加油机和受油机两种,而飞机的类型可能是有人机,也可能是无人机。

无论是有人机还是无人机,都需要精确获取加油机与受油机之间的相对位置关系和相对姿态等相对导航信息。但当机载相对导航系统出现故障而无法提供这些信息时,有人机还可以依靠飞行员自身对飞行态势的感知和对飞行信息的决策来完成空中加油,而无人机则必须完全依靠可用的机载导航传感器和故障处理程序等手段自主完成,因此就要求实现空中加油的无人机,其相对导航系统必须具备更好的容错性、可重构性和自主决策能力等。

要实现两架无人机空中加油装置的顺利对接,应使对接阶段的机间相对位置测量精度优于 10 cm;对应的姿态性能要求,即姿态的测量误差所导致的位置误差也应小于 10 cm;并且为了不影响无人机的飞行质量,使其实时保持稳定良好的加油状态,还应保证导航信息的数据更新速率在 50 Hz 以上,这样任何单一的导航传感器均无法满足无人机空中加油相对导航的性能要求,需要采用组合导航方式及专门的数据插值处理算法。因此,目前用于无人机加油相对位置及姿态测量的导航传感器主要包括惯性导航系统、差分 GPS 系统、机器视觉(Machine Vision,MV)传感器等,它们构成了三类导航信息融合的相对定位系统。

INS/差分 GPS 组合导航系统,在 GPS 信号及差分改正数据正常稳定时,可输出高精度的相对导航信息,但考虑到在无人机空中加油的对接阶段,受油机的 GPS 信号容易受加油机的遮挡,一旦信号丢失将会导致导航精度迅速下降。这时,将机器视觉导航引入无人机的空中加油相对导航系统,对机器视觉、惯导以及差分 GPS 的测量值进行线性插值,并采用扩展卡尔曼滤波器(Extended Kalman Filter,EKF)融合惯导、差分 GPS 和机器视觉信息,来获取加油机/受油机之间精确的相对位置、姿态信息,为无人机的加油过程提供可用、连续、高更新率的高精度导航服务。

机器视觉辅助的无人机空中加油相对导航系统总体方案如图 14.8 所示。

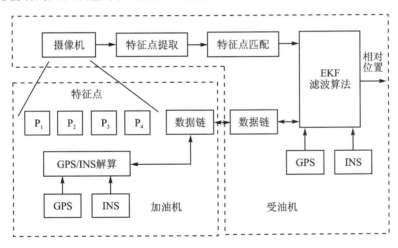

图 14.8　用于加油的无人机 INS/GPS/MV 相对导航系统总体方案

在图 14.8 中,受油机和加油机上都装有差分 GPS 与 INS,受油机上还加装有机器视觉传感器(摄像机),两机之间可以通过数据链进行相互通信,以交换各自的位置、姿态信息。在这种相对导航模式下,受油机和加油机会把差分 GPS、INS 和机器视觉等导航传感器的信息都传输到受油机的滤波器中,通过扩展卡尔曼滤波算法处理计算,得到两机相对的位置、姿态信息,供两架飞机进行相应的位置与姿态的实时调整,以高质量地完成空中加油任务。

14.3 导航服务

无人机由于其自身可灵活移动的特点,已广泛应用于各行各业,提供各种各样的应用与服务,而对于无人机的导航子系统或其搭载的导航载荷,还可以作为其他载体的导航服务单元或模块,为它们提供所需的导航服务。作为这样一种新的应用模式,下面将对无人机导航在联合作战和船舶引航领域的应用进行具体介绍。

14.3.1 联合作战领域的应用

在现代战争中,无人机常常作为战场的"先锋、攻坚和断后部队",起着战前情报收集、重要空域控制、重点区域监视、关键目标打击、毁损效果评估等关键作用,而一旦无人机的某项任务失利,将会对整个战局造成巨大的影响。

对于功能单一的无人机,可能在某个方面的功能十分强大,但是却只能执行和自己功能相匹配的任务,并且其功能高低和适用性往往也是相互制约的。因此在现代战争中,面对恶劣的战场环境和复杂多样的作战任务,单一无人机的能力毕竟有限,所体现的作用已经在逐步减弱。多无人机、多机种联合作战是军用无人机未来发展的主要方向,无论是从攻击、侦察还是防御的角度来说,对于多机联合机群整体作战能力的提升都提出了更高的要求。

面对复杂的战场环境,所获取的信息量及信息的质量是掌握战场主动权的关键,多无人机联合作战将提升整个联合机群的信息获取能力,弥补单一无人机在信息获取方面的片面性和不准确性,利用先进的导航理念赢得信息对抗的先机。下面就分别对侦察型、后勤服务型、打击型无人机的多机联合导航应用进行介绍。

(1)侦察型无人机

对于侦察型无人机来说,多机联合作战侦察一方面扩大了探测的范围,可以提前发现更多的潜在威胁或来袭目标,为己方防御或打击争取有效的时间;另一方面拓宽了探测角度,可以对单一目标实施多方位的实时探测,对探测目标的位置信息等做到了如指掌。这都需要通过多无人机的通信、导航等系统的配合、协同,才能达到目的。

如图 14.9 所示为多无人机编队执行侦察敌情任务,侦察无人机将侦察到的敌方坦克部队

图 14.9　编队无人机为地面部队提供导航信息

的具体位置,通过无人机数据链发送给中继无人机,中继机再转发给我方的地面部队,为我方攻击部队对敌方坦克进行准确打击创造先决条件。

在这个多无人机联合侦察任务中,无人机利用自身的侦察和导航设备,可以为我方地面部队提供敌方目标的精确位置信息,其主要的工作过程和定位方法如下:

① 侦察无人机编队飞行,采用 GPS、INS、视觉导航和数据链系统等,保证对侦察路线的控制和飞行队形的保持。

② 一旦无人机群发现可疑目标,通过盘旋、悬停等操作,对可疑目标进行确认、评估,进一步实施深层次侦察,获取目标种类与数量、相互关系与联系、动态特性、无线电信号及电磁频谱覆盖等信息。

③ 对发现并认定的目标进行精确定位,即先利用无人机上的 GPS/INS 组合导航系统精确定位无人机自身的位置,再利用无人机装载的视觉导航系统对认定的目标进行定位,可以利用多无人机的优势,从不同位置、不同角度同时对目标进行视觉图像采集,通过在无人机长机上的数据融合处理,计算得到认定目标的三维精确位置与速度信息。

④ 将目标的当前位置与速度信息及其他侦察信息打包,通过中继通信无人机发送给后方的指挥控制中心,实现对认定目标精确、及时的军事打击。

(2) 后勤服务型无人机

对于后勤服务型无人机,在严酷的战场条件和恶劣的电磁环境下,在卫星导航被干扰无法提供正常定位服务的条件下,服务型无人机通过快速建立无线电导航信号的区域级覆盖,可以为该区域范围内我方的装备、载体、人员等提供导航与定位服务。通常以无人机自身的位置作为空间基准,服务型的无人机群向覆盖区域内我方的战车、船舰、飞机、人员及武器系统等发射可用于导航的无线电信号,这些用户收到该导航信号后,通过测距、测角等方式实现相对或绝对定位,来保障这些用户能够得到可用的导航精度和实时、连续的导航服务,为完成联合作战任务提供后勤支撑。

(3) 打击型无人机

对于打击型无人机来说,多机联合作战利用各无人机上携带的各种导航传感器及其组合,实现对无人机群的精确定位与相对导航。通过精准的位置、速度、姿态等信息,就可以对各无人机的火力输出进行精确分配,实现对地面目标的多重循环攻击,从而有效地提高打击质量;利用导航信息对打击型无人机的引导,还可以有效扩大打击范围,一次出动同时对多个目标实施打击,加快毁灭目标的速度,提高打击效率。

14.3.2　船舶引航领域的应用

随着船舰的体量、吨位越来越大,对船舰在狭窄巷道、礁石密布区、危险区域等恶劣环境下的引导至关重要。船舶引航员的工作就是基于船上的各种助航仪器,以及引航员自身对当时所处环境的观察,判断船舰的位置、速度、航向等导航参量,确定其与可能的障碍物或船舰的相对位置关系,发出操控船舶的指令,使其安全通过这些区域,同时还要与港口各部门保持信息的沟通。

由于船体大小不同、船形各异、动态不一,而引航员自身的视野有限,助航信息也存在不准确、不及时等问题,对船舰的引导充满了较大的不确定性,尤其在恶劣天气(如台风、暴风雨)、急流暗潮涌动等情况下,引导不当就会引发航行危险,因此引航员的工作十分关键、重要,但是其繁重、复杂的任务特点,使引航的成功率或引航效率比较低下。

如果引入无人机辅助引航,获得来自第三方的导航信息,通过在船外的地面站或引航站对所获得的船舰定位信息进行融合处理,从而实时协助其引航操作,将起到降低引航风险、提高引航成功率、保障船舶安全航行的作用。

一种典型的无人机船舰助航系统包括地面站、助航无人机和可移动信息接收终端三大部分。地面站大多建立在引航站上,或者与其合二为一,并具有以下基本功能:控制无人机的功能,接收无人机采集的信息并进行实时处理的功能,形成助航信息及控制指令的功能,传送信息给船舰及引航员的功能。

助航无人机是一种专门采集引航信息的特殊无人机,机上带有高精度的 GPS/INS 组合导航系统,能够确定自身的精确位置;可以实时接收与执行地面站发出的控制指令,并通过图像传感器采集船舶的实时位置与速度、航向等动态参数,并将这些信息传送给地面站和移动终端(引航员)。

可移动信息接收终端一般由引航员持有,能够接收和显示由地面站或无人机发出的引航和图像信息,并能发出引航请求信息。

无人机助航系统在对船舰进行引航的过程中,可以借助无人机的跟踪、定位、遥控、航拍、数据传输等功能,使地面站或引航站能够实现对船舶的多角度、实时、实景的远程监测;地面站通过将采集来的船舶航行信息进行实时分析与处理,可以生成非常重要的助航信息甚至是操作指令,实时地传递给船舶引导员或操纵员;引航员便可以得到来自本船外的第三方信息与协助,实现操作性更强、更加稳健与可靠的引航。

综上,无人机在船舶引航应用中可以起到以下几个方面的作用:

① 同地面站协同工作,建立一个第三方的助航系统,利用新的视角和新的信息源来协助引航。

② 形成对引航员和船舶导航的数据支持。

③ 提供对船舶实时操纵的决策支撑。

④ 在恶劣环境下完成对船舶的护航作业。

⑤ 实现对国际船舶避碰规则的技术支持。

在无人机助航系统的具体应用上,已经有澳大利亚的旗舰破冰船,首次在南极使用无人机导航与引航技术,克服了重大的恶劣环境障碍,通过无人机提供的周围海冰情况的画面进行航行决策,成功引导了"南极光"号破冰船在海冰危险区域的安全航行和顺利通过,相信未来会有更多的无人机助航应用案例。

14.4 反无人机技术与应用

无人机自发明以来,就不断有无人机入侵事件的发生,近 20 年来,恶意或非恶意的非法闯入、侦察、干扰等事件层出不穷,一些重点安全区域也发生了无人机攻击和侵扰事件,导致的威胁与风险日益增大,另外战场上的无人机也展现出强大的破坏力和杀伤力。

2014 年 4 月,韩国在东海岸发现了短期内第三架坠毁的无人机,这使得韩国当时陷入了"无人机入侵"的恐慌。2015 年 1 月,美国华盛顿执法部门发现一架小型无人机闯入白宫。2018 年 8 月,委内瑞拉总统遭遇了"自爆无人机"事件。2019 年 8 月,一架无人机入侵了中国台湾的松山机场,影响了 9 个航班、1 000 多人的正常航行。

在这类事件中,多数航空器具有飞行高度低、速度慢、雷达反射面积小等特点,包括了无人机、轻型飞机、滑翔机、飞艇气球、航模等,统称为"低慢小"航空器。而中、小、微型无人机因具有成本低、操控简单、起降方便、难以发现等特点,更易造成一些危害社会安全和飞行秩序的严重后果,因此对无人机的防控和反制成为社会必须面对的难题。

反无人机技术,是指能探测、发现和识别无人机,根据探测结果对无人机进行处置,使其功能失效、性能丧失的手段或措施,其包括对无人机的检测、跟踪、识别、干扰、诱骗、控制、摧毁等内容,一般通过两步开展实施:

① 准确地检测、跟踪和识别无人机;

② 根据实际情况,对无人机进行反制,以达到使其降落、返航或损毁的目的。

因此,反无人机技术包括侦察探测和对抗反制两部分,具体实现是利用侦测/导航设备对无人机进行监测、识别、定位和跟踪,然后对无人机进行干扰、阻断或引诱、入侵等,实现对无人机的拦截捕捉、引导控制或摧毁打击。

14.4.1　无人机侦察探测技术

侦察探测技术,是根据无人机的不同物理属性(光学、热学、声学、磁学等),综合利用各种传感器,发现或找到无人机目标,并对目标进行状态识别。

常见的无人机探测手段有雷达探测、电磁频谱探测、声光热探测等。这些手段多数采用被动导航技术,即利用外部传感器或检测设备,对无人机的距离、方位、姿态、形态、动态等参数进行检测、识别和定位。实际应用表明,每一项探测手段均有不足,单独使用效果有限,为提升探测能力,往往集成两种及以上的技术联合探测。

1. 雷达探测

雷达向外发射尖锐的电磁波脉冲信号,接收无人机机身反射的回波信号,获取无人机的方位、距离和动态信息,以识别和定位无人机,属于振幅-频率-时间复合的无线电导航系统。雷达在旋转过程中,发射具有针状方向性的信号,确定无人机的方位;检测回波信号是否有多普勒频移,分辨、选择静止目标与运动目标;根据发射和反射脉冲的时间间隔,测量出无人机的距离。

雷达探测技术成熟,可测距离远,定位精确,反应速度快,受天气影响小,可全天候探测,侦察探测效果好,应用广泛。其缺点是存在近距离盲区,难以探测出由塑料等非导体材料或具有透波性的金属材料制成的无人机目标,另外当无人机悬停或慢速移动时,回波的多普勒频移较低,也难以辨识出目标。雷达需要主动辐射探测信号,容易被敌方侦测到而受到攻击,其安全性也需要考虑。

2. 无线电频谱探测

无人机在正常飞行过程中,其飞控系统和通信系统均会发出无线电信号。无线电频谱探测通过检测无人机的工作频率,对没有加密的飞控和通信信号进行接收、分析,或者将收到的信号进行频谱特征识别,与已知的无人机射频信号频谱进行匹配、对比,可实现对目标无人机的检测、识别和定位。

无线电频谱探测属被动检测,不需广播或发射信号,不会被敌方发现,也不干扰通信环境,成本低、易实现,不易受干扰、可测距离远、隐蔽性好,可满足大范围的防控需求。但对处于自主巡航状态或保持无线电静默飞行的无人机无法感知,对于加密的通信信号需花费大量时间进行破解,探测跟踪的效率也不高。

3. 光、热成像探测

光、热探测设备可在不同波段上实现对目标无人机图像的采集，通过分析获得无人机的图像特征，处理得到无人机的形态和位置等信息，可用的波段包括可见光、红外光、紫外光、热红外、激光红外等。

可见光探测利用摄像机等成像设备，对无人机的视频图像进行采集，通过图像信息的再现、识别、确认目标并进行跟踪。该技术一般适合白天使用，成本低、技术成熟、灵活性好、应用普遍，但探测效果受光照和天气影响较大，能见度较低时效果下降。

红外探测技术即热成像技术，利用背景与无人机之间的红外辐射差即温度差进行目标检测。自然界中温度高于绝对零度（−273 ℃）的物体都会向外辐射红外线，温度越高，辐射能量就越强。在飞行中无人机的电池和电机等都会产生热量，利用温度差进行热成像，可获得无人机表面的温度分布图。红外感应传感器通过接收、采集无人机及其背景的辐射能量，处理得到红外热像图，将其转变为视觉可见的图像，即可进行无人机的检测、识别与跟踪。

红外探测技术虽为非接触式测温，但温度的分辨率很高。其缺点是易受各种热源和阳光的干扰，更适于夜晚使用；当无人机距离较远，或部分型号无人机的热学特性不明显时，无人机对应的像素数量就少，难以将其从噪声背景中提取出来，成像效果降低；还有红外设备的成本较高，限制了推广应用。

4. 声波探测

在飞行过程中，无人机动力装置和螺旋桨叶片等的机械振动会发出声音，不同架次不同批次的无人机其声学特征或声音波谱不同，具有"音频指纹"。声波探测就是通过传感器采集声音信号，测出声波强度、波形特征、声音波谱等，并与数据库中的声谱特征进行比对，实现对无人机的辨识和定位。

声波探测被动接收空中的声波信号，不易被外界发现，成本低，安全性高。但是其易受嘈杂环境的干扰和大风等背景噪声的影响，只适用于低噪声环境；对高空中的无人机，由于空气稀薄声音变得微弱，探测效果不好；同样对远距离无人机的效果也不理想。

14.4.2 无人机对抗反制技术

针对无人机的对抗反制手段多种多样，包括捕网枪、无人机网捕、激光炮、微波枪、声波干扰、操控信号干扰、通信协议破解、卫星定位诱捕、黑客入侵控制等，不同技术各有所长，并且由于无人机威胁的多样性和善变性，反制技术常常无法一招制敌，必须采用多样化、多层次的手段搭配使用来提高对抗反制的效果。

1. 干扰阻断类

干扰阻断通过信号干扰、声波干扰等技术，达到驱逐或扰乱无人机的目的，是最常用的反制手段。无人机通常利用无线电信号实现卫星定位和飞控指令的传送，如果信号被干扰无法使用，无人机就会启动自保机制，或者降落，或者悬停，或者折回起飞地点。常用发射大功率信号，压制其定位和通信系统，切断无人机与地面遥控平台或导航卫星之间的联系，使定位系统和飞控设备无法正常运行。

对卫星定位的干扰，是基于 GNSS 信号非常弱的特点，干扰类型包括了单频、窄带、宽带、扫频及脉冲等。实验表明，干扰机只需发射 1 W 功率的干扰信号，就可使附近 25 km 内的 GPS 接收机无法工作。但对于高灵敏接收机，或者无人机所在区域启动了卫星功率增强时，干扰效果会有一定程度的下降。

飞控信号干扰即射频通信干扰,通常对低复杂度的无人机效果明显,对有预设措施(如跳频通信、扩频通信)的无人机效果一般。

2. 直接捕捉类

捕捉反制有网捕式和鸟捕式两种,可由无人机携带抓捕网,或从地面发射抓捕网;训练鹰隼等大型飞鸟捕捉。这类反制通常需要无人机在可视范围内,作用距离有限。

常用的网捕式反制是指利用空中预置布网、地面抛网或空中抛网的方式,对无人机进行缠绕、阻挡、捕获,并收入专业收容装置的技术。网捕技术成本较低、实施比较简单,可将无人机带回指定区域或地点,但受到无人机机动飞行、运动轨迹难以判断的限制,以及采用避障技术的影响,反制的成功率较低。

3. 打击毁伤类

打击毁伤类是指采用高射机枪、火炮、防空导弹等常规火力,或者采用激光、微波等新型打击武器,以及暴力竞速无人机、格斗型无人机等,对目标无人机进行拦截、摧毁,使无人机丧失飞行的能力。摧毁类反制打击效果好、直接快速、对干扰不敏感,但对瞄准精度有较高要求,所需费用大,还要考虑无人机坠落导致的连带安全风险。

火力武器杀伤是传统的反制防空技术,主要对无人机的硬件实体进行击伤、击落或直接摧毁,简单粗暴、技术成熟,但是成本高,如何在广袤的天空及时发现无人机,并布置合适的打击力量,是推广应用的难题。

激光杀伤反制是指利用高功率定向发射的高能激光波束,对无人机整体或关键部件进行失能失效、高温毁伤或烧灼摧毁的技术,杀伤精度高、附带损伤小,可对远距离的无人机进行精确打击。但激光波束发射成本较高,设备比较庞大,不会大规模在地面部署,移动激光设备也需大型车辆、飞机等装载,限制了它的广泛应用。

微波打击毁伤是在短时间内发射高功率微波,通过烧毁无人机的电子控制系统,迫使无人机失控坠地。微波波束较宽,天线也可水平及上下移动,射程达数百米,覆盖范围内的无人机都会被击落。其缺点是体积较大,架设、拆装和运输比较费时、费力。

4. 监测控制类

监测控制类反制手段采用伪装或诱骗方式误导非法入侵的无人机,或者利用协议、规则的漏洞去操纵、入侵、控制无人机的中央处理系统,使其收到错误指令、信息,或按我方命令行事,导致无人机无法执行任务或被我方引导、控制或劫持,反制方式有卫星定位信号欺骗、无线电信号劫持、黑客入侵控制、伪装欺骗等。

卫星定位信号欺骗(或称 GNSS 欺骗干扰)是指产生一个假冒的 GNSS 虚假信号,通过阻止真实信号进入 GNSS 接收机,诱骗无人机对虚假信号捕获和跟踪,解算出错误或虚假的位置信息,使无人机产生错误判断并沿着诱导的路线飞行。欺骗干扰包括转发式和产生式两种,前者是设备先接收真实的 GNSS 信号,然后进行延时转发,使无人机出现错误的定位结果;后者是由干扰设备自己产生假的卫星导航信号,使无人机解算出由我方规划的定位结果。

伪装欺骗技术是指通过光学、声学和电子等方式,对我方重点目标进行物理伪装,使敌方无人机无法识别或错误识别,降低敌方侦察的效率和成功率。

14.4.3　反无人机技术进展实例

① 新加坡 TRD 公司 2020 年推出一款轻型 Orion H＋反无人机系统,采用的是干扰阻断

类技术。该便携式系统质量不到 6 kg,可连续运行 1 h 以上,待机时长达 48 h;具有 6 个干扰模块,能干扰 6 种无线电频率,可同时干扰多种无人机;反制策略是在 20 s 内中断无人机的通信链路,触发其自动着陆或返回的规则。

② 2020 年,英国 BAE 系统公司展示了反无人机蜂群的战术高功率微波作战响应器(THOR),采用打击毁伤类反制技术,可在短时间内发射高功率微波,通过烧毁无人机的电子控制系统使无人机失控坠地,其射程可达数百米。THOR 的波束很宽,能以圆锥形波束照射空中,所有覆盖范围内的无人机都会被击落,一次可击落 50 多架。THOR 系统储存在集装箱内,由车辆或运输机转运,可由 2～3 人在数小时内完成组装或拆除。发射机构和整个系统都由笔记本电脑操控,天线可进行 360°的水平旋转及上下移动,以打击不同方向来袭的无人机。

③ 2020 年 9 月,以色列 D‐Fend Solutions 公司演示了一款监测控制类的 EnforceAir 反无人机系统,它利用射频网络技术接管无人机,并使其在特定环境下安全着陆。演示中,两架无人机进入 EnforceAir 划定的保护区域后触发了报警,被系统自动检测和跟踪,在 EnforceAir 的图形用户界面上显示出来;系统识别了未经授权无人机的 GPS 坐标,并给出无人机和操作员的位置;随后利用射频网络技术切断了无人机与地面站控制器的连接,使地面站操作员失去了对无人机的控制;最后,EnforceAir 系统接管了无人机,并在几秒内自动重新编程,使其安全飞行并降落到指定区域。

14.5 习 题

1. 无人机单机导航的分类可以按什么来划分? 各类导航有什么需求特点?

2. 请介绍高空长航时无人机的常用导航方式。

3. 描述两种多机作战无人机的导航工作方式。

4. 给出并描述常用的无人机相对导航方法。

5. 为什么将无人机的导航应用模式分为单机导航和多机导航两类,多机导航的需求有哪些特点?

6. 无人机是如何辅助对船舶的引航的? 请举例说明。

7. 上网查询了解当前的无人机编队发展动态及对导航的新需求。

8. 请分析导航系统的定位精度和数据更新率对编队无人机飞行的影响程度。

第 15 章　无人机导航的未来展望

无人机导航系统是无人机系统的重要组成部分,是无人机完成飞行任务和载荷任务的关键设备,也决定了无人机未来的发展与应用方向。随着无人机技术的发展及其应用范围的不断扩展,各行各业的无人机用户对无人机导航提出了许多不同的新的需求,这就促使人们进一步研究无人机导航的相关技术,并努力推动导航应用的发展。目前,无人机导航逐渐呈现出一些新的发展趋势,这给无人机相关行业带来了一些新的机遇,但同时,在这些机遇的背后也存在着诸多新的挑战。

15.1　新需求展望

为了给无人机提供满足飞行任务和载荷任务要求的导航服务,无人机导航系统在硬件和软件上、功能和性能上都要达到一定的水平,满足一定的要求才行。而随着无人机工作任务越来越复杂、多样,对导航系统的需求也越来越多。

从硬件上来讲,对无人机这种特殊的应用背景,往往要求搭载的导航设备质量轻、体积小。过重的质量会消耗无人机的载荷,过大的体积会减少无人机上的可用空间,限制无人机负重、容纳其他的任务载荷和设备,或者会消耗过多能源、减小飞行距离、降低飞行高度等,因此体积、质量以及成本等是无人机导航需要认真考虑的一个永恒话题。因此新的问题就是,如何在保证导航功能与性能的前提下,实现体积、质量、成本的最小化? 即采用单一导航源还是多源? 多源如何融合或组合? 如何改进和完善硬件系统?

从软件上来讲,新的需求是要求无人机导航的智能化水平和适应能力要进一步提高。由于无人机要执行的任务日趋多样和复杂,需完成各种烦琐的飞行程序和高难度动作,面对多种复杂的外部环境,要及时处理随时出现的内部与外部问题,因此导航设备的智能化是无人机系统的必然选择与要求,适应能力是完成复杂导航任务、应对飞行风险的基本保障手段。

从功能及外部的应用需求来讲,目前无人机的应用正朝着多机协同工作的方向发展,无人机的导航设备要与通信设备一起工作,与其他无人机及各种载体、平台等进行信息交流,实现高质量的相对导航能力,才能进行编队飞行、协调完成各自的工作。另外,有时还需要用无人机导航系统为其他无人机或载体提供导航服务,同样需要无人机通信数据链的配合工作。因此,无人机导航系统与其通信系统的紧密结合是必不可少的,是接收地面导航指令、完成各种导航任务、提供导航服务的实现基础。

从性能上来讲,首先,对导航设备的定位精度要求越来越高。目前无人机的高精度应用逐渐展开并扩展,在精密农田作业、精确大地航拍、精密地理测绘、密集编队飞行等许多方面,都需要实时的分米级、厘米级定位,只有导航设备能够提供高精度的导航引导参数,无人机才能按照预定的航迹精确飞行,或完成精密测量任务。所以具有高精度定位性能,永远是对导航设备及系统的第一需求。同时,在最基本的位置需求之外,无人机实时的速度、姿态、相对高度、相对位置等信息需求,也开始逐渐引起人们的重视与关注。

其次,还要求导航系统的信息更新率高、抗干扰能力强以及可靠性高等。导航设备的数据更新率是描述系统动态实时性的一个重要性能指标,尤其对于无人机这样的高机动用户,更新率高才能保证可以实时了解无人机飞行的工作态势,及时掌控调整无人机的状态,保证任务质量与飞行安全。无人机导航设备的抗干扰能力,是无人机处于外在干扰环境下可靠工作的保障基础,能够反映其在复杂电磁环境中正常工作的能力,对于在大型城市复杂环境、军事战场环境工作的无人机导航设备尤其重要。可靠性反映了系统发生故障的概率高低以及处置故障的能力大小,这一点对处于空中工作的无人机更加重要,低的可靠性不仅仅意味着无人机不能高质量地完成任务,更预示出无人机发生坠机、毁坏、爆炸及无法收回等风险的提高。

再次,对于无人机这种机动性强的载体,面对多种复杂场景、恶劣的电磁环境、可能的密集编队协同飞行等,高完好性、高可用性、高连续性的导航需求,是无人机导航应用需要面对的一个新问题。

15.2 新技术展望

15.2.1 单一导航新技术

目前已经有很多种导航方式,可以为无人机提供不同信源、不同视角、不同特性的导航服务,最常用和最主要的当然是卫星导航和惯性导航,其他还有可能用到的如多普勒导航、视觉导航、地形辅助导航、无线电高度表等。近年来,相继有一些新的单一导航方式出现,如超宽带导航、Wi-Fi 导航、地磁导航和重力场导航等,并且已经开始尝试应用于无人机导航。相信随着人们对导航技术的逐步深入了解与认识,可以期待会有更多的、更先进的导航方式产生和发明出来,并在无人机导航领域发挥独特的作用。

15.2.2 组合导航新技术

组合导航是将两种及两种以上的导航方式进行组合,通过信息融合提供更好导航服务的一种方法,组合之后其综合性能往往会优于任一种单一导航系统的性能。将不同的导航方式进行不同形式的组合,可以得到很多种组合方式,组合的原则及优劣主要看组合的各系统是否具有功能或性能互补的特性。目前最典型和最常用的组合为 GPS/INS 组合导航,它已成为当前多数无人机采用的主流导航系统,也是最具发展潜力的组合导航方式。而其他的组合方式也大都有卫星导航或惯性导航参与,如与卫星导航进行组合的有视觉导航、多普勒导航、地磁导航等,与惯性导航进行组合的有多普勒导航、地磁导航、地形匹配导航等,其都有了一些应用案例。而天文/地磁组合导航,虽然是一种不常用的组合方式,但在高空高程无人机导航方面,也发挥了一定作用。

但在复杂恶劣的环境条件下,二组合导航系统还不能解决无人机飞行的所有定位问题。随着无人机技术和导航技术的发展,越来越多的组合方式被应用到无人机导航中来,采用的导航传感器越来越多,组合方式也越来越复杂,三组合甚至四组合已成为未来无人机组合导航的发展趋势。常见的多组合导航多是以 INS/GPS 组合导航系统为主导航系统,再辅以其他的导航方式进行多组合,如惯性/卫星/天文组合导航、惯性/卫星/视觉组合导航等。

15.3　发展趋势

随着导航技术的进步和无人机应用范围的不断扩大,无人机导航呈现出了一些典型的发展趋势,根据目前无人机导航技术的特点及应用状况,无人机导航技术大致有以下几种新的趋势与变化。

15.3.1　高精度

有限的导航精度始终是制约导航技术在无人机上进一步应用的重要因素,如未加差分或增强的卫星导航系统的定位精度,最好的也只能达到米级,无法用于精密测量、农业耕作、管线监测等方面的应用。由于导航精度还未能满足无人机的基本导航需求,很多导航技术如地磁导航、偏振光导航等,尚无法单独在无人机导航中应用。另外,天文导航作为航空领域发展、应用时间最长的一种导航方式,存在很多优点,但是由于其导航精度受大气环境的影响较大,不能保证提供连续、可用的高精度定位信息,直到现在也未能成为无人机的主要导航方式。

无人机目前主要应用增强的卫星导航系统,以及新型惯性导航设备来提高导航精度。卫星导航的增强方式有多种,增强的效果及覆盖范围也不同,一般大区域的增强系统(如WAAS)精度的提高不大,为米级,小范围的增强系统(如 LAAS、RTK 等)则可以达到厘米级(动态)至毫米级(静态),其代价均是需要建立地面参考站及相应的传输增强信息的通信链路。

惯性导航是无人机两种主流的导航手段之一,随着激光惯导、光纤惯导和微固态惯性仪表等惯导设备,以及微机械惯导系统的研制与应用,惯性导航系统的体积和功耗变得越来越小,成本也越来越低,并且导航的精度越来越高,更加适合于军民导航应用及无人机导航使用。随着惯性导航关键理论、技术的突破以及加工工艺的提高,人们会研发出更多更高精度的惯导装置。

15.3.2　组合化

无人机的组合导航方式正在向着多样化和复杂化方向发展,目前,用于无人机系统的导航方式已经接近十种,通过采用多种类型的导航传感器,对不同类型的定位数据进行信息融合处理,才可以获取无人机所需的各种有效导航信息,弥补单一导航方式的不足,因此多导航源的组合运用成为无人机导航的发展趋势之一。

在多样化方面,参与组合导航的单一导航方式的类型越来越多,除最常用的卫星导航和惯性导航外,视觉导航、多普勒导航、地磁导航、地形匹配导航、天文导航等也有一定应用,有时还会用到 UWB 导航、Wi-Fi 导航、气压高度计、无线电高度表等导航手段。另外,随着脉冲星导航、重力场导航、冷原子导航和量子导航等导航技术的不断出现、完善、改进和应用发展,未来无人机的组合导航将有更多的导航方式可供选择。

在复杂化方面,除了 GPS/INS 这一基本组合方式外,GPS、INS 还可以联合或单独与前面讲到的多种导航手段进行组合,实现二组合、三组合甚至四组合,比如视觉/INS 组合导航、GPS/多普勒组合导航、地形匹配/INS 组合导航等二组合,惯性/卫星/地形匹配组合导航、惯性/卫星/视觉组合导航等三组合,组合的种类很多,不再一一列举。

有时,为了精确地获取某一导航参数,往往需要多种传感器的信息融合,但在组合方式的选择方面，一般应以应用的具体需求为导向，不是越多越好，重点在于如何对这些不同类型的信息进行融合处理。

比如，为了获取性能良好的飞行高度数据，无人机上可以采用气压高度计、无线电高度表、GPS、惯性导航和大气数据计算机等不同的方式进行测高，其中有的给出绝对高度信息，有的提供相对高度数据。由于各传感器的自身特点和测量条件的限制，单一传感器很难满足无人机在各种飞行状态下的高度精确测量的需求。但如果在无人机上安装多种高度传感器，并且在不同的飞行高度和飞行状态仅对几种传感器获得的高度信息进行选择利用而不是融合处理，虽然能在一定程度上提高信息获取的准确性，但可能精度提高有限，反而会造成测试数据及测量设备的较大浪费。

因此，可以通过选择有限的高度传感器，如无线电高度表、差分 GPS、惯性导航，采用多传感器信息融合技术，配合三维电子地图数据，建立无人机高度测量系统，对来自多个传感器及地图的数据进行多级别、多角度、多层次的处理，就可以获取更高精度的高度值。这种组合兼具绝对高度和相对高度测量，同时具有高精度和抗干扰能力，为无人机完成复杂环境的飞行和执行高难度的导航任务提供了可靠保障。

因此，与以往仅仅通过提高设备性能来提高导航参数的性能不同，现在更多的是采用相应算法及发挥软件处理的能力，通过分析各类传感器的数据特性，采用融合技术来提高导航的综合服务能力。目前国内外学者在传统的卡尔曼滤波、扩展卡尔曼滤波等融合技术的基础上，提出了多种滤波算法的综合应用、交互式多模型算法、引入人工神经网络算法的卡尔曼滤波、基于小波变换的自适应滤波技术等新型的数据融合方法，相信这些技术和算法会在未来的无人机导航应用中发挥较大作用。

15.3.3　小型化

无人机的载荷量和空间都是有限的，包括导航设备在内的机载设备的质量和体积都不能太大，或者越小越好。自无人机开始装载导航设备以来，人们从来没有停止过去研发、生产更加小型、量轻、低功耗的导航设备。

就惯导设备而言，目前人们已经研制出光纤惯导、激光惯导、微固态惯性仪表等多种小型、微型的惯导系统；随着现代微机电技术的发展，各大科研机构也在加紧硅微陀螺和硅加速度计的研制工作。这些惯性导航设备具有成本低、功耗低、体积小及质量轻的特点，特别适用于无人机导航系统的应用。未来随着惯导技术的发展，人们会研制出更加精密、更加小型的惯性导航设备。

对于卫星导航设备，目前已经做到了小型化且得到了广泛应用，如基于 GPS 通用芯片的接收机几乎随处可见，其直径只有几厘米甚至更小；目前包括汽车导航、船舰导航、飞机导航以及人员定位等的导航设备，都已采用了兼容 GPS、GLONASS、Galileo、BDS 中的至少两种信号的定位芯片，在高可用、低成本的基础上实现了体积与质量的大幅降低，对推动无人机的卫星导航应用创造了基本条件。相信随着无线电技术、集成电路技术的发展，可以期待未来的卫星导航设备会更加小型化。

15.3.4　高可靠

空中飞行的特点使无人机成为对安全性要求很高的运载体，而导航设备实时提供的位置、速度、姿态等信息,作为无人机飞控系统进行操作的输入条件,对保障无人机的可靠飞行至关重要。可以说,无人机导航的稳定性和可靠性,是无人机安全飞行并完成飞行任务及载荷任务的前提。无人机提高导航可靠性、稳定性的手段,除了对单体的导航设备要求较高的可靠性外,另一种重要的措施就是采用组合导航的方式。

随着无人机应用需求的不断提高,任务复杂度日益提升,环境也越来越恶劣,单一的导航设备已不能满足无人机可靠飞行的需求,常常需要借助多种导航方式或多个导航设备联合进行飞行引导。采用组合导航,利用多种导航传感器采集不同类型的导航数据,通过分析不同来源的数据特性,可以有效增加组合导航的可靠因子,使其不再依赖于某一种或者某几种导航数据,以及当其中的一种或者几种数据出现故障不能提供导航服务时,不会影响到无人机的正常导航性能需求,从而提高了无人机导航的可靠性。

在一些先进的无人机上,甚至还会加装备用导航系统以备不时之需。因此,采用组合导航或备用导航系统,都是为了让无人机获得稳定性更强、可靠性更高的导航信息,使无人机的飞行更加平稳、可靠。

15.3.5　智能化

近年来,不管是微小型无人机,还是中远程或长航时无人机,都在向多任务系统和复杂任务系统方向发展,无人机的工作任务和工作环境将变得越来越复杂。可以预见,未来无人机的工作任务会随前期任务完成情况、当前环境变化及气象气候情况等随时进行动态调整,这样对导航的应用需求不但要及时调整,导航方式、导航策略也要随之改变,而且无人机的飞行环境也将会变得更加不确定,导航系统往往不能根据预先设定的航行计划飞行,而需要通过智能化设计,根据当时任务情况和当地环境、天气情况等因素,临时调整或重新制定飞行计划,以保证对飞行任务和载荷任务的最大化实现。尤其在遇到外部重大突发事件或内部发生系统故障时,就需要导航系统根据无人机的任务特点及飞行环境,综合运用多传感器技术、自适应技术、神经网络技术和现代控制理论等智能化方法,及时采用与之相适应的导航方式,高效、可靠地完成对无人机的飞行引导。

因此,未来无人机的导航策略设计将面对更多的现实不确定性,导航系统应该具有对环境和事件实时处理的自适应能力,并根据其飞行状态和外部因素实时调整飞行航迹,修改飞行任务,可以想象未来无人机的导航系统将会更加智能化和具有适应性。

15.4　机遇与挑战

15.4.1　机　遇

目前,国内外对于无人机的研究和应用日趋深入,无人机导航系统作为无人机飞行的"引路器",一直是人们重点关注的焦点之一。无人机的广泛应用给研发和生产无人机导航设备的机构和部门带来了良好的发展机遇,无人机导航也迎来了前所未有的快速发展时期。

一方面,无人机在各行各业的应用对无人机导航提出了更高的需求,要求无人机导航不断进行理论、方法、算法等方面的完善与创新,给出精度高、可靠性强的智能化导航解决方案,去应对复杂环境和高难度任务时所带来的导航应用难题。

另一方面,无人机导航应充分考虑无人机特点,紧密结合用户任务需求,不断地进行系统优化和更新换代,生产出体积小、质量轻、功耗低和可靠性高的导航设备,努力研发、创造出新的适合不同类型无人机使用的高性能用户导航设备。

所有这些,对于从事无人机研发、生产和应用等行业的技术人员和机构来讲,都是前所未有的发展机遇。人们应该抓住机会,努力进行理论创新和实践尝试,不断推陈出新,生产出性能更加优良、更加智能的无人机导航设备,为未来无人机产业的发展和应用打下良好基础。

15.4.2 挑 战

目前,无人机导航技术仍然面临不少问题与挑战。首先,从技术层面上讲,室外导航多数场景都可以用 GPS,但是 GPS 在室内或其他有遮挡的区域(如高山峡谷、城市高楼等)则不能很好地应用。GPS/INS 的组合导航虽能在一定程度上解决复杂环境无人机的导航问题,但也做不到尽善尽美,在 GPS 出现故障或一段时间的 GPS 信号缺失时,若单靠 INS 定位则误差会逐渐变大,因此有时还要借助视觉导航或地形匹配导航等来辅助完成导航引导。但是第三种导航方式究竟选哪一种更好,目前业界还没有一个统一认识。

其次,从载荷平台的角度考虑,过多的导航设备势必增加无人机的载荷和能耗负担,并且不同类型的电子导航设备同时在无人机的狭小平台上工作,也会造成相互间的信号干扰,尤其对卫星导航系统的影响更为严重。因此对无人机的导航系统,需要从选择最小化的导航组合,减小体积、质量与功耗,提高抑制噪声和内部干扰的能力等方面开展进一步的工作。

再次,从应用层面上讲,无人机在防灾救灾、公安消防、物资运输、农田护理和飞行表演等领域都有了一定应用,但当无人机导航系统失灵,或未能提供符合精度、完好性等要求的导航服务时,就可能发生飞行意外,将对人身、财产、环境等的安全造成一定程度的威胁或后果。并且,针对现代战争的军事需求,美国继电子战和信息战之后,又提出了导航战的概念,这对无人机导航系统提出了抗干扰和可靠性方面的新挑战。因此如何根据无人机的不同应用场合,来选择可靠且适应能力更强的导航设备,仍然是业界需要考虑的重要问题。

考虑到目前无人机的类型较多、应用的多样化、工作环境的复杂等因素,以上这些都对无人机导航的应用提出了很大的挑战,无人机导航系统的精度、可靠性和智能化等还有待进一步提高,无人机的导航系统如何有效可靠应用,才能最大限度地让无人机为工农业生产和人类服务,将是一个长远的研究与发展课题。

15.5 习 题

1. 请举例说明无人机导航的新需求。
2. 通过网上查询,请给出无人机导航的一种新技术,并描述其基本原理。
3. 无人机导航的智能化,会对无人机的未来复杂应用提供哪些帮助?
4. 请分析相对于车辆导航而言,对无人机导航的挑战性体现在哪几个方面?
5. 如果对微小型无人机进行室内定位,现有的导航技术还有哪些问题需要解决?

第四部分　无人机实践应用与实验教程

第 16 章　无人机常用操作流程

本章重点讲述地面操控人员在操作无人机飞行时需要进行的主要工作和常用流程,以及在无人机发生紧急情况下的处理策略和方法,包括无人机地面站操作流程、无人机航线规划、无人机紧急情况的应急操作,目的是使读者能够建立对无人机操控的基本概念,学会和掌握一些常用的无人机基本操作和处理方法,积累实践经验及先验知识。

16.1　无人机地面站操作流程

作为无人机的操控平台,由于功能上的差异或区别,无人机地面站的种类很多,但其基本任务没有大的改变或差异,即实现相关指令、数据的发送、接收、处理等,使无人机沿着规划的航线安全飞行,执行规定的任务,完成特定的操作等。

为使大家对地面站的操作方法有一个直观感性的认识,下面以深圳市大疆创新科技有限公司的 DJI GS Pro(Ground Station Professional)地面站专业版系统软件为例,通过无人机地面站的操作实例介绍地面站操作的基本流程。

16.1.1　无人机地面站主要功能实例

DJI GS Pro 是一款可控制 DJI 无人机实现自主航线规划及飞行的 iPad 应用程序,拥有直观简易的交互设计,轻点屏幕就能生成复杂的飞行航线任务,实现全自动航点的飞行拍照、测绘拍照等飞行作业。

DJI GS Pro 拥有强大的设置功能及简易的操作设计,是无人机操作及综合管理的有效应用平台,可大幅提升工业建筑、精准农业、空中摄影测量、电力巡检、安全监控和灾害救援等领域的任务执行效率。DJI GS Pro 的主要功能如下:

1. 可设定测绘航拍区域模式

DJI GS Pro 能够在指定区域内自动生成航线任务,让无人机按照指定路线飞行、拍摄,自动完成测绘、航拍任务。该功能可根据用户设定的飞行区域及搭载的相机参数,智能规划飞行航线,执行航拍,并支持将航线任务保存下来。

2. 可灵活设定飞行区域

飞行区域由用户自行设定,可在地图上手动划定,可为任意多边形,如图 16.1 所示;也可事先起飞无人机,以无人机的实际位置划定飞行区域范围。

3. 飞行动作及参数可调

该功能支持自行设置图片重复率比例、相机朝向(垂直或平行于主航线)、航线角度、边距、悬停拍照或边飞边拍、飞行高度和速度等飞行动作及参数,如图 16.2 所示。

4. 支持区内模式和扫描模式

支持区内模式和扫描模式两种主航线生成模式。区内模式使无人机完全在指定区域内、按照经过智能规划的航线飞行,在飞行过程中不会越过区域边界;扫描模式则会根据指定区域

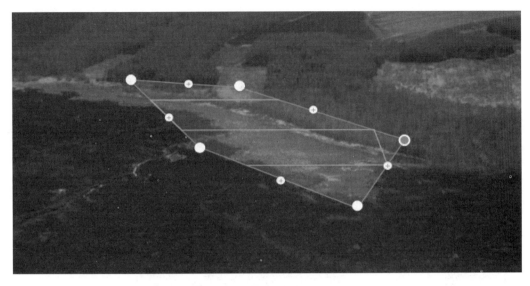

图 16.1　任意多边形飞行区域

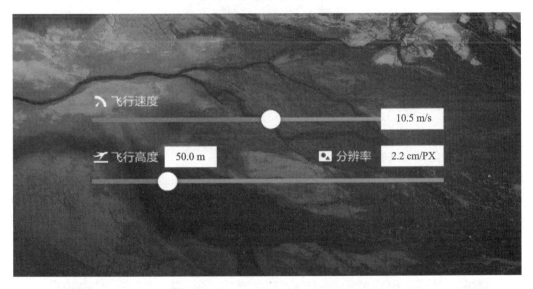

图 16.2　飞行动作及参数调节示意图

的外围边界生成飞行路线,可能会超出区域边界飞行。区内模式和扫描模式示意图如图 16.3 所示。

5. 可设定优化照片重复率

为了获得良好的 3D 重建效果,在进行拍照时 DJI GS Pro 已预先优化了照片重复率,同时用户也可以根据自己的特殊需要专门设定。

6. 可设定测绘航拍环绕模式

可选择地图中的建筑物或山体等拍摄目标,设定主航线与被拍摄体的距离,DJI GS Pro 就会根据设定好的距离智能规划飞行速度、拍照间隔等参数。之后无人机会环绕航拍目标体进行拍摄,如图 16.4 所示。

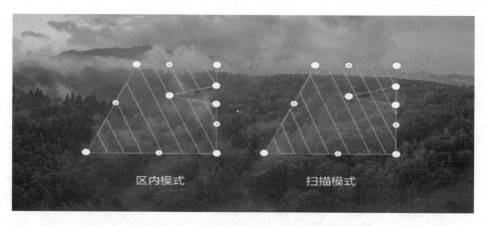

图 16.3　区内模式和扫描模式示意图

图 16.4　测绘航拍环绕模式示意图

7. 可设定智能航点飞行和任务结束动作

用户可通过 DJI GS Pro 设定或自行定义多个飞行航点(最多 99 个),可单独设定每个航点的高度、速度、航向及旋转方向、云台俯仰角等参数,进一步还可为每个航点添加一系列航点动作(最多 15 个),包括调整飞行器偏航角、调整云台俯仰角、开始录影、停止录影、拍照、悬停等待等,如图 16.5 所示,让无人机能够自动完成复杂飞行任务。DJI GS Pro 的任务结束动作功能可支持设定飞行任务结束动作,包括自动返航、悬停、自动降落等。

图 16.5　丰富的航点动作添加示意图

8. 可设定虚拟护栏

如图 16.6 所示,设定一个封闭的飞行区域,当无人机在区域内逐渐接近边界时,就会减速刹车并悬停,使其飞不出护栏的区域范围。该功能可在初学者试飞、手动飞行和作业等环境下保证无人机的安全,限制无人机飞行的区域、高度、速度等,避免区域外的危险因素。虚拟护栏的区域范围由用户自行设定,方法与"可灵活设定飞行区域"相同。

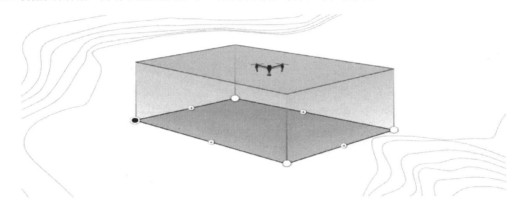

图 16.6 虚拟护栏区域范围设定示意图

16.1.2 无人机地面站操作界面实例

DJI GS Pro 是一款无人机操作及综合管理的 iPad 端地面站应用程序,简便易用,功能丰富且符合大众需求,其中测绘航拍区域、环绕模式等都是为了航拍测绘,离线航点规划功能也很实用。图 16.7 所示为 DJI GS Pro 系统的地面站操作平台。

图 16.7 DJI GS Pro 系统的地面站操作平台

DJI GS Pro 的操作简单灵活、方便实用,打开 DJI GS Pro 程序,单击"新建任务",就能看见它的 3 个主要功能:虚拟护栏、测绘航拍区域模式、航点飞行指定航线,这些功能都支持在不连无人机的情况下离线规划,同时也支持在飞行过程中的空中定点。

图 16.8 所示为 DJI GS Pro 地面站的显示操作界面,用户可通过这个界面进行状态显示、任务创建、编辑执行等。下面按图中所示编号顺序介绍每个按钮的基本功能:

图 16.8 DJI GS Pro 地面站任务界面

① 返回:单击此按钮可返回主界面。

② 无人机/飞控连接状态:显示当前地面站与无人机/飞控的连接状态。

③ 飞行模式:显示当前的飞行模式。

④ GNSS 信号强度:显示当前 GNSS 信号强度及获取的可见卫星数。

⑤ 遥控器链路信号质量:显示遥控器与无人机之间的遥控信号质量。

⑥ 相机型号:显示当前的相机型号及相机图传信号质量。

⑦ 电池电量进度条:实时显示当前无人机剩余电量所对应的可飞行时间。

⑧ 无人机电量:显示当前智能飞行的电池电量及电压。

⑨ iPad 电量:显示当前 iPad 设备电池的剩余电量。

⑩ 通用设置:可校准指南针,设置摇杆模式、禁飞区、购买进阶等功能;进入其高级设置,可开启显示 WGS84 坐标值选项(须先开启地图优化)、修改参数表、设置无人机丢失信号时的行为;可进入帮助查看版本号、使用条款、用户手册等。

⑪ 进行准备起飞、暂停任务、结束任务、合成地图、校正地图、重置地图等功能。

⑫ 比例尺:显示当前地图的比例尺。

⑬ 2D 开关:在除导航窗格的地图标签以外的界面,均显示此开关。将文件导入 GS Pro 并生成地图后,若将合成的二维地图或地图中的图形文件设置为"始终显示",则打开此开关,屏幕上会始终显示所选地图,关闭此开关,则不显示。

⑭ 定位:单击此按钮可使当前地图显示为以 iPad 定位位置为中心的地图。

⑮ 地图模式：单击此按钮可切换地图模式为标准地图、卫星地图或复合地图。

⑯ 旋转锁定：在编辑任务的状态下，可以使用此按钮。默认为锁定状态，即地图视角不会随 iPad 转动，以屏幕上方为正北方向；单击按钮解除锁定，则地图视角会随 iPad 转动；再次单击可回到锁定状态。

⑰ 导航窗格：导航窗格包含任务、素材和地图三个标签，单击右侧的箭头可收起或展开导航窗格。

⑱ 参数预览与设置：在任务列表中选择任务，屏幕右侧将出现此菜单。对于个人空间的任务，此处仅显示"我的参数"标签；对于团队空间的任务，此处显示"我的参数"和"首选参数"标签。

⑲ 执行任务：在任务列表中选择任务，然后单击此按钮，可进入准备起飞列表，完成各项检查后可执行飞行任务。

⑳ 编辑：在任务列表中选择任务，然后单击此按钮，可进入任务参数设置页面，请按照参数设置说明进行编辑与设置。

㉑ 新建任务：单击此按钮可新建飞行任务，然后选择对应的任务类型及定点方式，设置相应的任务参数。

㉒ 飞行状态参数及相机预览：单击显示飞行状态参数和相机画面预览。

16.1.3　无人机地面站操作步骤实例

无人机地面站的操作包括创建任务和执行任务两个部分，下面分别展开介绍；接着给出无人机操作过程中的常用注意事项，包括对一些特殊情况的处理方法。

1. 创建任务

用户可以通过两种方式创建任务：一是通过导入 KML/SHP 文件，生成地图，然后根据地图创建任务（测绘航拍环绕模式除外）；二是通过地图选点或无人机定点的方式直接创建任务。

（1）通过文件创建

1）导入文件

用户可以在 GS Pro 中直接操作进行导入，也可以在打开已有文件时，选择使用 GS Pro 打开进行导入。在 GS Pro 的文件列表中导入的步骤如下：

① 依次选择导航窗格中的"素材"→"文件列表"→"启动文件导入"，将会弹出窗口提示。

② 将提示中的网络服务器 IP 地址输入到计算机的浏览器地址栏中，在打开的页面中上传 KML/SHP 文件。

③ 上传成功后，单击 GS Pro 弹出窗口中的"上载完成"，文件会直接显示在文件列表中，如果左滑则可进行删除操作。

2）生成与管理地图

① 进入文件列表，左滑需要生成地图的 KML/SHP 文件，单击"导入"，GS Pro 将自行解析，使用其中包含的图形信息生成地图。

② 成功导入后，将在"地图"标签上显示一个小红点。单击进入，可以看到每个 KML/SHP 文件都会生成一组地图，单击可展开或收起。

③ 地图分为多边形、多段线和点类共三类图形文件，其中的点类图形没有"新建任务"选项。单击图形文件，可在屏幕上显示其对应的图形。左滑可选择"新建任务"、"始终显示"和

"删除"操作。长按文件将进入多选模式,可对多个文件进行"始终显示"或"删除"操作。

④ 若将图形文件设置为"始终显示",则使用地图标签查看地图时屏幕上会始终显示所选文件对应的图形。在地图标签以外的界面,可使用界面右侧的 2D 开关,选择开启或关闭这些图形的显示。

3)创建任务

① 在地图标签中,左滑所需图形文件(点类图形文件除外),单击"新建任务"。

② 选择任务类型,不同的图形文件可选的任务类型不同,多边形图形文件可以选择二维地图合成、虚拟护栏或测绘航拍区域模式,而多段线文件可选航点飞行类型。

③ 在屏幕上显示、编辑图形文件数据所形成的区域或航线。单击区域顶点或航线上的航点,可选择该点是否被选中,被选中时为蓝色,未被选中时为白色。拖拽某一点可改变区域形状或航线走向,直接拖拽"+"可增加点,单击参数设置页面左下角的删除按键,可删除某一点。

④ 在参数设置列表中逐项设置,完成后单击左上角的"保存"按钮,即完成了任务创建。

(2)通过选点或定点创建

① 新建飞行任务,单击界面左侧的新建任务按钮"+"。

② 选择任务类型,根据实际需要,选择图 16.9 中的任务类型。

图 16.9　任务类型

③ 选择定点方式,可通过图 16.10 中的几种方式,设置二维地图合成、虚拟护栏、测绘航拍区域模式中的飞行区域顶点,或测绘航拍环绕模式中拍摄目标体的半径和飞行半径,或航点飞行中的航点等。其中航线中最多包含 99 个航点,过多将无法执行任务。

图 16.10　二维地图合成/虚拟护栏/测绘航拍区域模式设置

地图选点:通过单击屏幕,在地图上直接设定区域顶点、飞行航点或所环绕目标体的中心位置点。初始时在地图上单击所需飞行位置后,将按不同任务类型在该位置点生成相应的区域或航点。其中二维地图合成、虚拟护栏、测绘航拍区域模式,将对应一个四边形飞行区域;航点飞行模式对应为一个航点。

无人机定点:将无人机飞至所需位置,使用无人机当前的位置点,来设定区域顶点、飞行航点或目标体半径和飞行半径等状态和参数。

④ 参数设置,在参数设置列表中逐项设置,完成后单击左上角的"保存"按钮即完成了任务创建。

2. 执行任务

（1）飞行前检查

在任务列表中选择任务，单击编辑按钮，然后单击界面右上角的准备起飞按钮，弹出任务列表。按照列表逐项进行检查和调整，直至所有项目显示绿色，表示可以起飞。若有项目显示为黄色，则表示该项还需要调整但不影响起飞，建议用户调整至显示绿色。

（2）开始飞行

准备飞行列表完成检查后，单击列表下方的"开始飞行"启动无人机执行任务。界面左下角的无人机状态栏会显示当前无人机的状态、任务执行进度等信息，执行不同任务时无人机的行为有所不同。

① 虚拟护栏模式：虚拟护栏任务开始后，若无人机的经纬度或高度在设定区域外，则会有iPad 的声音提示，此时无人机可任意飞行，虚拟护栏功能无效；一旦无人机的经纬度和高度均在设定区域内时，虚拟护栏功能会立即生效，此时若无人机接近护栏边界则会减速刹停，并有iPad 的声音提示。

② 二维地图合成/测绘航拍/航点飞行模式：任务开始后，无人机自动飞至起始点，其中测绘航拍环绕模式的起始点高度为所设最大高度。

（3）暂停任务

在执行二维地图合成、测绘航拍和航点飞行任务过程中，若单击界面右上方的暂停任务按钮，则无人机原地悬停，并记录最近一个已执行任务的航点。此时用户可自由操控无人机，App 界面将弹出菜单，并可选择下面的一种操作：

① 继续任务：无人机从记录的最近一个已执行任务航点开始，继续之前未完成的任务。

② 重新执行：无人机自动飞至任务起始点，重新执行该项任务。

③ 取消任务：无人机终止当前任务，退出任务模式，且无法继续执行任务。

④ 返回任务列表：返回任务列表界面。至此用户可在需要的时候再次选择该任务，打开并进行编辑，然后单击继续任务按钮，重新打开此菜单。

（4）任务完成

在虚拟护栏任务完成后，单击界面右上角的停止任务按钮即可。

在二维地图合成、测绘航拍和航点飞行的任务完成后，无人机将根据所选的"任务完成动作"执行相应操作，动作完毕后用户可自由操控无人机。其中二维地图合成任务完成后，GS Pro 界面还将弹出选项，用户可选择立即从无人机下载照片至 GS Pro，或者选择稍后下载。

3. 注意事项

① 在虚拟护栏模式中，若无人机遇外力飞出指定区域，则无人机状态栏将显示提示，并有iPad 声音提示。此时虚拟护栏功能失效，需要停止任务，重新开始。

② 在虚拟护栏模式中，若用户拨动遥控器的飞行模式切换开关，则虚拟护栏功能会立即失效，无人机自动退出任务，界面的状态栏会显示警告提示，并有 iPad 声音提示。

③ 对于所有任务，若 GNSS 信号弱无法准确定位，则无人机将自动退出任务，回到普通飞行模式。若 GNSS 信号恢复，则用户可以选择继续执行任务，无人机将从最后一次有定位信号时记录的任务位置点开始，继续执行任务。

④ 低电量情况，当无人机电池电量/电压低于所设"一般低"的阈值时，遥控器将发出提示音，持续数秒后无人机将暂停任务，进入返航过程。用户如果想继续执行少量简单的任务或操

作,可短按一次遥控器上的智能返航按键,取消当前返航。当无人机返航降落更换电池后,可选择"继续任务",无人机将从暂停处继续执行剩余飞行任务。

⑤ 严重低电量情况,当无人机电池电量/电压低于所设"严重低"的阈值时,遥控器将发出提示音,同时无人机将暂停任务并自动降落。更换电池后可以选择继续任务。

16.2　无人机航线规划

航线规划是无人机系统的关键技术之一,无人机自主飞行或巡航的运动轨迹就是根据预先规划并装载到其飞控系统的航线进行的。航线规划也称航路(迹)规划、路径规划,是指无人机在执行任务前,综合考虑安全、航时、航程等条件,预先规划出的一条或多条从起点、执行任务、回到降落点的最优或次优飞行航线。

在实际应用场景中,无人机飞行所行经的区域往往存在着地理、气象、军事等方面的安全威胁,或者还有禁飞空域的影响,因此航线规划是在复杂环境条件下的适用性和最优化问题。从数学角度看,航线规划就是指在特定约束条件下,寻找从初始点到目标点满足基本飞行任务和某种性能,或实现综合性能最优的无人机飞行路线。

航线规划必须综合考虑无人机飞行特性、环境条件、任务载荷等因素,其中飞行特性有转弯半径、爬升角、实用升限、最大航程等;环境因素有地形、雷达威胁源、禁飞区、雷雨区、通信覆盖范围、链路干扰等;载荷因素有视场角范围、作用距离、重叠率等。

好的航线规划算法可提高无人机自主执行任务的效率和飞行的安全性,国内外学者已在这方面做了许多研究,提出的规划算法包括几何法、概率地图法、数学规划法、最优控制法、人工势场法和智能优化法等,这些算法针对不同的应用场景,优劣不同,各有千秋。

16.2.1　航线规划的工作任务

功能强大的无人机航线规划设计应该可以完成二维或三维空间、小区域和大范围、简单飞行与复杂任务等的航线设计,能适应不同环境的约束和需求,通过对飞行中的三维位置、速度和姿态的规划设置,实现对无人机从起飞、执飞任务直至降落的全过程引导。

在实际航线规划应用中,为保证飞行安全,无人机需要躲避地面上的高大障碍物,满足最低飞行高度的限制和地形的起伏变化;应满足航空管制要求,不得跨越禁飞区、军事区;在敌方空域执行任务时,要尽量远离敌方雷达侦测、高炮打击的危险区域;需要随时保持和地面站的通信联系,确保处在数据链路的有效覆盖范围内。以上这些都是无人机飞行中要考虑的环境约束条件。由于需考虑的因素较多,执行任务的目的又五花八门,实现的目标多种多样,即目标函数差异较大,所以到目前还没有业界公认的航线规划的质量评价标准。

一般来说,要全面完成无人机飞行的航线规划,需开展的相关工作或任务如下:

① 区域确定,即完成飞行任务所需要的一个规则或不规则、二维或三维的空间范围,可以给出包围该空间的数个地理位置点的坐标数据,或在地图上标出一个确定空间。

② 现场勘察,对所确定的飞行区域进行飞行空域、起降场地、空中管制等方面的调查与了解,掌握无人机飞行的环境条件、政策法规及禁飞区域等信息。

③ 航线规划,即对无人机的飞行航线、作业高度、飞行架次等进行设计和规划。

④ 任务载荷设定,确定无人机上已有的飞行设备和要搭载的任务载荷,包括必要的视频

监控、传感设备等,确认所有的载荷都在无人机的可承载范围内。

⑤ 确定对无人机飞行任务的作业约定和任务完成标准。

⑥ 执行飞行任务,在保障安全的条件下,完成飞行运输、飞行作业等具体任务。

⑦ 确定、检验飞行效果,评估无人机完成飞行任务的质量。

⑧ 进行飞行任务总结,指出各个环节的问题,提出优化、完善、改进的解决思路,为今后的航线规划设计和飞行任务执行总结经验,给出指导和建议。

16.2.2　航线规划的基本流程

航线规划是安全、高效完成飞行任务的关键,需要综合考虑各方面的因素,根据任务区域的地理环境即地形地貌特点进行设计,结合气象气候条件保障飞行安全,保证无人机对任务区域合理的覆盖率和重叠度,满足飞行任务功能和性能方面的质量要求。下面以典型的无人机航测任务为例,介绍航线规划的主要工作流程。

1. 明确测量范围

在无人机航测任务中,航线规划软件的参考底图数据大多来源于谷歌地图。规划航线之前,先在地图中确定任务区域范围,了解测区地貌,进行合理的飞行架次划分;优化航飞方案,提升飞行作业的效率,避免安全事故发生。对于大城市、机场附近等,应先申请空域。

2. 飞行环境

开展航测任务前,需根据测区的环境、气象等信息对无人机系统性能进行评估,判断飞行环境是否满足无人机的飞行要求。影响无人机正常飞行的因素主要包括:

① 海拔。测区的海拔应满足无人机的基本作业要求,无人机的飞行高度应当大于当地的海拔和航高。

② 地形、地貌和日光条件。地形和地貌差异变化大的地区如山区和城市,会影响无人机航测的质量;不同时段的日照、反光、阴影等情况,对于图片、视频的拍摄效果影响较大,这些在进行航线规划和选择作业时间时要综合考虑。

③ 风速和风向。通常由地面的风速风向决定无人机起飞、降落的方向,空中的强风对飞行平台的稳定性影响很大,应尽量在风力较小时进行作业。在实际到达现场时,应记录现场的风速、天气、起降坐标等信息,留备后期的参考和总结。

④ 电磁和雷电。无人机和地面站之间要通过电台实时传输数据,应保证导航系统及数据链的正常工作,避免受到电磁和雷电等的干扰。

3. 确定航高

航测无人机的飞行高度,需根据测图比例、相机像素数量及镜头视角大小等因素确定,业界的一些经验公式也可以参考。在飞行时,无人机应按照预定的航高飞行,并保持同一航线内的航高差在一定范围内。

4. 分辨率保证

理想情况下,无人机只要与航测基准面保持一定的相对高度,即可获得所需分辨率的图像。但实际上,被摄地表往往是有起伏的,或者导致分辨率降低,或者导致分辨率提高但覆盖率和重叠度降低。仿地飞行通过导入地形数据,可完成对地面的等高飞行,减小由于飞行相对高度不同带来的误差。但仍有一些误差无法避免,故需根据任务要求,结合实际地形适当降低航高,按优于规定分辨率的要求进行航测,但同时还要对重叠度进行确认。

5. 重叠度确认

为满足航测成图要求,一般会分别规定航向重叠度和旁向重叠度的范围。当地形起伏较大时,还需要对影响较大的航线适当提高重叠度的百分比。一般来说,重叠度的百分比越高,执行任务的质量就越好,但对地面的覆盖率就会下降,这通常需要增加无人机的飞行航程来弥补,相应地会造成执行任务的效率下降。因此,任务重叠度的选择需要根据具体的任务需求来确定,并在覆盖率和任务效率之间进行平衡。

6. 判断天气情况

天气的好坏直接影响航测影像的效果,因此在航测作业开始前,需关注天气状况变化,并观察云层厚度、光照强度和空气能见度等,考虑每天不同时段的光照、阴影、太阳高度角、雾霾污染强度等对航测质量有影响的因素。适宜的航测气象条件为薄云晴天、无风、地表干燥、无积雪、无雾霾等。

7. 航线规划

通过以上工作,获取到全面详细的环境信息,结合无人机自身性能特点及飞行现状,综合运用导航信息、电子地图、远程感知等手段工具,按照任务需求符合原则进行航迹规划,制定出标的不同的几条飞行路径,比如时间最少、航程最短或任务质量最优等,通过综合评估选出最优或次优的航线规划方案。

航测任务常用的航线方案包括 S 形航线和构架航线。航线规划一般分为两步:首先是飞行前预规划,即根据既定任务,结合环境限制与飞行约束条件,从整体上制定最优的参考路径;其次是飞行过程中的重规划,即根据飞行中遇到的突发情况,如地形、气象、限飞禁飞区等的变化,进行局部动态调整,实时修订飞行路径,或改变操作任务。航迹规划通常利用电子地图进行位置点的选取和标绘、预定规划及在线调整等。

8. 飞行设置

无人机的飞行高度设置要考虑飞行区域内的所有障碍物,以免撞到高层建筑、陡峭山体、高大树木等物体。需注意设置飞行中无人机的水平飞行速度和俯仰角,以保证执行任务的质量。规划好无人机的起飞和返航高度,确保起降时也不会碰到地面障碍物。

9. 开始飞行

在检查、确认以上各项没有问题后,就可以单击操作界面上的飞行按钮了,这时系统程序就开始上传任务和自检,检查无人机的连接情况、电池电量、GPS 定位情况、摄像机状态、返航点位置、遥控器挡位设置等状态信息,检查无误通过后就可启动无人机飞行了。

16.3　无人机紧急情况的应急操作

无人机飞行具有高空和动态双重物理特性,属于一种高风险作业,种种不可预测的空中紧急情况和风险,如无人机自身故障、气候变化、环境干扰、操作不当等,都伴随着无人机的实际飞行随时发生,这些难关考验着操控人员的智力水平和应急处置的经验能力。

地面站人员在操控无人机进行执飞任务时,常常会遇到一些紧急情况,如操作不当,轻者会造成飞行和执行任务效率下降,或者任务失败;重者可能引发无人机的失联失踪、坠毁摔机,或发生进一步的安全事故和灾难。本节将列举一些常见的无人机紧急情况或事件,给出一些可能有用的应对措施与处理方法,使操作人员尤其是初学者能够了解掌握对无人机的常用应急操作,合理处理突发事件,避免操作和处置不当造成大的损失。

1. 飞行时电量不足

飞行时电量不足是经常遇到的问题。如果飞行过程中发现电量不足,则应尽快执行返航操作,等待无人机飞回视距内并降落在合适的地点;这时请勿轻易取消返航,否则将导致无人机电量消失,无法返航。如果返航途中遇到电量严重不足,则应先观察周围环境,边返航边降落,在环境允许的地点降落,然后通过飞行记录查找降落地点,按照标记尽快找回无人机。

在无人机飞行作业中,操作员往往忽略电能的储量,特别是在冬季、高原和高寒地区,电量的消耗会成倍增加,应充分注意电池能耗的衰减程度。需要通过事先观察记住周围的地标特征,提前发现临时备降场,当出现低电量报警时,及时执行紧急降落操作。

2. 突遇恶劣天气

当遇大风或恶劣天气等复杂气象环境时,尽量不要起飞。如果需要在复杂气象条件下飞行,则要做好防雷击、防冰雹、防降雨、防大风的准备;如果又突然出现极端天气,导致操控困难或失控,则应采取迅速返航、紧急降落、飞离风险区域等应对措施。

在飞行途中突遇大风等气象条件,如风力过大或有飓风或紊乱气流时,无人机将无法保持悬停姿态和飞行轨迹,应马上降低飞行高度低速航行,尽快寻找适宜备降的场地降落。

3. 失去通信信号

无人机失去通信信号,可能是无人机飞出了地面站的通信范围,或者是飞到了大山、高楼的另一侧,以及飞入大型建筑物的内部,使无线电信号被遮挡或屏蔽,造成地面站与无人机失去联系。另外一种情况,可能是在航路上存在矿山磁场、高压电力磁场、移动信号等对无人机通信的干扰因素,会出现遥控器控制信号消失、数传图传信号中断的情况。

当无人机飞出通信范围,或者误入磁场干扰空域时,会出现回传信号时弱时强、时断时续、干扰提示、飞行不稳等异常情况,此时应切换到姿态模式,迅速脱离干扰区域,或采取一键返航措施,在确认无干扰有信号的地方,重新启动通信连接,谨慎尝试开展工作。

当地面站对无人机的遥控失灵时,不要试图打杆控制无人机,要先查看指示灯,确认是遥控器信号中断还是图传信号中断。如果遥控器信号中断,则无人机通常启动智能自动返航,可在原地等待无人机降落,并调整遥控器天线查看是否可恢复信号连接。如果遥控器指示灯正常,则表示遥控器连接没有问题,可重新打开应用操作程序,查看图传信号是否正常。

如果是图传信号中断,则应保持无人机悬停,重新进入操作界面,或者调整天线方向和摆放位置,以尝试重新获取图传信号;如果还是无法连接上,则可通过遥控器触发无人机自动返航,或者手动操控无人机飞回返航点。

4. GPS 无法定位

当 GPS 信号受到遮挡或干扰时,可视卫星数量就会减少或信号质量变差,导致无法定位出现 GPS 告警信息,无人机可能悬停或不稳。此时操作者要对周围环境做出判断,将自动操作模式切换到姿态模式或视觉定位模式,轻微调整摇杆保持无人机稳定飞行,尽快离开干扰或遮挡的区域,选择空旷开阔的区域地点悬停观察,如果还不能恢复正常定位和平稳飞行,则需尽快降落到安全地点进行问题检查和故障排除。

GPS 无法定位的原因有很多种,除了受到电磁场干扰、高大障碍物的屏蔽遮挡外,还要考虑 GPS 接收机的自身因素。GPS 要实现正常定位,需要接收完整的卫星星历数据和实现对信号的捕获跟踪,根据星历的获取情况和信号捕获的难易程度,接收机会经历热启动或温启动或冷启动的定位过程,时间从几秒到十几分钟不等,因此要给 GPS 留出适当的启动时间。

对操作者来说,如果 GPS 发生异常或出现警示信息,就需及时了解掌握接收机的当前状态,包括:① 查看当前卫星可见情况,了解接收机对卫星信号的跟踪状态,通过载噪比输出掌握信号质量情况;② GPS 定位是否正在尝试重启,无人机是否需要在开阔无干扰的空间停留几分钟进行恢复;③ GPS 接收机是否长时间未通电使用,或者与上次定位地点距离遥远,这时接收机需要十几分钟的冷启动时间;④ 是否接收机程序出现死循环等问题,尝试关闭接收机电源或系统电源,间隔 5 s 以上重新加电,等待定位。

5. 无人机失去控制

无人机失控,即地面站操控人员失去了对无人机的完全控制。失控的原因包括恶劣天气、通信失灵、无法定位,以及无人机的自身因素,比如机械故障、发动机或旋翼不工作、电量或油量不足等导致的无人机飞行失能,即当前自身的状态限制了飞行的性能。

遇到无人机失控要冷静,需在确保安全的前提下做一些尝试:① 移动方向杆判断无人机是否为真的失控,还是由于风力等因素造成的视觉假象。② 如无人机因超越自身能力而失控但状态还稳定时,可以让无人机悬停或稳定飞行,等待一两分钟,看是否可以恢复控制。③ 观察判断无人机机身是否出现异常,使无人机尽量靠近操控人员但保持安全距离,近距离观察外观和飞行动作,找到有问题的机身部件或故障旋翼。④ 当发现无人机自身异常时,要尽量稳住无人机的飞行姿态,慢慢降落;若已经无法控制,则应当遵循避开人群和危险区域的原则紧急迫降。⑤ 如果还不行,则可尝试启动无人机的自主返航。

如果以上尝试都无效,则可以将无人机的飞行模式改为手动,切断无人机和 GPS 的联系,取得对无人机的控制权;此时不要立即将无人机降落,尝试拉高无人机,看是否可在空中纠正无人机的飞行姿态,并寻找合适的降落地点,使无人机慢慢下落安全着陆。

6. 迷失航向和偏离航线

(1) 迷失航向

无人机飞行过程中,有时会出现无人机机头迷失航向的情况。如果在近处视线内迷失航向,则可以观察无人机并根据姿态信息调整机头,尝试找回航向。如果在远处视距以外看不见的空域,则可以参考监视地图上遥控器与无人机的连线,调整机头方向;或者使用返航锁定功能,使无人机进入无头模式,控制无人机以安全高度沿返航方向飞行,并以此为基准找回机头航向,或者返航到视距内处理。

(2) 指南针受到干扰

如果无人机出现悬停不稳、飞行漂移等异常情况,或者应用程序出现指南针干扰提示,建议切换到姿态模式,并判断无人机是否进入了磁场干扰空域。无人机不应进入变电站等强磁场环境,应尽快飞离可能有干扰的区域,此时应避免慌乱操作,可轻微调整遥杆,选地点悬停观察,保持无人机稳定,重新上电校准指南针;如还不能恢复平稳,应尽快降落到安全地点,或采取一键返航措施进行返航,排查故障。

(3) 偏离航线

如果无人机未按指定轨迹飞行,偏离航线较多,影响了无人机执行任务的质量,就需及时调整无人机的飞行状态。操控人员应尽快对无人机发出指令,调整飞行姿态和位置,如果调整失败,则可切换到手动飞行状态,使无人机飞回降落点。

一般可根据以下步骤对无人机偏离航线的原因做出判断:① 检查风向、风力,应选择在风小的时候执行任务;② 检查无人机是否调平,切换到无人干预模式下看是否能直飞和保持高度飞行;③ 如已飞回到降落点,则可重新检查平衡仪是否放置在合适位置,重新检查、校准相关的系统设置,确保设置正确,检查无误后重新飞行、检验。

7. 高压线路包围

无人机在复杂的城区、村镇环境中飞行和执行任务时,需要格外注意电线、电杆、天线、避雷针等造成的飞行障碍和事故风险,通常在监视器中很难发现这些细长的线绳物或直立的针状物。一般这些物体都有相应的支撑体,需要操控人员密切注意,根据在监视器中出现的高大建筑物、电线杆、铁塔等进行警示和判断;一旦发现误入高压线、架空电线的线阵,应立即使无人机悬停,原地垂直跃升到高于高压线路的高度,并在线调整航线规划。

16.4 习 题

1. 根据区内模式和扫描模式的区别,请以图 16.3 为例,分别画出两种模式的虚拟护栏区域设定范围,假设飞行的海拔高度限制在 150～200 m 的范围内。

2. 通过资料查询,给出"照片重复率"的定义,并分析照片重复率的大小对航线规划的影响。

3. 请根据你的理解,描述测绘航拍环绕模式要实现的功能及目的。

4. 通过上网查找资料,给出图 16.9 和图 16.10 中 9 个功能图形的基本含义。

5. 请简述航线规划的基本任务。

6. 在执行实际环境的无人机航测任务时,如何保证所拍摄图像或视频的分辨率?

7. 请以图 16.3 为例,分别画出 S 形航线和构架航线的航线规划飞行轨迹路线图。

8. 如何判断无人机失去了通信信号? 如果失去了,应该采取哪些应急措施进行恢复?

9. 哪些可能的原因会导致 GPS 无法定位? 在飞行操作时如何尽量避免这些问题的发生?

第17章 无人机通信实验教程

本章结合无人机自组网通信设备原理及应用,设计了实验室静态通信、室外低动态通信、无人机实际挂飞通信3个典型实验,旨在使读者熟悉自组网设备的窄带数据传输、宽带图像视频传输等基本功能,掌握网络的连通性、传输延时、流量、中继等概念,理解无人机自组网通信设备的工作原理、通信需求与产品选型,熟悉实验环境搭建及注意事项,掌握使用过程中常见故障的分析、定位和解决思路等。

本章通信实验,采用无人机自组网通信设备,其中实验室静态(两节点)和室外低动态(三节点)属于地面模拟通信;无人机挂飞实验(两节点)是实际场景通信,可根据本地环境及实验条件开展;其中,两节点系统为点对点通信方式,三节点系统为支持中继接力的组网通信方式。

17.1 实验平台介绍

实验采用图数一体的自组网设备,支持多节点组网通信,称为无人机自组网应用;仅使用两个节点时,就是无人机图传应用。搭载于无人机的节点称为机载节点,置于地面站的节点称为地面节点。

17.1.1 硬件平台

自组网无人机通信实验硬件平台,由自组网设备、天线组件、网络摄像头、计算机等组成。实验均采用 HEPBURN Mini 自组网设备实验套件,由国家高新技术企业希诺麦田技术(深圳)有限公司研制,设备详细信息及应用请参考公司官方网站。

HEPBURN 系列无线自组网产品,融合了 4G/5G、Wi-Fi 等通信制式的优点,采用 OFDM+MIMO 技术,具有通信距离远、传输延时小、数据流量大、绕射能力强及抗多径干扰等特性。HEPBURN Mini 是应用在无人机 10 km 通信距离级别的产品,设备尺寸小、质量轻、功耗低,适合轻小型无人机的近程通信,其两节点组成的无人机应用如图 17.1 所示。

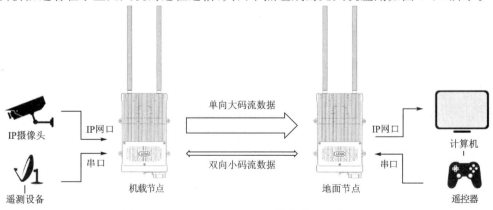

图 17.1 HEPBURN Mini 两节点应用示意图

在机载节点一侧,可连接传输数据的任务载荷,如视频摄像头、遥测设备等;在地面节点一侧,可连接发送飞控指令的遥控器,接收并显示视频数据的计算机等。配有天线的 HEPBURN Mini 外观如图 17.2 所示,设备的主要参数如表 17.1 所列。

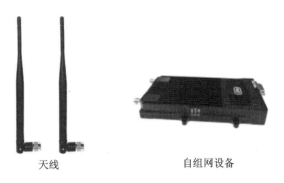

天线　　　　　　　　　　　　自组网设备

图 17.2　HEPBURN Mini 及天线外观图

表 17.1　HEPBURN Mini 设备参数

功能项	功能描述
工作频段	L 频段,1 410～1 460 MHz
射频通道	2×Tx、2×Rx
输出功率	0.2 W/ANT
供电电压	DC 9～24 V,典型 12 V
产品功耗	≤14 W,发射时隙占比 80%
信号带宽	8 MHz/10 MHz/14 MHz/20 MHz 可配置
通信码流	5～20 Mbit/s 全网码流可配置,每个节点流量可配置
传输延时	<5 ms
加密标准	AES256,物理层加密
通信接口	一路百兆网口,一路 RS232,一路 RS422

17.1.2　实验环境

实验涉及的设备及配件如表 17.2 所列。

表 17.2　实验设备、器件列表

序　号	部　　件	数　量	说　　明
1	HEPBURN Mini 设备	3 台	点对点通信需要 2 台,三点组网需要 3 台
2	胶棒天线	6 根	每个设备配 2 根
3	J30J 线缆	3 条	与 Mini 设备匹配
4	网线	3 条	与 Mini 设备匹配

续表 17.2

序 号	部 件	数 量	说 明
5	串口线	若干	根据串口类型(RS232/RS422/TTL)选择相应线缆
6	电源适配器或电池	3个	与 Mini 设备匹配,如(12 V,2 A)

一般地,本文将 UART 串口也称为 TTL 串口,因为从处理器芯片直接出来的 UART 信号基本都是 TTL 电平,故二者不作严格区分。

下面介绍搭建自组网设备测试环境所需的硬件及连接方法。

1. 连接天线

首先,连接自组网设备的天线,并检查连接状况。连接天线的注意事项如下:

① 所选天线的工作频段,要覆盖自组网设备的工作频段;

② 天线与设备的接口类型要匹配,本实验设备采用 SMA‒K,天线对应的是 SMA‒J;

③ 天线连接要良好,连接不良会导致失配而驻波过大,过紧会导致机械损伤或不易拆卸;

④ 连接上所有的天线,如果未连接就加电,天线端口发射信号会开路全反射,长时间开路,会引起设备损坏或性能下降。

2. 连接 J30J 插座

J30J 微矩形电缆组件广泛应用于对体积和重量有较高要求的无人机系统的各种接口中,实物插座线缆如图 17.3 所示,其中左边的几个插头为 J30J 尾线接口,通常连接到对应的电源线、网线和串口线端口,右边为 J30J 微矩形插头,连接到设备的对应插座上。

图 17.3 自组网设备 J30J 插座线缆图

HEPBURN Mini 设备采用 21 线的 J30J‒21ZKP 微矩形插座,引脚的线序如图 17.4 所示,其中含电源、网口、串口等功能连线,具体定义如表 17.3 所列。

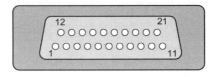

图 17.4 J30J 微矩形接头示意图

表 17.3　J30J-21ZKP 引脚定义表

序　号	信号名称	信号描述	序　号	信号名称	信号描述
1	TX+(PHY)	IP 网口的 TX 差分信号	12	RX+(PHY)	IP 网口的 RX 差分信号
2	TX-(PHY)		13	RX-(PHY)	
3	TX+(RS422)	RS422 的 TX 差分信号	14	RX+(RS422)_1	RS422 的 RX 差分信号
4	TX-(RS422)		15	RX-(RS422)_1	
5	Reserved	保留引脚	16	UART_TX(1)	TTL 调试串口 TX (TTL 3.3 V)
6	UART_RX(1)	调试口 RX(TTL 3.3 V)			
7	Reserved	保留引脚	17	GND	调试串口地
8	RX(RS232)	RS232 的 RX 信号	18	TX(RS232)	RS232 的 TX 信号
9	Reserved	保留引脚	19	GND(RS232)	RS232 的 GND 信号
10	VCC	电源 VCC 信号	20	GND	电源地信号
11	VCC	电源 VCC 信号	21	GND	电源地信号

注:UART 是指串口的物理接口形式,TTL/RS232/RS422 是指工作电平标准。

　　为方便与不同接口的设备连接,在 J30J 线缆的尾线上,并行连接了常用的直流电源、RJ45 网络、DB9 串口等接口,如图 17.5 所示,各接口说明如下:

图 17.5　J30J 尾线接头功能

① 网口 RJ45 母头;

② DC 电源接口;

③ 调试串口 TTL DB9,仅做调试使用,不支持业务数据收发;

④ 串口 RS422 DB9;

⑤ 串口 RS232 DB9。

3. 连接网线

　　自组网设备网口承载着传输网络数据的功能,在 J30J 尾线网口采用 RJ45 水晶母头与标准网线连接;网线另一端可连接到网络摄像头,或者连接到测试计算机上。图 17.6 所示为网络摄像头机载节点 1 通过无线方式向地面节点的测试计算机回传视频的连接示意图。

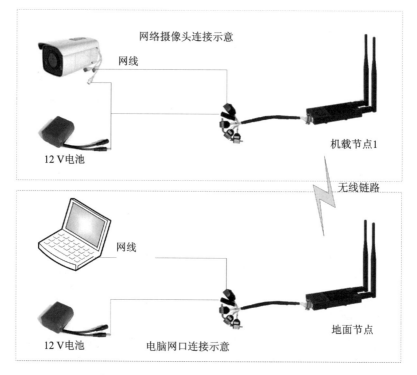

图 17.6　无人机视频无线传输的连接示意图

网线连接的注意事项如下：

① HEPBURN Mini 设备接口是四线百兆网口。

② 自组网设备 IP 为 192.168.0.181、192.168.0.182 或其他值，请参见使用手册。

③ 网络摄像头与测试计算机需要保持在一个 IP 网段，确保数据正常传输。

④ 计算机与网络设备连接后，利用"网络属性"可查看网线连接情况，通过 Windows→"控制面板"→"网络和 Internet"→"网络连接"，可找到对应的网络连接，如图 17.7 所示。

图 17.7　网线连接的网络属性状态

⑤ 如果硬件连接不正常,则网络属性会出现如图 17.8 所示的提示。

图 17.8　网络硬件连接异常图示

其中,红叉号代表硬件连接不正常;黄叹号表示网络受限制,可能是 IP 地址冲突、网卡驱动异常等原因。

⑥ 设置 IP 地址步骤:选择 Windows→"控制面板"→"网络连接"→"属性"→"此连接使用下列项目"→"Internet 协议版本 4(TCP/IPv4)属性",然后按照图 17.9 所示,填写 IP 地址和子网掩码,一般默认网关可以不填写,或者填写 192.168.0.1。

图 17.9　IP 地址配置图示

在 IP 地址配置中需注意的事项如下:

① 全网的 IP 地址不可冲突,不能存在相同的 IP 地址。

② 机载节点、地面节点、网络摄像头、测试计算机等,都配置到 192.168.0.x 网段。不同

设备采用的 x 值不同,x 取值范围为 1～254。

③ 任务载荷的 IP 地址是固定不可更改的,如网络摄像头的地址为 192.168.1.100,为保证顺利连通,建议配置测试计算机的地址为 192.168.1.101。

④ 若测试计算机还需与其他网段的遥测等设备连通,则可以给测试计算机新增配一个 IP 地址,可在"Internet 协议版本 4(TCP/IPv4)属性"的"高级"内添加,使测试计算机成为一个双 IP 地址设备,即可支持与 192.168.1.x 和 192.168.0.x 网段的设备同时连通。

⑤ 自组网设备采用的是四线百兆网口,为防止网线质量差、网线过长、对接网络兼容性不好等原因导致的网络不稳定,测试计算机网口一般配置为自动协商模式。为进一步降低网络不稳定性,可以指定为"100 Mbps 全双工"模式,配置方法为在 Windows→"控制面板"→"网络和 Internet"→"网络连接"→"属性"→"配置(C)"→"高级"→"连接速度和双工模式"中选择 "100 Mbps 全双工",如图 17.10 所示。

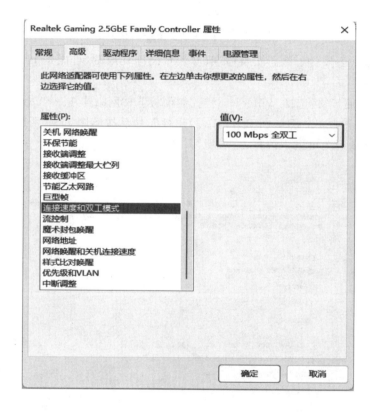

图 17.10　网口配置为"100 Mbps 全双工"模式

4. 连接调试串口

HEPBURN Mini 的 Debug 调试口通过 J30J - 21ZKP 尾线引出,利用该引脚的线序定义引入并转接 USB 接口,即可进行 Debug 信息查看;通过 DB9 母头的标签标记(TTL)可区分尾线为 Debug 的调试口,或通过线序区分,如表 17.4 所列的是 DB9 母头线序。

表 17.4　DB9 母头线序表

信号名称	信号描述	DB9 母头	备　注	DB9 母头编号
RS232	TX	2	连接对接设备的 RX 引脚	
	RX	3	连接对接设备的 TX 引脚	
	GND	5	地线	
RS422	RX＋	1	连接对接设备的 TX＋引脚	
	RX－	2	连接对接设备的 TX－引脚	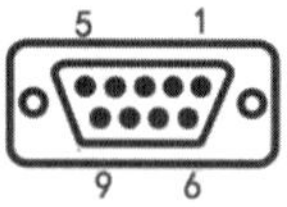
	TX＋	3	连接对接设备的 RX＋引脚	
	TX－	4	连接对接设备的 RX－引脚	
TTL (Debug 调试)	TX	5	连接对接设备的 RX 引脚	
	RX	4	连接对接设备的 TX 引脚	
	GND	1	地线	

Debug 调试口可使用尾线引出的标记为 TTL 的 DB9 母头,接入 DB9 公头的 TTL 转 USB 接口的转接线进行使用,其转接线的 DB9 与 J30J 尾线对应串口的 DB9 相连,另一端的 USB 接口与测试计算机相连。正确连接后,可在计算机的设备管理器中找到对应设备,若如图 17.11 所示,则说明线缆连接正常。

图 17.11　调试接口的设备管理器视图

图 17.11 中的 CP210x 是 USB 转 UART 的接口芯片,COM55 是当前串口号,可修改为其他值。自组网设备调试串口与测试计算机正常连接后,启动 SecureCRT 串口工具,即可看到类似如图 17.12 所示的监控打印信息。

图 17.12 中为本节点接收通道的状态信息,可观察到当前节点及组网内其他节点的相关信息,现通过表 17.5 对其进行具体说明,其中部分内容为设备的调测信息。

```
serial-com55 - SecureCRT - [serial-com55]
  File  Edit  View  Options  Transfer  Script  Tools  Window  Help
       Enter host <Alt+R>
TxInfo:(26,3)
Mbps:0.000000 : ID ErrCnt:0  fre:1425 tmper:42 maxnf:-99
( floorDbfs:-40, floor:-98, floorVga:111, timeBias:0
308(ssId:1,refId:1,cn:99)
(2,-60,96,38,3,58,58,85,1,0,150)

RT: (1,1,0) (2,2,1)

TxInfo:(26,3)
Mbps:0.000000 : ID ErrCnt:0  fre:1425 tmper:42 maxnf:-99
( floorDbfs:-40, floor:-98, floorVga:111, timeBias:0
309(ssId:1,refId:1,cn:149)
(2,-60,146,38,3,58,58,85,1,0,150)

RT: (1,1,0) (2,2,1)
```

图 17.12　自组网设备监控打印

表 17.5　自组网设备状态信息说明

行　序	说　明	基本信息
1	TxInfo:(26,3)发射信息。26 表示当前节点发射时刻所对应的时隙号,取值为 0 和正整数,每个时隙长度为 0.5 ms;3 表示发射长度,单位 ms	
2	Mbps:当前节点承载的数据流量;ID ErrCnt:ID 域(同步头)校验失败计数;fre:当前节点工作频点,单位 MHz;tmper:当前温度,单位℃;maxnf:最大底噪,单位 dBm	工作频点最大底噪
3	floorDbfs:当前底噪原始数字功率,单位 dBFs;floor:当前底噪,单位 dBm;floorVga:计算底噪时所使用的 VGA(自动增益),单位 dB;timeBias:本节点相对于参考节点的帧头偏移量,单位样点	当前底噪
4	ssId:全网时钟参考节点 ID;refId:本节点时钟参考节点 ID;cn:时钟计数	
5	接收时隙表具体信息: 节点 ID,该节点对应的接收功率,时隙表计数,该节点 SNR,该节点发射长度,该节点传递过来的发射位置,本节点估算的该节点发射位置,该节点对应的 VGA,跳数,持续解调出错包数,解调正确包数	接收功率
6	RT:路由表(目的 ID,下一跳 ID,跳数)	

注意:调试接口是 TTL 串口(TTL 是指工作电平为 TTL),切记不可使用其余的业务串口(RS232/RS422)接入。不同类型的串口工作电平不同,错误对接会造成硬件损坏。

利用软件串口工具,一般需要设置:① 波特率:115 200;② 数据格式:8N1;③ 选择 COM 端口号。

5. 连接串口线

自组网设备有 RS422、RS232、TTL 三种串口,使用注意事项如下:

① 按照串口线序连接,注意信号需交叉连接,即发侧 TX 对收侧 RX,收侧 RX 对发侧 TX;其中 RS422 要保持差分正负的一致,如 TX+与 RX+相连,TX—与 RX—相连。

② 不同类型的串口不能混接错接,如 RS232 的串口,不能连接到 TTL 串口。

③ 通信串口的双方需配置相同的波特率与数据格式,如波特率常用 115 200,数据格式常用"8N1",其中 8 代表数据位长度,N 表示无校验,1 为停止位长度。

④ 如测试计算机没有集成串口板卡,则可使用串口转 USB 模块接入计算机的 USB 接口。

6. 连接电源线

设备采用直流电压供电,可由电池或电源适配器供电。使用电池的注意事项如下:

① 供电电压与设备的电压范围相匹配。

② 确认电源线的正负极,反接或错接可导致设备损坏。

③ 供电的输出功率要大于设备功耗,供电不足可导致设备无法启动或重启。

17.1.3　软件工具

本实验中常用的软件工具如下:

① 自组网设备产品配置工具 WebGUI;

② 网络性能测试工具 iPerf;

③ 网口/串口终端工具 SecureCRT;

④ Windows cmd 操作系统命令行;

⑤ VLC Media Player 多媒体播放软件。

其中的通用软件工具在实验过程用到时具体介绍,本小节只介绍专用软件。

1. WebGUI 产品配置工具

自组网设备支持 WebGUI 产品配置工具,可使用网页登录页面,查阅自组网设备配置参数,进行参数的修改更新。登录 WebGUI 建议使用谷歌 Chrome 浏览器。前期准备工作如下:

① 测试计算机与自组网设备网线连接正常。

② 设置测试计算机静态 IP,使设备网络互通。

③ 静态 IP 地址建议与自组网设备在相同网段,默认 $192.168.0.x$。x 的取值范围为 $2\sim254$,不取 0、1、255。

(1)登录界面

将测试计算机与自组网设备通过网线连接,在计算机 Web 浏览器地址栏中输入自组网设备 IP 地址(如 192.168.0.181),即进入登录页面,可观察到"Mesh 产品配置"页面。单击右上角的"高级登录"按钮,输入用户名:admin,密码:sinomartin,单击"登录"按钮即可跳转到基本参数配置页面,如图 17.13 所示。

图 17.13　WebGUI 登录界面

如果从 Windows 登录失败,请检查网络连接情况,关闭系统防火墙等重新尝试。

(2)基本参数介绍

基本参数配置页面如图 17.14 所示。

图 17.14　基本参数配置界面

基本参数界面的具体参数说明如表 17.6 所列。

表 17.6　基本参数介绍

名　称	说　明	备　注
网络组 ID	本组自组网设备网络 ID 号	ID 相同的设备才能组网,需保持一致,可编辑更改
无线电频率	自组网设备工作频点	须在允许区间内修改,可配置区间以配置页面为准。可更改,需保持收发设备一致
自动选频	只在上电时执行一次,选择频点列表中底噪最优的频点	选择该功能后,配置对应节点为主节点或从节点,其中主节点主动选择底噪最小的频点,从节点被动跟随主节点。使用自动选频的自组网设备均需开启该选项
动态选频	整个过程中持续选择频点列表中的最优频点	选择动态选频后,在同步后的全周期内,主节点持续主动选择底噪最小的频点,进行频点自动切换,从节点被动跟随。使用动态选频的自组网设备均需开启该选项
手动选频	手动触发频点切换	网页使能手动选频开关,使用 UDP 发包工具,远程 IP 为设备 IP,端口号 8001,发送指令 4c 00 00 00 xx 00 00 00 进行换频(xx 取十六进制 01~0D,对应频率列表中的 13 个频点)
发射功率	当前自组网设备发射功率	以设备网页显示为准
全球定位系统	获取设备当前位置	可选功能,需查阅规格书确认当前设备是否支持
节点 ID	当前自组网设备的节点号	需避免冲突,组内设置唯一节点 ID 号
节点名称	当前自组网设备的节点名称	
节点 IP	当前自组网设备的 IP 地址	必须与测试计算机 IP 地址同网段
子网掩码	网关功能的相关配置选项	
无线帧长	发射周期选项(10~120 ms)	无线帧长必须配置为 10 ms 的整数倍
发射天线数	选择单天线或者两天线发射	如选择单天线发射,则默认为天线 1 发射
接收天线数	选择单天线或者两天线接收	如选择单天线接收,则默认为天线 1 接收
网关使能	网关使能开关,对于有外网访问需求的设备,需打开	网关使能打开后,会出现网关节点 ID 和网关节点 IP 选项,所有自组网设备须配置成相同的网关节点 ID 和 IP
链路告警上/下限值	路由切换门限配置	下限表示路由从少跳切换多跳对应的 SNR 门限值,上为从多跳切换少跳的门限;具体请咨询技术服务人员

以上配置在初期使用时建议用出厂默认值。如需修改,请做好配置参数备份,或咨询技术服务人员。

（3）串口参数介绍

在 WebGUI 页面,本实验自组网设备的“串口参数”列出两路串口,一路 RS232 串口,序号为 1;一路 RS422 串口,序号为 2,如图 17.15 所示。

串口属性配置均可修改,单击“编辑串口”按钮,可修改串口的波特率、协议类型、端口号等。若打开图 17.15 中的“修改后重启”选项,则当改动每个“串口参数”时,设备会自动重启,参数即时生效;若不打开该选项,则可先自行保存参数,等全部配置完后,再重启设备。

图 17.15　串口参数配置页面

可以按实验需要新增或删除串口,若需新增串口,则单击"新增串口"按钮,并配置串口参数,具体如图 17.16 所示和表 17.7 所列。

图 17.16　新增串口界面

表 17.7　串口参数表

名　称	说　明	备　注
串口类型	下拉选择,支持 RS232、RS422	不同产品型号的产品,可支持多个同类型串口
波特率	默认 115 200	波特率最高支持到 921 600
串口使能	打开或关闭串口使能	
传输协议 (下拉框选择, 共 5 种)	TCP_server(TCP 服务器)	需和 TCP_client 配对使用,仅需设置本地端口号
	TCP_client(TCP 客户端)	需和 TCP_server 配对使用,需设置 TCP 服务器 IP 及端口号,多个客户端可同时连接多个服务器
	UDP	需要设置目的 IP、端口号以及本地端口号
	UDP_advanced(UDP 被动模式)	无需目的 IP 及端口号,当收到数据后,本地自动记录对方 IP 及端口号,然后向其发送数据
	Multicast(组播模式)	需要设置组播地址、发送和接收端口号

名　称	说　明	备　注
收发分离	将发端和收端端口号区分开,主要应用在 UDP 通信协议中	打开时收端和发端端口号需区别配置
本地端口	为本地串口数据分配端口号	同一设备上的不同串口需分配不同的端口号
远端端口服务器	为接收串口数据分配的端口号,主要应用在 TCP 协议通信中	与目的节点的本地端口相同
远端地址服务器	串口数据下发至目的地的 IP 地址,主要应用在 TCP 协议通信中	串口数据下发至另一节点的 IP 地址
组播地址	确定串口在组网内的组播通信 IP	使用统一组播 IP 地址,保证串口数据转发一致性

自组网设备通常会挂载一个或多个串口设备和 IP 设备,依托于自组网形成的无线链路可实现不同类型设备间的数据通信,支持一对多、多对多的通信场景;串口则属于点对点通信,不能满足复杂通信场景需求,故可将串口通信转换为基于 TCP/IP 的网络通信。

2. 网络性能测试工具 iPerf

iPerf 是一个网络性能测试工具,可以测试最大 TCP 和 UDP 带宽性能,具有多种参数和 UDP 特性,可根据需要调整,报告带宽、延迟抖动和数据包丢失等信息。本章实验采用 iPerf3.0 版本,使用命令行方式调用服务器与客户端的网络测试功能。

3. 网口/串口终端工具 SecureCRT

SecureCRT 是一款支持 SSH 的终端仿真程序,可在 Windows 下登录 UNIX 或 Linux 服务器主机软件启动运行。本章实验采用 SecureCRT 进行 Telnet 的远程登录网络功能,或者串口终端功能,进行数据的收发与显示。

4. Windows cmd 命令行

Windows 命令行工具是操作系统内嵌的软件程序,提供调用系统应用的命令接口。本实验采用 cmd 中的 ping 命令,用来辅助检查网络连接情况与网络延时。

5. VLC Media Player 多媒体播放软件

VLC Media Player 是一款可播放视频,而无需安装编解码器包的媒体播放工具软件,具有跨平台的通用化特性,可使用软链接方式进行视频播流调度。

17.2　实验一　实验室静态通信实验

17.2.1　实验目的

① 了解两节点自组网设备的无线通信原理;
② 掌握串口通信基本方法;
③ 熟悉网口通信的基本操作。

17.2.2　实验原理

两节点组网实验,由一个无人机机载节点设备和一个地面节点设备组成。其中,机载节点发射宽带载荷业务数据及窄带遥测数据,地面节点发射窄带遥控数据,是一个双工通信系统,每个设备都兼具收发功能。数据发射端的功能组成如图 17.17 所示。

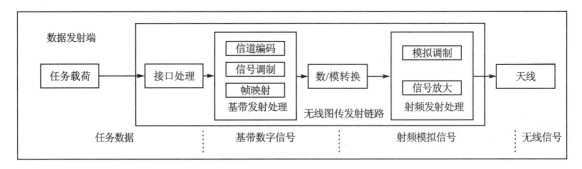

图 17.17　数据发射端功能组成

其中,任务载荷通过网口、串口等有线接口,将任务数据按接口协议传送到接口处理部分,转换为静荷数据传送到基带处理单元后,对静荷数据进行信道编码、信号调制、帧映射等处理,传送到数/模转换模块,将数字信号转换为模拟信号后,传送到射频处理部分,经模拟调制、射频放大后传输到天线,转换为无线电磁波输送到空中发射出去。

简单来看,数据接收端功能组成是与发射端相反的逆过程,如图 17.18 所示。

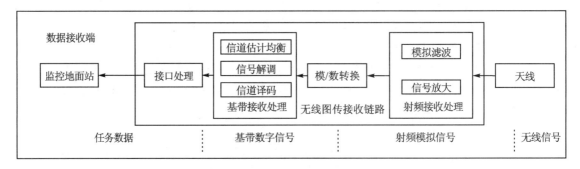

图 17.18　数据接收端功能组成

在以上数据发送与接收过程中,以太网口与异步串口是数据传输的常见接口,其中,以太网口较为常用的是百兆网口和千兆网口。

异步串口主要包括 TTL、RS232、RS422 及 RS485,其波特率、数据格式定义是相同的。其中,TTL 和 RS232 是三线制串口,支持全双工通信,传输距离短,速率有限;RS422 是两对差分信号的四线制串口,全双工通信,传输距离长,速率高,信号稳定;RS485 是一对差分线的两线制串口,半双工通信,需进行收发切换,传输距离长,但速率低。

在无人机应用中,如对数据传输的可靠性要求较高,则建议采用 RS422;如考虑设计继承性和较少的引脚数量,则可采用 TTL 和 RS232;一般较少采用 RS485。

17.2.3　实验内容

搭建两节点组网通信实验环境,完成如下实验:

① 串口的无线传输收发功能;

② 网口的无线传输收发功能,环路延时的测试。

17.2.4　实验环境

① 实验室环境,一台地面节点设备,一台机载节点设备;

② 测试计算机 2 台,Windows 或 Linux 操作系统;

③ 网口/串口终端工具 SecureCRT;

④ 其他测试配件,天线、网线、串口线、电源适配器等。

17.2.5　实验步骤

1. 串口收发功能

在自组网设备的串口功能测试中,不需要像网络数据收发那样区分 IP 地址,数据流量较小,两个收发设备的角色也是对称可互换的。先搭建串口收发功能测试环境:

① 分别选择机载节点 1、地面节点的 RS232 串口 1(也可都选择 RS422 串口 1),对应连接到两台测试计算机。

② 在机载和地面两个节点 WebGUI 的串口参数页面,分别编辑 RS232 串口 1,如图 17.19 和图 17.20 所示。

图 17.19　机载节点串口配置

图 17.20　地面节点串口配置

此处的 UDP 是指网络传输模式,是参照网络业务模式将串口数据在网络中传输,故需对应配置"协议类型"、端口号及 IP 地址。

③ 分置在两节点处的测试计算机分别启动串口终端工具,搭建如图 17.21 所示的测试环境,配置波特率为 115 200,选择"8N1"数据格式,连接对应的 COM 端口。

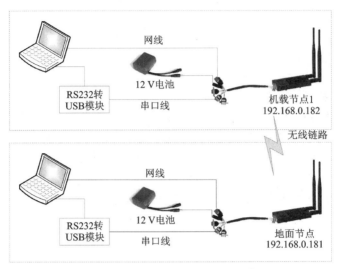

图 17.21 两节点组网测试环境示意图

从一台测试计算机 A 的串口终端工具发送串口数据包(如 0123456789ABCDEF),从另一台测试计算机 B 的串口工具中观察收到的数据;同样反方向发送数据(如 FEDCBA9876543210)并进行验证,如图 17.22 所示。

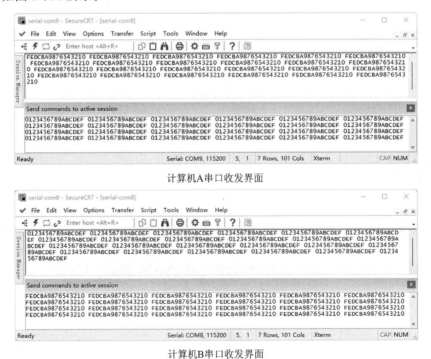

图 17.22 自组网设备串口收发功能实验

　　如果收发的数据经对比都正确无误,则两节点设备就完成了串口数据的双向传输,验证了自组网设备的无线串口连通性。还可将两节点拉远距离或隔房间进一步验证。

2. 网口连通功能

　　① 采用或搭建图 17.21 所示两节点系统,机载节点、地面节点的网口都连接到计算机。

　　② 两侧计算机分别启动 Windows cmd 命令行工具,检查网线连接状态及计算机与节点的 IP 地址,保证其 IP 在同一网段且不冲突,可参考表 17.8 中的地址分配示例。

表 17.8　自组网设备的 IP 地址分配示例

设　　备	IP 地址
机载节点设备	192.168.0.182
地面节点设备	192.168.0.181
测试计算机 A	192.168.0.100
测试计算机 B	192.168.0.101
网络摄像头	192.168.0.70

　　③ 进行网口连通性及环路延时测试,从计算机 A 向计算机 B 发起 ping 命令,然后用不同大小的数据包传输,观察网络的传输情况,如图 17.23 所示。

测试计算机A发起64字节的ping包

测试计算机A发起65 000字节的ping包

图 17.23　两节点自组网设备网口收发功能截图

277

ping 命令测试的是网络一发一收的环路延时,其测试记录包括数据包大小、延时统计、丢包情况等信息。如果收发的数据经对比都正确无误,则两节点自组网设备就完成了网口的双向传输,验证了无线网口的连通性。可将两节点拉远距离或隔房间进一步验证。

17.2.6　实验结果分析

① 两节点自组网设备串口收发功能测试,可验证机载节点与地面节点之间数据传输的正确性、及时性。

② 两节点自组网设备的网口收发功能测试,可验证两节点之间数据传输的正确性,测试不同大小网络包的网络环路延时情况。

③ 可验证自组网设备无线发送、无线接收的传输功能及与环境的关系。

④ 请根据本节实验的过程、数据、结果等,逐条给出具体的实验结论。

17.3　实验二　室外低动态通信实验

17.3.1　实验目的

① 了解自组网设备的外场地面通信流程;

② 掌握自组网设备的中继通信步骤;

③ 熟悉自组网设备的网络传输性能测试方法。

17.3.2　实验原理

自组网设备的外场测试,需关注外场环境的影响因素,包括地形地貌、气象、电磁波信道、环境噪声、天线特性等方面。外场环境的电磁波无线信道复杂而动态,需考虑传播路径上的地形地貌特性及建筑物、树木、山体等障碍物的影响。一般随着通信距离增大,接收信号强度会减小;而不同的通信场景,信号强度的衰减程度也不同。

选择好合适的实验环境后,需进行无线组网的网络性能测试,采用 iPerf 工具,以 UDP 网络包的方式进行测试,如图 17.24 所示。

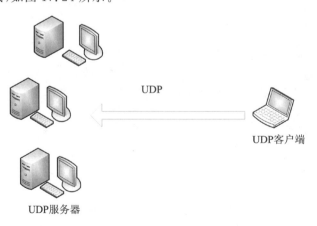

图 17.24　网络 UDP 业务传输示意图

其中 UDP(用户数据包协议)是 Internet 协议集支持的一个传输协议,无须连接就可发送 IP 封装数据包,资源消耗小、处理速度快,但具有不提供数据包的分组、组装、排序等缺点。在传输音频、视频等具有容错性的信息时,偶尔丢包也不影响对信息的正常理解和解析,故常用 UDP 协议。另外 UDP 协议支持组播,即一个发送端发数据,允许多个接收端同时接收,常用在无人机的一机多站场景中。本实验采用 UDP 进行网络性能测试,通过观测分析,对网络流量、延时、丢包率等性能进行评估。

17.3.3　实验内容

搭建三节点自组网通信实验环境,进行室外低动态拉距、中继通信实验。
① 观测测试地点的无线电磁环境,收集并分析无线电信号底噪情况;
② 改变节点间距离,观察无线信号质量,将组网节点设备固定在合适位置;
③ 使用 iPerf 发送 UDP 网络包,测试地面节点、机载节点的无线通信性能。

17.3.4　实验环境

① 室外环境,选择适合地面无线通信的测试场地;
② 三台自组网设备:地面节点、机载节点 1、机载节点 2;
③ 三台测试计算机,Windows 或 Linux 操作系统;
④ 测试软件:网口/串口终端工具 SecureCRT、网口性能工具 iPerf3.0;
⑤ 测试配件,如天线、网线、串口线、电源适配器、电池等。

17.3.5　实验步骤

1. 场地电磁环境扫描

外场测试场地的选择主要观测环境的电磁干扰情况,如有明显电磁干扰,则会造成外场拉距测试效果恶化,无法判断自组网设备的通信能力。环境测试观测方法如下:
① 将地面节点调试串口连接到测试计算机。
② 计算机启动串口终端工具,配置波特率为 115 200,选择"8N1"模式,连接对应 COM 端口。串口连接正确后,可在串口观察到地面节点的链路监控打印信息,如图 17.25 所示。

此时其余节点还未上电发射信号,故地面节点打印的接收功率即为无线环境底噪。正常情况下,在 10 MHz 信号带宽配置下,理想无线底噪大约为 −100 dBm。如果远大于该值,则说明场地存在较大电磁干扰。理想底噪的计算公式如下:

$$P\_noise = -174 + 10\log_{10}(B) + NF \tag{17.1}$$

式中:P_noise 为理想底噪,单位 dBm;−174 为宇宙背景噪声,单位 dBm/Hz;B 为信号带宽,单位 Hz;NF 为设备噪声系数,单位 dB,与设备工作频段、实现方案有关。

③ 在整个拉距路线中选择多个测试地点,使用 WebGUI 扫描环境,如图 17.26 所示。
图 17.26 中,横坐标为扫描频点,纵坐标为当前频点的底噪功率值。
④ 沿路观测地面节点的链路监控打印,分段记录整个过程环境的无线底噪功率。当记录值与理想无线底噪值比较接近,如波动在 3 dB 以内时,可认为测试环境没有明显的电磁干扰。否则电磁干扰会影响无线通信性能,造成通信距离缩短,丢包率、误码率上升等问题,此时,需考虑选择其他路线或其他区域进行实验。

```
TxInfo:(26,3)
Mbps:0.000000 : ID ErrCnt:0  fre:1440 tmper:44 maxnf:-99
( floorDbfs:-40, floor:-97, floorVga:111, timeBias:0
904(ssId:1,refId:1,cn:100)
(2,-60,99,37,3,58,58,85,1,0,150)

RT: (1,1,0) (2,2,1)

TxInfo:(26,3)
Mbps:0.000000 : ID ErrCnt:0  fre:1440 tmper:44 maxnf:-99
( floorDbfs:-40, floor:-97, floorVga:111, timeBias:0
905(ssId:1,refId:1,cn:150)
(2,-60,149,37,3,58,58,85,1,0,150)

RT: (1,1,0) (2,2,1)

TxInfo:(26,3)
Mbps:0.000000 : ID ErrCnt:0  fre:1440 tmper:43 maxnf:-99
( floorDbfs:-40, floor:-97, floorVga:111, timeBias:0
906(ssId:1,refId:1,cn:200)
(2,-60,199,37,3,58,58,85,1,0,150)

RT: (1,1,0) (2,2,1)
```

图 17.25　调试串口链路监控打印

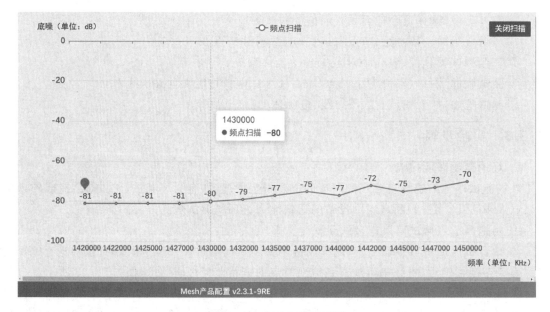

图 17.26　频点扫描结果图

2. 网络中继测试

三节点网络中继测试,即实现设备从近距离的网络全连通状态,到远距离网络拓扑变化为中继网络的通信实验,如图 17.27 所示。

基于上一环节的无线环境扫描结果,选择在各个地点无线环境都较好的工作频点,在 2 个机载节点、1 个地面节点各自配置工作频率参数,如图 17.28 所示。

配置完毕请及时保存、更新,为保证参数生效,建议断电重启,再登录 WebGUI 观察所配置参数是否正确。

接着搭建外场拉距通信的测试环境,各节点连接调试串口到测试计算机,分别启动串口终端工具,配置波特率为 115 200,选择数据格式"8N1",连接对应的 COM 端口。调试串口使两

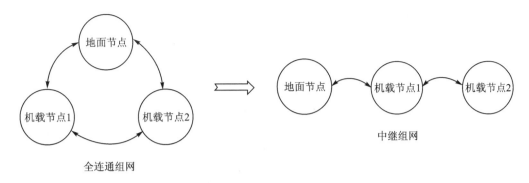

图 17.27　从网络全连通到中继组网的拓扑变化图

图 17.28　工作频点配置更新界面

两节点都连接正确,可在串口观察到各节点的链路监控打印信息。

最后选择确定两个机载节点的位置点,具体操作步骤如下:

① 先将地面节点固定于事先选好的位置点,调整安装两天线。

② 在选定路线上(利用测试车)移动两个机载节点,观测记录随通信距离增加接收功率与误码率的数据变化情况。

③ 找出机载节点 1 刚出现误码的临界位置,在其附近选择确定节点 1 的位置点,保持双向传输的无误码状态。图 17.29 所示为在临界位置有零星数据出错的界面显示,即在节点 1 看到的与地面节点通信的误码率结果,包括错包数量、总包数和误码率(方框内)。

④ 固定好节点 1 的位置及天线,从远离节点 1 和地面节点的方向继续移动节点 2,按上述步骤选择并固定好节点 2 的位置及天线,使节点 2 保持与节点 1 通信无误码、与地面节点无法直接通信的状态。

⑤ 进行节点 2 与地面节点通过节点 1 的中继通信,验证数据传输的正确性。

⑥ 利用 BD 导航分别定位 3 个节点的位置,算出两两之间的距离,在电子地图上标注出来。为避免通信距离过远,可结合当地环境适当调低设备发射功率。

3. 网口性能测试

分别在机载节点 1、节点 2 的临界位置与固定位置(共有 4 种组合)处,进行网络传输性能的测试,即在某一台计算机上通过 cmd 命令行启动 iPerf 服务端,在另两台计算机上启动客户

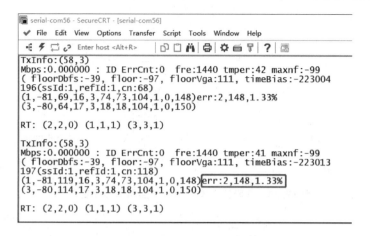

图 17.29　数据零星出错的打印界面

端,观察网络测试输出的通信性能信息。

其中,iPerf 服务端命令为:"iperf3. exe -s -B 192. 168. 0. 101",服务器端的打印输出如图 17. 30 所示。

```
管理员: 命令提示符 - iperf3.exe  -s -B 192.168.0.101          —    □    ×
[  5]  53.00-54.00   sec   7.38 MBytes   61.9 Mbits/sec   3.938 ms   0/944 (0%)
[  5]  54.00-55.00   sec   7.39 MBytes   62.0 Mbits/sec   4.640 ms   0/946 (0%)
[  5]  55.00-56.00   sec   7.38 MBytes   61.9 Mbits/sec   4.134 ms   0/945 (0%)
[  5]  56.00-57.00   sec   7.40 MBytes   62.1 Mbits/sec   5.258 ms   0/947 (0%)
[  5]  57.00-58.00   sec   7.39 MBytes   62.0 Mbits/sec   4.903 ms   0/946 (0%)
[  5]  58.00-59.00   sec   7.40 MBytes   62.0 Mbits/sec   4.005 ms   0/947 (0%)
[  5]  59.00-60.00   sec   7.38 MBytes   61.9 Mbits/sec   4.063 ms   0/945 (0%)
[  5]  60.00-60.09   sec    600 KBytes   57.9 Mbits/sec   1.077 ms   0/75 (0%)
- - - - - - - - - - - - - - - - - - - - - - - - - - - - - - - - - -
[ ID] Interval          Transfer     Bandwidth        Jitter    Lost/Total Datagrams
[  5]   0.00-60.09   sec   0.00 Bytes   0.00 bits/sec   1.077 ms   0/56670 (0%)
- - - - - - - - - - - - - - - - - - - - - - - - - - - - - - - - - -
Server listening on 5201
- - - - - - - - - - - - - - - - - - - - - - - - - - - - - - - - - -
```

图 17.30　服务器端打印界面

iPerf 客户端命令为:"iperf3. exe -c 192. 168. 0. 101 -u -b 62m -t 60 -B 192. 168. 0. 100",客户端打印输出如图 17. 31 所示。

```
管理员: 命令提示符                                            —    □    ×
[  4]  53.01-54.01   sec   7.45 MBytes   62.0 Mbits/sec   954
[  4]  54.01-55.01   sec   7.35 MBytes   62.0 Mbits/sec   941
[  4]  55.01-56.01   sec   7.41 MBytes   61.8 Mbits/sec   948
[  4]  56.01-57.01   sec   7.36 MBytes   62.1 Mbits/sec   942
[  4]  57.01-58.01   sec   7.38 MBytes   62.0 Mbits/sec   944
[  4]  58.01-59.00   sec   7.48 MBytes   62.9 Mbits/sec   957
[  4]  59.00-60.01   sec   7.27 MBytes   60.7 Mbits/sec   931
- - - - - - - - - - - - - - - - - - - - - - - - - - - - - - - - - -
[ ID] Interval          Transfer     Bandwidth        Jitter    Lost/Total Datagrams
[  4]   0.00-60.01   sec    443 MBytes   61.9 Mbits/sec   1.077 ms   0/56670 (0%)
[  4] Sent 56670 datagrams

iperf Done.

C:\Users\sds\iperf>iperf3.exe -c 192.168.0.101 -u -b 62m -t 60 -B 192.168.0.100
```

图 17.31　客户端打印界面

iPerf 参数说明如下,详细参数命令可参见命令帮助文件。

-s	以 server 模式启动;
-c host	以 client 模式启动,host 是 server 端地址;
-i sec	以秒为单位显示报告间隔;
-u	使用 UDP 协议;
-B ip	绑定一个主机地址或接口(当主机有多个地址或接口时使用);
-t sec	测试时间,默认 10 s;
-b bandwidth	UDP 模式使用的带宽,单位 Mbit/s,与-u 选项关联使用。

实验截图中的统计参数结果说明如下:

Interval:设定间隔 1 s 输出 1 次;Transfer:总传输 443 MB;Bandwidth:平均流量带宽约 61.9 Mbit/s;Jitter:网络抖动 1.077 ms;Lost/Total Datagrams:丢包数/总包数 0/56 670。

17.3.6　实验结果分析

采用自组网设备的无线环境扫描功能,了解、分析所在测试场地的电磁环境。

通过观测、分析外场拉距通信中机载节点、地面节点的接收功率及误码率,掌握通信距离、地理环境与接收功率、误码情况的变化趋势关系。

在中继通信测试场地,观测、分析无线网络性能中的网络带宽与网络延时等参数。

请根据本节实验的过程、数据、结果等,逐项给出具体的实验结论。

17.4　实验三　无人机实际挂飞通信实验

17.4.1　实验目的

① 熟悉自组网设备的无人机挂飞测试方法;
② 了解自组网设备的视频传输原理;
③ 掌握两节点自组网设备实际挂飞通信的基本流程。

17.4.2　实验原理

开展自组网设备挂飞测试,需选择适合无人机实际飞行的无线通信方案,从网络需求、通信需求和装机要素等方面规划、分析和设计,表 17.9 所列为需考虑的设计要素。

表 17.9　无人机挂飞无线组网方案设计要素

自组网需求分类	要　素	备　注
网络需求	网络规模	在网节点数量
	网络动态	网络拓扑与路由
	网络调度	业务调度频率
	网络业务	宽带、窄带业务

续表 17.9

自组网需求分类	要 素	备 注
通信需求	通信距离	空地 LOS 环境
	数据流量	设计时需考虑开销
	业务延时	传输延时、等待调度延时
	数据包大小	数据包字节数,影响开销
装机要素	业务接口	网口、串口等
	工作频段	如 L、S、C 波段
	SWaP(Size Weight and Power)	尺寸、重量、功耗
	供电	如 12 V,2 A
	工作温度与散热	如 −40～55 ℃
	电磁兼容	如不影响电磁信号的底噪
	天线设计与安装	方向、布局、间距等

1. 通信需求

无人机的通信需求,一般由通信距离和业务传输组成。通信距离指在无线电收发通视条件下,无人机到地面站的距离,一般与无人机的作业任务地理范围相关联。业务传输一般考虑业务类型、业务流量、传输延时、数据包大小及发送频率等因素。

2. 装机要素

装机要素指一台通信设备搭载于无人机平台完成指定传输任务时,设备需要满足的业务接口类型、工作频段、安装尺寸与方式、重量、功耗与供电、电磁兼容、散热及天线装配等方面的要求。实际工作中,主要考虑对装机要素相对严格的机载节点。

3. 无线链路预算

无人机通信的空地无线链路预算,考虑类似如图 17.32 所示的通视距通信场景。

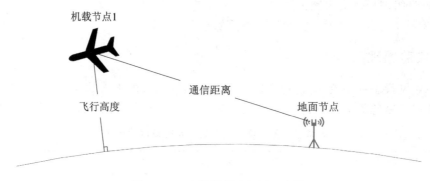

图 17.32 空地通视距场景示意图

其中,基于以下物理模型来分析通信距离:

(1) 无线电理想空间传输模型

无人机与地面的自由空间电磁波传输,通常可以采用空间损耗模型即弗里斯传输公式来进行链路预算:

$$Lbs = 20\log_{10}(f) + 20\log_{10}(D) + 32.4 \qquad (17.2)$$

式中：Lbs 为自由空间的路径传播损耗，仅与传输路径有关，与收发天线增益无关，单位 dB；f 为工作频率，单位 MHz；D 为无线电通视(LOS)距离，单位 km；32.4 为常数，单位 dB。该式给出了信号频率、通信距离与传输损耗之间的关系。

（2）无人机传输通视距模型

由于无人机飞行高度受限，通信距离还受地球曲率影响，其通视距离的公式为

$$D \approx 4.12 \times (\sqrt{H_1} + \sqrt{H_2}) \qquad (17.3)$$

式中：H_1 为天线 1(地面站)所在的离地高度，H_2 为天线 2(无人机)所在的高度，单位 m；D 为通视距离，单位 km。如保留一定余量且不考虑大气折射效应时，可将 4.12 用 3.57 替代使用。比如当两天线高度分别为 2 m 和 50 m 时，通视距离约为 30.3 km。

此模型以理想无地形起伏和遮挡的环境为条件，而在实际环境下，还需要考虑地形地势高度变化造成的影响。

（3）无线链路预算模型

无线链路预算是在一个通信系统中，对发送端、空间信道、接收端、天线组件、通信链路等进行增益和衰减核算，用来估算系统稳定传输信号的通信距离的数学模型。考虑了一定保留的无线链路预算余量的公式为(单位均为 dB)

$$Link\_margin = L\_total - Ls - Lbs \qquad (17.4)$$

式中：Link_margin 为链路余量；Lbs 为自由空间传输损耗；Ls 为其他损耗；L_total 为包含了发射端的发射功率、接收灵敏度与收发天线增益的总体通信能力，公式如下：

$$L\_total = Ptx - Rs + Gtx + Grx \qquad (17.5)$$

式中：Ptx 为发射功率，单位 dBm；Rs 为接收端对应信号带宽和流量的接收灵敏度，一般为负值，单位 dBm；Gtx 和 Grx 分别为发射与接收天线的增益，单位均为 dBi。

综上，链路余量的具体估算公式为

$$Link\_margin = Ptx - Rs + Gtx + Grx - Ls - [20\log_{10}(f) + 20\log_{10}(D) + 32.4] \qquad (17.6)$$

在无人机空地通信环境下，一般要求 Link_margin>10 dB 以上，才被认为可以稳定通信。而其他损耗 Ls，是指如射频线缆、雨衰、天线外壳等的损耗，范围通常在 0～3 dB 之间。

17.4.3　实验内容

搭建两节点自组网设备通信系统实验环境，进行无人机挂飞实验。

① 观测、分析附近区域的无线信道环境，选择适合无人机挂飞的测试区域；
② 进行自组网设备的挂载集成，确定无人机系统的适配情况；
③ 采用视频回传的方式，验证无人机在不同距离下视频的传输效果。

17.4.4　实验环境

① 室外适合挂飞的测试场地和空域，设备为地面节点和机载节点 1；
② 搭载机载节点 1 和摄像头的无人机；
③ 连接地面节点的地面站计算机，Windows 或 Linux 操作系统；
④ 测试软件：网口/串口终端工具 SecureCRT、视频播流软件 VLC Media Player；
⑤ 其他测试配件：天线、网线、串口线、电源适配器等。

17.4.5 实验步骤

1. 选取测试地点和空域

首先进行空域申请,确认飞行范围和高度及所选择路线是否适合挂飞测试,保证合法性和安全性。在有些情况下,因空域受限或者测试条件不足,可以采用无人机在固定位置上空悬停或盘旋飞行,而地面节点移动的测试方法,来模拟无人机的实际飞行。

2. 确认配置参数

设置自组网设备的工作频率,中心频率选择 1 434 MHz,保证工作于授权频段,参数配置如图 17.33 所示,注意机载节点、地面节点的参数要匹配一致,并检查其有效性。

图 17.33 挂飞测试频率配置

3. 安装集成设备

将自组网设备、天线等安装到无人机,确认安装方式与线缆的走线。检查机载平台的电磁兼容问题,重点考虑天线的安装位置与方式,并关注以下影响因素:

① 任务载荷或平台电子设备对自组网设备底噪的影响,可通过底噪扫描功能来确认。建议设备天线与可能有干扰的电子设备保持空间隔离或相互屏蔽,以降低被干扰程度。

② 自组网设备对导航定位的影响,可通过对卫星导航系统的搜星数、定位精度等来确认。同样建议进行空间隔离或相互屏蔽,或者提升导航接收机的抗干扰能力,采用高灵敏接收机或抗干扰天线来实现。

③ 天线的安装角度,通常按垂直于水平面或与之成±45°的方式安装,图 17.34 所示是实际应用中无人机双天线的常见安装方式,其中(a)、(b)的天线间距要大于半个波长,并尽可能增加间隔距离,以发挥 MIMO 的分集作用。

无人机上天线的放置方式,应与地面站的天线放置相匹配,即可以都采用与水平面垂直的方式(垂直极化),或都采用与水平面成±45°的方式(双斜极化),这样使用效果更佳。鉴于空中无人机的飞行姿态变化,建议使用双斜极化的±45°安装方式。

4. 地面视频拉通

在近距离地面进行网络连通性测试和视频拉通。先测试地面站计算机与机载网络摄像头(192.168.0.70)的连通性,采用 ping 的方法,如图 17.35 所示。

然后从地面站选择与网络摄像头匹配的视频播放器(如 VLC Media Player),验证视频回

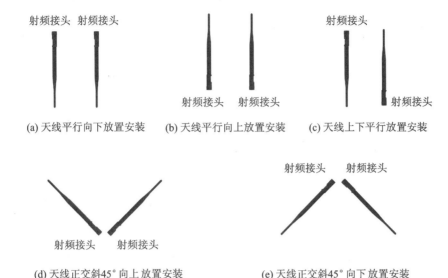

(a) 天线平行向下放置安装　(b) 天线平行向上放置安装　(c) 天线上下平行放置安装

(d) 天线正交斜45°向上放置安装　　(e) 天线正交斜45°向下放置安装

图 17.34　无人机天线的常见安装方式

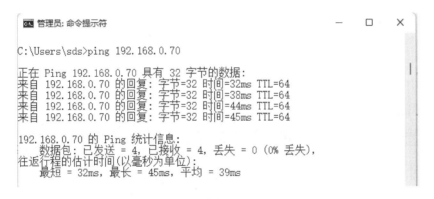

图 17.35　地面站计算机与机载网络摄像头的连通性测试界面

传效果。观测视频的画质、流畅度等,并模拟无人机移动作业的情况,缓慢移动网络摄像头,观察回传画面的质量。

整个视频回路的延时,可分解为如图 17.36 所示的 5 个主要部分,在此不进行分解测试,只开展全回路的延时测试,可采用如图 17.37 所示的方法进行。

从图 17.37 可见,机上视频源拍摄的秒表画面,经自组网设备传输后,可在地面节点的视频播放器中显示出来,如果将两个画面放到一起(拍摄一张照片),计算所显示的两个时间的差值,就是整个视频回路的总延时。由于视频处理、传输码流等时间的波动,视频延时不是一个固定值,会在一个小范围内波动。

5. 挂飞拉远测试

挂飞拉远测试是无人机图传模拟实际作业场景的性能测试方法,可最大程度地还原出无人机作业过程中视频、遥控、遥测等信息的实时传输及自组网设备的通信性能,包括与任务载荷、飞控设备等的通信作业范围和能力。

将地面节点置于实验场地的指定地点,要求周围空间尽量开阔,无大的障碍物遮挡,可视

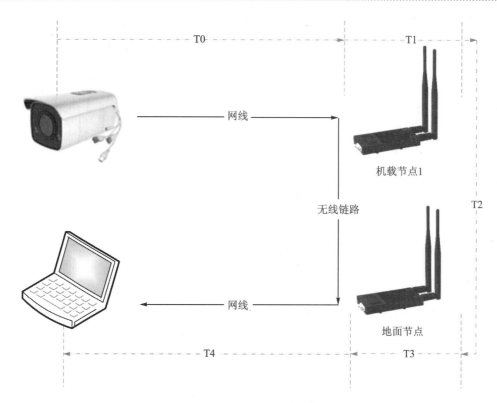

图 17.36 视频全回路的延时分解图

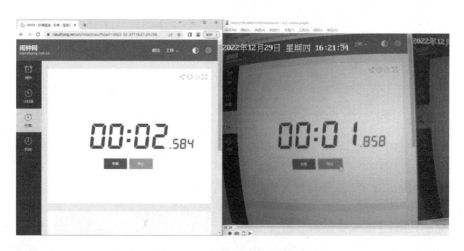

图 17.37 视频回路延时测试

范围宽、远。将无人机搭载的机载节点先在该地点完成地面视频拉通,之后无人机起飞,沿事先选择的路线逐渐拉远,可在行进路径上选择 3 个左右的观测点,使无人机悬停或小半径盘旋,观察、记录通信性能。

在实验测试过程中,通过地面节点的调试串口随时观察两节点链路的监控打印,观测随着两节点距离的加大,接收功率逐渐降低的变化趋势;直到出现零星的数据传输错误,停止无人机的前进,回退找到刚好不出错的位置固定机载节点(悬停或盘旋)。这时观察、测量接收功率和无人机的距离,如果与无线链路的预算较为接近,则认为完成了无线拉距测试实验;如果此时接收功率相比链路预算大很多,则可能是附近有电磁干扰、障碍物等影响因素,需要进一步分析排查。

最后记录测试位置点、接收功率、数据带宽、传输质量等信息,分析给出实验结论。

17.4.6　实验结果分析

选择合适的测试场地,采用无线环境扫描功能,可了解测试场地的电磁环境。

通过观测挂飞测试中机载节点与地面节点的接收功率及误码率,可掌握通信距离与接收功率、误码率的变化趋势关系。

在挂飞测试中,可验证自组网设备对视频及遥控遥测信息传输的功能性能及质量效果。

请根据本节实验的过程、数据、结果等,逐项给出具体的实验结论。

17.5　习　题

1. 简述 HEPBURN 系列无线自组网产品所采用的无线通信关键技术及通信特性。
2. 描述自组网设备通信数据收发原理,给出发射端和接收端的系统框图。
3. 自组网设备通信数据传输的常见通信接口有哪些?包括哪些类型?其特性及适用的场景是怎样的?
4. 简述自组网设备外场测试需要注意的影响因素。
5. 给出自组网设备在外场测试场地观测电磁干扰状态的方法。
6. 如何构造条件,进行自组网设备的中继通信实验?
7. 简述无人机挂飞无线组网方案中的设计要素。
8. 理想空间电磁波传输的无线链路余量的估算公式是什么?各参数分别代表什么含义?
9. 简述无人机天线选择和连接的注意事项,常见的机载天线的安装方式有哪些?
10. 如何测试无人机通信的稳定性和可靠性?简述无人机视频回路延时的测试方法和计算方式。

第18章 无人机导航实验教程

本章主要开展无人机常用导航定位设备的实验介绍,包括 GNSS 普通定位、GNSS 普通定位与 RTK 定位对比、惯性导航姿态测量、UWB 测距与定位、气压计测高、GNSS 与惯导组合定位、室内外无缝定位等实验,涵盖了单一导航及组合导航实验,旨在使读者掌握各类定位手段的基本原理和工作过程,直观感受它们的优缺点和应用范围,理解和体会组合导航在功能增强或性能提高方面的作用。最后,通过观看复杂场景无人机导航实飞演示视频,感受多传感器融合的组合定位技术在室内外应用的实际效果。

18.1 实验平台介绍

18.1.1 硬件平台

实验硬件平台是基于多源融合定位的实验板卡套件及配套设备(包括天线、仿真器、转换板、电源、计算机等)。由北京金坤科创技术有限公司研制的这款板卡套件,除了具有室外定位功能外,还可在卫星拒止或室内复杂场景下,提供连续、可靠、稳定的高精度定位信息,已在无人机上得到实际应用。

实验板卡由 GNSS-RTK、IMU(MEMS)、UWB、气压计等多种传感器组成,可实现基于多源融合的室内外一体化高精度三维定位。实验硬件平台的总体连接关系如图 18.1 所示,实验板卡的外观如图 18.2 所示。

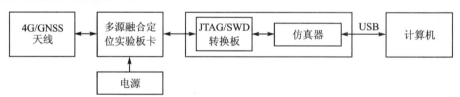

图 18.1 硬件平台连接示意图

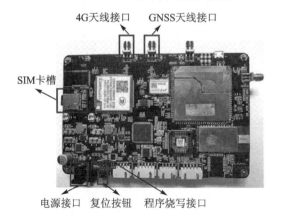

图 18.2 多源融合定位实验板卡外观及接口、插槽等

实验板卡上配置的主要芯片及传感器如表 18.1 所列。

表 18.1　实验板卡主要芯片及传感器

序　号	部件标识	部件名称	说　　明
1	STM32F407VG	控制系统主 CPU 芯片	系统 CPU 处理芯片
2	MTI‑3 series	XSENS 惯导模块	MEMS 惯导数据源
3	JK‑M1000	UWB 测距定位模块	金坤 UWB 定位标签模块
4	MXT906A	RTK 定位模组	BDS/GPS 厘米级导航定位模块
5	SIM7600CE	4G 全网通通信模组	4G 移动网络通信模块
6	SIM CARD	SIM 卡及插槽	移动网络用户身份识别卡
7	MS5611	气压温度计	周围气压、芯片自身温度采集器
8	12V POWER	电源接口	使用电池或者适配器供电
9	LED	设备状态信号灯	红色灯表示设备供电正常；绿色灯闪烁表示设备运行正常
10	BUTTON	复位按钮	按下按钮,设备进行复位操作
11	JLINK	JLINK SWD 接口	连接 JLINK 仿真器,进行系统升级、数据读取、系统配置等操作
12	4G ANT	4G 模组天线接口	连接 4G 天线,接收/发射移动通信信号
13	RTK ANT	RTK 模组天线接口	连接 GNSS 天线,接收卫星信号

硬件使用的基本步骤如下：

1. 仿真器连接

配套硬件包括 ARM V9 仿真器、母对母杜邦线(3 根)、JTAG/SWD 转换板。仿真器和转换板提供接口转换、程序下载、日志查看等功能,具体连接如图 18.3 所示。

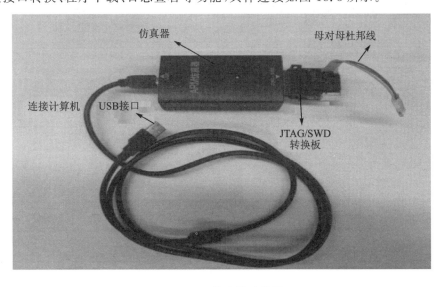

图 18.3　仿真器连接图

2. 实验板卡连接

利用杜邦线将图 18.4 所示板卡中的程序烧写接口与图 18.5 所示仿真器转换板上的 4 口接线柱一一对应相连。注意开发板上的接线柱,由左到右依次为空针、SWCLK、SWDIO、GND;而转换板上依次为 GND、SWCLK、SWDIO、空针。

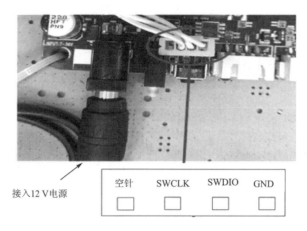

图 18.4　杜邦线与开发板卡连接

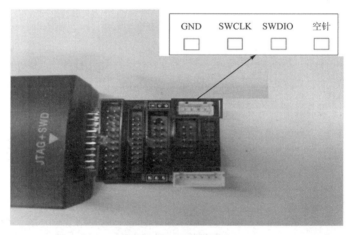

图 18.5　转换板接口

电源接口连接 12 V 电源(见图 18.4 和图 18.6),SIM 卡插槽处插入流量卡(见图 18.2)。

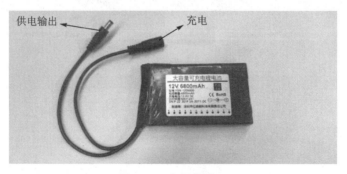

图 18.6　电源及接口

3. 天线连接

将 4G 天线和 GNSS 天线(见图 18.7),分别连接到板卡上方左侧的 4G 天线接口和中间的 GNSS 天线接口(见图 18.7)。

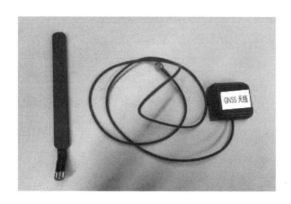

图 18.7　4G 天线(左)和 GNSS 天线(右)

18.1.2　软件平台

软件操作采用 J‑Flash 编程软件,属于 J‑Link 系列里对 Flash 操作的 GUI 工具,其支持命令行方式,适用于 Microsoft Windows 的计算机。J‑Flash 用户界面直观,编程灵活方便,通过 JTAG 仿真器作为 ARM 核心与硬件对接。软件的操作包括烧录程序和读取数据两部分,下面分别介绍。

1. 使用 J‑Flash V6.86f 软件烧录嵌入式程序

① 双击启动烧录程序 J‑Flash V6.86f(即烧录步骤 1)。

② 在如图 18.8 所示对话框中选择 Create new project 后,单击 Start J‑Flash 按钮。

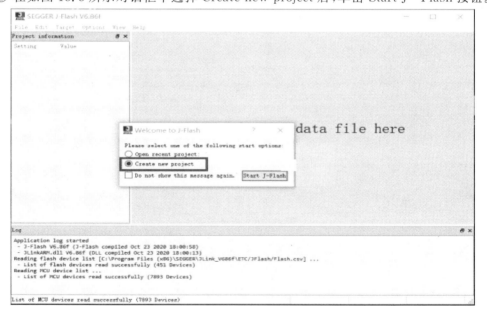

图 18.8　烧录步骤 2

③ 在弹出的如图18.9所示的Create New Project对话框中,单击 ··· 按钮,选择板卡对应的微控制单元芯片。

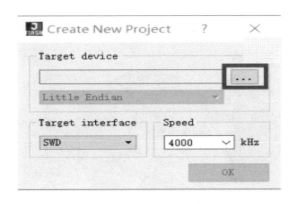

图18.9 烧录步骤3

④ 在弹出的如图18.10所示的Target Device Settings对话框中,在Device一栏输入"STM32F407",下拉列表会自动适配相应的芯片型号,单击选中"STM32F407VG"后,再单击OK按钮。

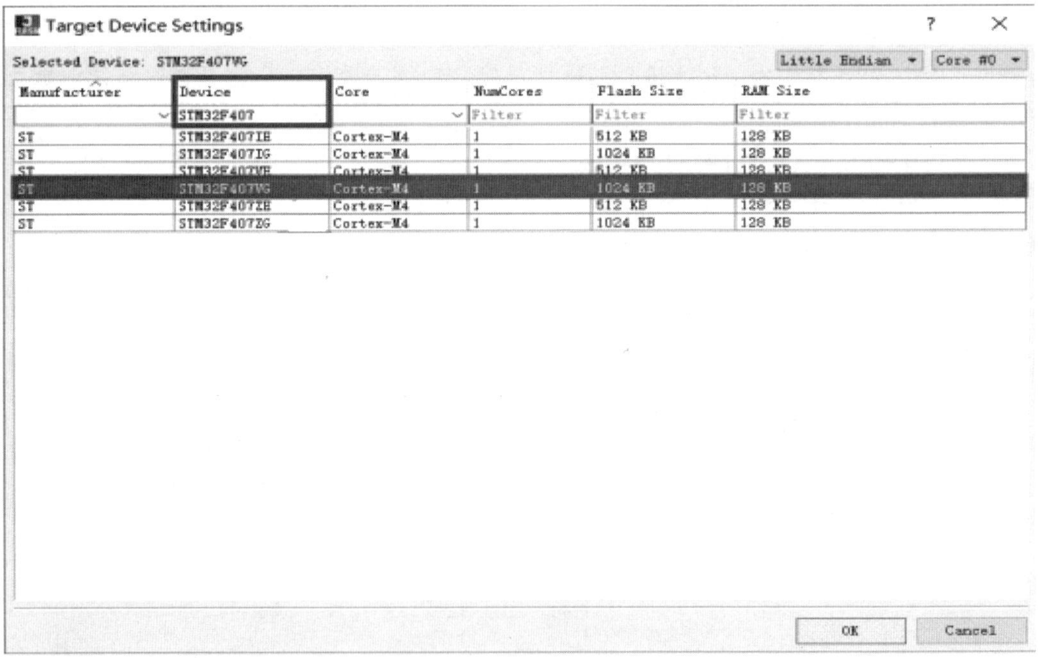

图18.10 烧录步骤4

⑤ 返回如图18.11所示的Create New Project对话框,确定Target interface为SWD,Speed为4 000 kHz,单击OK按钮即完成新工程的创建。

⑥ 创建新工程后,系统自动回到主界面,如图18.12所示,界面分为菜单栏、工程信息栏、烧录文件栏和日志信息栏。完成以上操作后,可以在日志栏看到输出信息"New project created

图 18.11　烧录步骤 5

successfully"。

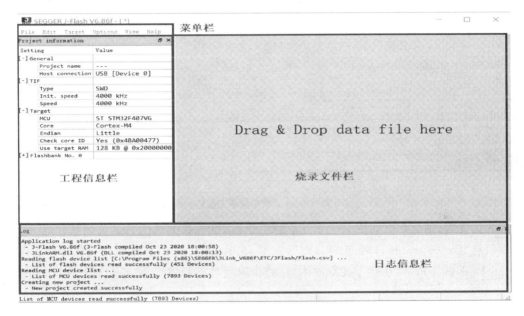

图 18.12　烧录步骤 6

　　⑦ 将板卡通过 J - Link 连接至计算机 USB 接口,待上电稳定后,选择 Target→Connect,如图 18.13 所示。

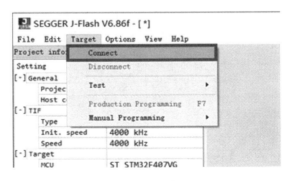

图 18.13　烧录步骤 7

⑧ 若连接成功,则 Target 下拉菜单中的 Connect 变灰,Disconnect 变亮,同时日志信息栏中会输出信息"Connected successfully",如图 18.14 所示。

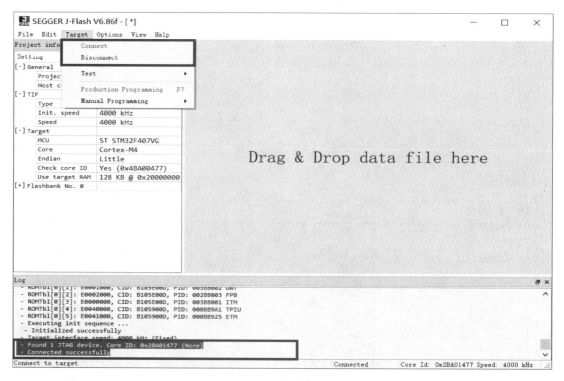

图 18.14　烧录步骤 8 - 1

若连接失败,则会弹出如图 18.15 所示的提示框,单击右上角的"×"关闭按钮,会继续提示错误信息"Cannot connect to J - Link.",如图 18.16 所示。此时,需要排查是否存在板卡未加电、J - Link 线序错误、连接不良等原因,检查排除后再重新尝试。

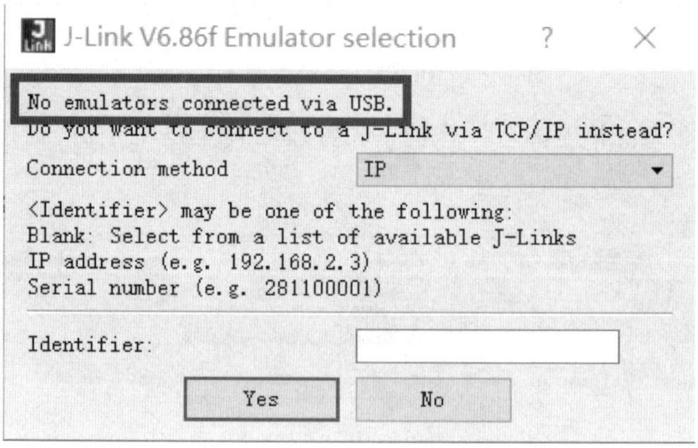

图 18.15　烧录步骤 8 - 2

⑨ 连接成功后,在存放烧录文件的文件夹中找到待烧录的嵌入式文件(后缀名.hex),用鼠标选中,拖至烧录文件栏,如图 18.17 所示。

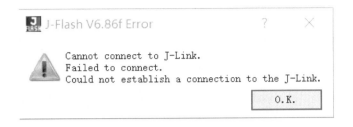

图 18.16　烧录步骤 8 - 3

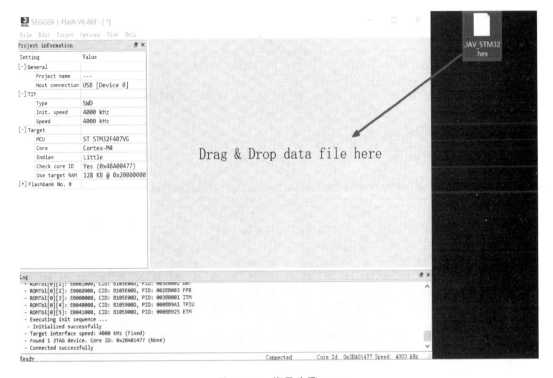

图 18.17　烧录步骤 9 - 1

或者单击如图 18.18 所示窗口菜单栏中的 File→Open data file,从存放烧录文件的文件夹中选中待烧录的嵌入式文件。

选好后,烧录文件栏会以十六进制形式显示该文件的内部消息,如图 18.19 所示。

⑩ 单击如图 18.20 所示窗口菜单栏中的 Target→Production Programming,即可开始执行程序烧录。

如果烧录成功,则会弹出如图 18.21 所示的提示框;如果不成功,请检查连接是否良好。

⑪ 单击如图 18.22 所示窗口菜单栏中的 Target→Disconnect,断开板卡和烧录程序的连接。

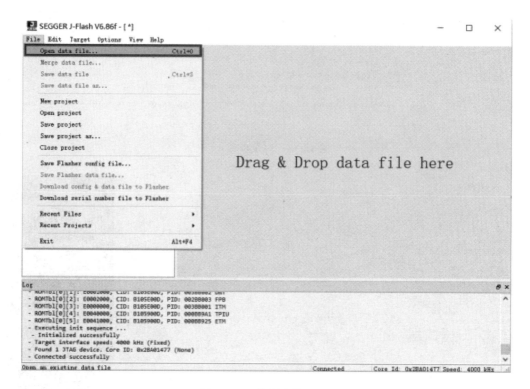

图 18.18　烧录步骤 9 - 2

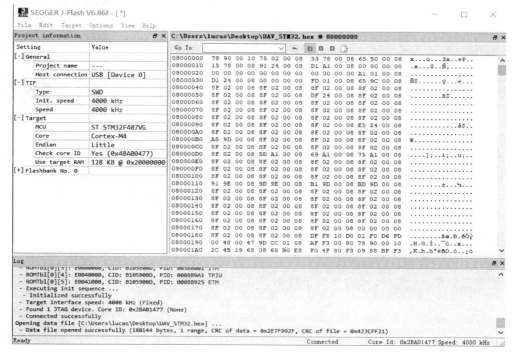

图 18.19　烧录步骤 9 - 3

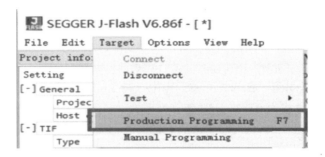

图 18.20　烧录步骤 10-1

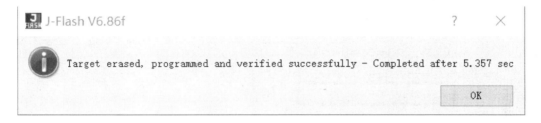

图 18.21　烧录步骤 10-2

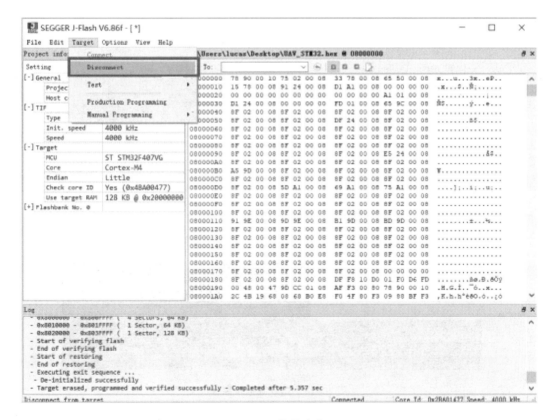

图 18.22　烧录步骤 11

⑫ 按下实验板卡上的重启按钮,板卡即按新的嵌入式程序开展工作(即烧录步骤 12)。

2. 使用 J‑Link RTT Viewer 软件读取数据

J‑Link RTT Viewer 工具用于查看板卡信息、配置工作参数、进行数据读取等,具体操作步骤如下:

① 双击启动日志查看程序 J‑LinkRTTViewer.exe(即读取数据步骤1)。

② 选择配置参数如图 18.23 所示,其中 J‑Link 连接方式为 USB,芯片型号为 STM32F407VG,接口方式为 SWD,传输速率为 1 000 kHz,RTT 控制块方式为自动检测。确认后单击 OK 按钮,完成配置。

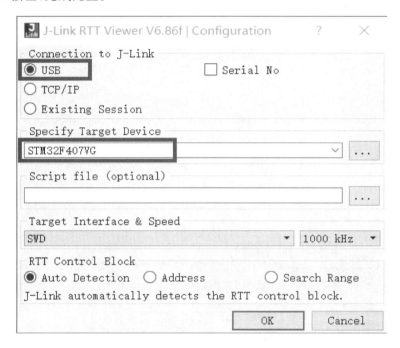

图 18.23 读取数据步骤 2

③ 单击图 18.24 所示窗口菜单栏中的 File→Connect,进行计算机端与实验板卡的连接。

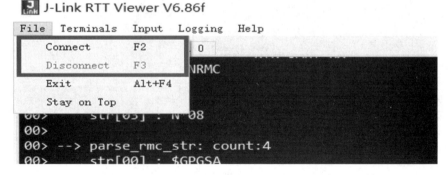

图 18.24 读取数据步骤 3

④ 单击如图 18.25 所示窗口菜单栏中的 Logging→Start Terminal Logging,开始将日志保存到自定义的.txt 数据文件中,并在弹出的创建界面中输入待保存的文件目录及名称。

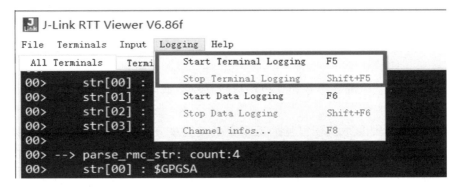

图 18.25　读取数据步骤 4

⑤ 日志在计算机中保存成功,即表示从板卡中读取数据完毕,此时单击图 18.25 所示窗口菜单栏中的 Logging→Stop Terminal Logging;再单击菜单栏中 File→Disconnect,断开计算机端与实验板卡的连接(即读取数据步骤 5)。

⑥ 打开读取数据步骤 4 中自定义的.txt 数据文件,即可查看读取的数据(即读取数据步骤 6)。

18.2　实验一　北斗/GPS 普通定位实验

18.2.1　实验目的

① 了解北斗/GPS 系统卫星的可见情况及影响因素;
② 了解导航卫星的载噪比概念及影响因素;
③ 掌握卫星定位的性能变化及影响因素。

18.2.2　实验原理

GNSS 系统可为地面及近地空间用户提供连续定位服务,保证任何时间大于 4 颗的可见星数目。可见星为接收机所在位置地平线以上的卫星,其仰角至少要大于 0°,实际应用中通常取 5°~15°中的某个值,如图 18.26 所示。理论上,单一系统的可见卫星数目在 6~12 颗,而北斗卫星在亚太大部分地区可见 9~16 颗;由于地球起伏地貌、建筑物遮挡及电磁干扰等影响,实际可见卫星数可能大幅下降。

GNSS 卫星信号在空中传播过程中,噪声和干扰是影响信号质量的主要因素。载噪比可用来衡量信号载波强度与噪声强度的相对关系,用来指示接收机当前工作状

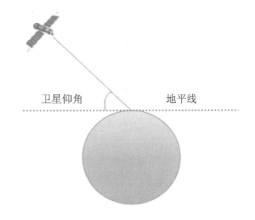

图 18.26　卫星仰角示意图

态,检测信号强度,判断对卫星信号的跟踪情况,衡量导航定位解算结果是否可靠。载噪比通常记作 CNR 或者 $C/N(\mathrm{dB})$,其公式为

$$\frac{C}{N} = 10\lg\left(\frac{P_{\mathrm{c}}}{P_{\mathrm{n}}}\right) \tag{18.1}$$

式中:P_{c} 和 P_{n} 分别代表载波信号和噪声的有效功率。载噪比通常与电磁干扰环境、信号遮挡、传播距离等因素有关。

导航卫星的定位性能取决于可见的卫星数量及卫星分布的 DOP 值、伪距和载波相位的测量精度及差分改正性能等。其中位置精度衰减因子 PDOP 是重要的影响因素,由可见卫星的空间分布决定。在测距精度相同的情况下,可见卫星越多及在空间分布得越开、越均匀,定位精度就越高。

18.2.3 实验内容

将板卡外接 GNSS 天线,在室外不同位置完成对 GPS/BDS 信号的接收与定位,通过串口在上位机上接收板卡输出的 NMEA0183 格式文件,开展如下实验:

① 用 MATLAB 编程,读取文件中可见卫星的标识、仰角、方位角,对比开阔空间和有遮挡空间(如大楼下)卫星的数量变化。分场景绘出可见卫星的星空图,观察其中有多少颗 GPS 卫星和多少颗北斗卫星,根据卫星标识指出这些北斗卫星分别处于哪种轨道上。

② 选择仰角接近的 GPS、BDS 各一颗卫星,读取不同时刻的载噪比数据,绘出载噪比随时间变化的曲线图。选择同一系统中仰角较大和仰角较小的两颗卫星,对比其载噪比的曲线图。

③ 读取一组静态定位信息,将平均后的位置点标注在电子地图上。读取一组运动状态的定位信息,将轨迹点位置标注在地图上。

④ 使接收机天线分别在开阔空间和大楼下方静止观察一段时间,看定位结果的波动情况,计算其均值和方差并进行对比分析。

18.2.4 实验环境

① 实验板卡套件,计算机 Windows 系统。
② 烧录软件:J-Flash V6.86f;调试软件:J-Link RTT Viewer V6.86f。
(注:接下来的所有实验中,均使用该软件环境,以后不再重复列出。)
③ 室外开阔无遮挡区域;侧面有大楼遮挡区域。

18.2.5 实验步骤

① 连接板卡、天线、仿真器、电源及计算机。
② 打开 J-Flash V6.86f 软件,烧录程序文件 UAV_STM32_ONLY_RTK.hex;烧录成功后,重启板卡,并配置为侦查节点模式。
③ 在室外开阔区域给板卡上电,接收 GNSS 信号并实现定位,打开 J-LinkRTTViewer.exe,记录保存板卡输出的数据日志。
④ 利用 MATLAB 读取板卡定位数据,并完成绘图,具体操作步骤如下:
第一,对保存的日志文件通过 NMEA0183 协议进行解析,读取可见卫星及定位的相关信息,主要内容的解析在示例 1 中给出,其余可上网查阅相关资料。

示例 1：

```
00 > =====================RTK UART RX：561 ======================
00 >
00 > $ GNRMC,080135.500,A,3958.695275,N,11620.656565,E,0.000,0.00,240422,,E,A * 07
00 > $ GNGGA,080135.500,3958.695275,N,11620.656565,E,1,11,1.53,64.470,M,0,M,, * 6A
00 > $ GPGSA,A,3,02,06,12,14,17,19,,,,,,,2.24,1.53,1.64 * 0E
00 > $ BDGSA,A,3,02,03,07,10,13,,,,,,,,2.24,1.53,1.64 * 16
00 > $ GPGSV,3,1,11,01,12,057,00,02,12,253,25,03,40,057,00,04,07,102,00 * 7C
00 > $ GPGSV,3,2,11,06,54,266,43,12,07,322,22,14,39,175,42,17,72,035,44 * 72
00 > $ GPGSV,3,3,11,19,65,332,41,24,05,292,00,28,,,37 * 71
00 > $ BDGSV,2,1,06,02,32,224,31,03,44,189,34,07,69,175,38,08,,,39 * 5E
00 > $ BDGSV,2,2,06,10,76,226,42,13,45,229,39 * 6E
00 >
00 > =======================================================
```

其中，GNSS 定位日志格式参考 NMEA 0183 协议，主要命令及含义如表 18.2 所列。

表 18.2　GNSS 定位日志主要命令

序　号	命　令	说　　明	序　号	命　令	说　　明
1	GNRMC	推荐定位信息	4	BDGSA	当前北斗卫星信息
2	GNGGA	GPS/北斗联合定位信息	5	GPGSV	可视 GPS 卫星信息
3	GPGSA	当前 GPS 卫星信息	6	BDGSV	可视北斗卫星信息

其中，对 GPGSV/BDGSV 协议和 GNGGA 协议的解析说明，分别如表 18.3 和表 18.4 所列。

表 18.3　GPGSV/BDGSV 协议解析

协议格式	$ GPGSV,<1>,<2>,<3>,<4>,<5>,<6>,<7>,<4>,<5>,<6>,<7>,<4>,<5>,<6>,<7> * <8> $ BDGSV,<1>,<2>,<3>,<4>,<5>,<6>,<7>,<4>,<5>,<6>,<7>,<4>,<5>,<6>,<7> * <8>
参数说明	<1> GSV 语句的总数(单句最多 3 条可见卫星信息,语句总数＝FLOOR(可见星总数/3))； <2> 本句 GSV 的编号； <3> 可见卫星的总数,00～12； <4> 卫星编号,01～32； <5> 卫星仰角,00～90°； <6> 卫星方位角,000～359°； <7> 信号载噪比(C/N),00～99 dB； <8> Checksum(检查位)

表 18.4　GNGGA 协议解析

协议格式	$GNGGA,<1>,<2>,<3>,<4>,<5>,<6>,<7>,<8>,<9>,M,<10>,M,<11>, <12>*<13>
参数说明	<1> UTC 时间:hhmmss.fff(时分秒.毫秒)格式; <2>纬度:ddmm.mmmm(度分)格式(前面的 0 也将被传输); <3>纬度半球 N(北半球)或 S(南半球); <4>经度:dddmm.mmmm(度分)格式(前面的 0 也将被传输); <5>经度半球 E(东经)或 W(西经); <6> GPS 状态:0＝未定位,1＝非差分定位,2＝差分定位,6＝正在估算; <7>正在使用解算位置的卫星数量(00～12)(前面的 0 也将被传输); <8> HDOP 水平精度因子(0.5～99.9); <9>海拔高度(－9 999.9～99 999.9); <10>地球椭球面相对大地水准面的高度; <11>差分时间(从最近一次接收到差分信号开始的秒数,如果不是差分定位则为空); <12>差分站 ID 号 0 000～1 023(前导位数不足则补 0,如果不是差分定位则为空)

第二,星空图示例如图 18.27 所示,绘制的星空图按图中格式标明卫星号及位置点,卫星号前加注"C"或"G"分别代表北斗和 GPS 卫星,具体可根据表 18.2 中的命令进行区分;卫星的位置点根据仰角和方位角确定,由表 18.3 的协议解析从读取的数据中获得。

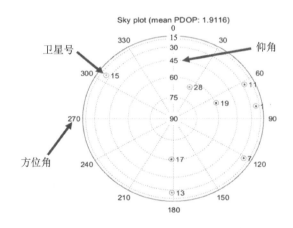

图 18.27　星空图示例

第三,在保存的数据文件中,读取所选卫星不同时刻的载噪比数据,利用 MATLAB 读取并绘出载噪比随时间的变化图。

第四,在数据文件中读取 GNSS 经、纬、高定位数据,在电子地图上找到相应经、纬度的位置点,进行标注绘制。

18.2.6　实验报告

① 记录可见卫星的标识、仰角、方位角的读取结果,绘出星空图,给出不同系统的可见星数量及所在轨道,对比开阔和有遮挡空间的卫星数量变化。

② 记录不同卫星系统中仰角接近卫星在不同时刻的载噪比数据,绘出随时间变化的对比图;绘出同一系统不同仰角卫星的载噪比曲线随时间变化的对比图。

③ 分别记录静态和动态定位信息,在电子地图上标注出来。

④ 分别观察开阔空间和有遮挡空间的静态定位数据的波动情况,求取均值和方差并进行比较分析。

⑤ 给出实验结论。

18.3　实验二　GNSS 普通定位与 RTK 对比实验

18.3.1　实验目的

① 了解 RTK 基本定位原理;

② 熟悉网络 RTK 工作过程和定位性能。

18.3.2　实验原理

无人机使用 GNSS 卫星普通定位方式的精度较低,故在高精度应用场合,需要采用增强或辅助手段提高定位精度。最常见的 RTK(Real Time Kinematic)载波相位差分技术,能够实时提供三维动态定位结果,达到厘米级定位精度。

RTK 定位系统包括差分基准站和用户移动站,基准站架设在一个固定的参考点上,连续接收所有可视 GNSS 卫星信号,并将获得的载波相位观测值、定位误差改正值及站点坐标,通过通信链路实时发送给周围的移动站。移动站使用动态差分定位的方法,确定移动站与基准站的相对坐标,解算出自身的高精度瞬时坐标。差分的核心思想就是分离和削弱卫星定位解算中的各种偏差误差。

网络 RTK 就是在一个较大区域内,通过分布的多个基准站构成一个基准站网,对该区域内不同位置点的移动站给出观测值偏差,包含各类公共误差项,使接收机可以实时对观测信息进行差分修正,获得高精度的定位。网络 RTK 克服了普通 RTK 测站间距的限制,解决了基站架设问题,具有覆盖面广、可靠性高、定位精度好等优势。

本实验采用网络 RTK 技术,不用架设基准站,差分等数据的传输利用 4G 无线移动通信网实现,简单方便。

18.3.3　实验内容

① 将板卡外接 GNSS 天线和 4G 天线,进行 GNSS 静态普通定位;利用网络 RTK 账号,进行 RTK 静态定位。

② 读取 NMEA0183 文件中的定位信息,分别计算两种定位方式下一段时长定位解的均值和均方误差,并进行对比分析。

18.3.4　实验环境

① 实验板卡套件,计算机 Windows 系统。

② 开通网络 RTK 账号注册,开通 4G 移动通信账号注册。

③ 室外开阔无遮挡区域。

指导老师提前购买千寻位置网络有限公司的 RTK 差分账号,每个账号配置一个板卡。实验时将账号分发给板卡的使用者,通过板卡配置开展实验。购买千寻差分账号的网站为 qxwz.com,开通账号的流程如下:① 在千寻官网首页单击控制台;② 在"最近购买产品一栏",选择"更多";③ 选择购买的产品,单击"进入";④ 选择激活,可查看账号及密码。

18.3.5 实验步骤

① 连接板卡、天线、仿真器、电源及计算机;插入 4G 流量卡。

② 烧录程序 UAV_STM32_ALL_SOURCE_ATT_POS_50Hz.hex;成功后重启板卡,并配置为侦查节点模式。

③ 在室外开阔区域给板卡上电,进行 GNSS 普通定位和 RTK 定位,打开 J-Link RTT Viewer V6.86f 软件,读取定位数据。

④ 首先保存普通单点定位(定位方式=1)结果的数据文件,其以 50 Hz 频率按行输出日志,格式如表 18.5 所列;接着进行数据解析和结果分析。

表 18.5 定位数据日志格式

协议格式	00><1>,<2>,<3>,<4>,<5>,<6>,……,<40>,<41>,<42>
参数说明	<1>包序号(板卡融合定位计算频率为 100 Hz,因此包序号以 2 步跳); <2>时间戳年; <3>时间戳月; <4>时间戳日; <5>时间戳时; <6>时间戳分; <7>时间戳秒; <8>X 轴线加速度,单位 m/s^2; <9>Y 轴线加速度,单位 m/s^2; <10>Z 轴线加速度,单位 m/s^2; <11>X 轴角速度,单位 rad/s; <12>Y 轴角速度,单位 rad/s; <13>Z 轴角速度,单位 rad/s; <14>X 轴磁强度,单位 a.u.; <15>Y 轴磁强度,单位 a.u.; <16>Z 轴磁强度,单位 a.u.; <17>气压,单位 Pa; <18>温度,单位℃; <19>纬度,ddmm.mmmm(度分)格式; <20>经度,ddmm.mmmm(度分)格式; <21>海拔高度,单位 m; <22>定位方式(0=无定位,1=普通单点定位,2=伪距差分,4=RTK 固定解,5=RTK 浮点解); <23>地面速率,单位 kn(1 kn=1.852 km/h) <24>地面航向,单位度; <25>HDOP 水平精度因子;

参数说明	＜26＞VDOP 垂直精度因子； ＜27＞UWB 定位 X 坐标，单位 m； ＜28＞UWB 定位 Y 坐标，单位 m； ＜29＞UWB 定位 Z 坐标，单位 m； ＜30＞UWB 定位 X 坐标估计误差，单位 m； ＜31＞UWB 定位 Y 坐标估计误差，单位 m； ＜32＞UWB 定位 Z 坐标估计误差，单位 m； ＜33＞收到的 UWB 测距数量； ＜34＞IMU 俯仰角，单位度； ＜35＞IMU 横滚角，单位度； ＜36＞IMU 航向角，单位度； ＜37＞组合定位经度坐标，单位 rad； ＜38＞组合定位纬度坐标，单位 rad； ＜39＞组合定位海拔高度，单位 m； ＜40＞组合定位相对 X 坐标，单位 m； ＜41＞组合定位相对 Y 坐标，单位 m； ＜42＞组合定位相对 Z 坐标，单位 m

⑤ 登录千寻位置网，获取网络 RTK 差分账号，并将账号配置到板卡中，操作步骤如下：

第一，选择菜单栏中的 Input→Sending→Send on Enter 命令发送格式，如图 18.28 所示。

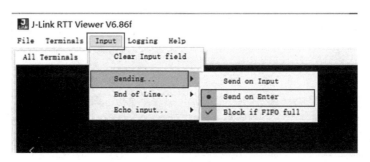

图 18.28　网络 RTK 配置步骤 1

第二，选择菜单栏中的 Input→End of Line→Windows format（CR＋LF）接收显示格式，如图 18.29 所示。

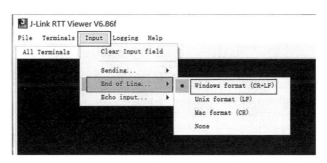

图 18.29　网络 RTK 配置步骤 2

第三,通过图 18.30 最下方的输入框,输入指定的配置信息指令"at+qx=账号,密码"。查看 RTK 账号信息指令如表 18.6 所列。

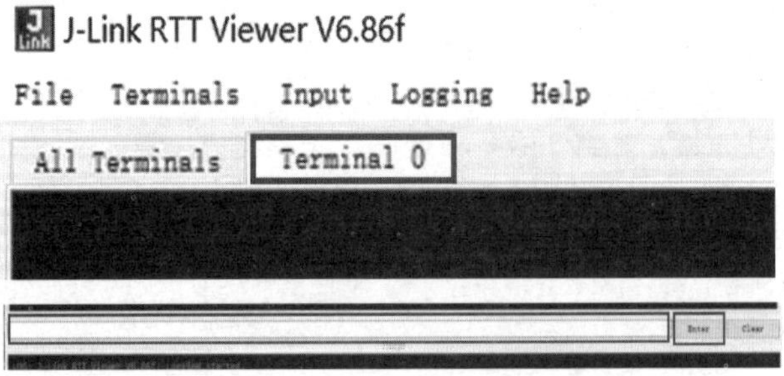

图 18.30　网络 RTK 配置步骤 3

表 18.6　查看 RTK 账号信息指令

命　令	作　用	示　例
at+qx	查看千寻 RTK 账号和密码	 20/11/11 15:07:43 usr_cli.c:1975 [DBG] Read data: at+qx === set QianXun user and password === get QianXun user : jkkcjkkc, password : 12345678

然后,单击输入框右侧的 Enter 发送按钮,即可进行板卡对应的参数配置,如图 18.30 所示。使用查看信息指令"at+qx",可查看配置是否成功。

⑥ 重启板卡工作,保存浮点解定位(定位方式=5)结果的数据文件,进行数据解析和结果分析,具体参见示例 2。

示例 2:

```
00>130,22,5,9,15,43,53,0.572843,0.262922,9.812193,−0.003705,−0.000007,−0.000057,
−0.211043,−0.422385,−0.770594,101039,24.8,3958.734077,11620.720043,45.030,5,0.0,0.0,0.9,
1.2,0.000,0.000,0.000,0.000,0.0,0.000000,0.000000,0.000000,0.000000,0.00000000,
0.00000000,0.000000,0.000000,0.000000;
```

其中,背景加灰的数据为 RTK 定位结果,标记"5"代表浮点解。

18.3.6　实验报告

① 分别计算 GNSS 普通单点定位和网络 RTK 浮点解定位的均值和方差。
② 对比分析这两种方式的定位过程和定位性能,给出实验结论。

18.4　实验三　惯性导航姿态测量实验

18.4.1　实验目的

① 了解加速度计、角速度计、磁强计的测量原理。
② 熟悉惯性器件在测速、定位中的应用。

③ 掌握惯性器件在姿态测量中的应用,观察姿态角与原始观测量的关系。

18.4.2　实验原理

惯性敏感器件(加速度计、陀螺仪、磁强计等)可用来测量无人机的线运动参数即三维加速度、角运动参数即三轴角速度,经过时间积分等运算,可以得到三维速度、三维位置和三轴姿态角,从而实现无人机的定位和测姿。磁强计通过对地磁三个方向的磁场强度测量,还可用于无人机的航向对准。

但是无人机载荷平台有限,无法采用大尺寸的高精度惯导器件,若使用基于时间积分的单一惯导推算导航模式,极易产生随时间积累的定位误差,无法满足无人机长时间飞行的导航需求,因此采用小型化并与其他导航系统组合就成为一种必然。

本实验的板卡套件,就是采用低成本、小体积的 MEMS 惯性测量器件,可输出三轴加速度、三轴角速度和三轴磁强度,但其误差随时间漂移大,无法单独实现定位,所以本实验设计了定性的姿态测量实验。

利用 MEMS 惯性测量器件输出的惯性观测量,可以通过四元数法计算出较为精确的 3 个欧拉姿态角,即俯仰角 θ、横滚角 γ 和偏航(方位)角 ψ,但其过程比较复杂烦琐,不适合在实验课里展开运用,感兴趣的读者可以自行进行运算。

这里设计的定性姿态测量,分别采取对无人机载体(即实验板卡)的俯仰角、横滚角和偏航角每次旋转 90°(或 180°)的方式,观察系统输出的 3 个姿态角及 9 个惯性观测量,找出它们之间的联系或对应关系。

姿态角的定义如下:俯仰角为载体纵轴和当地水平面的夹角,范围为 $[-90°, 90°]$,规定向上为正;横滚角为载体横轴与当地水平面的夹角,取值在 $[-180°, 180°]$,右倾为正;偏航角为载体纵轴在水平面的投影与地理北向的夹角,定义域为 $[-180°, 180°]$,顺时针为正。

18.4.3　实验内容

① 水平放置板卡,使板卡左侧(见图 18.2)固定朝向某个方向(北或东),分别在横滚、俯仰、方位方向转动板卡,每次旋转 90°或 180°,观察输出的三轴加速度、角速度、磁强度数据,以及横滚、俯仰、方位角的变化。

② 采用不同的旋转速度,重复①的内容。

③ 分析系统输出的 3 个姿态角及 9 个观测量,找出它们之间的对应关系。

18.4.4　实验环境

① 实验板卡套件,计算机 Windows 系统。

② 室内水平场地。

18.4.5　实验步骤

① 连接板卡、仿真器、电源及计算机。

② 正确烧录文件"UAV_STM32_ALL_SOURCE_ATT_50Hz.hex"。

③ 确认烧录成功并 Disconnect 后,重启板卡,配置为侦查节点模式。

④ 保持板卡静止 30 s,J-Link RTT Viewer 软件会以 50 Hz 频率按行输出日志,打开 J-

LinkRTTViewer.exe 文件,按照日志采集步骤,采集保存所需数据文件,分析 9 轴数据和三维姿态。其日志中的 IMU 数据项格式如下:

```
00>,algo_cnt,year,month,date,hour,minute,second,accX,accY,accZ,gyrX,gyrY,gyrZ,magX,magY,
magZ,baroPress,baroTemp,lat,lng,alt,qlty,velocity,heading,hdop,vdop,uwbX,uwbY,uwbZ,uwbXErr,uwbYErr,
uwbZErr,uwbRangeNum,pitch,roll,yaw,lamda
```

其中:accX、accY、accZ 为三维加速度(单位 m/s²),gyrX、gyrY、gyrZ 为三轴角速度(单位 rad/s),magX、magY、magZ 为三维磁场强度(单位 a. u.);pitch、roll、yaw 分别为载体的俯仰角、翻滚角、航向角(单位为度)。

注意:实验板卡上电后需要静止 5 s 左右计算初始姿态,在此之前尽量将板卡平放在实验台上不要移动转动,之后可以得到姿态角实时的计算结果。

⑤ 按 90°(或 180°)的角度,分别在单一的俯仰、翻滚、航向方向上转动板卡,观察 IMU 数据的变化,保存每组实验数据。

⑥ 改变板卡转动的角速度,重复步骤⑤。

18.4.6 实验报告

① 记录每组 IMU 数据输出的 3 个姿态角及 9 轴惯性原始观测量数据。
② 对比分析同类转动实验数据的差异,找出姿态角与观测量之间的联系。
③ 给出实验结论。

18.5 实验四 UWB 测距与定位实验

18.5.1 实验目的

① 了解 UWB 信号的测距特性;
② 掌握 UWB 测距方法和定位方法。

18.5.2 实验原理

超宽带(UWB)导航以其尖锐极窄脉冲的测距技术,在高精度定位领域占有一席之地。但其信号频率高导致覆盖范围有限,且需要提前布设多个基站并确定其坐标位置,这些缺点限制了其广泛应用。尽管如此,它还是在室内无人机导航中得到了良好应用,未来随着 UWB 基站的增多,其应用范围和领域还会进一步扩大。

本实验板卡上的 UWB 模块,采用到达时间法中的双程法进行测距,避开了用户移动站时钟与基站时钟的同步问题,具体的测距过程可参见本书 11.6 节的"到达时间法"的内容。基于多块实验板卡,可开展如下内容的实验:

① 使用两块实验板卡,一块作为基站(锚节点),一块作为用户移动站(侦查节点),可以实现这两个节点之间的距离测量。

② 使用三块实验板卡,两块作为锚节点,一块作为侦查节点,可以实现对侦查节点的概略二维平面定位,如图 18.31 所示。

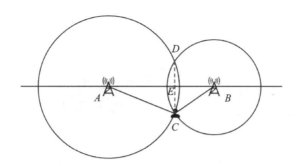

图 18.31　三节点系统对侦查节点的概略二维定位示意

图 18.31 中,锚节点分别处于 A、B 两点,侦查节点位于 C 点,系统可分别测出 A、B 到 C 的距离,从而得到两个圆,两圆交点之一为侦查节点,但系统自身无法排除掉虚假的位置点 D,故将 C、D 连线的中点 E 作为侦查节点的位置,称之为概略位置点。可知 C 点越接近或处于 A、B 连线上,其定位偏差就越低。

③ 使用四块实验板卡,其中三块作为锚节点,一块作为侦查节点,则可以排除掉②中的虚假位置点 D,实现对侦查节点的正确定位;但如果还要进行三维定位,则同样存在上述问题。

18.5.3　实验内容

① 利用两块实验板卡,一块设为固定锚节点(基站),一块设为侦查节点(用户移动站),建立本地二维平面坐标系,记录锚节点的位置坐标。

② 进行侦查节点与锚节点的静态测距,求测距数据的均值与方差;通过实地直尺测量,计算偏差,验证所测距离的正确性;改变位置点,多次测量验证。

③ 增加一个固定的锚节点,获得概略二维位置点,与实地测量的位置点进行比较,计算偏差;改变位置点,多次测量验证。

④ 再增加一个固定锚节点,获得精确的位置点,求其均值与方差,并与实际的位置点进行比较,计算偏差;改变位置点,多次测量验证。

18.5.4　实验环境

① 实验板卡套件 4 套,计算机 Windows 系统。
② 室内场地,可建立二维平面坐标系的实验环境。

18.5.5　实验步骤

① 各板卡分别连接仿真器、电源及计算机。
② 烧录程序 UAV_STM32_ALL_SOURCE_ATT_50Hz.hex。
③ 烧录成功,Disconnect 后,重启板卡,打开 J-LinkRTTViewer.exe,对 UWB 进行不同节点类型的设备配置,具体步骤如下:

第一,单击菜单栏中的 File→Connect,进行计算机与板卡的连接,如图 18.32 所示。

选择菜单栏中的 Input→Sending→Send on Enter 命令发送格式,如图 18.33 所示。

选择菜单栏中的 Input→End of Line→Windows format(CR+LF)接收显示格式,如图 18.34 所示。

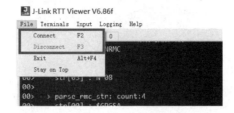

图 18.32　操作示意图(1)

图 18.33　操作示意图(2)

图 18.34　操作示意图(3)

单击选中图 18.35 中的标签 Terminal 0,在下方输入框输入指定的配置信息指令,然后单击输入框右侧的 Enter 按钮,即可进行对应参数的配置或查看。

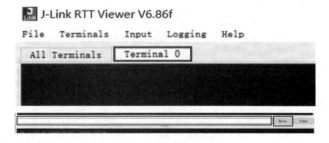

图 18.35　操作示意图(4)

第二,设置板卡上 UWB 设备的角色分工,一块板卡设为侦查节点,其余板卡设为锚节点,具体指令如下:

　　at + role = <ROLE>

即参数<ROLE>取 0 表示将 UWB 设为锚节点(at+role=0),取 1 设为侦查节点。如图 18.36 所示,在输入框中输入"at+role=1"指令,单击 Enter 按钮,设备 UWB 角色即设为了侦查节点，如图 18.37 所示。可按相同步骤，将其余块板卡设置为锚节点（系统第一次烧录程序，默认 UWB 角色为侦查节点）。

图 18.36　设置 UWB 模块角色(1)

```
20/11/11 15:38:40 usr_cli.c:1975 [DBG] Read data: at+role=1

=== uwb module role ===
set uwb [ DETECT ] role : 1 !
20/11/11 15:38:41 usr_uwb.c:904 [DBG] set uwb parameter info success !!!
========== UWB PARA SET INIT Success !!! ==========
```

图 18.37　设置 UWB 模块角色(2)

第三，建立本地二维平面坐标系，实地测量、记录各锚节点的位置坐标，将其设置到定位解算软件的数据库中，具体指令如下：

at + pos = <X>,<Y>,<Z>

参数<X>、<Y>、<Z>分别为室内三维定位坐标中 X 轴、Y 轴、Z 轴的位置，均取整数（可为负值），单位为 mm。输入和查看的方法与"at＋role＝<ROLE>"指令相同。本实验中，<Z>取 0。其中侦查节点不设该值，设了也不起作用。

④ 查看 UWB 设备信息，在 Terminal 0 下方的输入框，输入表 18.7 所列的命令，然后单击 Enter 按钮查看。

表 18.7　UWB 设备信息查看命令

命　令	作　用	示　例
at＋mac	查看 UWB 模块 MAC 地址	20/11/11 15:02:26 usr_cli.c:1975 [DBG] Read data: at+mac === uwb mac address set test === get uwb mac address : sys_config.info_mac_addr : 4a4b2a4e0008 uwb module settting address and slot : 00008 - 8 !
at＋role	查看 UWB 模块工作模式	20/11/11 15:04:09 usr_cli.c:1975 [DBG] Read data: at+role === uwb module role === read uwb role:: 0: ANCHOR, 1: DETECT. sys_config.info_point_type = 1. [DETECT]
at＋pos	查看 UWB 锚节点坐标（单位 m）	20/11/11 15:43:19 usr_cli.c:1975 [DBG] Read data: at+pos === uwb sta position init set test === get uwb default postion : sys_config.info_uwb_pos_setting.uwbX = 7100 sys_config.info_uwb_pos_setting.uwbY = 3660 sys_config.info_uwb_pos_setting.uwbZ= 0 === real uwb default position { uwbX, uwbY, uwbZ } = { 7.100, 3.660, 0.000 } ====
at＋itv	查看 UWB 侦查模式的定位间隔（单位 ms）	00> === uwb tag lbs interval set test === 00> get uwb lbs interval : 00> sys_config.info_point_interval = 200

313

⑤ 读取目标数据,采集实验数据保存至文件,数据项格式同实验三,具体如下:

```
00＞,algo_cnt,year,month,date,hour,minute,second,accX,accY,accZ,gyrX,gyrY,gyrZ,magX,magY,
magZ,baroPress,baroTemp,lat,lng,alt,qlty,velocity,heading,hdop,vdop,uwbX,uwbY,uwbZ,uwbXErr,
uwbYErr,uwbZErr,uwbRangeNum,pitch,roll,yaw,lamda
```

其中,uwbRangeNum 是该板卡在本轮测量中有测距值返回的锚节点个数。uwbX、uwbY、uwbZ 为 UWB 的三维定位结果(单位为 m),是基于测距所对应的多个球(圆)相交得到的 3 轴位置坐标;uwbXErr、uwbYErr、uwbZErr 为对应的 UWB 定位结果的误差估计值(单位为 m)。

需要注意的是,当板卡只收到 1 个测距值(uwbRangeNum＝1)时,uwbX、uwbY、uwbZ 给出的是 UWB 测距所对应的锚节点的位置坐标,而 uwbXErr、uwbYErr、uwbZErr 给出的 3 个值相同,均为板卡与 UWB 锚点的距离。

⑥ 利用 1 个侦查节点与 1 个锚节点进行测距,获得测距数据;通过实地测量,分析验证 UWB 所测距离的正确性;改变侦查节点位置,进行多次测量。

⑦ 增加一个固定锚节点,获得侦查节点的概略二维平面位置,与实际测量的位置点进行比较,计算偏差;改变侦查节点的位置,如放置在 2 个锚节点连线位置、附近或较远处,进行多次测量、验证。

⑧ 再增加一个固定锚节点,获得侦查节点的精确二维位置,与实测的位置点进行比较,计算偏差;改变侦查节点位置,进行多次测量。

18.5.6　实验报告

① 对两节点系统的某次测距数据求均值和方差,与实际距离进行对比验证。

② 对三节点系统获得的多次概略二维位置数据进行处理,分别计算偏差,与实际位置点进行对比分析。

③ 对四节点系统获得的某次精确二维位置数据进行处理,求均值和方差,计算与实际位置点的偏差。

④ 给出实验结论。

18.6　实验五　气压计相对测高实验

18.6.1　实验目的

① 了解绝对海拔高度和相对气压高度,正确使用板卡读取气压和温度。
② 掌握利用气压数据计算海拔高度和利用 RTK 定位测高的方法。
③ 熟悉利用海拔高度计算相对高度的方法。

18.6.2　实验原理

在地球表面,随着高度的上升,大气密度下降,气压随之降低,因此可通过气压测量间接获取无人机的飞行海拔高度。一种反映大气压力和海拔高度对应关系的高度-气压经验公式(hypsometric 公式)如下(含温度):

$$h = \frac{\left[\left(\dfrac{p_0}{p}\right)^{\frac{1}{5.257}} - 1\right] \times (T + 273.15)}{0.006\,5} \tag{18.2}$$

式中:h 为高度,单位 m;p_0 为标准大气压强,取值为 101.325(kPa);p 为实际测量的大气压强,单位 kPa;T 为实测温度,单位 ℃。

通常利用气压传感器获得的大气压力,计算得出的绝对海拔高度误差较大,通常在十几米到几十米之间,并且还容易受到当地季节、气候、温度等因素的影响,无法用于无人机高精度应用场合。

相对海拔高度是指两个地点的绝对海拔高度之差,即以某一指定水平参考面为基准,分别测量无人机所在高度和基准面的大气压力,获得两个绝对海拔高度再对其求差,就得到了无人机相对基准面的相对气压高度,这样可消除绝对气压测高中的主要误差,可以达到 2 m 左右的测高精度。

本实验设计用气压计分别测量绝对高度和相对高度,设计了针对板卡搭载的气压温度计的相关实验,并进一步与 RTK 给出的精确高度值进行比较分析。

18.6.3　实验内容

① 在室外读取气压和温度数据,计算出海拔高度,与通过 RTK 定位得到的高度数据做对比,求出偏差值。

② 以某一个水平面(如大楼 1 层)为基准,通过测量不同高度面(如大楼 2、3、4 层)的绝对气压高度,得到各层相对基准面的相对气压高度。

③ 画出②中不同高度层的绝对海拔高度与真实高度(RTK 高度)、相对气压高度与真实高度差等关系曲线图,观察其偏差大小及规律。

18.6.4　实验环境

① 实验板卡套件,计算机 Windows 系统。

② 开通网络 RTK 账号注册,开通 4G 移动通信账号注册。

③ 具有高度差且可以进行 RTK 定位的场景,如大楼各层的窗户平台。

18.6.5　实验步骤

① 按照实验二中所述实验步骤正确连接板卡。

② 按照文件烧录步骤,确认板卡正确烧录 UAV_STM32_ALL_SOURCE_ATT_50 Hz.hex 文件。

③ 板卡上电,等计算机稳定输出数据后,将板卡放置在基准平面(如一楼室外),按照日志的采集步骤,采集气压/温度数据,保存至文件。根据板卡数据项格式(同实验三和实验四),读取气压值 baroPress(单位 Pa)和温度值 baroTemp(单位℃)。

④ 将步骤③所读取的数据,根据实验原理中的公式,求出所处位置的绝对海拔高度。

⑤ 将板卡放置在另一个高度面(如 2 层、3 层等),分别读取数据并求出所处位置的海拔高度;再计算获得各高度层相对基准面的相对高度。

⑥ 在测量各高度层气压数据的同时,读取保存 RTK 的定位数据。

18.6.6 实验报告

① 根据室外的气压、温度值计算海拔高度,与 RTK 高度数据对比,求出偏差值。

② 求出不同高度面的绝对气压高度及相对基准面的相对气压高度;做出气压与绝对海拔高度、相对高度的关系曲线图。

③ 绘出不同高度层的绝对高度与真实海拔高度、相对气压高度与真实高度差的关系曲线图,观察其偏差大小及变化规律。

④ 给出实验结论。

18.7 实验六 GNSS/惯导组合定位实验

18.7.1 实验目的

① 了解 GNSS 与惯导组合定位原理及互补优势。

② 对比分析单一 GNSS 正常定位与组合导航定位的性能差异。

③ 掌握在 GNSS 信号短暂遮蔽情况下惯导的辅助增强作用。

18.7.2 实验原理

在无人机实际导航应用中,大多采用 GNSS 和惯导(INS)组合的定位方式,实现两者的互补增强作用。惯性单元具有在 GNSS 卫星信号中断时对系统定位性能的短暂维持能力,可增强 GNSS 接收机的捕获跟踪能力,辅助实现载波的周跳检测和系统的干扰抑制。GNSS 高精度的位置和速度信息用来防止惯性数据的漂移,补偿惯性单元的定位偏差,控制误差随时间的持续积累。

GNSS 与 INS 组合的方式多种多样,性能各有利弊。本实验板卡套件采用的是松耦合方式,就是直接用 GNSS 与惯导的位置、速度、加速度、姿态等信息加入到卡尔曼滤波方程中,结构简单,结果互不干扰,但当 GNSS 受影响无法工作时,组合的精度会大幅下降。

所以如果仅采用本实验套件中的低成本大漂移 MEMS 惯性器件,则系统基本是无法定位的,或者其位置漂移和定位误差是无法忍受的。如果使用 MEMS 与 GNSS 组合,则 MEMS 将在 GNSS 短暂(秒级)无法定位时,比如过立交桥、短隧道、高大树木及偶尔有电磁干扰等情况下,能够用 MEMS 输出的观测量及前一时段的定位信息,推算出接收机当前的大致位置;但利用 MEMS 每多外推一步,定位误差就会加大一层,这时需尽快恢复 GNSS 的定位能力。反过来说,如果 GNSS 能正常工作,则 MEMS 对组合系统的性能改善作用有限。

18.7.3 实验内容

① 采用同一条直线步行运动轨迹,分别进行 GNSS 单独定位、惯导单独定位(遮挡 GNSS 天线)和 GNSS/惯导组合定位,绘出运动轨迹对比图。

② 轨迹同①,采用 GNSS/惯导组合定位,在中间路段步行过程中,分别短暂屏蔽遮挡 GNSS 信号 2 s、5 s、7 s、10 s 再恢复,绘出运动轨迹对比图。

③ 观察①和②中不同情况测得的轨迹变化,进行定位性能和轨迹的对比分析。

18.7.4　实验环境

① 实验板卡套件,计算机 Windows 系统。

② 室外开阔无遮挡区域,直线步行运动轨迹。

18.7.5　实验步骤

① 连接板卡、天线、仿真器、电源及计算机。

② 烧录组合定位程序 UAV_STM32_ALL_SOURCE_ATT_POS_50Hz.hex。

③ 板卡上电后,按照日志采集步骤,分别采集并保存实验内容要求的定位数据,其中如果进行组合定位,则可查看日志中组合定位字段是否有数据输出。

④ 板卡稳定工作后,会以 50 Hz 频率按行输出日志,具体格式如表 18.8 所列,据此进行数据解析。

表 18.8　日志格式

协议格式	00><1>,<2>,<3>,<4>,<5>,<6>,……,<40>,<41>,<42>
参数说明	<1>包序号(板卡融合定位计算频率为 100 Hz,因此包序号以 2 步跳); <2>时间戳年; <3>时间戳月; <4>时间戳日; <5>时间戳时; <6>时间戳分; <7>时间戳秒; <8>X 轴线加速度,单位 m/s^2; <9>Y 轴线加速度,单位 m/s^2; <10>Z 轴线加速度,单位 m/s^2; <11>X 轴角速度,单位 rad/s; <12>Y 轴角速度,单位 rad/s; <13>Z 轴角速度,单位 rad/s; <14>X 轴磁强度,单位 a.u.; <15>Y 轴磁强度,单位 a.u.; <16>Z 轴磁强度,单位 a.u.; <17>气压,单位 Pa; <18>温度,单位 ℃; <19>纬度,ddmm.mmmm(度分)格式; <20>经度,ddmm.mmmm(度分)格式; <21>海拔高度,单位 m; <22>定位方式(0=无定位,1=普通单点定位,2=伪距差分,4=RTK 固定解,5=RTK 浮点解); <23>地面速率,单位 kn; <24>地面航向,单位度; <25>HDOP 水平精度因子; <26>VDOP 垂直精度因子; <27>UWB 定位 X 坐标,单位 m;

参数说明	<28>UWB 定位 Y 坐标,单位 m; <29>UWB 定位 Z 坐标,单位 m; <30>UWB 定位 X 坐标估计误差,单位 m; <31>UWB 定位 Y 坐标估计误差,单位 m; <32>UWB 定位 Z 坐标估计误差,单位 m; <33>收到的 UWB 测距数量; <34>IMU 俯仰角,单位度; <35>IMU 横滚角,单位度; <36>IMU 航向角,单位度; <37>组合定位经度坐标,单位 rad; <38>组合定位纬度坐标,单位 rad; <39>组合定位海拔高度,单位 m; <40>组合定位相对 X 坐标,单位 m; <41>组合定位相对 Y 坐标,单位 m; <42>组合定位相对 Z 坐标,单位 m

其中,<37>—<39>是地理坐标系下的绝对定位坐标,<40>—<42>是以起点为原点、东北天坐标系下的相对位置坐标。

⑤ 进行不同场景的实验,观察定位轨迹变化情况,将采集结果进行轨迹绘制及对比分析。

18.7.6 实验报告

① 分别绘制 GNSS 单独定位、惯导单独定位和 GNSS/惯导组合定位的运动轨迹图并对比分析。

② 分别绘制组合定位中屏蔽遮挡 GNSS 信号不同时长的运动轨迹图。

③ 对以上的轨迹图按不同分类进行定位性能和轨迹的对比分析。

④ 给出实验结论。

18.8 实验七 室内外无缝定位实验

18.8.1 实验目的

① 了解室内外定位观测参量的变化及定位方式转换的依据。

② 掌握室内、室外场景无缝定位的方法和应用。

18.8.2 实验原理

本实验将室外 GNSS/惯导组合定位与室内 UWB/惯导组合定位结合起来,实现室内/室外一体化的无缝连续定位,其实验板卡可以根据接收信号的有无及质量,自动选择、切换可用的导航信号源,通常在室外用 GNSS/惯导定位,到了室内转换为 UWB/惯导定位,其中惯性单元(MEMS)可以对在室内外结合处可能的定位信号不良或短缺造成的单系统无法定位,进行短暂的轨迹外推定位。

18.8.3　实验内容

① 在室内搭建 UWB 平面定位实验环境,设置 3 个锚节点、1 个侦查节点,可实现精确的 UWB 二维定位。

② 把侦查节点的板卡及天线固定放置在一根 2~3 m 长的金属杆上,先在室内某已知位置点上实现 UWB/惯导的室内定位。

③ 将金属杆探出窗外到某已知位置点,此时板卡和天线处于室外场景,稳定一段时间,直到 GNSS/惯导可实现正常定位。

④ 将金属杆收回到室内原位置点处,再次利用 UWB/惯导进行室内定位。

⑤ 观察、分析以上过程中,板卡所接收到的观测量的变化和定位数据的输出结果,通过室内外坐标系的转换,画出板卡在室内外移动的定位轨迹图。

18.8.4　实验环境

① 实验板卡套件 4 套,计算机 Windows 系统。

② 室内可 UWB 二维精确定位、窗外可 GNSS 定位的场地环境。

18.8.5　实验步骤

① 连接板卡、天线、仿真器、电源及计算机;搭建室内 UWB 定位环境。

② 烧录文件 UAV-JKXY-0716-1424-115♯-5♯机室内外.hex,确认将各板卡配置为正确的节点模式;将侦查节点板卡和天线固定在一根 2~3 m 的金属杆上。

③ 将金属杆上天线置于室内某已知位置点,进行 UWB/惯导定位,按照数据格式读取数据并存储文件。

④ 将金属杆上天线置于窗外已知固定位置点,使 GNSS 天线接收面朝上,停留一段时间,实现 GNSS/惯导定位,读取数据并存储文件(数据格式同实验二)。

⑤ 将金属杆收回房间再放回原位置点,此时系统会自动采用 UWB/惯导定位,再次读取数据存储文件。

⑥ 查看分析室内外定位结果,绘出侦查节点移动的轨迹图。

18.8.6　实验报告

① 根据所保存的数据文件,观察日志文件中板卡所接收观测量的变化和定位参数的结果输出,分析给出室内外定位转换的依据。

② 分析室内、室外定位结果,通过坐标转换,在室内所建 UWB 坐标系中绘出室内→室外→室内板卡移动的定位轨迹。

③ 给出实验结论。

18.9　多传感器融合无人机室内外导航演示

本章前述系列实验中采用的多源融合定位实验板卡,融合了 GNSS/惯导/RTK/UWB/气压计/激光雷达等多种传感器的定位数据,具有强大的室内外一体化高精度导航能力和无人机防撞功能,已完成多次实际飞行,获得业界好评。

本节通过该实验板卡搭载无人机并引导其飞行的视频演示,使读者进一步熟悉多传感器融合的导航方式、室内外定位场景的转换、室内复杂场景定位的特点等,包括室内外切换、室内走廊、室内单折梯、室内双折梯 4 种典型场景,具体视频请扫右侧二维码。

18.9.1 室内外切换视频

视频中,在室内外提前布设了 6 个 UWB 锚点,并预先设定无人机从室外→室内→室外的飞行航路点,以完成室内外复杂场景的切换飞行。其中,无人机从室外地点起飞,按航线规划采用 RTK 定位先在室外完成一个矩形形状的航迹飞行,然后通过仓库的大门,进入到仓库的室内区域;在室内完成一个三角形形状的航迹飞行,再通过仓库大门返回到室外区域,并在一个固定位置点降落。

室内外切换视频

18.9.2 室内走廊视频

视频中,在室内模拟一条 18 m 长、2 m 宽的走廊(视频中黄黑相间的警示线),其中部署了 3 个 UWB 锚点,预先设定了无人机直线飞行的航线规划,无人机先从走廊东侧的 A 点起飞,沿直线飞到走廊西侧的 B 点后,自主降落。

室内走廊视频

18.9.3 室内单折梯视频

视频中,在室内模拟单折楼梯,楼梯的长、宽、高分别为 5.5 m、3 m、3.2 m,起飞和降落平台的长、宽分别为 3 m、3 m,根据航线规划在区域内搭建了 3 个 UWB 锚点,并预先设定无人机的飞行航路点从一层的 A 点起飞,通过楼梯后到二层的 B 点降落。实际飞行中,无人机起飞后,沿斜向上的路径爬升单折梯,到达二层目标点后,实现自主降落。

室内单折梯视频

18.9.4 室内双折梯视频

视频中,在室内模拟双折楼梯,每折的长、宽、高分别为 3.7 m、2.6 m、1.85 m,起飞和降落平台的长、宽分别为 3.7 m、2.6 m,中段平台的长、宽分别为 3.7 m、5.2 m,根据航线规划在区域内搭建了 6 个 UWB 锚点。预先设定无人机的飞行航路点从一层的 A 点出发,到达中段平台的 B 点,调整无人机的飞行航向,转飞到第二段楼梯的起点 C 处,然后继续完成第二段楼梯的飞行,最终在二层平台的 D 点降落。实际飞行中,无人机自 A 点起飞,沿斜向上先爬升楼梯的下半层,到达 B 点后,调整航向约 90°,从 B 点飞向 C 点,再次 90°航向调整,沿斜向上爬升楼梯的上半层,到达二层降落点后,完成自主降落。

室内双折梯视频

18.9.5 技术总结报告

① 写出观看视频后的心得体会和知识收获,500 字以上。

② 分析、总结视频中用到的导航定位的技术点,分条一一列出。

18.10　习　题

1. 请描述卫星基本定位原理,目前国际公认的全球卫星导航系统有哪些?

2. 给出卫星分布精度因子(DOP)的概念与物理意义。

3. 利用载波相位测距的原理是什么?

4. 简述 UWB 测距与定位原理,并说明 UWB 相比其他无线电定位的特点。

5. 惯性导航实现定位的原理是什么? 请给出惯性导航定位的基本流程。

6. IMU 姿态角有哪些表述方式? 简述它们各自的特点和相互的转换关系。

7. 简述气压测高和相对气压测高的原理,并给出哪些因素会影响到气压测高精度? 为什么相对气压测高的精度可以更高?

8. 根据耦合水平的不同,GNSS+INS 组合导航可以分为哪几种模式? 分别简述各种模式的原理及特点。

9. 举例说明通过哪些定位源的信号,可以判断用户所处位置是在室内、室外或室内外过渡区? 并给出对应的定位策略。

附录　缩略语参考表

缩略语	英　文	中　文
A		
ABAS	Airborne (Aircraft) Based Augmentation System	机载(空基)增强系统
ADS	Atmospheric Data System	大气数据系统
ADT	Aerial Data Terminal	机载数据终端
A(E, U)KF	Adaptive (Extended, Unscented) Kalman Filter	自适应(扩展、无迹)卡尔曼滤波
AFC	Automatic Frequency Control	自动频率控制
A(F, P,)M	Amplitude (Frequency, Phase) Modulation	调幅(频、相)
A(F, P)SK	Amplitude (Frequency, Phase) Shift Keying	幅(频、相)移键控
AGC	Automatic Gain Control	自动增益控制
AHRS	Attitude and Heading Reference System	航姿参考系统
ANT	Antenna	天线
AOA	Angle of Arrival	到达角度
AP	Access Point	接入点
ARP	Address Resolution Protocol	地址解析协议
(A)RAIM	(Advanced) Receiver Autonomous Integrity Monitoring	(高级)接收机自主完好性监测
(AR)UDP	(Augmented Reliable) User Datagram Protocol	(增强可靠)用户数据报协议
A－S	Anti－Spoofing	抗欺骗
A(S)AIM	Airborne (Satellite) Autonomous Integrity Monitoring	机载(卫星)自主完好性监测
B		
B	Baud	波特
BDS	BeiDou Navigation Satellite System	北斗卫星导航系统
B(M)S	Base (Moving) Station	基(移动)站
BPSK	Binary Phase Shift Keying	二进制相移键控
BSNC	Beijing Satellite Navigation Center	北京卫星导航中心
C		
CAN	Controller Area Network	控制器局域网络
CCD	Charge-Coupled Device	电荷耦合器件
CDGPS	Carrier-phase Differential GPS	载波相位差分GPS
CDMA	Code Division Multiple Access	码分多址
CDU	Control Display Unit	控制显示组件
CGCS 2000	China Geodetic Coordinate System 2000	中国大地坐标系2000
CNS	Celestial Navigation System	天文导航系统

缩略语	英　文	中　文
CNR	Carrier-to-Noise-Ratio	载噪比
C(S)EP	Circular (Spherical) Error Probable	圆(球)概率误差
D		
DBF	Digital Beam Forming	数字波束形成
DGPS	Differential Global Positioning System	差分 GPS
DME	Distance Measuring Equipment	测距仪
DMP	Data Management Platform	数据管理平台
DNS	Doppler Navigation System	多普勒导航系统
DSP	Digital Signal Processor	数字信号处理器
DSSS	Direct Sequence Spread Spectrum	直接序列扩频
DTS	Data Terminal Set	数据终端设备
E		
EGNOS	European Geostationary Navigation Overlay Service	欧洲地球静止导航重叠服务
EODV	Especial Optimized Distance Vector	特殊优化距离矢量
E(S,U)LF	Extremely (Super, Ultra) Low Frequency	极(超、特)低频
F		
FAA	Federal Aviation Administration	美国联邦航空局
FDMA	Frequency Division Multiple Access	频分多址
FDOA	Frequency Difference of Arrival	到达频率差
FHSS	Frequency Hopping Spread Spectrum	跳频扩频
F(P)F	Federal (Particle) Filter	联邦(粒子)滤波
FOC	Full Operational Capability	完全运行能力
F(T, C, S, P)DM	Frequency (Time, Code, Space, Polarization) Division Multiplexing	频(时、码、空、极化)分复用
G		
GA	Ground Antenna	地面天线
GAGAN	The GPS Aided GEO Augmented Navigation	GPS 辅助型静地轨道增强导航系统
GBAS	Ground-Based Augmentation System	地基增强系统
GCS	Ground Control Station	地面控制站
GDT	Ground Data Terminal	地面数据终端
GEO	Geostationary Earth Orbit	地球静止轨道
GIS	Geographic Information System	地理信息系统
GMT	Greenwich Mean Time	格林尼治标准时间
GNSS	Global Navigation Satellite System	全球卫星导航系统
GPS	Global Positioning System	全球定位系统
GUI	Graphical User Interface	图形用户界面

续表

缩略语	英　文	中　文
	H	
HALE UAV	High Altitude Long Endurance Unmanned Aerial Vehicle	高空长航时无人机
HF	High Frequency	高频
	I	
ICAO	International Civil Aviation Organization	国际民航组织
ICMP	Internet Control Message Protocol	互联网控制报文协议
ICP	Interface Control Processor	接口控制处理器
IGSO	Inclined Geo Synchronous Orbit	倾斜地球同步轨道
ILS	Instrument Landing System	仪表着陆系统
IMU	Inertial Measurement Unit	惯性测量单元
IMO	International Maritime Organization	国际海事组织
IMMC	Integrated Mission Management Computer	综合任务管理计算机
INS	Inertial Navigation System	惯性导航系统
IOC	Initial Operational Capability	初始运行能力
ISM	Industrial Scientific Medical	工业科学医学
INU	Inertial Navigation Unit	惯性导航组件
ISM	Integrity Support Message	完好性支持信息
	J	
JTAG	Joint Test Action Group	联合测试工作组
JTIDS	Joint Tactical Information Distribution System	联合战术信息分发系统
JTRS	Joint Tactical Radio System	联合战术无线电系统
	L	
LAAS	Local Area Augmentation System	局域增强系统
LEO	Low Earth Orbit	低地球轨道
LF	Low frequency	低频
LLS	Local Level System	当地水平坐标系
LORAN - C	Long Range Navigation	罗兰 C 导航系统
LOS	Line of Sight	视距
	M	
MavLink	Micro air vehicle Link	微型空中飞行器链路通信协议
MANET	Mobile Adhoc NETwork	无线自组织网络
MEMS	Micro Electro Mechanical System	微机电系统
MEO	Medium Earth Orbit	中(圆)地球轨道
MF	Medium Frequency	中频
MFC	Microsoft Foudation Classes	微软基础类库
MIMO	Multiple-In Multiple-Out	多输入多输出

缩略语	英　文	中　文
MLS	Microwave Landing System	微波着陆系统
MSAS	Multi-functional Satellite Augmentation System	多功能传输卫星增强系统
MTBF	Mean Time Between Failures	平均无故障时间
MV	Machine Vision	机器视觉
N		
NAVSTAR/GPS	NAVigation System with Timing and Ranging/Global Positioning System	基于授时与测距的导航系统/全球定位系统
NMEA	National Marine Electronics Association	美国国家海洋电子协会
O		
OFDM	Orthogonal Frequency-Division Multiplexing	正交频分复用
P		
PA(F, P)M	Pulse Amplitude (Frequency, Phase) Modulation	脉冲调幅（频、相）
P(A, T, F)SK	Phase (Amplitude, Time, Frequency) Shift Keying	相（幅、时、频）移键控
PCM	Pulse Code Modulation	脉冲编码调制
PNT	Positioning, Navigation and Timing	定位、导航与授时
PPP	Precise Point Positioning	精密单点定位
PPS	Precise Positioning Service	精密定位服务
PWM	Pulse Width Modulation	脉冲调宽
Q		
QAM	Quadrature Amplitude Modulation	正交幅度调制
R		
RDSS	Radio Determination Satellite Service	卫星无线电测定服务
RF	Radio Frequency	射频
RMSE	Root Mean Square Error	均方根误差
RNSS	Radio Navigation Satellite System	无线电导航卫星系统
RSS	Received Signal Strength	接收信号强度
RTD	Real Time Differential	实时差分
RTK	Real-Time Kinematic	实时动态载波相位差分
RTT	Real Time Transfer	嵌入式实时传输技术
S		
SA	Selective Availability	选择可用性
SAR	Search And Rescue	国际搜救服务
SBAS	Satellite Based Augmentation System	星基增强系统
SDCM	GLONASS System for Differential Correction and Monitoring	GLONASS差分校正与监视系统

缩略语	英 文	中 文
SHF	Super High Frequency	超高频
SIM	Subscriber Identification Module	用户身份识别模块
SINS	Strap-down Inertial Navigation System	捷联式惯导系统
SPS	Standard Positioning Service	标准定位服务
SWD	Serial Wire Debug	串行线调试
T		
TAI	International Atomic Time	国际原子时
(T)CDL	(Tactical) Common Data Link	(战术)通用数据链
TCP/IP	Transmission Control Protocol/Internet Protocol	传输控制协议/互联网协议
TC/TM	TeleControl/TeleMetering	遥控/遥测
T(D)OA	Time (Difference) of Arrival	到达时间(差)
TDS	Tactical Data System	战术数据系统
TEC	Total Electron Content	电子浓度总含量
THF	Tremendously High Frequency	至高频
TTL	Transistor-Transistor Logic	晶体管-晶体管逻辑电平
U		
UART	Universal Asynchronous Receiver/Transmitter	通用异步收发传输器
UAS	Unmanned Aircraft System	无人机系统
UAV	Unmanned Aerial Vehicle	无人机
UDP	User Datagram Protocol	用户数据报文协议
UHF	Ultra High Frequency	特高频
USB	Universal Serial Bus	通用串行总线
UT(C)	(Coordinated) Universal Time	(协调)世界时
UWB	Ultra Wide Band	超宽带
V		
VCO	Voltage Controlled Oscillator	压控振荡器
VDB	Very high frequency Data Broadcasting	甚高频数据广播
VHF	Very High Frequency	甚高频
VLF	Very Low Frequency	甚低频
VOR	Very high frequency Omnidirectional Range	甚高频全向信标
W		
WAAS	Wide Area Augmentation System	广域增强系统
WGS-84	World Geodetic System 1984	世界大地测量系统84坐标系
Wi-Fi	Wireless Fidelity	无线高保真
WLAN	Wireless Local Area Network	无线局域网

参考文献

[1] 关中锋. 美军无人机通信系统发展现状及趋势[J]. 通信技术, 2014(10):1109-1113.

[2] 姜水桥. 无人机通信系统频谱规划问题研究[J]. 科技视界, 2014(36):107-108.

[3] 赵翌池, 宋祖勋, 李恒博. 无人机机载通信设备间的射频电磁兼容预测分析[J]. 计算机与现代化, 2012(6):5-8.

[4] 王鹏, 马永青, 汪宏异. 无人机通信应用设想及关键技术[J]. 飞航导弹, 2011(5):53-56.

[5] 王永寿. 无人机的通信技术[J]. 飞航导弹, 2005(2):20-22.

[6] 黄智刚, 孙国良, 冯文全, 等. 无线电导航原理与系统[M]. 北京:北京航空航天大学出版社, 2007.

[7] 曹志刚, 钱亚生. 现代通信原理[M]. 北京:清华大学出版社, 2012.

[8] 南利平. 通信原理简明教程[M]. 北京:清华大学出版社, 1999.

[9] 樊昌信, 曹丽娜. 通信原理[M]. 6版. 北京:国防工业出版社, 2007.

[10] 沈保锁. 现代通信原理[M]. 北京:国防工业出版社, 2012.

[11] 陶连永. 现代通信新技术发展现状及趋势[J]. 信息通信, 2013(1):251-251.

[12] 孙良晓. 现代通信技术现状及发展展望[J]. 河南科技, 2013(4):13-13.

[13] 王福昌. 通信原理[M]. 北京:清华大学出版社, 2006.

[14] 周炯槃. 通信原理[M]. 北京:北京邮电大学出版社, 2008.

[15] 刘昌锦, 韦哲. 香农公式在扩频通信中的应用[J]. 四川兵工学报, 2013, 34(4):80-83.

[16] 徐晓晗, 唐小贝, 赵健. 基于全球星实现无人机远程通信[J]. 现代电子技术, 2009, 32(9):25-29.

[17] 李桂花. 外军无人机数据链的发展现状与趋势[J]. 电讯技术, 2014, 54(6):161-166.

[18] 魏瑞轩, 李学仁. 无人机系统及作战使用[M]. 北京:国防工业出版社, 2009.

[19] 孟立峰. 卫星通信技术在无人机系统中的应用[C]. 全国卫星微波通信技术研讨会, 2002.

[20] 孟立峰. 无人机系统的卫星中继数据链[J]. 飞行器测控学报, 2012(5):28-31.

[21] 汤一峰. 无人机自主协同任务管理[J]. 航空电子技术, 2013(1):54-56.

[22] 王宏伦, 王英勋. 无人机飞行控制与管理[J]. 航空学报, 2008, 29(1):6-12.

[23] 何兆龙. 无人机自组网技术研究[J]. 无线电工程, 2008, 38(8):47-48.

[24] 吴平, 唐文照. 无人机集群数据链组网技术研究[J]. 空间电子技术, 2012(3):61-64.

[25] 刘少伟. 移动自组网通信平台的设计与实现[D]. 哈尔滨:哈尔滨工业大学, 2010.

[26] 徐赞新, 袁坚, 王钺, 等. 一种支持移动自组网通信的多无人机中继网络[J]. 清华大学学报(自然科学版), 2011(2):150-155.

[27] 郭铭, 阎昊, 韦有平. 移动自组网络在无人机通信中的应用研究[J]. 舰船电子工程, 2008(6):65-68.

[28] 翟华金. 通信系统的中继站:过去、现在和未来[J]. 光通信技术, 1992(4):53-56.

[29] 王东, 张广政, 穆武第. 多无人机协同作战通信自组网技术[J]. 飞航导弹, 2012(1):59-63.

[30] 周祥生. 无人机测控与信息传输技术发展综述[J]. 无线电工程, 2008, 38(1):33-36.

[31] 王毓龙, 周阳升, 李从云. 美军无人机数据链发展研究[J]. 飞航导弹, 2013(4):77-80.

[32] 唐超颖, 杨忠, 沈春林. 视觉导航技术综述[C]. 江苏省自动化学会学术年会, 2007.

[33] 周卫, 钟金宁, 黄志洲. 区域GPS空间基准网的建立[J]. 南京大学学报(自然科学版), 2004, 11(6):740-746.

[34] 陈俊勇. 中国现代大地基准——中国大地坐标系统2000(CGCS 2000)及其框架[J]. 测绘学报, 2008(3):5-7.

[35] 陈建飞, 等. 地理信息系统导论[M]. 北京:科学出版社, 1999.

[36] 王家耀, 成毅, 吴明光, 等. 地理信息系统的演进与发展[J]. 测绘科学技术学报, 2008, 25(4):235-240.

[37] 陈逢珍,林志垒,林文鹏. 地图、地理信息系统与数字地球[J]. 福建师范大学学报(自然科学版),2001,17(1):99-102.

[38] 帅平,曲广吉,陈忠贵. 卫星导航系统性能指标与评估方法[C]. 全国空间及运动体控制技术学术会议,2006.

[39] 张炎华,王立端,战兴群,等. 惯性导航技术的新进展及发展趋势[J]. 中国造船,2008,49(B10):134-144.

[40] 施浒立,李林. 卫星导航增强系统讨论[J]. 导航定位与授时,2015,2(5):30-36.

[41] 王杰华. 国外卫星导航增强系统最新进展研究[J]. 中国航天,2011(9).

[42] 李康,巩冠峰,Sabatini R. GPS地基增强系统简介及其性能仿真验证[J]. 电光与控制,2013,20(8).

[43] 李广侠,田世伟. 卫星通信与导航增强[C]. 第九届卫星通信学术年会,2013.

[44] 邓扬,何军,李奇. 自动化无人机快递系统的研究与设计[J]. 计算机光盘软件与应用,2014(12):102-104.

[45] 陈西斌,赵东发. 惯性导航技术发展与应用[J]. 科技致富向导,2011(17):21-21.

[46] 秦永元. 惯性导航[M]. 北京:科学出版社,2014.

[47] 周建民,康永,刘蔚. 无人机导航技术应用与发展趋势[J]. 中国电子科学研究院学报,2015,10(3):274-277.

[48] 顾云涛. 无人机导航技术研究[J]. 现代导航,2013,4(3):198-201.

[49] 吴显亮,石宗英,钟宜生. 无人机视觉导航研究综述[J]. 系统仿真学报,2010,22(S1):62-65.

[50] 孙华柯,叶青. 无人机导航系统综述[J]. 城市建设理论研究(电子版),2012(17).

[51] 黄朝艳,田海冬,赵华. 地磁滤波导航技术的研究现状[J]. 科学技术与工程,2013(30):121-127.

[52] 卢韶芳. 自主式移动机器人分布视觉组合导航基础研究[D]. 长春:吉林大学,2002.

[53] Desouza G N, KakA C. Vision formobile robot navigation:asurvey[J]. IEEE Transactionson Pattern Analysis and Machine Intelligence,2002,24(2):237-267.

[54] 朱永龙. 基于UWB的室内定位算法研究与应用[D]. 济南:山东大学,2014.

[55] 李凡. 基于超宽带(UWB)技术的测距方法研究[D]. 武汉:华中师范大学,2007.

[56] 阴法明. 超宽带技术[J]. 科技资讯,2008(36):35-36.

[57] Mueller M W, Hamer M, D'Andrea R. Fusing ultra-wideband range measurements with accelerometers and rate gyroscopes for quadrocopter state estimation[C]. 2015 IEEE International Conference on Robotics and Automation (ICRA),2015:1730-1736.

[58] 马静宜. 室内定位技术现状和发展趋势[J]. 电子产品世界,2014,21(11):15-17.

[59] 张国良,曾静. 组合导航原理与技术[M]. 西安:西安交通大学出版社,2008.

[60] 李富荣,丁宏升. 组合导航系统的容错技术发展综述[J]. 航空计算技术,2011,41(1):131-134.

[61] 何友,关欣,王国宏. 多传感器信息融合研究进展与展望[J]. 宇航学报,2005,26(4):524-530.

[62] 彭霞. 信息融合在GPS/INS组合导航中的应用[D]. 青岛:青岛科技大学,2005.

[63] 袁克非. 组合导航系统多源信息融合关键技术研究[D]. 哈尔滨:哈尔滨工程大学,2012:15-18.

[64] 潘永生. 信息融合技术在组合导航中的应用研究[D]. 西安:西北工业大学,2006.

[65] 秦永元. 卡尔曼滤波与组合导航原理[M]. 西安:西北工业大学出版社,2012.

[66] 江春红,苏惠敏,陈哲. 信息融合技术在INS/GPS/TAN/SMN四组合系统中的应用[J]. 信息与控制,2001,30(6):537-542.

[67] 刘力,马岑睿,袁东. 无人机系统发展与作战使用研究[J]. 飞航导弹,2011(12):46-49.

[68] 包强,姜为学,刘小松,等. 全球鹰无人机导航系统分析[J]. 飞航导弹,2009(11):60-63.

[69] 刘颖,曹聚亮,吴美平. 无人机地磁辅助定位及组合导航技术研究[M]. 北京:国防工业出版社,2016.

[70] 朱占龙. 惯性/地磁匹配组合导航相关技术研究[D]. 南京:东南大学,2015.

[71] 吕文涛，王宏伦，刘畅，等. 无人机地形匹配辅助导航系统设计与仿真[J]. 电光与控制，2014(5)：63-67.

[72] 宋仁庭. 景象匹配辅助导航关键技术研究[D]. 长沙：国防科技大学，2007.

[73] 王晅，李小民. 高精度小型无人机气压高度测量系统的设计[J]. 测控技术，2012，31(2)：12-15.

[74] 李云娇，蒋东方，李晓颖. 一种无人机高度与空速测量系统设计[J]. 计算机测量与控制，2013，21(5)：68-71.

[75] 张维昊. 无人机系统中的时间表述[J]. 飞机设计，2016(2)：60-61.

[76] 胡友健，罗昀，曾云. 全球定位系统(GPS)原理与应用[M]. 武汉：中国地质大学出版社，2003.

[77] 陈义华. 基于加速度传感器的定位系统研究[D]. 厦门：厦门大学，2006.

[78] 袁智荣. 第八讲 无人机气压高度测量不确定度评定[J]. 测控技术，2009，28(11)：99-100.

[79] 朱晓娟，陈欣. 一种无人机高度传感器信息融合方法[J]. 航空学报，2008(S1)：61-65.

[80] 何海波，杨元喜，孙中苗. 几种 GPS 测速方法的比较分析[J]. 测绘学报，2002，31(3)：32-36.

[81] Zhang S，Fu Q，Tereshchenko H，et al. An initial research on Ultra-wideband and Inertial Measurement Unit pose estimation for Unmanned Aerial Vehicle[C]. 2016 IEEE Chinese Guidance，Navigation and Control Conference (CGNCC)，2016.

[82] Quan Q. Introduction to Multicopter Design and Control[M]. Singapore：Springer，2017.

[83] 穆振兴. 无人机姿态测量系统设计实现[D]. 哈尔滨：哈尔滨工业大学，2009.

[84] 郭万禄，潘玉纯，翟峥嵘. 基于双天线 GPS 接收机航向姿态测量方法[J]. 无线电工程，2012，42(5)：49-52.

[85] 邢薇. 卫星授时接收机与测试系统的研究[D]. 长沙：湖南大学，2011.

[86] 周姜滨，袁建平，罗建军，等. 高空长航时无人机导航系统研究[J]. 西北工业大学学报，2008，26(4)：463-467.

[87] Tancredi U，Renga A，Grassi M. Carrier-based Differential GPS for autonomous relative navigation in LEO[J]. AIAA Guidance，Navigation，and Control Conference，2012：13-16.

[88] Felter S C，Wu N E. A relative navigation system for formation flight[J]. IEEE Transactions on Aerospace and Electronic Systems，1997，33(3)：958-967.

[89] 夏路. 无人机编队导航与控制系统研究[D]. 哈尔滨：哈尔滨工业大学，2014.

[90] 王龙，董新民，贾海燕. 机器视觉辅助的无人机空中加油相对导航[J]. 应用科学学报，2012，30(2)：209-214.

[91] 张立庭. 无人机在船舶引航领域的应用[J]. 中国港口，2016(9)：50-51.

[92] 谢世富，吴晓进. 现代战争中的导航战[C]. 导航学术年会，2003.

[93] 郑帅勇. 基于网络控制四旋翼飞行器终端程序设计[D]. 天津：中国民航大学，2014.

[94] 曹厚平，马晓雷，丁振. 无人机数据链技术应用研究[J]. 中国新通信，2017，19(17)：88-89.

[95] Saeed M khan. Establishing Antenna and Reveiver Characteristics for Addressing Multipath Interference for Unmanned Aerial Vehicle(UAV)Navigating Urban Canyons[C]. 2014 International Conference on Unmanned Aircraft Systems(ICUAS)，2014.

[96] Samad A M，Kamarulzaman N，Hamdani M A，et al. The potential of Unmanned Aerial Vehicle (UAV) for civilian and mapping application[C]. IEEE International Conference on System Engineering & Technology. IEEE，2013.

[97] 赵学远，周绍磊，王帅磊，等. 多无人机系统编队控制综述[J]. 仪表技术，2020(1)：40-42.

[98] 祁圣君，井立，王亚龙. 无人机系统及发展趋势综述[J]. 飞航导弹，2018(4)：17-21.

[99] 赵泽轩. 无人机发展前景及实用性[J]. 科技创新与应用，2016(25)：95.

[100] 许公柏. 浅析无人机技术在我国的发展前景[J]. 企业导报，2016(9)：72.

[101]陶于金,李沛峰.无人机系统发展与关键技术综述[J].航空制造技术,2014(20):34-39.

[102]佚名."无人机＋"时代来临[J].人民公安,2015(17):10.

[103]高远洋."无人机＋"时代来临？[N].中国民航报,2015-06-10(8).

[104]周焱.无人机地面站发展综述[J].航空电子技术,2010,41(1):1-6.

[105]林伟廷.无人机数据链能力需求和关键技术发展研究[J].无线互联科技,2017(14):140-141.

[106]夏永平,陈自力,林旭斌.无人机数据链发展现状及关键技术研究[J].飞航导弹,2016(11):50-53.

[107]王俊,周树道,程龙,等.无人机数据链关键技术与发展趋势[J].飞航导弹,2011(3):62-65.

[108]易牧,胡延霖,李保林,等.无人机数据链系统介绍[J].科技信息,2009(1):35,32.

[109]严丽.通信系统的信息传输有效性与可靠性要求分析[J].中国新通信,2016,18(21):13.

[110]潘勇.通信网可靠性指标研究[J].电子产品可靠性与环境试验,2006(1):1-5.

[111]罗鹏程,金光,周经伦,等.通信网可靠性研究综述[J].小型微型计算机系统,2000(10):1073-1077.

[112]兰巨龙,米立根.通信技术的发展动力——有效性和可靠性[J].信息工程学院学报,1998(3):59-63.

[113]刘海波.机载通信技术的设备与发展[J].舰船电子工程,2014,34(12):18-21,66.

[114]张康聪,陈建飞.地理信息系统导论[M].北京:科学出版社,2016.

[115]黄文德,康娟,张利云,等.北斗卫星导航定位原理与方法[M].北京:科学出版社,2019.

[116] SC-159. Minimum Operational Performance Standards for Global Positioning System/ Wide Area Augmentation System Airborne Equipment [S]. RTCA/DO-229D,2006.

[117] SC-159. Minimum aviation system performance standards for the local area augmentation system (LAAS)[S]. RTCA DO-245A,2004.

[118]程龙,周树道,叶松,等.无人机导航技术及其特点分析[J].飞航导弹,2011(2):59-62.

[119]胡朗.基于 WIFI 的室内定位技术研究[D].长春:长春工业大学,2019.

[120]谢钢.GPS 原理与接收机设计[M].北京:电子工业出版社,2009.

[121]寇艳红.GPS 原理与应用[M].2 版.北京:电子工业出版社,2007.

[122]陈昕,孙凯将,张力,等.无人机自组网系统设计与实现[J].西北工业大学学报,2009,27(6):113-117.

[123]翟中英,闫朝星.无人机测控通信自组网技术综述[J].遥测遥控,2018,39(4):66-74.

[124]王东,张广政,穆武第.多无人机协同作战通信自组网技术[J].飞航导弹,2012(1):59-63.

[125]程潇,董超,陈贵海,等.面向无人机自组网编队控制的通信组网技术[J].计算机科学,2018,45(11):1-12,51.

[126]闫朝星,付林罡,郑雪峰,等.基于无人机自组网的空海一体化组网观测技术[J].海洋科学,2018,42(1):21-27.

[127]王志广,张春元,康东轩.中继式无人机自组网方案设计[J].兵器装备工程学报,2017,38(12):233-235,286.

[128]吴高峰,高晓光,符小卫.一种基于多无人机的中继节点布置问题建模与优化方法[J].航空学报,2017,38(11):241-253.

[129]顾海燕,徐弛.有人/无人机组队协同作战技术[J].指挥信息系统与技术,2017,8(6):33-41.

[130]李腾.有人/无人机协同编队控制技术研究[D].南京:南京航空航天大学,2017.

[131]刘大成,刘宗福.反辐射无人机通信链路与作战使用研究[J].通讯世界,2019,26(5):108-109.

[132]姚荣彬,李晓欢,唐欣.无人机自组网系统设计与实现[J].现代信息科技,2019,3(10):60-61,64.

[133]房建成,宁晓林.天文导航原理及应用[M].北京:北京航空航天大学出版社,2006.

[134]倪育德,卢丹,王颖.导航原理与系统[M].北京:清华大学出版社,2015.

[135]高钟毓.惯性导航系统技术[M].北京:清华大学出版社,2012.

[136] Zheng Shuaiyong, Li Rui, Huang Zhigang. Determination of fast corrections for satellite-based augmen-

tation system［J］. IEEE Access，2019，7(1)：178662-178674.

[137] Zheng Shuaiyong，Dong Hongxin，Zhang Ruifeng，et al. Angle estimation of a single-axis rotation：a practical inertial-measurement-unit-based method［J］. IET Science Measurement & Technology，2017，11(7)：892-899.

[138] Li Rui，Zheng Shuaiyong，Wang Ershen，et al. Advances in BeiDou Navigation Satellite System (BDS) and satellite navigation augmentation technologies［J］. Satellite Navigation，2020，1：12.

[139] 徐秀杰，贾荣光，杨玉永，等. 系留式无人机中继通信系统在地震应急现场的应用试验研究[J]. 震灾防御技术，2018，13(3)：718-726.

[140] 北斗卫星导航介绍[EB/OL]. [2020-07-17]. http://www.beidou.gov.cn/xt/xtjs.

[141] 黄耀辉. 浅谈数传电台在四旋翼无人机中的应用[J]. 黑龙江科技信息，2016(27)：16-16.

[142] 何跃，郭志刚，曹云涛，等. 无人机图传系统研究及其在防震减灾工作中的应用[J]. 信息与电脑(理论版)，2017(22)：130-138.

[143] 闫龙，赵俊洋，夏华涛，等. 一种四旋翼无人机数传电台：CN209921614U[P]. 2020.

[144] 李盛涛. 无人机图传方法、系统、无人机和无人机客户端：CN108521558A[P]. 2018.

[145] 林跃，梁立容，王凤，等. 基于STC12C5A60S2的无人机遥控器的设计与实现[J]. 电子测量技术，2017，40(8)：5.

[146] 崔羊威. 多旋翼无人机遥控系统的应用研究[D]. 郑州：华北水利水电大学，2017.

[147] 林睿喆. 基于惯性/GPS/光流的无人机组合导航研究[D]. 西安：西安电子科技大学，2018.

[148] 姜宇. 基于视觉导航的四旋翼无人机自主跟踪及着陆控制技术研究[D]. 长春：吉林大学，2022.

[149] 任媛媛，高一栋，焦慕卿. 无人机发展应用及反无手段研究[J]. 火控雷达技术，2022，51(1)：27-32.

[150] 马雯，叱干小玄. 反无人机技术发展研究[J]. 航空兵器，2020，27(6)：6.

[151] 温卓漫，陈长泳，张雁平，等. 军用无人机反制技术综述[J]. 电子信息对抗技术，2022，37(1)：21-26.

[152] 付鑫，赵然，梁延峰，等. 反无人机蜂群技术发展综述[J]. 中国电子科学研究院学报，2022，17(5)：8.

[153] 孔金凤，于德斌. 浅析我国北斗导航系统的发展[J]. 中国西部科技，2014，13(01)：1-17.

[154] 潘晨. 无人机地面站设计及航线规划研究[D]. 太原：中北大学，2020.

[155] 王少波，马文来，杜玉杰，等. 无人机异常行为研究进展与展望[J]. 滨州学院学报，2021，37(04)：30-35.

[156] 张正梅. 植保无人机常见故障处理办法[J]. 农业机械，2021(04)：42.

[157] 吴颖，刘照亮，康令州，等. MAVLink链路通信协议安全分析[J]. 通信技术，2019，52(04)：946-950.

[158] 凌诗佳. 无人机航线规划系统的改进设计与实现[J]. 现代电子技术，2017，40(02)：99-102+10.

[159] Theshy. 无人机通讯协议——Mavlink学习[OL]. [2023-01-05]. https://www.jianshu.com/p/23fddff60369.

[160] 蒙庆华，林辉，王革，等. 激光雷达工作原理及发展现状[J]. 现代制造技术与装备，2019(10)：155-157.

[161] 马勋举，张瑞珠，马子领，等. 基于双目全景视觉的无人机避障技术探究[J]. 机电工程技术，2019，48(3)：16-19.

[162] jane 666. 浅聊天线极化[OL]. [2023-01-05]. Chinese Software Developer Network，https://blog.csdn.net/guojuan666/article/details/125309738.

[163] 姜会林，佟首峰，张立中. 空间激光通信技术与系统[M]. 北京：国防工业出版社，2010.

[164] WEISMAN CARL J. 射频和无线技术入门[M]. 2版. 北京：清华大学出版社，2006.

[165] Aibang. 激光雷达结构原理与应用[OL]. [2023-01-05]. https://www.smartautoclub.com/p/10481.

[166] 潘世光，尚建华，罗远，等. 一种小型化、远距离、平面扫描式激光雷达避障系统[J]. 信息技术与网络安全，2020，39(5)：46-50.

[167] 潘泉，王伟，华锡焱，等. 基于毫米波雷达的多旋翼无人机避障技术研究[J]. 中小企业管理与科技(下旬刊)，2019，582(7)：170-172.

[168] 英飞凌.毫米波雷达与超声波雷达的区别[OL].[2023-02-07].http://www.zhihu.com.

[169] 陈胤龙.基于无人机平台的室内自主导航系统设计与实现[D].南昌:南昌大学,2021.

[170] 刘鹏,徐昕恒,曾建潮,等.机器人单兵室内定位理论与关键技术分析[J].火力与指挥控制,2022,47(3):1-7.

[171] 陈亚青,张智豪,李哲.无人机避障方法研究进展[J].自动化技术与应用,2020,39(12):1-6.

[172] 樊昌信,曹丽娜.通信原理[M].7版.北京:国防工业出版社,2012.

[173] 李俊毅,郝金明,李军正.卫星导航系统数据仿真中的卫星可见性问题[J].导航定位学报,2013,1(4):51-54.

[174] 孙文杰,王兆瑞,金声震,等.一种自适应 GNSS 弱信号载噪比估计方法[J].北京航空航天大学学报,2021,47(10):2068-2074.

[175] 杨元喜,李金龙,王爱兵,等.北斗区域卫星导航系统基本导航定位性能初步评估[J].中国科学:地球科学,2014,44(1):72-81.

[176] 刘亚明,辛明真,吴永亭,等.北斗卫星导航系统全球定位性能分析[J].火力与指挥控制,2020,45(8):131-135.